LE SANG DE L'ÉTRANGER
Les immigrés de la MOI dans la Résistance

OUVRAGES DES MÊMES AUTEURS

Stéphane COURTOIS, *le PCF dans la guerre*, Paris, Ramsay, 1980.
– *le Communisme*, avec la collaboration de Marc Lazar, Paris, MA Édition, 1987.

Denis PESCHANSKI (sous la dir. de), *Vichy 1940-1944. Archives de guerre d'Angelo Tasca*, Milan-Paris, Éditions Feltrinelli-Éditions du CNRS, Annales de la Fondation Feltrinelli, 1986.
– *Et pourtant, ils tournent. Vocabulaire et stratégie du PCF, 1934-1936*, Paris, INaLF-Klincksieck, 1988.
– *Images de la France de Vichy* (en collaboration), Paris, La Documentation française, 1988.
– *De l'exil à la Résistance. Réfugiés et immigrés d'Europe centrale en France, 1939-1945*, Paris, Arcantère-Presses universitaires de Vincennes, 1989.

Adam RAYSKI, *Nos illusions perdues*, Paris, Balland, 1985.

Stéphane COURTOIS et Adam RAYSKI (sous la dir. de), *Qui savait quoi? L'extermination des Juifs, 1941-1945*, Paris, La Découverte, 1987.

Stéphane COURTOIS
Denis PESCHANSKI
Adam RAYSKI

LE SANG
DE L'ÉTRANGER

Les immigrés de la MOI
dans la Résistance

Nouvelle édition corrigée

FAYARD

Remerciements

Pour avancer dans la connaissance de la MOI, une organisation qui suscita encore récemment polémiques et ouvrages, il fallait disposer de sources nouvelles, que nous puissions croiser sans prétendre pour autant épuiser et les fonds et le sujet. Que tous ceux qui nous ont permis d'y avoir accès soient ici très chaleureusement remerciés.

Grâce à M. Jean Favier, directeur général des Archives de France, à Mme Chantal de Tourtier-Bonazzi, conservateur en chef de la section contemporaine des Archives nationales, à M. Jean Pouessel et à tout le personnel de cette section, nous avons pu exploiter dans les meilleures conditions de très riches archives judiciaires et, indirectement, policières. Qu'il s'agisse de la politique française ou de celle de l'occupant, ou bien des publications et documents clandestins, nous devons beaucoup à la Bibliothèque nationale (BN), à la Bibliothèque de documentation internationale contemporaine (BDIC), au Centre de documentation juive contemporaine (CDJC), à l'Institut d'histoire du temps présent (IHTP), à l'Institut d'histoire sociale, à la Fondation Feltrinelli (Milan) et à la Fondation Gramsci (Rome).

Les témoignages d'anciens policiers et les conseils amicaux de l'historien-témoin Jacques Delarue nous ont fait mieux saisir les modalités concrètes de fonctionnement du système répressif, comme les pièges des archives écrites. Avec les documents conservés par Boris Holban et Ljubomir Ilic pour la MOI, ainsi que ceux rassemblés par Nicolas Tandler sur la section arménienne, nous disposions de fonds internes de l'organisation. Les quelques dizaines de témoignages que nous avons pu recueillir parmi les anciens résistants étaient indispensables à la compréhension de ces structures, des actions qu'on y organisait, des hommes et des femmes qui les menaient. Simon Rayman et Paula Epstein nous ont donné l'émouvant privilège de lire les dernières lettres que Marcel Rayman et Joseph Epstein écrivirent quelques heures avant leur exécution et qui montrent plus que tout autre texte le sens de leur engagement et leur courage.

TABLE DES ABRÉVIATIONS

ACIP	Association consistoriale israélite de Paris
BDIC	Bibliothèque de documentation internationale contemporaine
BI	Brigades internationales
BN	Bibliothèque nationale
BS	Brigade(s) spéciale(s)
CADI	Comité d'action des immigrés
CARE	Comité d'action des résistances étrangères
CC	Comité central (PCF)
CDJC	Centre de documentation juive contemporaine
CDL	Comités départementaux de libération
CFLN	Comité français de libération nationale
CGT	Confédération générale du travail
CGTU	Confédération générale du travail unitaire
CMIR	Comité militaire interrégional des FTPF
CMN	Comité militaire national des FTPF
CNR	Conseil national de la résistance
CRIF	Conseil représentatif des israélites de France
FFI	Forces françaises de l'intérieur
FN	Front national
FTP-MOI	Francs-tireurs et partisans de la MOI
FTPF	Francs-tireurs et partisans français
GL	Giustizia e Libertà
GTE	Groupements de travailleurs étrangers
IC	Internationale communiste
IHTP	Institut d'histoire du temps présent
ISR	International syndicale rouge
JC	Jeunesse communistes
KFDW/CALPO	Komität Freies Deuschland im Westen/Comité de l'Allemagne libre pour l'ouest
KPD	Kommunistiche Partei Deutschlands
LICA	Ligue internationale contre l'antisémitisme
MLN	Mouvement de libération nationale
MNCR	Mouvement national contre le racisme
MOE	Main-d'œuvre étrangère
MOI	Main-d'œuvre immigrée
OFI	Office français d'information
ORA	Organisation de résistance de l'armée
OS	Organisation spéciale (PCF)
OSE	Organisation de secours aux enfants
PC(b)US	Parti communiste (bolchevik) d'Union soviétique
PCF	Parti communiste français
PCI	Partito communista italiano
PJ	Police judiciaire
PKWN	Polski Komitet Wyzwolenia Narodowego
PM	Police municipale
POWN	Polska Organizacja Walkio Niepodleglosc
PP	Préfecture de police
PPF	Parti populaire français
PSUC	Parti socialiste unifié de Catalogne
RG	Renseignements généraux
RMVE	Régiments de marche volontaires étrangers
RSHA	Reichsicherheitshauptamt
SD	Sicherheitsdienst
SFIO	Section française de l'internationale ouvrière
SIPO-SD	Sicherheitspolizei-Sicherheitsdienst
STCRP	Société des transports en commun de la région parisienne
STO	Service du travail obligatoire
TA	Travail allemand
UGIF	Union générale des israélites de France
UJRE	Union des Juifs pour la résistance et l'entraide
UNE	Union nacional española
UPI	Unione populare italiana

Avant-propos

En 1985 éclatait une polémique d'une ampleur rarement égalée, qui mobilisa toutes les forces politiques et
spirituelles, les sphères étatiques et de larges pans de la
société civile. Un téléfilm, longtemps « oublié », un temps
censuré, a fait la une des médias plusieurs semaines
durant. Film historique, il entrait ainsi lui-même dans
l'histoire, celle de la mémoire de la guerre; celle *des*
mémoires, puisque bien des conflits ont été alors réacti-
vés, qui ont pris naissance dans la Seconde Guerre mondiale. La marginalisation et l'isolement que connaissait le
PCF depuis le début des années 80 engendraient de nouvelles fractures, et donc de nouvelles alliances, tandis que
le passé était plus que jamais pensé à travers le prisme du
présent. Dans un combat d'arrière-garde, le PCF avait
tenté, en effet, d'empêcher la présentation de ce film,
œuvre d'un jeune réalisateur, Mosco.

À l'occasion d'une projection qui obtint sur Antenne 2
un taux d'audience record, bien des téléspectateurs
découvraient que des étrangers avaient combattu dans la
Résistance française [1]. Ils découvraient un sigle, la MOI,
Main-d'Œuvre Immigrée, celui de l'organisation que le
PCF s'était donnée pour gagner et mobiliser les étrangers
venus en France par vagues successives pendant l'entre-
deux-guerres. Ils découvraient des hommes et des femmes
à l'accent étranger qui avaient livré une bataille sans
merci contre l'armée d'occupation, une bataille qui avait

pour théâtre d'opération les rues, les boulevards et les places de la capitale. Au printemps et à l'été 1943, au moment où leur engagement atteignait son apogée, ils étaient presque seuls à livrer ce combat dans Paris. Or, en novembre 1943, un gigantesque coup de filet opéré par la police française, en l'occurrence la Brigade spéciale n° 2 des renseignements généraux, décimait ce groupe armé que dirigeait alors Missak Manouchian. Il n'y aura plus guère de lutte armée à Paris jusqu'à la Libération. Comment la police a-t-elle obtenu un résultat d'une telle importance? Le PCF a livré le « groupe Manouchian » : tel était l'une des thèses centrales du film de Mosco, qui suscita tant de polémiques. Les hypothèses les moins convaincantes ont ainsi été échaffaudées sur un argument des plus contestables. Dans une conférence de presse que nous avons tenue en mai 1985, sous l'égide de l'Institut d'histoire du temps présent (CNRS), nous avions tenté de montrer quels pouvaient être les réels enjeux de l'« affaire ». Tel fut le véritable point de départ de notre ouvrage.

Il est vite apparu que, dans une figure géométrique complexe, les trois composantes qu'étaient la France, le Parti communiste français et les étrangers agissaient les unes sur les autres. Quel fut donc le statut de ces étrangers, de cette structure MOI dans le PCF? Quels conflits et, plus souvent en fait, quelles convergences se sont révélés entre les multiples références identitaires en jeu? Dans quelle mesure le PCF a-t-il été un vecteur d'intégration dans la société française? Comment, au bout du compte, se constitue une identité nationale? Dans un livre récent intitulé *le Creuset français*, Gérard Noiriel affirme avec force : « On ne peut plus considérer l'immigration comme un problème extérieur, mais on doit la voir comme un problème *interne* à l'histoire de la société française contemporaine [2]. » C'est dans cette même problématique que nous inscrivons notre ouvrage.

Ces interrogations, qui touchent donc aux racines du phénomène communiste comme à celles de l'identité nationale, ont été posées dans le quart de siècle qu'a vécu la MOI, du milieu des années 20 à l'aube des années 50. Elles se sont cristallisées dans la France des années noires, dans la France occupée à laquelle nous nous attachons spécialement, et qui suscitait des interrogations supplémentaires : quelle fonction tenait la lutte armée dans la politique communiste ? Quels sont les enjeux stratégiques posés, dès 1943, dans la perspective de la libération et de la reconstruction ? Quel a été l'impact du génocide du peuple juif sur l'action des militants MOI ? Questions importantes, mais qui n'épuisent pas le sujet. Et si la polémique de 1985 a produit bien du papier et bien des discours, le terrain de l'analyse historienne était pratiquement vierge. S'y engager, c'était d'abord reprendre à zéro l'instruction de l'« affaire Manouchian », et répondre à la question qui avait remué l'opinion : comment sont-ils tombés ? C'était surtout tenter de reconstituer les structures, de rendre compte au plus près de l'activité sous toutes ses formes, politique et militaire, d'étudier le recrutement et de mesurer l'implantation, de décrypter les textes et de retrouver les itinéraires individuels.

Que la réalité soit plurielle, nul ne le niera – les historiens moins que quiconque –, et nous ne prétendons pas, loin s'en faut, fournir ici un travail définitif. Mais nous avons pu résoudre plusieurs questions, rendre caduques un bon nombre d'autres et proposer quelques hypothèses. Pour cela, il fallait faire l'effort d'exploiter les sources disponibles. Si nous en dressons un rapide inventaire, nous pouvons distinguer deux ensembles, selon leur origine. Les sources policières et judiciaires sont, comme on pourra le constater, d'une richesse tout à fait exceptionnelle. Grâce aux Archives nationales et au ministère de la Justice, nous avons pu accéder, par dérogation, aux dossiers concernés de la Cour de justice et des Chambres civiques de la Seine. En effet, c'est à ces institutions, mises sur pied à la Libération, que fut confiée l'épuration légale. Parmi les inculpés se trouvaient nombre de policiers et, quel qu'ait été le verdict, du non-lieu à la peine de mort, un dossier d'instruction a été établi, qui renferme de multiples rapports de police et des témoignages inédits. Jusque-là, les dossiers des Brigades spéciales des renseignements généraux, en première ligne dans la répression contre la MOI, n'avaient jamais été exploités. Des entretiens avec d'anciens membres des services de police nous ont permis, en outre, de mieux en comprendre et en préciser les structures et le fonctionnement. Le dépouillement des sources allemandes a complété le tableau mais, dans la mesure où pour l'essentiel la répression a été menée par la police française, et les archives des procès n'ayant pu être repérées à ce jour, il s'est montré décevant.

Les archives judiciaires nous fournissent de nombreux documents internes à la MOI, mais une étude systématique de ce mouvement souffrira, encore longtemps peut-être, de l'impossibilité d'accéder à ses archives centrales, que le PCF a apportées aux Soviétiques au tout début des années cinquante et qui ont servi à l'organisation de procès dans toute l'Europe communiste, comme l'a rapporté Artur London dans *l'Aveu*. Cependant, d'anciens responsables résistants ont par bonheur conservé des rapports et des comptes rendus internes, et nous avons récolté des témoignages, tels ceux de quelques dirigeants majeurs comme Artur London, aujourd'hui décédé, Boris Holban, Ljubomir Ilic, Henri Krasucki ou Cristina Boïco. Certains de ces noms sont connus du lecteur, d'autres lui seront bientôt familiers.

En croisant ces sources, nous avons pu résoudre les « affaires », qui ont pour nom Henri Krasucki, Jean Jérôme, Dawidowicz, Manouchian ou Epstein. Nous pensons mieux connaître aujourd'hui le fonctionnement du PCF clandestin et de la MOI, les méthodes et l'organisation de la police de Vichy. Enfin, c'est la nature même du régime de Pétain qui est mise en lumière, comme les ressorts de la stratégie communiste.

Pour mener à bien ce travail, il était impensable, cependant, d'étudier la MOI dans son ensemble. Certes, en choisissant Paris, nous intégrons la direction nationale et l'essentiel des services centraux. Mais il faut bien prendre conscience de cette limite géographique, qui nous amène à privilégier, *de facto*, l'activité de la section juive et, dans une moindre mesure, celle des Italiens, même si nous avons tenté de rendre justice aux activités de toutes les immigrations engagées dans l'action à Paris. Qui travaillera sur le Sud-Est ou le Sud-Ouest, la région lyonnaise ou le Nord, mettra sans doute en évidence d'autres réalités.

C'est enfin par choix délibéré que nous avons émaillé le récit chronologique d'itinéraires individuels. Ces hommes et ces femmes, dont beaucoup ont donné leur vie pour la libération de la France, ne sont pas réductibles à un sigle.

CHAPITRE PREMIER

Aux origines de la MOI

Dès le dernier quart du XIXᵉ siècle, la France a enregistré sur son sol la présence de très nombreux travailleurs étrangers qui, dans certaines immigrations, avaient ressenti très tôt le besoin de s'organiser pour la défense à la fois de leur identité culturelle et de leurs revendications matérielles et juridiques. Ces initiatives répondaient à un double impératif : isolés dans la société d'accueil, ces immigrés voulaient resserrer leurs liens, par l'entraide morale et matérielle; ils se devaient, en outre, de créer des solidarités nouvelles avec la classe ouvrière française, *a priori* hostile à ces concurrents potentiels sur le marché du travail.

La création, à Paris, de la première société d'ouvriers immigrés remonte à 1882. Elle est due à l'initiative d'ouvriers juifs, pour la plupart des réfugiés politiques de la Russie tsariste [1]. Au début du siècle, le syndicat parisien des casquettiers et chapeliers est composé presque exclusivement d'ouvriers juifs immigrés et se distingue d'autant plus dans la CGT que la langue usuelle de ses réunions est le russe ou le yiddish. Au même moment, auprès des syndicats de la confection, des cuirs, de l'ébénisterie, apparaissent des commissions ouvrières, appelées *Arbayter Komisionnen*, qui publient un journal dont le rédacteur en chef n'est autre qu'Alexandre Lozovski. Ce même Lozovski, rentré à Moscou en 1918, fondera l'Internationale syndicale rouge et fera adopter par son premier congrès une résolution selon laquelle « les ouvriers immigrés ne doivent pas créer des syndicats séparés », mais s'organiser dans « des groupes spéciaux pour les ouvriers qui ne connaissent pas la langue du pays ». On le voit, l'action que le PCF allait mener parmi les travailleurs immigrés pouvait s'articuler sur une longue tradition militante.

Elle allait également s'appuyer sur un modèle plus récent et prestigieux, celui du Parti communiste (bolchevik) de Russie qui, dès mars 1918, avait créé en son sein une fédération internationale des groupes étrangers. Celle-ci rassemblait dans des structures autonomes au sein du PC (b) de l'URSS les militants étrangers qui, pour une raison ou pour une autre, résidaient en territoire soviétique. La plupart des pays européens y étaient représentés, y compris la France. Dès l'origine du mouvement communiste est donc posé l'un des principes essentiels du fonctionnement de la future MOI : l'autorité exclusive du PC d'un pays donné sur tous les communistes résidant sur son territoire, quitte à ce que les communistes étrangers soient regroupés dans des structures spécifiques [2].

Dans son bulletin du 29 février 1924, l'Internationale syndicale rouge (ISR) recommande de créer des bureaux de la main-d'œuvre immigrée aussi bien à l'échelle nationale qu'à l'échelle départementale. Mais dès le mois de mai 1923, la CGT Unitaire avait ouvert un bureau de la MOE (Main-d'Œuvre Étrangère) à Paris, et en août dans le Pas-de-Calais. En toute logique, c'est un mineur polonais naturalisé, Thomas Olszanski, depuis peu secrétaire de la Fédération du sous-sol, qui a en charge la propagande en direction des immigrés [3]. De retour du IIIe congrès de l'ISR en juillet 1924, le dirigeant syndical Julien Racamond écrit dans le journal de la CGTU, *la Vie ouvrière*, que « l'organisation de la MOE est un travail que nous devons placer au premier plan de nos préoccupations [4] ». Mais c'est, semble-t-il, le 31 mars 1925 que, pour la première fois, le Parti communiste français décide d'une action spécifique. Au 120, rue Lafayette se réunit le comité d'organisation du parti pour organiser la propagande parmi les ouvriers étrangers résidant en France [5]. Le comité décide de charger le bureau français du Secours ouvrier international d'ouvrir à Paris une première librairie internationale – au 114, boulevard de la Villette – où les immigrés pourraient trouver, à des prix modiques, des ouvrages dans leur langue, essentiellement en italien, espagnol, polonais, russe, anglais et allemand. Il était prévu de s'adresser aux autres sections de l'Internationale communiste pour qu'elles fournissent des ouvrages, et un accord était envisagé dans ce sens avec le Gosizdat (le bureau d'édition soviétique) de Moscou, tandis que des librairies identiques devaient être rapidement ouvertes à Marseille, Lyon, Bordeaux, Roubaix, Le Havre.

Cet intérêt soudain du tout jeune PCF pour les immigrés n'est pas sans fondement. À l'issue de la Première Guerre mondiale, la France fait ses comptes en pertes humaines. Le recensement de mars 1921 en établit un bilan dramatique : de 1911 à 1921, et compte tenu des naissances, le pays a perdu 2 105 223 personnes. La baisse tendancielle du taux de fécondité et de natalité français a été fortement aggravée par les énormes pertes de la guerre et par le déficit des naissances qu'elle a entraîné. Le recensement souligne en outre un déséquilibre inquiétant : on compte 7 321 000 femmes contre seulement 6 142 000 hommes dans la tranche d'âge de vingt à quarante ans.

Ainsi, dans un pays où le travail est encore largement lié à la quantité de main-d'œuvre, ce déficit démographique risque d'affecter gravement l'essor économique de l'après-guerre, et donc la place de la France dans le monde. La classe politique, les gouvernants, les chefs d'entreprise eux-mêmes en sont conscients et trouvent une solution dans l'appel à la main-d'œuvre étrangère.

Intéressées au premier chef, les organisations patronales créent en 1924 une société anonyme, la Société générale d'immigration, disposant de capitaux importants et qui organisera le recrutement massif des étrangers. De son côté, le gouvernement installe l'Office national d'immigration pour contrôler les activités de l'organisme patronal et s'occuper de recrutement. Des missions sillonnent l'Italie, la Pologne, la Tchécoslovaquie, l'Espagne, pays qui ont d'énormes excédents de « bouches à nourrir ». Un véritable marché apparaît, sur lequel les délégués français négocient avec les administrations autochtones l'expatriation de cette force de travail bon marché[6].

Entre 1921 et 1926, les étrangers entrent donc massivement dans le pays, à raison de 200 000 environ par an. En 1931, ils sont officiellement 2 625 405, chiffre auquel il faut ajouter les clandestins, soit 200 000 à 300 000, pour atteindre les 3 millions d'immigrés. La France est, à ce moment-là, le pays du monde où le taux d'immigration est le plus élevé, avec 515 étrangers à demeure pour 10 000 habitants (contre 492 aux États-Unis). Ces immigrés, répartis très inégalement sur le territoire, sont surtout concentrés dans les régions de grande production industrielle ou agricole. Les Italiens, au nombre de 1,5 million, sont implantés principalement sur le littoral méditerranéen, en Lorraine et dans la région parisienne. Les 500 000 Espagnols se sont installés au nord des Pyrénées, dans le Sud-Ouest. Les Polonais – plus de 500 000 en 1931 – se trouvent principalement dans le Nord et l'Est et travaillent dans les mines, l'industrie et l'agriculture. Viennent ensuite des immigrations moins nombreuses, comme les 40 000 Hongrois employés dans les mines du Nord, dans la métallurgie parisienne, dans le textile à Roubaix et à Lyon, dans l'habillement et la chaussure à Paris; ou les 60 000 Yougoslaves du bâtiment et des mines du Nord-Pas-de-Calais et de Meurthe-et-Moselle.

Mais si la plupart de ces immigrés ont quitté leur pays pour des raisons économiques, beaucoup sont aussi des réfugiés politiques, en particulier des Russes blancs, des Italiens qui ont fui le régime de Mussolini, des Hongrois impliqués dans l'éphémère République hongroise des soviets de Béla Kun écrasée par l'amiral Horthy en 1920, beaucoup de Juifs d'Europe centrale (Pologne, Roumanie, Hongrie) chassés par un antisémitisme endémique.

Ces communautés de réfugiés sont traditionnellement traversées de violents conflits politiques, y compris entre organisations de gauche qui se rejettent la responsabilité de leurs échecs dans leurs pays d'origine. Ces controverses sont d'autant plus acharnées, en particulier chez les Hongrois et les Italiens, qu'existe sur place une immigration économique constituant un excellent terrain d'agitation et de recrutement de militants.

L'immigration devient bientôt un problème politique brûlant, mais, dans sa démagogie, l'extrême droite reste pourtant relativement isolée. Dans *l'Action française* du 9 mars 1920, Charles Maurras évoque le spectre d'une nouvelle invasion : « Comme la forêt de Macbeth, on peut dire que les immenses ghettos de l'Europe centrale sont en marche dans la direction de Paris. Ce seront de nouveaux bohémiens dans nos murailles et de nouveaux microbes pathogènes politiques, sociaux et moraux[7]. » Il s'agirait d'un plan fixé de longue date, d'un complot, comme on le lit dans le très populaire *Ami du peuple* du 25 octobre 1928 : « La conquête de la France, la substitution plus ou moins rapide mais continue d'un nouveau peuple au vieux peuple de France sur cette terre de merveille[8]. » Xénophobie teintée d'un fort antisémitisme et thèse du complot seront réactivées avec la crise des années 30, l'afflux des réfugiés et l'arrivée de Léon Blum et du Front populaire au pouvoir, puis, bien entendu, avec l'instauration du régime de Vichy.

Au comportement démagogique de l'extrême droite, xénophobe et antisémite, les milieux gouvernementaux et industriels opposèrent, dans leur majorité, une attitude réaliste et pragmatique. L'anémie démographique du pays et les contraintes économiques étaient autant d'arguments développés par un homme comme M. de Peyerimhoff de Fontenelle, porte-parole de la Société générale d'immigration, qui tentait de rassurer les inquiets : « Quelques-uns de ces immigrés sont marqués de pensées d'ordre politique ou d'ordre religieux; l'immense majorité sont d'ordre alimentaire[9]. » C'était le cas en effet. Il soulignait que l'arrivée des immigrés répondait aux intérêts du pays qui « prend l'initiative » et non des « peuples migrateurs ». À lui seul, le tout-puissant Comité des houillères avait fait « importer » de 450 000 à 500 000 étrangers, soit l'équivalent d'un peu plus qu'un département français de moyenne importance.

Il s'agit donc d'une « invasion pacifique », selon le terme de William Oualid, ce professeur de droit chargé par le gouvernement de définir une « politique française d'immigration », en tant que chef du service de la Main-d'œuvre étrangère au ministère du Travail. « Il est vraiment trop facile, dit-il lors de la conférence qu'il prononce au Musée social le 16 mars 1927, de dépeindre tous les étrangers résidant en France sous les traits du profiteur du change, du malade qui encombre nos hôpitaux ou nos asiles, de l'escroc ou du criminel qui remplit nos prétoires et peuple nos prisons. Fort heureusement, il se présente le plus souvent comme le bon, dur et honnête travailleur, le mineur polonais ou le mécanicien tchèque, le terrassier italien ou le tisserand belge, le vigneron espagnol [...] qui viennent mettre en valeur le sol, le sous-sol et les usines de la France [10]. »

Le professeur Oualid résume ainsi le problème central de l'intégration : « La France est-elle exposée à devenir un pays de minorités nationales avec tout ce que ce fait comporte d'atteinte à l'unité et à l'homogénéité, lente conquête des anciens rois et but de la République une et indivisible ? » S'il souligne la nécessité d'une « sélection physique sévère empêchant certains éléments venus du dehors d'abâtardir la race française », Oualid préconise néanmoins une politique générale de naturalisation fondée non pas sur le principe du *jus sanginis* mais sur celui du *jus soli*. Influencés par les tenants de la naturalisation, et au nom même des arguments qui amènent des hommes de la droite modérée à favoriser une large ouverture des frontières, les parlementaires votent la loi – très libérale – du 10 août 1927, fixant les nouvelles règles en vigueur pour acquérir la nationalité française. Dès lors, les procédures de naturalisation sont grandement facilitées : deviennent automatiquement français l'enfant né en

France d'un père étranger né lui-même dans ce pays, l'enfant d'un père naturalisé ou l'enfant né en France d'une mère française. C'était, en quelque sorte, le couronnement de la politique d'ouverture qui caractérise les années vingt [11].

Très rapidement, l'immigration et les immigrés sont devenus un enjeu politique, et pas seulement économique, que ce soit pour les États d'origine ou pour les forces politiques et syndicales de l'État d'accueil. L'effort de contrôle est patent de la part des gouvernements italien et polonais. Dès 1923, les autorités italiennes avaient institué un commissariat royal de l'émigration, dont le bureau à Paris, fort des relais consulaires, s'employait à maintenir les nationaux dans son giron politique et à empêcher toute aide de l'immigration aux antifascistes de l'intérieur. Dans un numéro des *Cahiers du bolchevisme* (n° 6, juin 1930), les communistes dénonçaient ainsi « le gouvernement de Mussolini qui tient les rênes de toutes les associations arborant le drapeau italien dans la péninsule comme à l'étranger ». Les autorités polonaises ne sont pas moins actives. Favorisant la constitution de paroisses spécifiques et le maintien de la langue, et dénonçant même les abus du patronat français, elles ne sont pas sans influence. L'Église de France elle-même se méfie de ce séparatisme sociocultuel; elle incite plusieurs prêtres français du Nord à apprendre le polonais pour pouvoir confesser ces croyants fervents, installés pour la plupart dans le Nord et l'Est, et éviter ainsi la formation de paroisses liées à l'Église polonaise. Somme toute, hors l'extrême droite, un consensus partiel s'est imposé en France parmi les forces politiques, syndicales et religieuses : les immigrés ne pouvaient constituer de minorités nationales mais, pour favoriser leur intégration dans la société française, il convenait de tolérer des regroupements dans des structures spécifiques « où l'étranger aime retrouver un peu de sa patrie abandonnée » (W. Oualid) [12].

Il est donc tout naturel que, dans ce large débat, les communistes aient été rapidement amenés à prendre une position intégratrice qui portait la double empreinte du jacobinisme – centralisation et unification de la nation – et du principe léniniste d'«un seul parti communiste par pays», un parti monolithique qui absorbe et rejette toute autonomie nationalitaire; en l'occurrence, les deux sont parfaitement compatibles. Lors de son congrès national de Clichy, en avril 1925, le PCF réunit une commission des groupes de travail et de la main-d'œuvre étrangère, composée de quelques militants dont les responsabilités sont limitées dans la hiérarchie, à savoir Berrar, Dupuis, Kirch, Peiraudeau et Péri [13]. Mais cette initiative semble obtenir des résultats limités, même si *l'Humanité* du 6 juillet 1925 publie son premier article sur les problèmes de la MOE.

La présence massive des travailleurs étrangers pose au PCF deux problèmes, qu'il discute à partir du milieu des années 20, après les premières vagues d'immigration et les tensions qu'elles suscitent. Sur le plan général, le fait que la classe ouvrière soit bientôt composée pour un quart d'immigrés modifie nécessairement l'approche des conflits sociaux, à la fois parce que les immigrés pèsent sur le marché du travail et en raison d'une xénophobie assez répandue dans la classe ouvrière française. Une circulaire du 8 janvier 1926, signée de la section régionale (parisienne) du travail parmi les étrangers, s'en fait l'écho : «Le cas des étrangers comme main-d'œuvre est un point d'appui très efficace pour les fascistes afin d'attirer vers eux l'attention des masses»; en outre, en cas de chômage, « notre parti se trouverait fortement handicapé s'il ne prenait *dès maintenant* les mesures propres à *familiariser* les masses avec *nos* mots d'ordre concernant les travailleurs étrangers [14] ». Il n'est plus question de la libre circulation des prolétaires qui, n'ayant pas de patrie, sont partout chez eux, base de l'argumentation développée auparavant. Quand, en juin 1926, l'Internationale syndicale d'Amsterdam organise à Londres le congrès des migrations, la CGTU, qui essayait en vain et *a priori* sans grand espoir de s'y faire inviter, en profite pour présenter ses nouvelles thèses, en l'occurrence la création d'offices d'émigration nationaux et internationaux qui, placés sous l'égide des deux Internationales, auraient pour objectif de contrôler les flux migratoires.

Mais les immigrés posent aussi au PCF des problèmes politico-organisationnels. Il souhaite en effet qu'ils soient, ainsi que les réfugiés communistes, placés sous son autorité. Or les militants immigrés ne l'acceptent pas nécessairement. C'est le cas des Italiens, par exemple, qui se sont organisés de manière indépendante et ont créé des comités ouvriers antifascistes, et même des groupes paramilitaires, les centuries prolétariennes, qui, en septembre 1924, au nombre d'une quinzaine, défilent en chemises rouges à Courbevoie, ce qui aboutit à l'expulsion de plusieurs militants[15]. D'ailleurs, ces communistes italiens sont plus occupés à régler des comptes internes qu'à engager un travail en direction de la masse des émigrés économiques, dont les préoccupations sont d'une autre nature que les débats interminables dans l'organisation.

Ce différend est régulièrement mentionné, comme lors de la réunion du 4e rayon de la région parisienne à la mairie d'Ivry, le 19 janvier 1926[16]. Le rapporteur constate avec satisfaction que la plupart des militants étrangers ont accepté de ne plus former de groupes distincts et d'entrer dans les cellules du PCF, mais il déplore le refus des Italiens qui restent groupés « par cellules de villages, par affinités de langue ». Un militant italien présent réagit : forts de leurs 96 groupes et de leurs 4 000 adhérents en région parisienne, les communistes italiens doivent être organisés à part.

Dès l'origine, les relations entre le PCF et les militants immigrés sont donc marquées par deux logiques distinctes, voire opposées, selon les circonstances : celle du PCF, intégratrice et centripète ; celle des groupes de langue, s'exprimant à des degrés divers, centrifuge et visant à préserver les liens avec l'organisation du pays d'origine, l'indépendance organisationnelle et politique. Il arrive aussi que des préoccupations plus terre à terre alimentent ces querelles, comme des conflits de préséance entre partis communistes au sein de l'Internationale. Les manœuvres politiques compliquent encore les relations entre militants français et italiens. Dans leur numéro du 15 juin 1926, les *Cahiers du bolchevisme*, l'organe théorique du PCF, publient une déclaration politique des partisans de Bordigha, alors l'ennemi acharné de Togliatti au sein du PC italien et de l'Internationale. Inacceptable ingérence.

C'est pour répondre au défi que posent les mutations de la classe ouvrière et tenter de régler à son avantage ce premier conflit avec les communistes immigrés qu'au cours de son V^e congrès, tenu à Lille en juin 1926, le PCF décide de créer une section centrale du travail parmi les étrangers, placée sous le contrôle du comité central et dirigée par Henriette Carlier, de son vrai nom Eva Neumann. À l'issue du congrès, des *Thèses sur l'immigration* sont publiées; les communistes immigrés doivent s'affilier à une cellule du PCF, mais ils ont, parallèlement, la possibilité de s'organiser en « sous-sections par nationalité » ou « sous-sections de langue »[17]. Les mêmes structures sont retenues pour la CGTU, le syndicat constitué par le parti après scission, avec la CGT, où sont créés un bureau central unitaire de la main-d'œuvre étrangère et des comités intersyndicaux de langue étrangère. La MOE est constituée et lance en direction des immigrés, dès le début du mois d'octobre 1926, une première campagne centrale avec diffusion de papillons et d'un tract intitulé « Fraternisation », publié en cinq langues (français, italien, allemand, hongrois, russe).

Cependant, toutes ces décisions semblent avoir bien du mal à se concrétiser. Ce n'est que peu à peu que s'établissent les groupes de langue de la MOE. Dès 1925, les sections hongroises de la CGT et de la CGTU parisiennes se sont réunies, en dépit de leurs différends, pour créer un journal, *Parisi Munkas – le Travailleur parisien –*, dont les communistes assurent bientôt la direction. Le 13 janvier

1926, le groupe hongrois de la CGTU parvient à organiser à Paris un grand meeting contre la « terreur blanche », où l'orateur principal n'est autre que le premier président de la République hongroise, le comte Karolyi [18]. De même, un rapport de police du 29 juin 1927 signale que « la réunion constitutive du groupe de travail des communistes juifs aura lieu le 1er juillet à 20 h 30 dans les sous-sol de la Bellevilloise [19] ». Dès 1925, un groupe de langue polonais est créé par le PCF et on estime qu'en 1928 la section polonaise de la CGTU compterait 6 000 syndiqués. Pendant les années 20, son influence reste donc négligeable, neutralisée, en particulier, par les relais et les structures de l'Église polonaise. Un glissement sensible se fera sentir quand viendront la crise et le Front populaire [20].

Certes, la deuxième conférence communiste de la région parisienne, réunie à la mi-septembre 1927, se félicite de ce que « tous les camarades des groupes de langue soient affectés dans les cellules. Sauf quelques rares exceptions, l'autonomie qui existait dans les groupes est en voie de disparition, ce qui est une des conséquences de l'assimilation des camarades étrangers au travail du parti ». Mais l'activité est encore très embryonnaire et se limite à deux slogans : « Pour l'union des ouvriers français et immigrés » et « Pour l'égalité absolue des ouvriers immigrés et français [21] ».

Néanmoins, l'activité de la MOE semble se renforcer peu à peu, et le rapport qui lui est consacré au cours de la conférence nationale de la section d'organisation du PCF tenue les 28 et 29 janvier 1928 signale que le parti compterait alors près de 6 000 militants étrangers, dont 60 % d'Italiens, et la CGTU 60 000 [22]. Cette part des immigrés serait beaucoup plus élevée dans certaines régions : « Dans les Alpes, dans l'Est, dans la région niçoise, la majorité des membres du parti sont des ouvriers immigrés. » Le rapport se félicite aussi de certaines évolutions internes : « Nous avons vu peu à peu changer la mentalité qui régnait autrefois dans les sous-sections et qui consistait à n'avoir aucune liaison, à ne supporter aucun contrôle du parti français, à former en un mot un parti dans le parti. » Mais en contrepartie, le rapport souligne les difficultés d'action de la MOE en raison de la répression qui, dans les mois précédents, a entraîné l'expulsion de plus de 250 militants, dont 40 pour la seule journée du 10 septembre 1927, et décapité ainsi la plupart des sections de langue, obligeant dès lors les militants de la MOE à œuvrer dans l'illégalité la plus absolue. En dépit de ces obstacles et de continuelles interdictions de journaux, la MOE est à la tête de plusieurs publications : en espagnol, il s'agit de *la Verdad* (bimensuel tiré à 4 000 exemplaires), en italien de *la Verità* (bimensuel, entre 7 000 et 12 000 exemplaires), en polonais de *Glos Pracy* (*la Voix du travail*, bimensuel, 7 000 exemplaires), en hongrois de l'hebdomadaire *Parisi-Munkas* (à 3 000), pour les Juifs en yiddish, de l'hebdomadaire *Arbayter Schtimme* (*la Voix ouvrière*, à 2 500), enfin en serbo-croate, de *Glas* (*la Voie*, tiré irrégulièrement à 1 500).

L'intensification de la répression semble faire entrer la MOE en léthargie et, lors du VIᵉ congrès du PCF qui se tient à Saint-Denis en avril 1929, le rapport qui lui est consacré est sans complaisance : « Le congrès du parti devra faire une autocritique sévère et détaillée de son travail parmi la MOE, en souligner les imperfections et marquer toutes ses défaillances »... qui, à en croire le rapport, sont graves. Au point que, dans ses *Résolutions sur la MOE*, le congrès recommande « la création d'une véritable section centrale de la MOE avec un responsable pris au sein du bureau politique [23] ».

Mais toutes ces décisions n'étaient que des vœux pieux, puisque un an plus tard, en mars 1930, à l'occasion d'une conférence nationale du PCF, le rapport sur la MOE rappelait « la nécessité urgente d'appliquer les décisions de Lille et de Saint-Denis en ce qui concerne l'organisation des étrangers dans le parti, c'est-à-dire : lutter contre les tendances autonomistes des sous-sections de langue et les maintenir dans leur rôle d'application de la politique pratique déterminée par les comités réguliers du parti [24] ». La section de langue italienne a d'ailleurs en grande partie repris son autonomie, pour redevenir une composante du PC italien en exil, encouragée dans cette voie par Togliatti lui-même qui, le 28 janvier 1928, a fait adopter par l'Internationale communiste une résolution incitant les communistes italiens à renforcer le PCI en exil plutôt que les groupes de langues de la MOE. Ces derniers sont d'ailleurs « doublés » par un réseau de « groupes d'études » organisés par le PCI, en France, autour de la revue *Stato operaio*. De fait, le groupe des communistes italiens en France devient le vivier où sont recrutés les cadres pour la lutte antifasciste en Italie, ce qui entraîne parfois de sérieuses divergences au sein même du PCI. Ainsi, le jeune Carlo Fabro, alors l'un des responsables italiens de la Fédération du bâtiment de la CGTU et l'un des leaders des Jeunesses communistes italiennes en région parisienne, s'oppose aux ordres de Gian Carlo Pajetta qui veut voir recruter un maximum de jeunes immigrés pour retourner militer en Italie. Fabro considère que beaucoup de ces jeunes sont d'ores et déjà trop intégrés à la société française pour répondre aux sollicitations du PCI. Il pense qu'il serait politiquement plus efficace de développer parmi eux une propagande tournée vers les préoccupations « françaises »; mais, désavoué par le PCI, il quitte la direction des Jeunesses [25]. Fin mars 1931, le réfugié Giulio Ceretti est désigné par le PCI pour prendre la tête des Italiens de la MOE, et il n'hésite pas à se plaindre à Thorez du mauvais travail du parti dans l'immigration [26].

Au tournant des années trente, l'activité de la MOE se révèle de plus en plus difficile. Non seulement le communisme, pourchassé, ne rencontre qu'un faible écho dans la population – c'est aux législatives de 1932 que le PCF réalise son plus mauvais score de l'entre-deux-guerres, avec 8,4 % des voix exprimées –, non seulement sa direction est traversée par une crise longue, mais bientôt, la xénophobie gagne la population dans des proportions alarmantes. Dès qu'était apparue la moindre alerte, économique ou financière, les campagnes de l'extrême droite avaient reçu un important écho, comme à l'occasion de la crise de la fin juillet 1926. Mais à partir de 1931 la France est frappée par une crise économique d'une autre ampleur. Le chômage s'abat sur la classe ouvrière et les immigrés, montrés du doigt, sont dénoncés comme responsables de son accroissement. Le Hongrois Paul Loffler note dans son journal personnel, à la date du 31 octobre 1931 : « La xénophobie, comme la crise, est au point culminant, et restera une tache de honte dans l'histoire du peuple français [27]. »

La décennie qui s'ouvre marque un freinage spectaculaire de l'immigration, avec les premiers textes édictés en 1932-1933, une aggravation notable en 1935 et, après le répit du Front populaire, la législation répressive de 1938 à l'Occupation. Quelques chiffres illustreront le phénomène. Si l'on considère les flux et les reflux des travailleurs étrangers, on constate que l'année 1931 est bien l'année du tournant, avec 102 266 entrées, soit deux fois moins qu'en 1930, mais 40 % de plus qu'en 1932, et 92 916 sorties (il s'agit en général d'expulsions), soit plus du double de l'année précédente. En 1932, on compte 69 492 entrées et 108 513 sorties, soit le différentiel le plus important de l'entre-deux-guerres [28]. Une loi du 10 août 1932 permet désormais de fixer par décret des quotas d'étrangers dans telle profession, telle région ou telle branche. Les mineurs polonais sont, de loin, les premiers touchés. À la différence de la CGTU, la CGT confédérée est alors au premier rang de la masse des ouvriers pour protester contre la lenteur de la mise en œuvre de cette loi et pour exiger les contingentements les plus stricts. Des opérations de retour sont en outre favorisées : de 1932 à 1935, le gouvernement organise le rapatriement de 73 300 Polonais !

Comme de coutume, les faits divers et les crises politiques sont exploités dans le même sens. Très sensibilisée, l'opinion publique réagit immédiatement. Le 6 mai 1932, le russe Gorgoulov abat à coups de revolver le président de la République, Paul Doumer. Que ce Russe soit «blanc» ou «rouge», qu'il soit à l'évidence atteint de troubles mentaux, tout cela importe peu à une opinion mobilisée par une presse de droite et d'extrême droite qui trouve dans le «terrorisme étranger» une excellente occasion de réactiver ses campagnes xénophobes et antisémites. Ces dernières sont encore alimentées par le scandale du «Juif russe» Stavisky et par l'assassinat à Marseille, en octobre 1934, du roi de Yougoslavie et du ministre français des Affaires étrangères, Louis Barthou, par un terroriste croate. Ce regain de xénophobie a d'ailleurs contraint le PCF à modifier l'intitulé de la MOE : le terme «étranger» s'inscrit par trop dans les campagnes de la droite; on lui substitue donc le terme d'«immigré», à connotation plus «objective», plus «économique». On parle donc de la MOI à partir de 1932.

Ce climat tendu est encore aggravé par l'arrivée massive de près de 35 000 Allemands après la prise du pouvoir par Hitler en janvier 1933. Leur présence nourrit une violente controverse entre de larges pans de la droite – qui ont tendance, comme dans toute l'Europe, à voir dans le IIIᵉ Reich un régime d'ordre et de progrès économique reposant sur un nationalisme exacerbé – et une gauche qui craint la montée d'un puissant mouvement fasciste et les dangers de guerre concomitants. Les immigrés sont particulièrement sensibles à la confrontation qui s'accentue entre la démocratie et les politiques de force et d'exclusion. Cet antifascisme est alimenté – mais dans une bien moindre mesure – par l'afflux de réfugiés autrichiens, après l'écrasement de la social-démocratie dans ce pays par le chancelier Dolffuss en février 1934.

Ces sentiments se manifestent pour la première fois au grand jour lors des événements de février 1934, qui modifient brusquement toute la scène politique française. S'ils n'apparaissent pas officiellement et collectivement lors des grandes manifestations organisées par les communistes le 9 février et par toute la gauche le 12 février, nombreux sont les militants immigrés qui y participent. À la fin du mois, Jacques Duclos réunit les cadres de la MOI dans une salle de la Grange-aux-Belles et leur expose la politique communiste pour un « front uni » contre le fascisme; il montre un grand scepticisme devant la « volonté unitaire » des dirigeants socialiste et incite les militants à tourner leurs efforts vers la base [29]. Quelques mois plus tard, le tournant est pris, matérialisé par le pacte d'unité d'action signé par les directions du PCF et de la SFIO. À l'automne, le PCF s'adresse aux radicaux. Le Front populaire est sur les rails. En un an, le climat politique se modifie du tout au tout. Le 14 juillet 1935, lors de la gigantesque manifestation des forces de gauche à Paris, les immigrés se présentent collectivement et ouvertement. La presse de droite n'est pas la dernière à remarquer des banderoles en yiddish ou en caractères cyrilliques.

Cette évolution est mise à profit par Giulio Ceretti qui, sous le pseudonyme d'Allard et avec le titre de membre du comité central, devient en 1932, sur décision de Thorez, le dirigeant de la MOI. Militant éprouvé, bénéficiant du soutien à la fois de Thorez et de Togliatti, Ceretti réorganise la MOI en une dizaine de « groupes de langue » qui disposent chacun d'une direction et d'un journal [30].

Dans le nouveau climat de 1934-1935, la direction de la MOI engage une action pour la création d'un statut juridique de l'immigration. Déjà, sans attendre la moindre directive, Me Henri Levin, vice-président de la Ligue internationale contre l'antisémitisme (LICA) dirigée par Bernard Lecache, socialiste d'opinion mais compagnon de route des communistes juifs, a entamé une réflexion sur ces questions avec Édouard Tcharny, l'un des responsables du groupe de langue juif. Ensemble, ils envisagent la révision du projet de « statut de l'immigré » déposé en 1935 à la Chambre par le député socialiste Marius Moutet.

En décembre 1935 est fondé le Centre de liaison des comités pour le statut des immigrés, qui fédère les partis du Front populaire, la CGT (réunifiée en janvier 1936), les Amis des travailleurs étrangers, groupement fondé l'été précédent par Magdeleine Paz, ainsi que de multiples associations. Bientôt, le Centre publie un hebdomadaire, *Fraternité*, qui paraît en français sur seize, puis vingt-quatre pages, dont certaines en couleur, et atteint, à son apogée, 25 000 à 30 000 lecteurs. *Fraternité* est accompagné de suppléments en italien, espagnol, polonais, yiddish, tchèque, serbe et épisodiquement en russe, roumain et arménien, qui sont réalisés par des journalistes communistes détachés des journaux de leurs groupes de langue respectifs.

Le succès électoral du Front populaire et l'arrivée de Léon Blum au gouvernement donnent à la MOI les plus grands espoirs. Des personnalités appartenant à toutes les formations du Front populaire – Édouard Herriot, Vincent Auriol, Daladier, Léon Blum ou Magdeleine Paz – manifestent leur soutien à la cause des immigrés. Le PCF en profite pour faire déposer à la Chambre un projet de loi sur le « statut de l'immigration », préparé par Marcel Willard. À défaut d'une législation, les travailleurs immigrés bénéficient des mêmes avantages sociaux que ceux obtenus par leurs collègues français : véritable cauchemar des immigrés, les expulsions sont arrêtées; les journaux des groupes de langue ne sont plus saisis. Les immigrés sont de toutes les grèves, de tous les défilés, de toutes les fêtes. La CGT réunifiée compte 25 000 Italiens et 80 000 Polonais.

Les activités de la MOI se diversifient. Dès ce moment, deux groupes de langue se révèlent plus puissants que les autres, tant par le nombre de militants que par leur dynamisme et la qualité politique de leur encadrement, à savoir les Italiens et les Juifs, les seuls à publier ou inspirer des quotidiens.

La stratégie d'alliance engagée par les communistes italiens suit de près la chronologie française. Dès septembre 1934, le PCI et le PSI ont signé un pacte d'unité d'action, soit moins de deux mois après le PCF et la SFIO. Appliquant, et au-delà, le modèle du Front populaire, les communistes italiens fondent, avec les mêmes socialistes, les républicains et le mouvement Giustizia e Libertà, l'Union populaire italienne (UPI), dont le congrès constitutif se tient en mars 1937. Les communistes y occupent une place prépondérante, ainsi que dans son journal, *la Voce degli Italiani*, relais majeur d'implantation dans l'émigration italienne en France. Les procès-verbaux du secrétariat du « centre extérieur français » du PCI traduisent aussi bien l'importance qui lui est accordée que les moyens dont il dispose pour le contrôler, ou même le rôle du PCF dans le choix des hommes et des orientations[31]. Les articles du journal et les proclamations ou les actions de l'UPI expriment bien davantage le choix de l'intégration que celui du retour dans le pays à libérer du fascisme. En choisissant l'UPI, l'émigré italien choisit la France. C'est un vecteur majeur d'intégration dans le pays d'accueil. Cela fera sans doute une part du succès de cette organisation, mais provoquera aussi, à partir de l'automne 1938, des tensions avec la direction du PCI.

Les Juifs sont beaucoup moins nombreux que les Italiens et surtout ils n'apparaissent bien sûr jamais en tant que tels dans les recensements, où est simplement signalée leur nationalité d'origine : polonaise, russe, roumaine, hongroise, etc. Si l'on y ajoute ceux, nombreux, qui sont venus en France avant la Première Guerre mondiale et qui, en dépit de leur naturalisation, restent attachés au « yiddishland » d'Europe centrale, on peut estimer à 70 000 les Juifs qui, immigrés ou naturalisés mais vivant en dehors de la communauté des Juifs français de souche, résident en région parisienne. Ce chiffre sera tragiquement confirmé par les résultats du recensement ordonné par l'occupant en octobre 1940 : 55 854 Juifs étrangers de plus de quinze ans auxquels s'ajoutent les enfants de moins de quinze ans, issus de familles immigrées mais en majorité naturalisés français, au nombre de 21 345. Soit un total de 77 199 Juifs d'origine étrangère, compte non tenu de ceux qui ont échappé au recensement, qui ont fui en zone sud au cours de l'exode et n'ont pas voulu retourner à Paris, ou encore des adultes qui ont été naturalisés dans les années 20 et 30. À la différence de la plupart des grandes immigrations, ces Juifs n'ont pas été recrutés par les missions du patronat ou du gouvernement français. Ce sont pour la plupart des immigrés clandestins, contraints de vivre et de travailler plus ou moins illégalement pendant des années, jusqu'à la naissance d'un enfant qui, français par déclaration, deviendra leur protection contre l'expulsion. Cette immigration « sauvage » est certes de caractère économique, mais aussi politique, dans la mesure même où le chômage et la misère de ces Juifs s'expliquent largement par une politique discriminatoire à leur égard.

Sur un point essentiel, la sous-section juive de la MOI est différente de toutes les autres. En effet, ces dernières se rattachent à un parti communiste clairement identifié, qui œuvre lui-même au sein d'une nation et sur un territoire défini. Avec les Juifs communistes, rien de tel. Encore qu'il faille nuancer, dans la mesure où les organisations contrôlées par eux se composaient essentiellement d'originaires de Pologne puisque la langue courante, en l'occurrence le yiddish, était le facteur discriminant. Ils restaient attachés à la Pologne par des liens familiaux, mais aussi par l'intérêt soutenu qu'ils portaient à la vie politique de ce pays. Et les militants de la section, anciens membres du Parti communiste ou d'autres organisations du mouvement ouvrier polonais, n'étaient pas indifférents à la lutte qui opposait celles-ci au régime autoritaire polonais. Cependant, ces immigrés, toutes tendances politiques confondues, appartenaient là-bas à une minorité nationale, et, à ce titre, avaient supporté toutes les conséquences de la politique officielle de discrimination économique, culturelle et politique. Arrivés en France, ils conservaient leurs réflexes critiques à l'égard d'une mère patrie bien ingrate. Ils n'oubliaient pas qu'ils devaient avant tout leur exil à cette politique discriminatoire. Ces divers aspects expliquent la relation privilégiée qu'ils entretenaient avec leur patrie d'accueil, qu'ils attendaient généreuse. Pour ceux dont le cœur penchait à gauche, le Parti communiste français apparaissait alors comme l'un des intermédiaires privilégiés.

La sous-section juive disposait, depuis l'origine, d'un journal qui, au gré des interdictions, prit successivement le titre, en yiddish, de *la Voix ouvrière, la Tribune, la Voix, l'Étincelle, la Vérité, la Liberté, l'Étoile, la Semaine, En avant* et *le Matin*. En janvier 1934, la sous-section fut assez forte pour lancer un quotidien, la *Naïe Presse*, codirigé par Leo Weiss, ancien rédacteur de la *Rote Fahne* (le quotidien du Parti communiste allemand), et par Louis Gronowski. En 1936, elle est à l'origine d'une importante initiative. Sur proposition du docteur Slovès, elle organise le premier congrès mondial de la culture juive, qui se tient à Paris du 17 au 21 septembre 1937. Vingt-trois pays y sont représentés par cent quatre délégués. La grande absente en est la délégation de l'URSS, où les purges ont commencé contre les institutions et les intellectuels juifs.

De cette rapide description, il apparaît clairement que, si la MOI est un « appareil spécialisé » constitué après la Première Guerre mondiale par le PCF pour recruter des immigrés en nombre toujours plus important, les groupes de langue qui la composent ont des comportements propres plus ou moins marqués correspondant à la spécificité de leur milieu d'implantation comme à l'originalité de leur culture. Cependant, notons que l'appellation « groupe de langue » recouvre en réalité des groupes de nationalités; même les Juifs originaires de l'Europe centrale considèrent qu'ils ont une identité nationale propre et revendiquent leur appartenance à un peuple, au même titre que les Italiens, les Espagnols, etc. Or, dans de nombreuses conjonctures, la tendance à l'autonomie pèsera plus lourdement que le principe de l'« unité du parti ». Sans doute est-ce pour cette raison que le PCF a donné aux diverses sections nationales l'appellation de « groupe de langue », pour mieux exorciser toute vélléité « séparatiste ». C'était ne pas tenir compte de la charge émotionnelle, vitale, que recèle la pratique de leur langue maternelle par des minorités immigrées tant soit peu opprimées. Bref, le « groupe de langue » est la structure qui, aux yeux des immigrés de la mouvance communiste, incarne et garantit le particularisme national auquel ils ne veulent pas renoncer, même s'ils aspirent à se fondre dans la classe ouvrière française. Pour nombre d'immigrés, le PCF des années 30 apparaît – inconsciemment le plus souvent – comme un vecteur majeur d'intégration dans la société française, mais qui n'en respecte pas moins leur identité culturelle et linguistique. Source de la force du PCF dans ces milieux, c'est aussi là le germe de contradictions qui ne pourront qu'éclater.

Mais, dans l'immédiat, c'est l'un des facteurs majeurs de son implantation dominante dans ces milieux. En effet, si, à la fin des années trente en particulier, il sacrifie peu ou prou aux sentiments xénophobes latents dans la classe ouvrière, le PCF met néanmoins continûment l'accent sur une nécessaire solidarité internationaliste entre les peuples, ce qui lui permet de se présenter comme « le meilleur défenseur » des intérêts et des droits des immigrés. Cette forte implantation est renforcée par la présence, dès les années vingt, de noyaux de réfugiés politiques souvent très expérimentés.

En dépit de la création d'un éphémère sous-secrétariat d'État à l'immigration, le gouvernement Blum, qui ne souhaite sans doute pas alimenter les campagnes xénophobes et antisémites déchaînées de l'extrême droite et sait ce qu'il en est de l'opinion, observe sur la question des immigrés une réserve certaine, qui contraste avec les espoirs et les promesses dont il était porteur. Les quatre projets pour une politique cohérente de l'immigration et un statut des étrangers en France, élaborés par le sous-secrétaire d'État Philippe Serre, ne verront jamais le jour. Cependant, l'évolution de la situation des immigrés en France passe bientôt au second plan des préoccupations des immigrés communistes, quand en juillet 1936 éclate la guerre d'Espagne.

CHAPITRE II

L'Espagne au cœur

Le 16 juillet 1936, l'histoire s'accélère brusquement, quand éclate la rébellion de Franco et d'une grande partie de l'armée contre le gouvernement républicain espagnol régulièrement élu quelques mois auparavant. Une guerre civile s'engage immédiatement, féroce, exemplaire. À Irun, sur la frontière française, la garnison tente de s'emparer de la ville pour le compte de Franco; et déjà, des dizaines de militants communistes venus de France, ne répondant à aucune directive centrale, se précipitent à la frontière et font le coup de feu contre les rebelles. Parmi eux, un groupe de neuf Polonais dirigé par Franciszek Palka; l'un d'eux, Joseph Epstein, militant de longue date qui vient de terminer sa licence en droit à l'université de Tours, est blessé [1].

Au même moment, à Barcelone, doivent se tenir les Spartakiades internationales, des contre-Jeux olympiques destinés à faire pièce à ceux, officiels, de Berlin. Ces Spartakiades ont attiré des milliers de jeunes antifascistes de l'Europe entière, dont beaucoup de communistes. Ils sont parmi les premiers à combattre auprès des milices anarchistes contre le putsch franquiste et à provoquer son échec à Barcelone. La *Naïe Presse* publie une lettre envoyée le 18 juillet par Dov Liberman, membre de la délégation bruxelloise aux Spartakiades, qui relate « la fraternisation enthousiaste entre Juifs et Espagnols sur la terre de l'Inquisition, plusieurs siècles plus tard ». Dès la fin août 1936 est organisée en Catalogne une centurie Thaelmann, composée de volontaires allemands, qui est envoyée sur le front d'Aragon. En septembre, ce sont des volontaires français qui, à Madrid, forment la centurie Commune de Paris sous le commandement d'un officier en rupture de ban, le capitaine Dumont, et avec pour commissaire politique le communiste Pierre Rebière[2].

Durant l'été 1936, des volontaires affluent spontanément, en ordre dispersé, de toute l'Europe et même du monde entier pour combattre aux côtés de la République espagnole et s'enrôler dans des régiments contrôlés soit par le PC espagnol, soit par les anarchistes. Certains rejoignent donc l'Espagne avant même la formation des Brigades internationales. Tel est le cas de Ljubomir Ilic qui, parti avec les premiers groupes de Yougoslaves, combat dans un premier temps dans le Quinto regimento, le fameux régiment organisé par les communistes espagnols et que commande Modesto[3]. Après un passage dans les Brigades et la bataille de Guadalajara, il sera sollicité par les Espagnols pour mener la guérilla sur les arrières des lignes ennemies. Il terminera cette première guerre comme commandant de la 14e brigade de l'armée espagnole, avec sous ses ordres, entre autres, Celestino Alfonso Matos, l'un des vingt-trois condamnés à mort du procès de l'Affiche rouge, en février 1944. Ilic deviendra, début 1944, le chef national des Francs-Tireurs et Partisans de la MOI (FTP-MOI).

À Moscou, Staline, très prudent dans un premier temps, ne souhaite pas rompre avec la politique de non-intervention en Espagne préconisée par le gouvernement français et se contente de lancer, par le biais de l'Internationale communiste et de l'Internationale syndicale rouge, des appels à une aide humanitaire. Cependant, au bout de quelques semaines, devant l'attitude ouvertement interventionniste de l'Allemagne et de l'Italie, il se décide à son tour à jouer la carte espagnole et envoie par bateau des armes. Au même moment, les

18 et 19 septembre, l'Internationale communiste réunit son secrétariat et son comité exécutif. Manouilski y présente un important rapport sur la situation espagnole, et une résolution appelle bientôt à « recruter parmi les travailleurs des différents pays des volontaires ayant une formation militaire et [à] les envoyer en Espagne ». Présent à Moscou, Thorez est chargé d'organiser, à partir de la France, une armée internationale de secours à la République : les Brigades internationales. Or, depuis des semaines, la MOI est en ébullition. Des centaines de militants immigrés, qui ont subi dans leur pays une répression parfois virulente, souhaitent aller combattre outre-Pyrénées et en découdre avec le fascisme abhorré. Ils ont constitué, spontanément, des groupes de volontaires, mais se heurtent aux ordres du PCF; une première démarche tentée par la direction de la MOI auprès de Marty aurait essuyé un refus[4].

Selon le témoignage de Ceretti, la direction de la MOI s'adresse directement à Maurice Thorez, qui donne le feu vert pour le recrutement de volontaires. En octobre 1936, une délégation communiste, composée de l'Italien Luigi Longo, du Polonais Stephan Wiszniewski et du Français Rebière, rencontre le gouvernement espagnol pour obtenir l'autorisation et les moyens d'organiser la masse des volontaires. Le 22 octobre, ce dernier approuve la création des Brigades internationales, dont la base, installée à Albacete, est placée sous la direction d'André Marty, alors membre du secrétariat de l'Internationale communiste. Les milliers de candidats qui affluent à Paris sont donc dirigés vers Albacete où ils sont intégrés dans les Brigades qui grouperont, sur deux ans, environ 32 000 combattants, dont 2 000 Hongrois, 4 000 Polonais – parmi lesquels une large majorité de Juifs dont 800 sont venus de Pologne –, 5 000 Allemands et Autrichiens, 500 Tchèques et Slovaques, 500 Roumains, 1 500 Yougoslaves, 4 000 Italiens (dont 1 822 communistes, 137 socialistes, 124 anarchistes, 55 républicains), une centaine de Bulgares – essentiellement des militants réfugiés en URSS après l'insurrection manquée de 1923 et devenus membres de l'Armée rouge

– et 8 500 Français. Hugh Thomas évalue à 3 000 le nombre de Juifs dans les Brigades[5].

La première brigade, formée le 1er novembre 1936, comprend les bataillons Edgar André, du nom d'un chef communiste allemand exécuté par les nazis, Commune de Paris et Dombrowski[6]. Elle est immédiatement engagée dans la défense de Madrid, où elle sert de troupe de choc pour bloquer l'offensive générale lancée par Franco contre la capitale espagnole. Très vite, les Brigades internationales deviennent un puissant symbole de la solidarité internationale et de l'héroïsme révolutionnaire. Elles subiront de très lourdes pertes, atteignant souvent plus de 50 % de leurs effectifs. Les exploits militaires, l'esprit de sacrifice des brigadistes, sont présentés et amplifiés par la presse de gauche du monde entier. Pendant deux ans et demi, l'affaire d'Espagne fait vibrer la fibre antifasciste des communistes et prépare ainsi grandement le terrain aux combats de la Résistance. On ne saurait sous-estimer la dimension épique et spirituelle de ce mouvement, qui prend en quelque sorte allure de croisade, comme l'illustrent les textes des écrivains. Le volontaire britannique W. H. Auden s'exclame : « Ils ont franchi les océans et les cols des montagnes. Tous offraient leur vie. Madrid est le cœur. Nos instincts de tendresse fleurissent[7]. » Le poète juif soviétique Itsik Fefer voit dans la participation des volontaires juifs une revanche sur l'Histoire : « Des ténèbres la force s'avance [...] De Torquemada l'esprit dans la flamme sera anéanti. »

La réalité des combats, de la vie sur le front, est souvent plus prosaïque. Dans un rapport resté inédit jusque récemment, le représentant du PCF auprès des Brigades, Vital Gayman, évoque les lourdes pertes qui touchent les volontaires, exposés le plus souvent en première ligne, sur des fronts trop étendus en regard de leurs effectifs : « L'opinion qui prévaut dans les cercles d'officiers supérieurs de l'armée espagnole [...] est que les Brigades internationales ne sont autres qu'une légion étrangère. Les brigadistes s'en rendent parfaitement compte. Ils le ressentent comme une injure à leur conviction antifasciste[8]. »

Paris est devenu la plaque tournante des Brigades. Avenue Mathurin-Moreau, dans les locaux de la CGT, s'ouvre un bureau d'accueil des volontaires. Le « personnel », constitué de militants de la MOI, se débrouille autant que faire se peut dans cette nouvelle Tour de Babel où seuls, au souvenir des témoins, les ressortissants scandinaves eurent quelque mal à se faire comprendre. Une direction se met en place, avec à sa tête Ceretti, assisté, a-t-il écrit, de l'Espagnol Louis, de l'Italien Franci, du Polonais Dumont – de son vrai nom Joseph Kostecki, responsable de l'immigration polonaise, entré au CC du PCF en 1932 et parti combattre en Espagne en 1937 –, de l'Arménien Davidian et de Leduc. D'autres sources indiquent cependant le rôle important qu'ont tenu dans cette équipe de direction Louis Gronowski et Jacques Kaminski, responsables de la sous-section juive. Des militants des divers groupes de langue y sont chargés de l'accueil des volontaires, en l'occurrence pour vérifier leurs capacités physiques et leur orthodoxie politique.

Bientôt est crée le Comité international d'aide à l'Espagne qui, outre un travail de propagande en faveur de la République, assure le suivi des volontaires des Brigades. Au sein du Comité sont organisées des sections de nationalité qui sont en réalité contrôlées par les groupes de langue correspondants de la MOI; elles maintiennent le contact avec les différentes unités des Brigades qui, efficacité militaire oblige, sont elles-mêmes réorganisées en 1937 sur le principe de l'appartenance nationale. Chaque parti communiste européen y a son représentant. Ainsi, pour le PC tchèque, c'est Nelly Stefka qui est envoyée de Prague en 1937 – elle sera l'une des principales collaboratrices d'Artur London dans la Résistance. Chaque section doit s'occuper de ses volontaires, de leur famille, de leurs papiers, les prendre en charge lorsqu'ils sont de retour à Paris, blessés ou malades.

Au début de 1937, trois militants immigrés sont chargés

de créer et diriger la Compagnie France-Navigation, qui achète des armes de contrebande dans le monde entier et les livre à l'Espagne [9]. À la tête de cette entreprise, Ceretti, Michel Feintuch – plus connu sous le nom de Jean Jérôme, responsable des question financières – et Joseph Epstein; nous retrouverons les deux derniers dans la suite de notre récit. Bientôt les rejoint Georges Gosnat, qui deviendra secrétaire général de la Compagnie à la fin de 1937.

Dès ce moment, aux activités politiques et syndicales traditionnelles se mêle un travail plus clandestin, sous la tutelle de l'Internationale communiste. En outre, les Soviétiques utilisent pour leurs services des cadres issus de la MOI, que souvent l'expérience espagnole leur a permis de recruter. Il n'y avait d'ailleurs rien là de bien surprenant: la défense de l'Union soviétique, pays du socialisme, de l'utopie réalisée, était prioritaire pour ces militants internationalistes.

Cependant, le Front populaire libère aussi de très forts sentiments patriotiques dans la MOI. Si les communistes français, à partir du tournant qu'ils opèrent sur la question nationale en mai 1935, se redécouvrent avec audace quelques grands ancêtres, comme Jeanne d'Arc ou les rois capétiens, les immigrés retrouvent eux aussi leurs racines. Chaque section de la MOI reconstitue sur le sol français sa petite patrie. La section juive elle-même, à défaut de « patrie » et en dépit de sa nette opposition à la perspective sioniste, réaffirme avec force l'unité du peuple juif. Ce « nationalisme » provoque un certain relâchement des liens avec le Parti communiste français – comment un militant français peut-il s'intéresser aux préoccupations spécifiques d'un Juif, d'un Hongrois, d'un Italien? – et une autonomie organisationnelle de plus en plus accentuée des groupes de langue. Paradoxalement, la guerre d'Espagne renforce ce nationalisme: en participant à la guerre civile espagnole, beaucoup de communistes immigrés entendent combattre à terme pour la libération de leur propre pays soumis à ce qu'ils définissent comme « une dictature fasciste », qu'il s'agisse de la Pologne, de la

Hongrie ou de la Roumanie. Dans le double courant du Front populaire et de la guerre d'Espagne, les deux sensibilités – internationaliste et nationaliste – qui animent les militants convergent en un puissant sentiment, l'antifascisme. Qu'ils soient espagnols, italiens, tchèques, juifs, polonais, roumains, hongrois, tous ont conscience d'être engagés dans un combat commun qui, de surcroît, trouve sa dynamique dans l'exaltation des spécificités ethniques, culturelles et nationales.

Il faut toutefois s'interroger sur les limites du terme « antifascisme » et sur sa pertinence comme concept historique. Il est en effet susceptible de receler des ambiguïtés aussi bien par son extensivité, fonction du sentiment spontané de la gauche européenne face à la montée des régimes autoritaires – sentiment exacerbé par la stratégie d'alliances adoptée par les communistes à partir de 1934 –, que par la confusion qu'il implique dans la caractérisation des régimes ainsi combattus. On sait les différences majeures que les théories raciales en vigueur en Allemagne nationale-socialiste ont marqué avec l'Italie mussolinienne. On sait aussi qu'en Pologne le maréchal Pilsudski, qualifié alors de « fasciste », laissait fonctionner nombre des rouages démocratiques (Parlement, liberté de la presse...), non sans entraves il est vrai, mais surtout en excluant les communistes de la vie politique et en maintenant la persécution économique et politique de la minorité juive. Forts de cette constatation, des historiens tels Karl-Dietrich Bracher ou Annie Kriegel récusent le concept d'antifascisme. Dans un colloque tenu en 1986, cette dernière expliquait que « l'antifascisme, du fait de son corps – fascisme –, a l'avantage de pouvoir étendre à l'infini ou restreindre à volonté le champ de définition de l'ennemi. Noyant en lui la spécificité du nazisme, il peut à son abstraction joindre l'intemporalité : le fascisme est tout, partout, toujours, sans plus aucune référence concrète qui en particulariserait l'emploi. [...] D'une extension indéfinie, l'antifascisme peut, si nécessaire, dissimuler en s'y substituant, et là encore sans l'appeler par son nom, l'appartenance au communisme [10]. » Il serait abusif, cependant, d'attribuer aux seuls communistes l'emploi de ces termes, puisque bien des partis ont défini, avant même l'Internationale communiste, leur stratégie en fonction d'un danger pour les libertés démocratiques, auquel ils donnaient pour nom « fascisme ». Nous sommes avertis, désormais, des enjeux stratégiques que constitue l'emploi de tel ou tel terme, mais il n'en reste pas moins que l'antifascisme a été l'un des principaux mythes mobilisateurs de l'entre-deux-guerres et qu'il a donné l'une de ses dimensions idéologiques spécifiques à la Seconde Guerre mondiale. Et l'histoire sans histoire des représentations, sans la réalité vécue des acteurs, n'est plus tout à fait de l'histoire.

La fin de l'année 1936 et le début de 1937 voient progressivement s'éloigner les positions du PCF et de la MOI (particulièrement de sa base). La gauche dans son ensemble – et surtout les syndicats ouvriers – n'est pas imperméable au climat xénophobe qui se répand, sur fond de crise économique et de chômage. C'est ainsi qu'à la suite de la publication dans *l'Humanité* d'une résolution de la CGT réclamant un contrôle rigoureux de l'arrivée des travailleurs étrangers, *Fraternité*, l'hebdomadaire du Centre de liaison et de défense des immigrés, emboîte le pas et publie un éditorial intitulé « C'est complet [11] » (il reprend ainsi la fameuse apostrophe des receveurs d'autobus parisiens de l'époque qui, sur la plate-forme arrière, tendaient une chaîne pour arrêter la montée des voyageurs...). Le tollé provoqué dans les rangs de la MOI par cet article vaut à son auteur un blâme, mais un blâme qui porte plus sur la forme que sur le fond. La « bavure journalistique » reflète les interrogations du PCF et de la CGT sur le droit de la classe ouvrière, en période de crise, à contrôler le marché du travail [12].

Le trouble amorcé sur le terrain économique et revendicatif s'étend bientôt au terrain politique. Maurice Thorez lance, lors d'un immense meeting réuni au Vel' d'Hiv' le 28 septembre 1937 : « Asile sacré aux travailleurs immigrés chassés de leur pays par le fascisme, mais répression impitoyable contre les agents étrangers de l'espionnage et du terrorisme fasciste et contre leurs complices français. Nulle xénophobie ne nous anime quand nous crions "La France aux Français". » En reprenant ainsi, avec quelques précautions, l'un des principaux slogans de la droite xénophobe, Thorez accentue le grand virage nationaliste amorcé, y compris sur sa droite, par le PCF au printemps 1935 et place la MOI en position délicate. L'internationalisme viscéral des militants immigrés se heurte aux préoccupations des ouvriers français qui, forts des acquis sociaux qu'ils viennent d'obtenir, se concentrent sur la défense de droits chèrement et récemment gagnés, et la crise qui se prolonge perpétue la volonté largement répandue d'imposer des quotas d'étrangers par branche ou par région. En exacerbant le sentiment national et en suscitant une politique de large alliance, le PCF du Front populaire a, paradoxalement, renforcé les liens entre les groupes de langue MOI et leurs immigrations respectives, ainsi que leur identité nationale.

Mais c'est aussi et surtout dans le fonctionnement même du mouvement communiste que les contradictions deviennent patentes. Depuis quelques mois, les relations entre la MOI et le PCF ne sont pas au beau fixe. À la fin 1936, le PCF rappelle à l'ordre la section italienne, à laquelle il reproche d'entretenir des liens trop étroits avec la direction du PC italien réfugiée en France, et qui tente de disposer à sa guise des groupes et cadres italiens de la MOI.

En mars 1937 se tient une conférence nationale des cadres de la MOI, toutes nationalités confondues. Dans son rapport, Giulio Ceretti insiste fortement sur le relâchement des liens qu'il constate entre les communistes étrangers et le PCF. Il déplore que plus de 70 % des membres de la MOI n'aient pas leur carte du PCF, aient cessé de cotiser et n'assistent plus à leurs réunions de cellule. Il dénonce ce comportement qui, ne respectant pas les dispositions statutaires du parti, favorise une propension déjà trop prononcée dans les différentes sections à se considérer comme de petits partis communistes autonomes. Il donne l'ordre à tous ces groupes de ne plus se manifester publiquement en tant que tels, de ne se réunir qu'une fois par an pour élire leur direction et, pour le reste, de s'investir dans le mouvement de masse. Le PCF n'interdit pas aux communistes étrangers de continuer à militer dans les organisations syndicales ou culturelles spécifiques, mais il ne tolère plus que les sections aient pignon sur rue. Il ne s'agit donc pas, comme cela a pu être avancé, d'une dissolution de la MOI, mais d'une sérieuse reprise en main par un parti qui applique là les principes intangibles qui devraient, en bonne doctrine, régler ce type de rapports, à savoir un seul parti par pays et une intégration par son entremise dans la classe ouvrière d'accueil [13].

Néanmoins, certaines difficultés subsistent, puisque, à l'été 1938, le PCF doit revenir à la charge auprès du PCI, comme en témoigne le procès-verbal du secrétariat du PCI, réuni le 8 septembre 1938 : « D'accord avec le contenu de la lettre du secrétariat du PCF sur le passage des camarades italiens au PCF et l'attribution des postes de direction (qui doit être faite par le PCF) [14]. » Le dirigeant communiste Pajetta conclut ainsi le témoignage qu'il a donné en 1970 à l'occasion du cinquantième anniversaire du PCF : « L'autonomie du groupe de langue italien du sommet à la base s'était progressivement accentuée au cours de la période 1934-1935 [et] posait au PCF de nouveaux et délicats problèmes [15]. »

Les problèmes de la MOI sont rendus encore plus complexes par les soubresauts qui secouent l'Internationale communiste, en relation avec les grands procès de Moscou, la chasse aux trotskistes et autres éléments « déviants », et la prise en main totale du mouvement communiste par Staline en personne. Cela commence avec le Parti communiste hongrois : accusé en mai 1936 par l'Internationale communiste d'avoir retardé la mise en application de la politique de front populaire, il est contraint de dissoudre son comité central avant de se dissoudre lui-même, tandis que son principal leader, Béla Kun, d'abord violemment critiqué, disparaît dans les purges de 1937 [16]. L'organisation communiste n'existe donc plus en Hongrie et se trouve réduite à un secrétariat restreint chargé de reconstituer le parti sur des bases « saines ». Parmi ces militants de confiance, quelques-uns restent à Moscou, mais l'un d'eux, Lajos Papp, est envoyé à Prague, puis se réfugie à Paris au début de 1939. Il supervise alors le groupe de langue hongrois de la MOI, dirigé d'abord par Ferenc Tarr, qui trouva la mort en Espagne en 1937, puis par Szabo, par Weiss et par Laszlo Balo. Ces communistes hongrois, parmi lesquels se trouve le jeune étudiant Peter Mod, étaient actifs dans une organisation de masse appelée Comité du 1er Septembre, en souvenir d'une manifestation durement réprimée le 1er septembre 1930 à Budapest. À en croire Peter Mod, les directives reçues par le groupe de langue, tant de la MOI que du parti hongrois, étaient souvent difficiles à harmoniser, voire incompatibles.

En 1938, c'est au tour du parti polonais. Depuis 1934, son bureau de direction berlinois est fermé et sa direction se partage entre Paris et Moscou. En juin 1937, le secrétaire général Lenski, de son vrai nom Julian Leszcinski, membre du præsidium du comité exécutif de l'IC, et d'autres dirigeants réfugiés comme lui à Paris depuis un an ou davantage sont appelés à Moscou. Avec la plupart des dirigeants polonais en URSS, ils sont accusés d'être des agents de la police polonaise et sont exécutés, tandis que la direction politique de l'immigration polonaise en France est dissoute. En 1938, le comité exécutif de l'Internationale communiste décide de dissoudre purement et simplement le PC polonais. Que cette décision s'inscrive dans un mouvement général qui touche plus d'un parti communiste suffit à donner une clé majeure d'interprétation, mais son caractère radical relève sans doute de la haine tenace que Staline voue aux leaders assez indépendants de ce parti qui , à plusieurs reprises, a recelé en son sein une mouvance nationaliste. Peut-être aussi caressait-il déjà le projet de recouvrer, pour le moins, les frontières orientales antérieures à la révolution; l'existence d'un PC assez puissant et par trop rétif pouvait apparaître comme un obstacle potentiel au démantèlement de la Pologne.

Une direction de la section polonaise de la MOI est rapidement reconstituée à Paris avec de jeunes ouvriers mineurs du Nord-Pas-de-Calais, politiquement inexpérimentés. Il en résulte une étonnante déchirure entre les militants d'origine polonaise. Les jeunes mineurs, venus à la politique par l'action syndicale dans le mouvement de 1936, sont très peu sensibilisés à l'histoire du mouvement communiste en Pologne. Au contraire, les Juifs d'origine polonaise sont pour beaucoup des immigrés « politiques », donc fortement secoués par la décision du Komintern. Et ce d'autant plus qu'arrivent à Paris plusieurs dizaines de militants du PC polonais qui vient d'être dissous. Officiellement, ils doivent être tenus à l'écart, les possibilités de « vérification politique » étant inexistantes, mais en fait il est impossible de laisser ces hommes et ces femmes dans un dénuement matériel total et de les traiter en pestiférés. En attendant leur intégration dans les organisations de la MOI, des militants du groupe juif leur assurent le vivre et le couvert. Ces dirigeants sont bientôt affectés à des activités de base de la section juive, ce qui est pourtant en contradiction formelle avec la décision de Moscou. Certains, comme David Kutner (de son vrai nom Skrobek) et Abraham Zachariasz, se voient même confier des responsabilités.

Peu après, l'Internationale reconstitua à Paris une direction du PC polonais. L'opération fut dirigée par un Bulgare, Bogdanov, de son vrai nom Anton Ivanov Kozimirov. Dans un premier temps, en février et en mars 1938, il avait été envoyé par Dimitrov en Espagne, d'où il avait sur-le-champ fait expédier à Moscou les deux principaux responsables polonais à l'état-major des Brigades, et où il avait réuni les autres militants pour leur annoncer

ses nouvelles responsabilités et la décision prise par l'IC
de dissoudre le parti. Bogdanov s'installe ensuite à Paris,
avec quelques militants rappelés d'Espagne auxquels il
confie la tâche d'épurer le parti en Pologne. Un « Groupe
d'initiative chargé des affaires polonaises auprès de
l'Internationale communiste », appelé plus couramment
« Groupe parisien », est animé par Boleslaw Molojec, en
liaison avec le représentant de l'Internationale, Bogdanov,
et doit mettre sur pied une nouvelle direction. Il s'occupe
surtout de publier un *Bulletin d'information* autour
duquel il doit regrouper les éléments « sûrs ». Sept numéros paraîtront de ce mensuel créé en février 1939. La
même année, arrive à Paris la déléguée d'un groupe de
communistes encore actifs en Pologne, Guitel Rappoport;
elle constate que Bogdanov s'emploie plus à « épurer »
qu'à « reconstruire » et que l'essentiel de son activité
consiste à rappeler d'Espagne des cadres polonais importants pour les expédier à Moscou. Pour reprendre la
conclusion de l'universitaire polonais auquel nous
empruntons l'essentiel de nos informations, « peut-être
existait-il un intérêt politique supérieur qui faisait qu'il ne
pouvait y avoir de parti communiste en Pologne au
moment où la guerre éclatait [17] ».

En 1939, c'est au tour du comité central du PC yougoslave d'être dissous et reconstitué autour de Josip Broz-
Tito. Ces interventions directes et radicales de Staline
dans les affaires des PC d'Europe centrale et orientale,
qui se soldent par l'internement et le massacre de la plupart des cadres communistes réfugiés en URSS, ont des
répercussions immédiates et dramatiques sur les immigrations communistes en France. La MOI devient en quelque sorte un refuge, mais aux portes à peine entrouvertes.

Au total, à partir du milieu de 1937, elle est traversée de
courants parfois contradictoires, dont il est difficile
d'assurer la convergence. On trouve en premier lieu une
recrudescence de l'attachement des communautés immigrées au pays d'origine, à leurs racines, à leur identité
nationale, à la fois par mimétisme avec le PCF et la politique de front populaire qui réhabilite la dimension natio-

nale du combat des communistes et favorise les alliances, et parce que la plupart de leurs pays sont des dictatures ou directement sous la menace de l'expansionnisme nazi.

Vient en second lieu le sentiment de reconnaissance à l'égard du pays d'accueil ou d'asile. Or la France incarne la liberté, la démocratie, la culture et aussi le bien-être, et elle reste le pays de la Grande Révolution. Il existe à cet égard une vieille tradition remontant au moins à 1794 et 1848. Rappelons qu'à chaque défaite devant la puissance tsariste ou prussienne, les insurgés polonais regrettaient que « le Ciel soit trop haut et la France trop loin »; quant aux Juifs victimes des pogroms, ils ont repris l'expression « Heureux comme Dieu en France ». L'attachement de l'immigré pour la France est fondé sur une expérience séculaire que les désagréments immédiats – multiples difficultés administratives, économiques et politiques – ne sauraient remettre en question.

Enfin, les militants immigrés entretiennent une identité idéologique et politique plus ou moins forte, qui va du simple antifascisme démocratique à l'engagement communiste le plus orthodoxe, où se mêlent le plus souvent un internationalisme idéaliste et une confiance aveugle dans l'URSS de Staline. À la veille des grands combats de la guerre et de la Résistance, la MOI se trouve donc en situation délicate, en charge de trois identités dont les destins se dénoueront pendant la guerre.

En 1938, le climat se dégrade pour les immigrés. Le début de l'année est marqué par l'annexion de l'Autriche par Hitler, qui provoque un nouvel afflux de réfugiés en France, au nombre de 20 000. Dès que Daladier revient au pouvoir (10 avril 1938), il adopte une série de mesures contre les étrangers. Le 14 avril 1938, son ministre de l'Intérieur, Sarraut, sollicite de ses préfets « une action méthodique, énergique et prompte en vue de débarrasser notre pays des éléments indésirables trop nombreux qui y circulent et y agissent au mépris des lois et des règlements, ou qui interviennent de façon inadmissible dans des querelles ou des conflits politiques ou sociaux qui ne regardent que nous ». En mai, une série de décrets entrave les conditions de séjour et renforce la police des étrangers.

Le 30 septembre, Daladier et Chamberlain signent les accords de Munich qui condamnent la Tchécoslovaquie, provoquant un nouvel afflux en France de réfugiés de ce pays. On y compte bientôt près de 40 000 Tchécoslovaques, dont deux tiers de Slovaques, employés pour l'essentiel comme manœuvres dans les mines et l'agriculture, et un tiers de Tchèques, principalement des ouvriers qualifiés en région parisienne ou des employés. Le gouvernement accentue encore sa pression sur les étrangers avec le décret du 12 novembre 1938 qui institue une véritable loi des suspects en autorisant l'internement préventif de tous les « indésirables » quand « l'ordre et la sécurité publique » l'exigeront. Ces « indésirables » à double titre pourront ête rassemblés « dans des centres spéciaux qui feraient l'objet d'une surveillance permanente ». Le premier de ces « centres d'internement » est ouvert à Rieucros, près de Mende, le 21 janvier 1939.

Presque seul contre tous, le PCF dénonce le pacte de Munich, mais il se trouve très isolé, et plus encore après l'échec de la grève générale qu'il déclenche le 30 novembre 1938 pour tenter de peser sur le gouvernement. La répression, tant gouvernementale que patronale, s'abat. De son côté, la MOI est doublement menacée, comme organisation communiste et comme regroupement de ces étrangers politisés qu'on cherche à contrôler au plus près.

À la mi-novembre, après tractations, le gouvernement républicain espagnol est contraint par la France et l'Angleterre de renvoyer les combattants des Brigades internationales. Après être passés devant une commission de filtrage de la Société des Nations, les internationaux, avant de quitter l'Espagne, défilent une dernière fois à Barcelone le 18 novembre; les paroles d'adieu de la Pasionaria – « Vous pouvez partir la tête haute. Vous êtes l'histoire. Vous êtes la légende » – ne consolent guère leur désespoir de devoir quitter le combat en laissant tant des leurs sur cette terre, et provoque un certain dépit à l'égard de Moscou qui a arrêté son aide à l'Espagne. Une partie d'entre eux participeront cependant aux combats des trois derniers mois de guerre et à la retraite; mais la plupart prennent le chemin de la France où, s'ils ne peuvent, pour des raisons politiques, rejoindre leur pays, les attendent des camps d'hébergement ou d'internement et, bientôt, d'autres combats.

C'est dans ces circonstances difficiles que Louis Gronowski – qui répondra aux multiples pseudonymes de Lerman, Lulke, Michel, Bruno, Louis –, le responsable de la sous-section juive, est appelé, à la fin de 1938, à prendre la tête de la MOI dirigée jusque-là par Ceretti que ses responsabilités dans l'aide à l'Espagne républicaine ont amené à la délaisser. Originaire de Wloclawek, en Pologne, Gronowski est né dans une famille juive de petits épiciers ruinée par la Première Guerre mondiale. Lycéen révolutionnaire, il participe en 1922 à la création des Jeunesses communistes dans sa région, est arrêté à la veille du Premier Mai 1923 et reste en prison jusqu'en septembre 1924. Déchu de ses droits civiques et ne pouvant plus obtenir un diplôme en Pologne, il décide en 1926, après le putsch de Pilsudski, de quitter le pays. Il passe clandestinement en Allemagne, puis en Belgique, d'où il est expulsé vers la France en décembre 1929. Militant actif et relativement instruit – on le surnomma bientôt *Lerman*, « l'homme instruit » –, il est rapidement chargé de s'occuper du journal de la sous-section juive de la MOI et de l'organisation de conférences, tout en acceptant, pour survivre, les emplois les plus divers, tels que plongeur dans un restaurant ou éboueur à Montreuil. Dès 1933, il prend la direction de la sous-section juive, mais, atteint de tuberculose, il est, en 1935, envoyé en URSS pour y recevoir des soins; il rentre après quelques mois [18].

À peine en charge de la MOI, Gronowski doit affronter le problème des réfugiés espagnols. La France a, on l'a vu, déjà connu, de 1933 à 1939, un afflux de réfugiés politiques venus d'Allemagne puis d'Autriche après l'Anschluss. Avec les Espagnols, le problème prend une tout autre ampleur. Après l'effondrement de la Catalogne républicaine, la frontière française est ouverte au Perthus du 5 au 12 février. Les archives nous donnent indirectement une idée de cet exode démesuré, puisque près de 330 000 personnes, civils et militaires, ont été internées après leur passage. Au bout d'un mois, sur ce total on en comptabilise encore 240 000, dont 180 000 gouvernementaux, 7 700 « interbrigadistes », 23 000 civils et 25 000 franquistes qui avaient fui précédemment l'avancée des forces républicaines. En août, ils ne sont plus que 100 000, une part importante ayant repassé la frontière.

Ils sont entassés au début en quelques points de la côte méditerranéenne. Des baraquements sont érigés en hâte à Argelès, où le camp accueille en quelques jours plus de 100 000 personnes. On construit d'autres camps à Saint-Cyprien et à Barcarès, qui reçoivent les réfugiés d'Argelès à partir d'avril : le sable, les barbelés, l'absence d'installations sanitaires, une nourriture insuffisante et avariée, les premiers décès. Les protestations dans la presse de gauche finissent par trouver un écho dans l'opinion publique, et les conditions de vie s'améliorent dans les camps. 19 000 combattants, parmi lesquels 5 800 interbrigadistes (représentant des dizaines de nationalités), sont transférés à Gurs, dans un nouveau camp sous surveillance militaire. Quant au Vernet, dans l'Ariège, il a été conçu les premiers mois comme une prison pour les « fortes têtes ». Il prend officiellement le nom de « camp de concentration » pour les politiques. Les autres sites sont officiellement des camps d'hébergement, mais les réfugiés y sont traités, en fait, comme des assujettis au décret du 12 novembre 1938 sur l'internement administratif.

Le PCF et la MOI ne restent pas inactifs : par l'intermédiaire du Comité international d'aide à l'Espagne, ils rétablissent les contacts avec les interbrigadistes, leur font parvenir des secours matériels et des directives politiques. Les principaux responsables de cette action sont Nelly Stefka et le capitaine Dumont, l'un des seuls officiers de carrière français à s'être ouvertement rallié au communisme avant la guerre et qui, un an et demi durant, a dirigé la brigade française en Espagne. Un homme qui sera, de 1939 à 1942, l'un des principaux responsables de la MOI supervise cette activité d'encadrement des anciens des Brigades : Artur London.

Fils d'un des fondateurs du Parti communiste à Ostrava (Tchécoslovaquie), London est né en 1915. Il milite très jeune dans les syndicats rouges et la Jeunesse communiste. Il subit sa première arrestation à seize ans, en 1931, à l'issue de la Journée internationale de lutte contre la guerre ; n'ayant rien avoué, il est relaxé. Arrêté à nouveau en 1933, en pleine réunion de propagande antimilitariste, il argue de sa jeunesse et de graves problèmes respiratoires, et obtient la liberté provisoire. Le PC tchécoslovaque, légal, le fait alors venir à Prague et prépare son départ pour Moscou. Il y arrive en janvier 1934 et travaille au Secours rouge international, puis à l'Internationale communiste de la jeunesse. Il partage la vie exaltée de la nouvelle génération des jeunes cadres du communisme international, marquée par l'édification du socialisme sous la conduite de Staline, mais aussi par la montée du nazisme et de l'antifascisme. Il perçoit aussi les débuts du processus de terreur qui frappe tous les cadres communistes, soviétiques et internationaux, et dont il sera lui-même la victime en Tchécoslovaquie quinze ans plus tard. Mais la guerre d'Espagne vient d'éclater et il sent que là est son combat. Il dépose une demande, longtemps refusée. Puis, un beau matin, il reçoit son faux passeport.

La grande aventure commence : Finlande, Suède, Danemark, France. Après un long périple, il arrive à Paris, s'engage dans les Brigades, passe les Pyrénées clandestinement et rejoint la base d'Albacete. Après quelques semaines passées à Valence dans la délégation spéciale chargée de repérer les déserteurs, il est affecté au service des cadres du PSUC (catalan) et du PC espagnol. Ne combattant pas en raison de sa santé déficiente, il travaille comme instructeur du PC espagnol auprès des volontaires tchèques, en étroite collaboration avec Cerny, un commissaire politique gravement blessé qui a été nommé responsable de la section des cadres tchécoslovaques à Albacete, et Klivar, un représentant du PC tchécoslovaque en Espagne. Au début de 1939, dans la débâcle du camp républicain, London se retire et passe la frontière pour se retrouver, en compagnie de Rol Tanguy et de l'Allemand Bayer, dans la voiture officielle de deux parlementaires du PCF, son beau-frère Raymond Guyot, l'un des responsables de l'Internationale communiste de la jeunesse, et Jean Catelas, chargé par le PCF d'assurer la sécurité des liaisons importantes avec l'Espagne. Arrivé à Paris le 12 février 1939, il s'occupe du Comité d'aide à l'Espagne républicaine, mais, selon certaines sources, il aurait été chargé, au nom de l'Internationale communiste, d'une section des cadres s'occupant de tous les interbrigadistes revenus en France.

Il assure également une liaison entre le PC tchèque et le PCF, ainsi que la direction du groupe de langue tchécoslovaque. C'est donc un important cadre communiste qui vient renforcer la MOI à un moment crucial de son histoire, un cadre d'une envergure politique et intellectuelle reconnue par tous ceux qui l'ont approché [19].

À la veille de la guerre, la France est dans une situation exceptionnelle, eu égard à la concentration, sur son territoire, de communistes immigrés et étrangers. Elle accueille depuis deux décennies une très forte immigration économique, où les communistes disposent d'une structure spécifique, la MOI. Leur influence est loin d'être diffuse, mais repose au contraire sur des organisations bien structurées, idéologiquement bien encadrées par les groupes de langue; ceux-ci rayonnent dans les couches les plus variées de leur nationalité et s'entourent d'organisations culturelles, syndicales, sportives – en apparence apolitiques – regroupant essentiellement des sympathisants, y compris des membres de la « deuxième génération ».

Cela est particulièrement vrai en région parisienne. Le

recensement de 1936 montre qu'à Paris et en banlieue, sur un total de 275 000 étrangers, on compte 87 000 Italiens et 50 000 Polonais, soit les deux plus importantes immigrations. Leur localisation est différente, puisque les premiers sont pour moitié à Paris, pour moitié dans le reste du département de la Seine, tandis que les seconds – pour beaucoup des Juifs de nationalité polonaise – logent essentiellement dans Paris intra-muros. Les Roumains sont en majorité dans la capitale (7 600 sur 9 150), à l'inverse des 6 000 Arméniens. Sans que ce soit une règle absolue, l'immigration économique *stricto sensu* se retrouve de préférence en banlieue, à proximité des grandes entreprises métallurgiques. À l'inverse, s'il ne faut pas négliger l'afflux, en provenance du Nord, des Polonais qui craignaient le rapatriement [20], ce sont en grande majorité des Juifs, classés dans la rubrique « Polonais », qui logeront dans Paris même, comme une partie des Roumains et des Hongrois. On estime à 65 000 ou 70 000 le nombre de Juifs étrangers habitant la capitale à la veille de la guerre. Mesurer l'influence réelle du Parti communiste français et de la MOI parmi ces 275 000 immigrés reste très hasardeux. Il va de soi que la raison première de l'immigration (politique ou économique), la tradition politique, l'influence plus ou moins grande de l'Église (ainsi parmi les Polonais du Nord) sont autant de facteurs d'explication des diversités d'attitude. On notera également, ce qui ne sera pas sans conséquence sur la stratégie communiste, la position face à la naturalisation-intégration, largement engagée parmi les Italiens et les Juifs par exemple, à peine esquissée parmi les Polonais, sans parler des immigrés de fraîche date [21].

D'autre part, la France abrite sur son territoire les directions opérationnelles de la plupart des partis communistes interdits en Europe, même si leurs secrétaires généraux demeurent à Moscou. C'est le cas dès 1933 de la direction extérieure du Parti communiste allemand (KPD), suivie en 1936 par la direction de son Bureau politique. En 1934, une antenne du PC autrichien s'est installée à Paris en attendant que le secrétaire général en personne, Johann Koplenig, y arrive en mai 1938. Fin 1938, c'est au tour du Parti communiste tchécoslovaque de prendre la route de la capitale française, avec Bruno Köhler et F.C. Weiskopf, suivis, au printemps 1939, par Jan Sverma et Viliam Siroky. Sans compter les directions en cours de reconstitution des PC hongrois et polonais et le bureau extérieur du parti italien.

Elle héberge enfin depuis quelques mois des milliers de cadres et de militants communistes étrangers qui se sont aguerris en Espagne et qui constituent l'essentiel des forces communistes des pays d'Europe centrale et orientale. Cette présence concomitante des dirigeants, des militants et des masses immigrées explique en grande partie le rôle considérable que joueront la MOI et les communistes étrangers en France pendant la guerre et l'Occupation.

CHAPITRE III

Coup de tonnerre sur la MOI

Août 1939. Après la tempête qui a secoué l'Europe au cours des semaines précédant les accords de Munich et après l'agitation qui a entouré la rupture de ces accords avec l'entrée des troupes allemandes à Prague le 15 mars 1939, le paysage diplomatique semble plus calme, mais le ciel reste orageux. Les Anglais, les Français et les Soviétiques sont entrés en pourparlers à Moscou pour tenter de mettre sur pied une alliance militaire susceptible de bloquer l'expansionnisme hitlérien.

Ce climat de confiance et de fermeté a présidé au départ en vacances de la plupart des dirigeants du parti, l'activité communiste se concentre sur les distractions estivales. Le dimanche 6 août a lieu le grand prix cycliste de *l'Humanité,* couru à la Cipale de Vincennes devant 10 000 spectateurs. Chaque jour, le feuilleton du quotidien communiste débite une tranche du *Comte de Monte-Cristo,* et chacun prépare avec fébrilité la fête de *l'Humanité* qui doit, comme chaque année, se tenir le 3 septembre à Garches et attirer des dizaines de milliers de camarades et de sympathisants. Le 20 août encore, *l'Humanité* publie un communiqué de l'agence Tass qui dément que des divergences soient apparues entre les délégations anglaise, française et soviétique à Moscou. Rien ne laisse donc présager le coup de tonnerre qui va secouer le monde et au premier chef les communistes français et ceux de la MOI : le 23 août, Hitler et Staline signent un pacte de non-agression! La photo de la poignée de main entre Staline et le ministre allemand des Affaires étrangères, von Ribbentrop, fait la une. Les communistes sont stupéfaits. Hitler n'est-il pas le pire ennemi du communisme, celui contre lequel ils se sont tous mobilisés?

Le 24 août dans la nuit, Thorez et Duclos rentrent précipitamment de vacances. Le 25, le PCF publie un long communiqué qui, s'il approuve totalement le pacte germano-soviétique en le présentant comme un succès remarquable de l'URSS, n'en rappelle pas moins que le fascisme demeure l'ennemi numéro un. Le 25 dans l'après-midi, les parlementaires communistes se réunissent au Palais-Bourbon sous la présidence de Thorez et votent à l'unanimité une résolution disant en substance que le pacte laisse ouverte la possibilité d'un accord anglo-franco-soviétique, qu'il a permis à l'URSS de diviser des adversaires ayant pour seul objectif la destruction de la patrie du socialisme, et qu'il s'agit d'un pas important vers la paix. Si Hitler, malgré tout, déclenche la guerre, conclut le communiqué sans ambiguïté, « alors, qu'il sache bien qu'il trouvera devant lui le peuple de France uni, les communistes au premier rang, pour défendre la sécurité du pays, la liberté et l'indépendance des peuples [...]. Les communistes, en ces graves circonstances, appellent à l'union de tous les Français grâce à laquelle les fauteurs de guerre fascistes seront contraints de reculer[1]. » Mais ces déclarations d'intention n'empêchent pas le gouvernement de saisir l'*Humanité* du 26 août, ainsi que *Ce Soir*.

Bien entendu, les communistes français, pas plus que les diplomates, ne connaissent les clauses secrètes qui ont accompagné la signature du pacte, à savoir le partage pur et simple de la Pologne entre les deux signataires et l'absorption par l'URSS des États baltes et d'une partie de la Bessarabie dans sa sphère d'influence. Ils ne comprennent pas encore que ce pacte est l'acte décisif qui libère Hitler de ses craintes d'être pris entre deux fronts, l'un à l'est et l'autre à l'ouest, et l'encourage à reprendre sa marche en avant.

Cet ébranlement, qui atteint tout le Parti communiste et provoquera sa décomposition, touche peut-être encore davantage les membres de la MOI qui sont viscéralement antifascistes. C'est ce qu'on ressent en lisant Louis Gronowski : « Je me revois encore dans les locaux de la *Naïe Presse,* au milieu de quelques rédacteurs et autres militants. Le silence se prolonge, les regards des camarades me fixent. Étais-je d'accord avec le pacte ? Au fond de mon âme, non. Je me souviens de mon désarroi, de mon déchirement intérieur [2]. »

Le traumatisme est profond chez les militants, et même chez les dirigeants, face à un événement auquel ils ne trouvent aucune explication, mais qui exige de leur part une acceptation aveugle. L'approche de Rayski est sans doute significative de cet état d'esprit où, à travers la foi inébranlable dans l'infaillibilité de la doctrine et du chef suprême, Staline, chacun tente de découvrir une rationalité à l'événement :

« Je n'avais à aucun moment envisagé que Staline puisse signer un pacte avec Hitler. Certes, il y avait eu une constante dans la politique soviétique, qui considérait l'Allemagne comme la pièce maîtresse de la révolution en Europe ; mais il s'agissait de l'Allemagne de Weimar, avec un PC allemand très puissant. En lançant l'Armée rouge contre la Pologne en 1920, Lénine avait surtout cherché à prendre contact avec la révolution allemande, et le rapprochement germano-soviétique de 1922 à Rapallo visait essentiellement à favoriser le PC allemand dans la perspective d'une éventuelle prise de pouvoir. Mais depuis, Hitler avait triomphé, la lutte contre le nazisme était devenue l'une des principales motivations des communistes.

« Certes, Munich nous avait soudain révélé que le jeu diplomatique s'accompagnait de graves inconnues et que ses enjeux s'aggravaient chaque jour. Après Munich, nous avions longuement discuté des déclarations de Staline au XVIIIe congrès du PC soviétique en février 1939 : "Il faut être prudent et ne pas permettre aux provocateurs de guerre habitués à faire tirer les marrons du feu par les autres d'entraîner notre pays dans des conflits." Cela signifait, pour nous, que l'URSS ne renonçait pas à la grande alliance antifasciste et que nous, communistes, devions tout faire pour que la "bourgeoisie" reste dans le camp antinazi. Mais nous n'avions jamais pensé que cette phrase adressée aux gouvernements des pays capitalistes signifiait : "Je vous laisse vous battre seuls contre Hitler."

« Quand la nouvelle du pacte est arrivée, notre première réaction a été : " Impossible ! Incroyable ! " Puis il a fallu se rendre à l'évidence. Essayer d'expliquer. Après tout, pourquoi refuser à l'URSS le droit d'éviter la guerre en signant ce pacte ? Les puissances occidentales n'avaient-elles pas, avec Munich, cherché à détourner vers l'est la poussée nazie ? L'idée que le pacte équivalait à un feu vert pour la guerre contre la Pologne ne nous effleurait même pas, convaincus que nous étions de "la volonté de paix du pays du socialisme". Voilà toute l'histoire de l'attitude des militants communistes face au pacte : une incapacité psychologique et intellectuelle à sortir du cadre qui avait été défini par le parti.

«Les jours qui ont suivi le 23 août, je faisais en permanence la navette entre l'imprimerie de *l'Humanité* et les locaux du journal de la section juive, la *Naïe Presse,* que je rédigeais. Je me souviens d'être resté un soir très tard pour attendre les déclarations du bureau politique. C'était le 24 août. Nous étions harcelés par les imprimeurs et les linotypistes. Finalement, le texte est arrivé, et j'étais surtout préoccupé d'en extraire quelques lignes pour la *Naïe Presse.* Je choisis la partie du communiqué qui insistait sur l'idée qu'il fallait faire aboutir les négociations anglo-franco-soviétiques qui, en principe, étaient toujours en cours. Puis j'abordai Lucien Sampaix, l'un des responsables de *l'Humanité*, qui était au marbre : "Alors, qu'est-ce que dit le parti ? Qu'est-ce qu'on fait ? " Il me répond : " Écoute, je ne sais pas, je ne peux pas te dire. Vois avec Magnien. " Magnien était le véritable " œil de Moscou " au sein de *l'Humanité*.

« La suspension de *l'Humanité* après le 25 août nous posa de gros problèmes en nous privant de ses informations que nous avions l'habitude d'utiliser, n'ayant pas les moyens financiers de nous abonner à l'agence Havas. Je me suis mis d'accord avec un cycliste de chez Hachette qui avait jusque-là l'habitude d'apporter chaque soir à *l'Huma* les éditions de province de *l'Ordre*, de *l'Écho de Paris* et de *l'Œuvre*; j'avais tout juste le temps d'y jeter un coup d'œil, d'y piocher des informations et de rédiger quelques brèves, juste avant le bouclage de notre édition.

« Dans les jours suivants, les attaques commencèrent contre le parti, et je reçus la consigne de prendre des précautions en prévision d'éventuelles arrestations. Notre rédaction cessa de se réunir à son siège rue Montmartre, à deux pas de *l'Humanité*, pour s'installer dans un appartement privé. Je fus désigné pour rester, seul, rue Montmartre. Il fut également décidé que notre journal ne paraîtrait plus que sur un recto-verso au lieu des six-huit pages habituelles [3]. »

Mais si, dans la section juive de la MOI, le trouble dû au pacte germano-soviétique se traduit par un certain silence, signe d'une évidente réserve, il n'en est pas de même dans d'autres immigrations. Une véritable tempête balaie les milieux antifascistes italiens. Un violent débat s'engage au sein de l'Union populaire italienne, socialistes et républicains s'opposant aux communistes Longo, Pajetta et Sereni. Très critique à l'égard de la « volte-face de la politique soviétique », pour reprendre le titre de son éditorial dans le *Nuovo Avanti* du 31 août, le secrétaire général du PSI, Pietro Nenni, n'en demeure pas moins le symbole de l'union avec les communistes; sa démission et son remplacement à la tête du parti par un triumvirat anticommuniste entérine la rupture de l'unité des immigrés antifascistes italiens.

Et déjà les communistes sont hors d'état de répondre. Le 26 août, le gouvernement a interdit la publication de *Stato operaio*, l'organe du PCI édité à Paris, qui avait adopté la même ligne que *l'Humanité*, et, plus grave encore peut-être pour ce parti, le quotidien de l'Union populaire italienne, *la Voce degli Italiani*. Le 31 août, Luigi Longo, qui était en situation légale, est arrêté en pleine nuit à son domicile et incarcéré pour un mois à la Santé avant d'être transféré au camp du Vernet. Le 1er septembre, c'est Palmiro Togliatti (Ercoli dans la clandestinité), le prestigieux chef du PCI et numéro deux de l'Internationale communiste, qui est arrêté à Paris. Il était dans la capitale sous une fausse identité et a été pris par hasard, à l'occasion d'une perquisition dans des locaux prêtés par le PCF à ses camarades italiens. Ayant reconnu que ses papiers étaient faux et se présentant comme un militant antifasciste italien anonyme, Togliatti n'a pas, semble-t-il, été démasqué, et sera simplement condamné à six mois de prison, pour être libéré à la fin février 1940. Après le 1er septembre, la plupart des communistes italiens n'auront qu'une dizaine de jours pour régulariser leur situation : beaucoup essaient de trouver du travail par tous les moyens. Ceux qui n'en ont pas et ceux qui sont repérés comme agitateurs politiques sont arrêtés et internés. Parmi eux, des dirigeants de premier plan dont Longo, Montagnana, Pajetta, Reale, Platone, Parodi, des dizaines de cadres communistes, des centaines de militants[4]. On compte bientôt au Vernet près de 4 000 communistes étrangers.

Le 1ᵉʳ septembre 1939, l'armée allemande attaque la Pologne à l'improviste. Le 2, la Chambre des députés se réunit et vote à l'unanimité, communistes compris, les crédits de guerre au gouvernement Daladier qui, le lendemain, déclare la guerre à l'Allemagne. La Seconde Guerre mondiale commence. Les communistes répondent à l'ordre de mobilisation, Maurice Thorez en tête.

Cette déclaration de guerre suscite un nouveau trouble. C'était donc la guerre et non la paix, et l'argument d'un pacte instrument de paix n'était plus défendable. La ligne restait encore très « défensiste », comme le montre cet extrait de l'éditorial de la *Naïe Presse* signé par Rayski :

> « L'hitlérisme a commencé son existence et a cherché sa justification dans les persécutions et l'assassinat, des Juifs entre autres. Il cherche actuellement son salut dans un assassinat de masse et dans le suicide. Nous, Juifs, qui avons un compte à régler avec le fascisme, nous partons à la guerre en accompagnant le peuple français [...]. La guerre se terminera par une défaite écrasante de l'ennemi le plus barbare que l'humanité ait connu et nous pourrons alors respirer pour la première fois, ensemble avec le monde entier. Maudit soit pour toujours ce nom : Adolf Hitler ! Maudite soit pour toujours cette idée : le national-socialisme ! Maudit soit pour toujours ce régime, le fascisme ! Personne n'a voulu cette guerre, sauf Hitler et sa clique. Dans la mer de sang qu'il versera, il se noiera, sous les ruines des destructions, il trouvera la mort [5]. »

Et début septembre, le même journal lance un appel à la population juive immigrée pour qu'elle aille s'inscrire comme volontaire dans les bureaux de recrutement.

Cette prise de position de la section juive n'est pas isolée; ainsi, le 3 septembre, le *Szabad Szo* (*la Libre Parole*), journal de l'Association des Hongrois amis de la France, fait une déclaration très nette :

> « Notre association, reflétant l'opinion de l'immense majorité des immigrés hongrois, consciente de la gravité de la situation actuelle, réaffirme, une fois de plus, son attachement à la France, pays d'hospitalité et de liberté. La plupart de nos adhérents s'étant déjà volontairement engagés pour la défense de la France, notre deuxième patrie, ce n'est donc pas un vain mot si nous déclarons que les Hongrois résidant en France sont prêts à combattre pour la juste cause du peuple français [6]. »

Le 6 septembre, la même association, dans le même journal, tout en saluant la neutralité hongroise, proclame que « les Hongrois de France jouissant de l'hospitalité bienveillante du peuple français considèrent que l'heure de la reconnaissance et du sacrifice est venue pour eux », et indique l'adresse d'un bureau de recrutement au 101, avenue des Champs-Élysées.

Dans les faits, les engagements des immigrés, communistes ou non, sont massifs, puisqu'ils sont plus de 70 000 à se porter volontaires dans les deux premiers mois de la guerre, comme a pu l'établir Jean-Louis Crémieux-Brilhac [7]. Les obstacles sont pourtant loin d'être négligeables. Le gouvernement est tiraillé entre la peur de la Cinquième colonne et des communistes, d'une part, et le désir de disposer d'un maximum de combattants, de l'autre. Les militaires n'ont guère d'états d'âme, résolument opposés qu'ils sont à voir sous les armes qui des communistes, qui des étrangers, qui des Allemands ou des Autrichiens, qui des Juifs. L'opinion publique tire plutôt argument de sa xénophobie pour exiger que les étrangers paient aussi de leur personne.

Volontaires ou non, ceux-ci voient s'offrir à eux plusieurs possibilités d'engagement : les armées régulières (y compris des armées étrangères), les régiments de marche des volontaires étrangers (RMVE) créés à cet effet par le gouvernement, des compagnies de prestataires, et enfin la Légion.

À la suite d'un accord conclu le 9 septembre 1939 entre les gouvernements polonais et français, est créée une armée polonaise de France qui comptera en juin 1940 plus de 80 000 hommes, et dont une brigade de près de 5 000 hommes combattra en Norvège [8]. Dans cette armée s'engagent, sous le contrôle conjoint des autorités françaises et du gouvernement polonais en exil, beaucoup de Juifs polonais, parmi lesquels Gronowski lui-même, réformé pour un pneumothorax, Rayski qui, après avoir traversé la débâcle, parviendra à fausser compagnie aux Allemands qui l'ont fait prisonnier, ou encore Joseph Epstein.

Quand leur comité national est à son tour reconnu, les Tchèques et les Slovaques peuvent également combattre dans leurs unités propres [9]. Le 2 octobre 1939, après l'accord conclu entre la France et le gouvernement tchèque en exil à Londres, une armée tchécoslovaque est ainsi créée à Agde. Son commandement y attend de 16 000 à 18 000 hommes; il s'en présentera 12 000, d'abord des volontaires, surtout des intellectuels tchèques, puis des mobilisés, essentiellement des Slovaques. Le Parti communiste tchécoslovaque décida que ses militants s'engageraient dans cette troupe. Selon Artur London, ce sont Jan Sverma, Viliam Siroky et Bruno Köhler, les principaux responsables du PC tchécoslovaque réfugiés à Paris, qui prirent cette décision et donnèrent l'exemple en s'engageant les premiers [10]. Il est d'ailleurs exact que la plupart des anciens interbrigadistes tchécoslovaques internés dans les camps français furent contactés et que 400 volontaires furent acceptés tandis que 74 étaient refusés pour des raisons médicales ou politiques, et que 52 étaient transférés dans un camp à régime sévère, Le Vernet. En revanche, 40 Slovaques refusèrent de s'engager. Laco Holdos, ancien des BI, fut le responsable communiste de ces engagés tchécoslovaques. Parmi les volontaires, près de 180 suivront cette armée tchécoslovaque en Angleterre après la débâcle française.

Pour encadrer les volontaires de divers autres pays, sont créées en outre trois unités, les régiments de marche des volontaires étrangers. Cependant, ce que vivent ces volontaires engagés dans les RMVE ne correspond pas exactement à l'idée qu'ils s'en faisaient. Boris Holban, militant communiste roumain réfugié en France depuis 1938, dresse l'état des lieux :

> « Des rangées de baraques en planches sommairement assemblées au milieu d'une vaste étendue sablonneuse qui sépare l'étang de Barcarès de la Méditerranée et où s'engouffre une formidable tramontane. Les lits ? De simples planches couvertes de sacs de paille, infestés de punaises. La nourriture est toujours précaire, médiocre. Encore faut-il avoir de quoi manger, car il n'y a pas assez de gamelles pour tout le monde. Autre surprise, l'équipement : les uniformes sont constitués des rebuts de tous les dépôts de l'armée ; vêtements, chaussures et molletières sont usés et complètement disparates. Dernière surprise, l'instruction militaire, qui est tout à fait rudimentaire. D'abord à cause de l'armement, de vieux fusils de la Première Guerre mondiale. Ensuite, à cause du terrain, dépourvu de tout relief, qui ne permet pas d'entraîner des hommes à un véritable combat. Enfin, l'encadrement se composait d'officiers et sous-officiers de réserve, voire d'anciens officiers de l'armée tsariste réfugiés en France depuis 1917[11]. »

Pour ceux dont se méfient particulièrement les autorités, en premier lieu les républicains espagnols et les interbrigadistes, puis finalement les Allemands internés, le statut de prestataire représente une autre forme d'engagement dans la guerre. La loi prévoit que tout réfugié du sexe masculin âgé de vingt à quarante-huit ans et ayant demandé l'asile politique est tenu, s'il ne contracte pas un engagement militaire, « à fournir à l'autorité militaire des prestations ». Avant même le décret du 12 décembre 1939 qui établit un statut du prestataire, des compagnies sont constituées avec les républicains espagnols qui, dans des conditions qui rappellent l'internement, sont chargés de travaux de terrassement et autres. Au 1er mai 1940, 55 000 Espagnols et 1 600 interbrigadistes ont le statut de prestataires et, après bien des hésitations, on commence à y joindre les réfugiés allemands.

Beaucoup de ces réfugiés d'outre-Rhin vont en définitive se retrouver sous le drapeau de la Légion étrangère. En théorie, un décret du 20 mars 1939 autorise à incorporer des volontaires allemands ou autrichiens dans des unités françaises, mais Daladier a cédé devant l'opposition de l'état-major, et l'on n'accepte que les engagements à titre individuel dans la Légion étrangère. Encore l'armée traîne-t-elle les pieds, et ceux-ci ne sont-ils admis que dans des unités spéciales affectées en Afrique du Nord et dans le Levant. La Légion est aussi la seule solution offerte aux Italiens. Pourtant, dès septembre, les composantes non communistes de l'Union populaire italienne ont demandé que soit constituée une légion de volontaires garibaldiens dans l'armée française, à l'image de celle qui combattit pendant la Première Guerre. Le gouvernement refuse, après consultation de... Mussolini – l'Italie n'est pas encore puissance belligérante [12].

En dépit de tous ces obstacles, ils sont, comme l'a calculé Jean-Louis Crémieux-Brilhac, plus de 100 000 étrangers à être incorporés au 1er mai 1940 : 33 500 sont dans la Légion étrangère (dont 13 200 engagés depuis septembre 1939) parmi lesquels près de 15 000 Espagnols, dont 900 laisseront leur vie dans la bataille de Narvik; 9 700 dans les RMVE, 8 878 dans l'armée tchécoslovaque, 46 900 dans l'armée polonaise, 2 500 en cours d'incorporation [13]. Mais, autre chiffre significatif, sur les 75 600 qui se sont proposés à l'engagement au cours des deux premiers mois de la guerre, ils ne sont que 29 500 à être incorporés à la même date. Ces étrangers n'étaient pas tous des communistes, mais la plupart des communistes étrangers en étaient. L'antifascisme restait alors une motivation déterminante, comme le montrent les résultats de l'enquête menée par l'administration française auprès des internés venus d'Espagne; le 5 septembre 1939, elle fit passer un questionnaire auprès de 14 810 internés; si, parmi eux, 19 % sont volontaires pour s'engager et si 68 % préfèrent rester à l'arrière, les pourcentages passent respectivement à 49 % de volontaires et 41 % pour l'arrière chez les anciens interbrigadistes; en dépit des aspects nécessairement faussés d'une enquête individuelle de ce type, ses grandes tendances sont néanmoins significatives [14]. Cependant, cet engagement massif des communistes étrangers dans les différentes forces combattantes désorganisa et affaiblit singulièrement, quoique provisoirement, tous les secteurs de la MOI et les partis communistes réfugiés en France.

Le 1er septembre, quand la Wehrmacht pénètre en profondeur en Pologne, l'armée polonaise est rapidement bousculée. Après quinze jours, elle a perdu la guerre. Le 17 septembre, nouveau coup de théâtre : l'Armée rouge, à son tour, entre en Pologne et se porte rapidement au contact des troupes hitlériennes sur des lignes prévues par l'accord du 23 août. La Pologne a vécu. Pour les communistes de la MOI, c'est le coup d'assommoir, se rappelle Adam Rayski :

> « L'entrée des troupes soviétiques en Pologne m'a bouleversé. Je n'y comprenais plus rien. J'étais alors en contact avec une famille de militants polonais qui, depuis la dissolution du PC polonais, était chargée de conserver des liens avec le PCF. Nous avons discuté toute la soirée; nous nous disions sans cesse : "C'est pour stopper l'avance d'Hitler." Mais il y avait cette phrase du premier communiqué commun germano-soviétique, retransmis par

Radio-Moscou le 18 septembre, qui disait en substance que la Pologne avait cessé d'exister. Imprégné que j'étais de l'histoire polonaise, je ne pouvais concevoir que l'Union soviétique se mette à parler comme la Russie tsariste. Peu après, arriva la nouvelle qui contrebalançait mes doutes : "Les Juifs qui vivaient dans les territoires occupés par les nazis passaient en masse en territoire devenu soviétique." Une lettre de ma famille, arrivée de Bialystok par je ne sais quel miracle, me rassurait aussi. Après tout, en tant que Juif et communiste, je trouvais là quelques motifs de satisfaction [15]. »

La poursuite de la publication de la *Naïe Presse* avait été remarquée, comme en témoigne cette brève qui devait paraître dans *l'Action française* du 20 septembre, mais qui fut censurée : « Il est irritant et scandaleux de voir éditer des feuilles illisibles aux pauvres "goys" et certainement bolchevisantes pour la plupart, tandis que nos frères et nos fils sont en train de se faire tuer pour assurer vie et bien-être aux étrangers qui ont fait ces torchons [16]. » La feuille de Maurras visait probablement toutes les publications paraissant en yiddish à Paris. Un jour de la fin septembre, Rayski trouva les scellés sur la porte de la rédaction : « J'ai compris que nous devions passer dans la clandestinité. Avec le gérant officiel du journal, Israël Bursztyn, j'ai déménagé sur une voiture à bras les caractères et les matrices de l'imprimerie qui était libre d'accès. Puis nous avons disparu dans l'illégalité. »

Du 24 août au 25 septembre 1939, le PCF et la MOI ont subi les événements comme entraînés dans un tourbillon. Mais à partir du 26 septembre, les choses s'aggravent encore. En écho à une violente vague anticommuniste qui balaie le pays depuis l'entrée de l'Armée rouge en Pologne, le gouvernement Daladier publie le décret de dissolution du PCF et de toutes les organisations affiliées à la IIIe Internationale. Non seulement il comprend que le pacte de non-agression germano-soviétique cachait un pur et simple dépeçage de la Pologne, mais il perçoit les nouvelles orientations du communisme international et donc du PCF. Ses craintes sont immédiatement confirmées. Le 28 septembre, Hitler et Staline signent un traité d'amitié accompagné du communiqué commun suivant :

> « Le gouvernement du Reich et le gouvernement de l'Union soviétique, ayant réglé définitivement, par l'arrangement signé aujourd'hui, les questions qui découlent de la dissolution de l'État polonais et ayant ainsi créé une base pour une paix durable en Europe orientale, expriment en commun l'opinion qu'il correspondrait aux véritables intérêts de toutes les nations de mettre fin à l'état de guerre qui existe entre l'Allemagne d'une part, la France et l'Angleterre d'autre part. Les deux gouvernements entreprendront donc des efforts communs, le cas échéant, d'accord avec d'autres puissances amies, pour parvenir le plus rapidement possible à ce but. Si toutefois les efforts des deux gouvernements restaient sans succès, le fait serait alors constaté que l'Angleterre et la France sont responsables de la continuation de la guerre [17]. »

Staline place désormais ses intérêts sous le signe d'une neutralité agissante en faveur de l'Allemagne et se prête volontiers à la manœuvre de Hitler.

Cette nouvelle politique soviétique connaît déjà des répercussions au sein de l'Internationale et des partis communistes du monde entier. Pour sa part, le PCF est contraint à une double initiative lourde de conséquences. Dans la nuit du 1er au 2 octobre, le secrétaire général, Maurice Thorez, déserte de son régiment et passe en Belgique avant de rejoindre Moscou sous passeport soviétique. Le 1er octobre, le groupe communiste à l'Assemblée nationale, qui s'est reconstitué sous le nom de Groupe ouvrier et paysan, fait parvenir au président de la Chambre, Édouard Herriot, une lettre ouverte qui, relayant le communiqué germano-soviétique du 28 septembre, demande que soient ouvertes des négociations de paix avec l'Allemagne [18].

Dès le 26 octobre, *l'Humanité* reparaît clandestinement et va reprendre la nouvelle ligne de l'Internationale développée à la fin d'octobre dans un long article de Dimitrov. Ce dernier dénonce le caractère « interimpérialiste » de la guerre et condamne « les gens qui spéculent sur l'état d'esprit antifasciste des masses » et « qui répandent la légende sur le prétendu caractère antifasciste et juste de la guerre [19] ». Pendant des mois, *l'Humanité* va suivre cette ligne, attaquant sans relâche les gouvernements anglais et français, traités de « fascistes », et n'écrivant mot sur l'Allemagne. Dans un discours prononcé devant le Soviet suprême le 30 octobre 1939, Molotov enfonce encore le clou; il désigne la France et l'Angleterre comme « les vrais fauteurs de guerre » et déclare, parlant des relations germano-soviétiques : « Ici, les choses ont évolué dans le sens du renforcement des relations amicales, du développement de la collaboration pratique et du soutien politique de l'Allemagne dans ses aspirations à la paix. [...] Nous avons toujours été de cette opinion qu'une Allemagne forte est une condition nécessaire de la paix solide en Europe [20]. »

Inutile de préciser qu'une telle orientation, qui va à l'encontre de toute l'activité communiste depuis 1934, traumatise les militants. Beaucoup quittent le parti, publiquement comme certains députés, ou sur la pointe des pieds comme la plupart des adhérents, considérant qu'ils ont été trahis et trompés par Staline. Quelques-uns, ceux dont la foi est la plus enracinée, entrent dans la clandestinité pour continuer leur combat, même s'ils ne comprennent rien à la conduite sinueuse de Staline.

La MOI n'est pas épargnée par ce grand chambardement politique. Sa direction est dans la quasi-impossibilité de réagir. Son ancien responsable, Allard-Ceretti, a été envoyé dès la fin août en Belgique pour aider le représentant de l'Internationale communiste auprès du PCF, Eugène Fried, et la direction du PCF à mettre en place une structure illégale qui se révélera bientôt décisive dans le nouveau dispositif [21]. Quant au responsable effectif de la MOI depuis la fin de 1938, Louis Gronowski, il subit quelques déboires. Reprenons le récit qu'il en fait dans ses Mémoires :

> « Je demande une entrevue avec la direction du PCF par l'intermédiaire de Jean Jérôme. Un rendez-vous me fut fixé, un soir, à l'angle de la rue de Rivoli et de la place de la Concorde. Une voiture s'arrêta devant moi, une portière s'ouvrit et j'aperçus le visage d'Henri Janin que je connaissais depuis 1931. [...] Assis au fond de la voiture, nous nous serrions les mains, heureux de nous retrouver. Mais l'heure était grave. Les arrestations et les perquisitions parmi les communistes se multipliaient [...] "Dans ces conditions, me déclara Janin, la direction ne peut pas s'occuper des problèmes des immigrés et de leurs organisations : elles doivent se débrouiller seules. " Il me refusa la liaison avec la direction. Je fus choqué quand il ajouta à ses arguments que, pour pénétrer dans le parti devenu illégal, la police profiterait assurément du milieu des immigrés. C'était une supposition grave et tout à fait injuste. Il régnait dans les milieux d'antifascistes immigrés les mêmes difficultés et les mêmes hésitations que chez les communistes français. Je voulus expliquer cela à mon ami, mais il resta inébranlable [22]. »

Comment expliquer la réaction de Janin ? Pour la première fois de son existence, le PCF vient d'être interdit, la mobilisation l'a désorganisé, la nouvelle politique du Kremlin fait s'éloigner la plupart des 300 000 adhérents revendiqués au début 1939 ; en quelques semaines, ce parti s'effondre et se trouve réduit à un groupuscule de quelques centaines de militants illégaux, tandis que ses chefs sont clandestins, en France pour Jacques Duclos et Benoît Frachon, en Belgique pour Eugène Fried, rejoint par Marcel Tréand puis Duclos, et à Moscou pour André Marty et, à partir du début novembre, Thorez. La MOI ne pouvait guère être la priorité de Janin dans des circonstances où il s'agissait avant tout de tenir.

Stupéfait du comportement de son supérieur, Gronowski n'en appliqua pas moins la même tactique dilatoire avec ses subordonnés, comme en témoigne Adam Rayski :

> « La situation était alors peu brillante. Une formidable campagne anticommuniste déferlait sur le pays. La MOI était complètement désorganisée. Beaucoup de camarades étaient partis comme volontaires, d'autres étaient mobilisés. Nous n'avions plus de contacts entre nous. Lors d'un rendez-vous avec Louis Gronowski, je lui avais demandé si je devais m'engager; il m'avait ordonné de rester pour régler des tâches pratiques – journal, etc. Mais, une fois le journal interdit, je me retrouvai seul et sans un sou. Rencontrant Louis par hasard, il répondit de manière très succincte à mes inquiétudes : "Attends que je te fasse signe. Au revoir." J'étais franchement furieux qu'il ne m'ait même pas demandé de quoi j'allais vivre [23]. »

Comment retrouver la MOI et ses militants dans ce maelström diplomatique et idéologique? Recenser les réactions individuelles? Le Parti communiste n'est pas d'abord une addition de communistes. Se limiter au décryptage des textes officiels? C'est oublier que l'application d'une stratégie dépend, en dernière analyse, de sa prise en charge par les militants, de la base comme du sommet. D'où ces légitimes questions : par qui, où et à partir de quels facteurs la décision stratégique a-t-elle été prise? En fonction de quels référents et dans quelles conditions spécifiques la décision a-t-elle été prise en charge par les militants, et de quels militants s'agit-il?

Pour répondre à la première interrogation, il serait difficile de nier la prégnance de la politique étrangère soviétique sur le tournant stratégique qu'opèrent l'Internationale communiste et le PCF. Une étude des positions défendues par la MOI et les directions des PC étrangers réfugiées en France pourra montrer des différences, mais l'unité de la stratégie s'impose d'évidence. Elle est résumée dans un article-fleuve reproduit en novembre dans un numéro spécial imprimé de *l'Humanité* clandestine. L'argumentaire de ce texte de référence, intitulé « La guerre et la classe ouvrière des pays capitalistes », peut se résumer à trois points : 1. Il s'agit d'une nouvelle guerre impérialiste, dans laquelle les ouvriers n'ont rien à faire. 2. C'est à la bourgeoisie de son propre pays qu'il faut donc s'attaquer en priorité. 3. La stratégie de front populaire est obsolète ; il faut revenir à l'union par en bas et dénoncer haut et fort les dirigeants traîtres des partis sociaux-démocrates.

Quant à étudier la prise en charge du tournant stratégique, l'approche est plus délicate dans la mesure où nous devons démêler l'écheveau complexe des motivations individuelles. Parmi les facteurs de trouble, on pense à l'expérience qu'ont la plupart des communistes immigrés des fascismes, des dictatures, de la répression dans leurs pays d'origine. On pense aussi à la guerre d'Espagne, où républicains et interbrigadistes ont affronté Franco et, à ses côtés, Mussolini et Hitler. On pense à l'antisémitisme qui a chassé tant de militants de Pologne, de Hongrie ou de Roumanie. Ils gardent pour la plupart une haine viscérale du fascisme et du nazisme.

À l'inverse, il faut insister sur cette foi sans partage dans la patrie de « l'utopie réalisée » et dans son chef, Staline. Il faut rappeler cette volonté constante de défendre l'outil révolutionnaire, le parti, dont la nature et la fonction intangibles ne peuvent être remises en cause par les aléas de la conjoncture. L'histoire du communisme a déjà fourni de nombreux exemples de tels tournants stratégiques et de telles sujétions, mais le militant convaincu entretient un double rapport avec elle : cette histoire est constamment présente, car elle est un facteur de cohésion idéologico-organisationnelle et la légitimation d'un combat qu'on inscrit dans l'Histoire avec un grand H; mais elle est constamment reconstruite pour justifier le présent, comme l'illustre l'*Histoire du PC(b) de l'URSS* (Moscou, 1938) dont la traduction française, très largement diffusée au printemps et à l'été 1939, est devenue la référence de tous les communistes. On eût trouvé, dans ce manuel très didactique, des arguments pour justifier une autre ligne. On put en trouver pour justifier celle du jour, dans la dénonciation des « guerres injustes », exemple de la Première Guerre mondiale à l'appui. La mémoire communiste est un palimpseste où chaque nouvelle strate intégrerait une mémoire sélective des strates effacées. Jusqu'à la rupture.

Enfin, si la confiance dans la démocratie française a déjà subi les contrecoups de la politique de non-intervention en Espagne et de la signature des accords de Munich, elle est fortement ébranlée par la répression qui a touché les immigrés dès l'accession de Daladier au pouvoir et par la série de mesures répressives qui s'abattent sur les communistes et les étrangers à partir de l'été 1939. Ainsi, le 9 septembre, le gouvernement adopte un décret qui permet de déchoir de sa nationalité française tout naturalisé qui aurait commis, « à quelque date que ce soit, un acte réprouvé par le gouvernement ». Le 17 septembre, une circulaire du ministère de l'Intérieur stipule que « les étrangers suspects au point de vue national ou dangereux pour l'ordre public » peuvent être internés. Ainsi s'ouvre, le 2 octobre, le fameux camp du Vernet dont Arthur Koestler fera une description saisissante dans son livre *la Lie de la terre*. Les femmes sont internées à Rieucros, ou à la Petite-Roquette pour les plus « dangereuses ». Le 19 novembre, un nouveau décret autorise les internements administratifs, donc à l'entière discrétion des préfets et du ministère de l'Intérieur, sans justification et sans recours possible, « des personnes constituant un risque pour la sécurité publique ou la défense nationale »; étrangers et communistes, les membres de la MOI sont les plus exposés.

La situation peut devenir aussi absurde que tragique. Ainsi, tous les ressortissants des pays ennemis, soit les Allemands et les Autrichiens, sont convoqués dans des camps de rassemblement, pour être bientôt internés dans plus d'une centaine de camps répartis dans toute la France. À la fin de 1939, ils sont près de 13 000 Allemands et 5 000 Autrichiens à se retrouver internés. Il y a, certes, parmi eux quelques adeptes du national-socialisme, ce qui ne manque pas de susciter des tensions, mais la plupart sont des émigrés antifascistes qui ont dû quitter leur pays pour échapper à la prison et aux camps. Les principaux dirigeants du KPD en France se retrouvent ainsi derrière les barbelés, qu'il s'agisse de Franz Dahlem, Paul Merker, Georg Stibi ou Adolf Deter [24].

Le pays est donc entré en guerre, en « drôle de guerre ». Dans cette totale désorganisation, la direction de la MOI se réduit à Louis Gronowski, lequel a préservé quelques contacts, essentiellement avec les militants qui ont pris sa suite à la tête de la sous-section juive, à savoir Jacques Kaminski, Édouard Kowalski et Adam Rayski. Réformé par l'armée polonaise, Gronowski s'est fait embaucher dans une usine-école à Puteaux, afin d'apprendre le métier d'ajusteur et de travailler pour l'industrie de guerre dans l'éventualité d'un conflit prolongé. Aidé de son agent de liaison Betka Brikner, il tente de renouer des liens avec les familles des mobilisés, des engagés volontaires et des internés. Par là, il espère renouer le contact avec les militants là où ils se trouvent : les camps d'entraînement des RMVE, à Barcarès, et les camps d'internement des anciens des Brigades internationales. Il s'agit à la fois de leur assurer une aide matérielle et morale, et de maintenir le contact politique. Les militants incorporés dans des unités militaires sont pratiquement injoignables, isolés à Barcarès ou dispersés aux quatre coins de la France. On ne peut les contacter que très brièvement, à l'occasion de rares permissions. En revanche, les internés en camp représentent une impressionnante réserve de militants inactifs. Il semble que, dès l'automne 1939, ceux-ci aient été confrontés au double problème du pacte germano-soviétique et des évasions. Basil Serban, communiste roumain, ancien des Brigades, interné à Gurs, témoigne :

> « Une vingtaine des internés roumains étaient de vieux membres du parti, ayant exercé dans les années 30 des fonctions dans l'appareil du parti et de la jeunesse communiste. Les autres – environ 150 – étaient ce qu'on qualifie dans le langage du parti "de la base", ou encore de nouveaux membres, comme moi.
>
> « Des fissures ont commencé à se manifester, qui mettaient en danger l'homogénéité du groupe. Six volontaires avaient des passeports valables et voulaient s'évader pour rentrer légalement en Roumanie. D'autres, sans papiers, demandaient à la direction du parti l'autorisation de s'évader. Les motifs ne manquaient pas, d'autant plus que les évasions de nos amis yougoslaves nous donnaient un bon exemple. À toutes ces demandes, la direction du parti roumain du camp, et peut-être celle de Paris, opposa un veto catégorique qui se manifesta par un mot d'ordre et une action. Le mot d'ordre était : "Nous devons rentrer tous ensemble légalement en Roumanie." L'action consistait en une lettre collective signée par 150 volontaires roumains et adressée à l'ambassade de Roumanie à Paris. La réponse de Bucarest fut un décret royal qui nous déchut de la nationalité roumaine. Je rappelle qu'à l'époque il y avait en Roumanie un gouvernement profasciste, antisémite, et que près de la moitié du groupe roumain était composée de Juifs, Bessarabiens, Bulgares, Ukrainiens, tous citoyens roumains [25]. »

Si l'on examine l'état des sections de la MOI, le résultat

n'est guère plus encourageant qu'à la direction centrale. La direction des communistes italiens connaît le même désarroi. Outre les coups qu'elle subit du fait de la répression, elle doit affronter une grave crise politique. Si Leo Valiani est le seul parmi ses dirigeants importants à avoir rompu après le pacte germano-soviétique – pour être aussitôt catalogué comme trotskiste –, le PCI doit enregistrer la crise majeure qui casse l'Union populaire italienne. Le secrétaire général de celle-ci, le communiste Romano Cocchi, condamne le pacte et incite l'UPI à faire de même, soutenu en cela par les composantes non communistes. En revanche, avant d'être arrêté, Luigi Longo, alors vice-président, s'y oppose très fermement et, lors d'une réunion plénière des cadres parisiens le 17 septembre, Cocchi est désavoué par les militants présents. La lecture des archives du PCI révèle que les différends avec Cocchi sont anciens. Depuis l'automne 1938, on lui reproche aussi bien une trop grande indulgence envers le gouvernement Daladier que le sectarisme qu'il aurait manifesté à l'égard des composantes non communistes de l'UPI. C'est même pour le contrer qu'en avril 1939 le PCI propose – et obtient – qu'une vice-présidence de l'UPI soit confiée à Longo, l'autre étant attribuée à un socialiste.

Après la rupture au sein de l'UPI et les premières arrestations de responsables communistes, il faut pourtant attendre le 10 octobre 1939 pour voir le PCI, après plus d'un mois de silence total, publier clandestinement son appel *Per la pace*, et ce n'est qu'en février 1940 qu'il pourra éditer régulièrement un recto-verso clandestin, *Lettere di Spartaco*, publication interne et non pas l'organe du groupe de langue italien de la MOI. La direction des communistes italiens est très affaiblie après les séries d'arrestations qui l'ont touchée et la dispersion de ses cadres et de ses militants. Une direction provisoire s'est mise en place, avec Amendola, Roasio, Novella, Negarville, Teresa (Estella) Nocce (la femme de Luigi Longo) et quelques autres. Elle a l'essentiel de ses bases dans le midi de la France [26].

Quant à la ligne politique, elle est classiquement léniniste; la *Lettere di Spartaco* du 15-30 juin 1940, par exemple, dénonce aussi bien l'agression italienne que, rétrospectivement, l'engagement des militants italiens en septembre 1939[27].

La section tchécoslovaque semble réduite à sa plus simple expression. La direction du PC tchèque – Jan Sverma, Bruno Köhler, Viliam Siroky – a reçu en octobre 1939, à Paris, l'ordre du secrétaire général, Gottwald, de rejoindre Moscou. London a été chargé de leur procurer les faux passeports et l'argent nécessaires. La plupart des autres cadres sont soit engagés dans l'armée tchécoslovaque, soit internés au Vernet. Nelly Stefka, qui vit encore dans la légalité, se présente au début de 1940 à la préfecture de Police pour faire prolonger son permis de séjour. L'employé lui conseille de disparaître : un mandat d'arrêt a été lancé contre elle. Avis pris auprès de London, elle passe dans la clandestinité. Elle est principalement occupée à maintenir des contacts ténus avec les interbrigadistes et les militants incorporés dans les unités tchécoslovaques, à Agde. Lors de permissions, on s'informe, on transmet des directives, on conserve un vague contrôle[28]. La section tchécoslovaque ne semble pas avoir les moyens de publier un tract ou un journal clandestin.

L'organisation juive se reconstitue autour d'un journal clandestin. Avant son incorporation, c'est Rayski qui s'en occupe, s'inspirant de quelques numéros de *l'Humanité* clandestine que lui a procurés Gronowski:

> « Vers la mi-octobre, je fus prévenu d'une visite de Louis. Il m'annonça qu'il avait retrouvé un contact avec le parti et nous décidâmes de reprendre l'activité en publiant un journal clandestin en yiddish, *Unzer Wort (Notre parole)*. Le simple fait de militer dans la clandestinité – forcément imposée par "l'ennemi" – contribuait alors à garantir, à nos yeux, la justesse de notre combat. Malgré le pacte, nous avions des raisons de croire et de faire savoir que le socialisme restait la solution d'avenir de la "question juive"[29]. »

Il importe alors de reconquérir le terrain perdu à cause du pacte, l'ensemble des partis et courants de la communauté des Juifs de l'Europe de l'Est ayant rompu toute relation avec les communistes juifs. L'isolement de ces derniers est encore aggravé par les nécessités d'un fonctionnement clandestin. De petites réunions se tiennent dans des appartements; au centre des discussions, les informations qui parviennent des territoires polonais « libérés » par l'Armée rouge et l'écho des premières persécutions contre les Juifs dans la Pologne occupée par l'Allemagne. La juxtaposition de ces deux tableaux provoque invariablement ce commentaire récurrent : seul le socialisme porte en lui la solution de la question juive. Dirigée par Édouard Tcharny-Kowalski, Jacques Kaminski, Alfred Grant et Adam Rayski, la section s'est repliée sur les problèmes de la vie quotidienne des immigrés, même si elle aborde assez régulièrement des thèmes généraux dans le même esprit que *l'Humanité* clandestine. Dans ces premiers mois d'illégalité, le militant cherche pour l'essentiel à reconstituer les réseaux d'implantation, à collecter des fonds de solidarité et à diffuser le journal et les tracts.

Le 10 mai 1940, l'armée allemande se rue sur la Hollande, puis sur la Belgique, avant de faire porter son effort principal dans les Ardennes où se déroulent des combats meurtriers. Parmi les unités les plus exposées, les fameux RMVE. Le 21e Régiment, qui a été envoyé à Brumath, en Alsace, le 2 mai, est rapidement amené, le 20 mai, au sud de la forêt d'Argonne où il effectue marches et contre-marches avant d'être jeté en catastrophe le 13 juin dans Sainte-Menehould, où il sera le dernier régiment « français » à défendre la ville. Après de durs combats, il décroche pour éviter l'encerclement et, tout en combattant, se fraie un passage vers Saint-Mihiel – il coupe à un moment la fameuse Voie sacrée de Verdun – et se rapproche de Nancy par Vaucouleurs. Il combat âprement les 19 et 20 juin, mettant en échec une manœuvre d'encerclement des Allemands. Le 22 juin enfin, il reçoit l'ordre de cesser le feu; les rumeurs de démobilisation se répandent, mais, le 23, les hommes, exténués et furieux, constatent qu'on les a menés tout droit, et sous les ordres de leurs chefs, dans la gueule des Allemands qui les désarment et les font prisonniers [30]. Entre-temps, l'ennemi a déjà occupé Paris, atteint Lyon et Bordeaux.

On le constate, le rapprochement germano-soviétique, la guerre, la mobilisation, la répression, ont disloqué la MOI, tout comme le PCF. Néanmoins, comme toujours, l'organisation et la discipline font la force des communistes, qui parviennent à préserver un minuscule noyau de cadres organisés et de liaisons. C'est sur ces bases qu'ils vont reconstruire dès juillet 1940, forts du retour de nombreux démobilisés.

CHAPITRE IV

Premiers combats dans Paris occupé

Le début de réorganisation de la MOI, qui s'est opéré au printemps 1940, a volé en éclats lorsque l'exode a jeté sur la route de Toulouse la direction intérieure du PCF et les principaux responsables de la MOI, tandis que restaient à Paris Albert Youdine et le Yougoslave Coli. À la fin juillet, Gronowski est de retour dans son petit appartement du Pré-Saint-Gervais. En quelques jours, il retrouve le contact des Polonais, des Tchèques, avec Nelly Stefka et Artur London, des Italiens, avec Ferrara ou Cavazini, des Yougoslaves avec Coli et de la section juive par l'intermédiaire de Youdine. Chacun attend des directives face à une situation invraisemblable : non seulement la France a été écrasée en cinq semaines, mais l'occupant nazi se montre « korrekt » et, surtout, des rumeurs courent les milieux communistes sur l'imminente réapparition légale de *l'Humanité*.

Gronowski ignore encore le détail des tractations, mais, depuis le 20 juin 1940, la direction du PCF – reconstituée à Paris avec Jacques Duclos, Maurice Tréand, le responsable aux cadres, et Jean Catelas, député de la Somme – a pris l'initiative, sur directive de l'Internationale, d'entamer des tractations avec l'occupant pour obtenir la légalisation de la presse communiste[1]. Les pourparlers sont allés assez loin entre Tréand-Catelas et Otto Abetz, qui prendra officiellement en août ses fonctions d'ambassadeur du Reich à Paris. Dans la foulée, de nombreux militants ont emboîté le pas, tentant de réintégrer qui la mairie dont il a été déchu, qui le syndicat CGT dont il a été exclu; autant de faits qui, ajoutés à la libération par les Allemands de communistes emprisonnés à la Santé et à l'absence de toute attaque contre l'occupant dans les colonnes de *l'Humanité* clandestine des premiers mois, donnent sa cohérence à la politique légaliste de l'été 1940. Décidément, les deux pactes germano-soviétiques et la défaite de la France ont incité certains dirigeants communistes à croire que le rapprochement politique entre l'Allemagne et l'URSS offrait des opportunités. En sont-ils venus à penser que l'occupant envisagerait, sinon avec bienveillance, du moins avec neutralité, une tentative du PCF pour accaparer une partie du pouvoir en apparence vacant? Le vide provoqué par la déroute de l'armée et du gouvernement français à l'issue d'une guerre «impérialiste» n'était-il pas riche de potentialités révolutionnaires?

En dépit de cet intermède légaliste, la direction du PCF n'a pas perdu de vue la nécessité de regrouper toutes ses forces, dont la MOI. C'est ce que constate Gronowski lors de son premier contact sous l'Occupation avec un représentant de la direction :

«Le 1er août 1940, à 14 heures, j'attendais au métro Richard-Lenoir. Je me promenais lentement, regardant à droite et à gauche. Un vélo s'approcha, monté par un homme massif, qui vint vers moi. Je reconnus Maurice «le gros», Tréand. [...] "Bonjour Petit Louis (c'est ainsi qu'il m'avait surnommé en 1930, quand j'étais son employé à la Famille nouvelle), nous allons marcher." Et il me présenta la situation. [...] Il me précisa les consignes : "C'est toi qui es chargé d'organiser les immigrés. Le principe préconisé : créer des groupes très cloisonnés de trois camarades sûrs, dont un responsable qui fera la liaison avec le dirigeant de l'arrondissement, du quartier ou de la localité. Il faudra aussi être en contact avec les sympathisants, les habitants; pour cela, organiser la solidarité avec les femmes des prisonniers de guerre, des internés, avec les familles nécessiteuses, etc. Il faut tâcher d'éditer des journaux dans les langues nationales et créer les appareils appropriés. " [2] »

Si la date que donne Gronowski nous semble un peu précoce, les directives sur la réorganisation de la MOI sont corroborées par d'autres témoignages comme par les nouvelles règles de fonctionnement qui sont appliquées à partir de septembre-octobre 1940. Quoi qu'il en soit, le contraste est frappant avec la rencontre de l'automne 1939 entre le responsable de la MOI et Janin (*cf. supra* p. 74).

Dès le mois d'octobre 1940, la MOI dispose à Paris d'une structure assez solide et de relais non négligeables. Le retour de l'exode et, plus encore, la démobilisation ont fourni les moyens de cette relance de l'organisation et de l'activité. La MOI est dirigée par un triangle formé de Gronowski (Bruno), de Jacques Kaminski (Hervé) et d'Artur London (Gérard). Dans un premier temps, à l'image de ce qui se fait dans le PCF, Gronowski, le « politique », est chargé des contacts avec le PCF, tandis que Kaminski dirige l'organisation et London la propagande. Mais, dans la pratique, la spécificité de la MOI rend cette structure peu opérationnelle et impose de prendre les immigrations comme base de répartition des responsabilités. Gronowski se charge donc de suivre les Italiens, les Polonais et les Espagnols, London s'occupe des Tchécoslovaques, des Yougoslaves, des Roumains et des Hongrois, tandis que Kaminski supervise les Juifs, les Bulgares et les Arméniens [3].

Si les deux premiers responsables nous sont déjà connus, Jacques Kaminski est l'exemple type du militant de base qui ne se révèle que dans des circonstances exceptionnelles. Né en 1907 dans une famille juive modeste et nombreuse du petit village de Klobusk, dans le sud-ouest de la Pologne, il doit quitter l'école dès l'âge de treize ans et entre comme apprenti chez un coiffeur. À longueur de journée, il balaie le parquet, nettoie les ustensiles, savonne les clients, mais n'a le droit ni de les raser ni de leur couper les cheveux. Entré dans la Jeunesse communiste à seize ans, il arrive en France en 1930 où, tout en exerçant son métier, il milite à la sous-section juive. L'époque est aux manifestations idéologiques et culturelles, et Kaminski n'est guère doué pour ces exercices. Mais, avec le Front populaire qui gonfle la sous-section et élargit ses bases sympathisantes – les Amis de la *Naïe Presse* comptent plus de 500 adhérents –, les questions d'organisation se posent avec acuité; Gronowski, qui a repéré Kaminski, en fait son «responsable aux questions d'organisation». Désormais, ils vont constituer un redoutable tandem. Gronowski, homme politique et de plume parfaitement orthodoxe et à l'autocritique facile, est remarquablement complété par Kaminski, qui compense sa faible culture par un énorme bon sens, une force de caractère peu commune, une intelligence immédiate des tâches concrètes qu'impliquent les directives du parti. Tous ceux qui l'ont approché pendant la guerre ont été frappés par ce calme, cette concentration silencieuse, cette autorité dans l'action, ce jugement qui émanaient de lui dans les situations les plus tragiques. En un mot, Kaminski a les capacités d'un grand exécutant.

Une fois la direction de la MOI établie, ses relations avec la direction du PCF sont stabilisées et passent par Gronowski, qui en rappelle les circonstances:

> «Fin septembre ou début octobre 1940, dans un café du quartier de la porte Dorée, Maurice "le gros" me déclara que le parti appréciait la rapidité de la reconstruction de notre organisation. Je devais dorénavant me considérer comme membre du comité central, avec le droit de prendre des décisions au nom de la direction en cas d'urgence, quitte à les communiquer par la suite. [...] Vers la fin de 1940, Mounette Dutilleul assura de manière stable ma liaison avec la direction. Lors de notre première rencontre, elle me glissa dans la poche

un bout de papier. " Voici la première lettre signée Fred; c'est le pseudo de Jacques [Duclos]. Examine bien son écriture, sa signature. Tu recevras dorénavant ses lettres tous les mercredis et samedis. Tu enverras à un rendez-vous ta copine de liaison et elle fera connaissance avec la mienne. Deux fois par semaine, tu enverras tes rapports ainsi que tout votre matériel de propagande, journaux, tracts, etc., et tu recevras des instructions, appréciations, réponses aux questions écrites. Tu pourras me confier oralement les questions que tu ne voudrais pas mettre sur papier. Il ne faudra jamais venir aux rendez-vous avec des documents dans les poches. " 4 »

À l'exception de deux courtes interruptions de quinze jours chacune, la liaison Gronowski-Duclos fonctionna sans problème jusqu'à la Libération, malgré l'arrestation de Mounette Dutilleul en mai 1941. En nommant Gronowski au comité central et en établissant une liaison directe avec lui, Jacques Duclos montre qu'il réévalue le rôle de la MOI en fonction des circonstances exceptionnelles. L'heure n'est plus à la neutralisation du potentiel de division de la classe ouvrière que représentent les immigrés – comme dans les années 30, au plus fort de la crise économique –, mais à la mobilisation d'un maximum de militants pour reconstruire un parti clandestin appelé à de difficiles combats. Conscient que la MOI est un formidable réservoir de militants expérimentés et motivés, Duclos lui reconnaît ainsi une importance nouvelle et majeure.

Le dispositif se met en place et se densifie. Gronowski a d'autres contacts avec la direction du PCF, qu'il s'agisse d'Arthur Dalidet, le responsable aux cadres, ou de Félix Cadras, le responsable à l'organisation, tous deux arrêtés en février 1942. Il règle, en outre, les questions financières avec Jean Jérôme. À l'échelon du triangle national MOI, les contacts sont alors fréquents avec Jacques Kaminski et Artur London, mais les trois ne se retrouvent que très rarement ensemble, sécurité oblige; en dehors des rencontres, les agents de liaison respectifs – Nelly Stefka pour London, Marysa Melchior pour Kaminski et Betka Brikner pour Gronowski – assurent la continuité des contacts.

Sans nier, loin s'en faut, les liens qui se sont tissés et même renforcés entre les directions nationales MOI et PCF, il va de soi que l'autonomie de la structure MOI et de ses composantes nationales a été accentuée, pour la gestion tactique de l'événement, par la suspension *de facto* de la sacro-sainte règle par laquelle le militant étranger se doit d'être présent dans une cellule française de quartier ou d'usine. Si la branche militaire, qui sera constituée quand se déclenchera la lutte armée, gardera des liaisons avec ses homologues françaises, voire, dans le cas du Nord et du Pas-de-Calais par exemple, sera intégrée au parti français, il n'en va pas de même de la branche politique : chaque section MOI n'a de contact qu'avec l'échelon supérieur ou inférieur. En effet, à part la branche militaire et le Travail allemand, les sections n'ont pas de relations entre elles. Leurs militants ne se côtoient pas et leur « internationalisme » ne s'exprime qu'à travers l'unité idéologique. Il suffit de consulter la presse clandestine pour constater qu'il n'est pratiquement jamais fait mention des intérêts et des solidarités des autres sections. L'immigration en tant qu'entité n'apparaît pas, et le sigle « MOI » lui-même n'est guère présent. Il faudra attendre les derniers mois de la guerre pour voir la MOI réactiver une revendication traditionnelle et unificatrice – celle d'un statut juridique pour l'immigré dans la France libérée – et créer une structure commune.

Une fois l'infrastructure assurée, restait à fixer les objectifs. Si elle consacre la fin de l'année 1940 à reconstituer ses organisations, la MOI ressent en effet très vite le besoin de définir une ligne politique, laquelle sera déterminée par deux facteurs principaux : la ligne générale suivie par le PCF et les mesures prises dès l'été par le régime de Vichy à l'encontre des étrangers, des communistes et des Juifs.

En dépit de la débâcle et de l'occupation, le PCF continue, jusqu'en juin 1941, à définir la guerre comme une « guerre impérialiste » à laquelle les forces révolutionnaires n'ont pas à se mêler. Le combat principal, central, reste celui contre le capitalisme, contre « sa propre bourgeoisie ». Dans un article publié à Moscou en septembre 1940 par la revue *l'Internationale communiste,* Maurice Thorez explicite les priorités tactiques :

> « Le peuple tout entier, ouvriers et paysans, travailleurs manuels et travailleurs intellectuels, jeunes et vieux, est soumis à la double oppression de la réaction et de l'occupation étrangère. Et c'est contre les forces de la réaction que le peuple doit d'abord porter ses coups; c'est contre les Pétain, Laval et Cie, les principaux responsables de la défaite, les agents du capital et les serviteurs zélés des autorités étrangères que la colère du peuple français doit se déchaîner dans toute sa force et toute sa violence [5]. »

Pourtant, peu à peu, l'occupant épargné pour l'essentiel durant les premiers mois se voit de plus en plus dénoncé, encore que l'interprétation générale de la guerre ne soit pas remise en cause. Plusieurs facteurs expliquent cette évolution : à la fin d'août, le PCF a définitivement rompu les contacts avec l'ambassade du Reich; début octobre, les Allemands donnent leur feu vert à l'opération de grande envergure lancée par la police française contre les communistes de la Seine : plus de 300 d'entre eux, pour l'essentiel d'anciens élus et des militants syndicalistes, sont arrêtés à leur domicile légal. Quelques semaines plus tard, la rencontre de Pétain et d'Hitler à Montoire (24 octobre 1940) scelle la collaboration franco-allemande, dans laquelle, en conformité avec sa ligne politique, le PCF voit le signe d'une vassalisation croissante de la

France à l'un des camps impérialistes et le danger d'un engagement dans la guerre. *L'Humanité* clandestine du 31 octobre titre « À bas la guerre impérialiste! Pas de sac au dos! » et stigmatise aussi bien Doriot qui appelle de ses vœux l'alliance allemande, que de Gaulle qui, depuis Londres, exhorte à poursuivre le combat contre l'occupant.

Cette ligne politique est corroborée par des lettres privées que Pierre Villon, emprisonné depuis l'opération policière d'octobre 1940, a réussi à faire parvenir à l'extérieur. De son vrai nom Ginsburger, cet ancien responsable de l'Internationale des marins, est depuis l'été 1940 responsable de la rédaction de *l'Humanité* clandestine; après son évasion, il deviendra l'un des chefs du Front national et son représentant au Conseil national de la Résistance en 1943-1944. C'est donc un responsable communiste de premier plan qui écrit le 13 janvier 1941 :

> « Une nouvelle moins sûre que j'ai apprise ici, c'est que le père Joseph [Staline] aurait, dans un discours du 1er janvier, dit du mal du fascisme. Si c'était vrai, ce serait l'indice que l'URSS considère les choses assez avancées en Allemagne. Néanmoins, ce qui manque encore c'est un affaiblissement substantiel de l'Angleterre et de l'Amérique. Mais il n'est pas nécessaire de l'attendre pour soviétiser l'Europe. [...] Et quant au gaullisme, il sera balayé et nous servira, si nous donnons la liberté, la paix et le pain (avec du beurre) au pays avant que l'Angleterre n'arrive à le faire. Et je ne la vois pas capable d'assurer un débarquement en France pour libérer le pays, avant que les Allemands ne se révoltent. Dans ce cas, nous n'attendrons pas de Gaulle pour instaurer les Soviets[6]. »

La ligne officielle s'infléchit notablement au début de 1941, après l'échec des négociations entre Staline et Hitler. Le 27 septembre 1940, ce dernier a en effet signé avec l'Italie et le Japon un pacte tripartite destiné à isoler l'Angleterre. Il souhaite y associer Staline et le lui fait savoir; ce dernier n'y est pas opposé, mais demande des négociations. Le 12 novembre, Molotov, reçu à Berlin avec tous les honneurs, s'entretient avec Hitler en personne, mais la rencontre tourne court : les Soviétiques réclament un droit de regard sur les Dardanelles, ce que refuse absolument Hitler, qui souhaite écarter son partenaire de l'Europe et l'orienter vers la Perse ou le Moyen-Orient. Dès lors, les relations germano-soviétiques ne vont cesser de se dégrader. Néanmoins, Staline conserve, à court terme, la plus grande confiance dans son accord avec Hitler, et interprète ses difficultés comme des tests destinés à préparer une grande renégociation générale des positions européennes à l'été 1941.

Dans les textes du Parti communiste français, le thème de la libération nationale occupe une place croissante, pour devenir en mars 1941 le mot d'ordre dominant. Pour autant, la stratégie n'est pas modifiée, dans la mesure où la guerre reste définie comme une guerre «impérialiste».

Les subtilités de cette donne internationale, et pour une part celles de la stratégie communiste, rentrent inégalement en ligne de compte à l'échelle des militants, dont les motivations sont nécessairement diverses. Deux groupes, les étudiants et les militants immigrés, sont particulièrement sensibles aux thèmes antifascistes et patriotiques, comme l'a montré la manifestation des étudiants le 11 novembre 1940 à l'Arc de Triomphe, à laquelle ont massivement participé les étudiants communistes mais dont *l'Humanité* n'a pas dit un mot. La répression qui les atteint, comme elle touche de plus en plus durement les communistes en général, intervient au premier chef dans l'évolution de chacun.

Le régime de Vichy a pris en charge cette politique répressive qui est dans sa logique même. L'argumentaire officiel peut se résumer comme suit : la défaite est le fruit des tares de l'ancien régime – entendez la République –, tares qui trouvent leur origine dans un complot où se mêlent Juifs, francs-maçons, communistes et étrangers; dès lors, toute entreprise de rénovation nationale passe nécessairement par l'exclusion de cet Autre destructeur et phantasmé. Communistes, étrangers, Juifs pour beaucoup, les militants de la MOI sont en première ligne.

La loi du 3 septembre 1940 permet l'internement administratif, sans jugement, de tous les éléments jugés indésirables, reprenant en cela la législation de la IIIe République finissante, mais sans les garde-fous que celle-ci avait institués. Simultanément, Vichy établit une législation qui relaie les violentes campagnes xénophobes déchaînées dans la presse collaborationniste. Le 22 juillet 1940, douze jours à peine après le vote des pleins pouvoirs à Pétain, est créée une commission chargée de statuer sur les naturalisations accordées depuis la loi libérale de 1927. Le 17 juillet, une loi interdit aux citoyens français nés de père étranger d'exercer un emploi dans l'administration. Pour faire face au chômage massif qui frappe l'économie française à la suite de la défaite, le gouvernement promulgue, le 27 septembre, une loi qui permet de rassembler dans des Groupements de travailleurs étrangers (GTE) « les émigrés en surnombre dans l'économie française » qui ne peuvent, pour diverses raisons, regagner leur pays d'origine. Plus tard, avec l'autorisation de Vichy, les « Aryens » seront incorporés par l'organisation Todt qui effectue pour le compte de l'occupant d'importants travaux militaires, tels que la construction du mur de l'Atlantique ou l'entretien d'aérodromes militaires; les Juifs, de leur côté, seront internés pour être livrés et déportés [7].

Les 16 août et 10 septembre 1940, des lois modifient l'accès aux professions médicales et au barreau, et instaurent des quotas pour les Juifs. Le 27 août est abrogé le décret-loi Marchandeau du 21 avril 1939, qui réprime la diffamation raciale. La presse se déchaîne. Le 27 septembre 1940, l'occupant édicte une première ordonnance contre les Juifs de zone occupée, qui leur impose, en particulier, de se faire inscrire à la sous-préfecture ou à la préfecture de leur domicile habituel. Le « statut des Juifs » que promulgue le gouvernement de Vichy le 3 octobre sans aucune pression allemande est autrement plus ambitieux : après avoir défini une « race » juive, il exclut les Juifs de la fonction publique et d'une série de professions libérales. Le lendemain, un décret autorise les préfets à interner, sans condition, « les ressortissants juifs étrangers ». Le 18 octobre 1940, les Allemands imposent une ordonnance sur le recensement des entreprises juives et engagent l'« aryanisation économique ». Dans la logique de sa politique, pour faire valoir sa souveraineté sur l'ensemble du territoire, le gouvernement de Vichy en fait autant et finit par instituer, le 29 mars 1941, un Commissariat général aux questions juives, chargé de coordonner l'ensemble des mesures antisémites du régime[8]. On sait quelles en seront les conséquences.

La réaction communiste est fonction, pour une part, des effets réels de cet ensemble de mesures. Beaucoup d'entre elles n'affectent pas encore de manière sensible la population immigrée, d'autant qu'elles sont limitées par le besoin de main-d'œuvre masculine qui s'affirme après les premiers mois de désorganisation. À la campagne antisémite qui va s'amplifiant, le PCF réagit toutefois à plusieurs reprises, en particulier en publiant, à la fin de 1940, une petite brochure ronéotypée intitulée *À bas les mesures racistes prises contre les petits et moyens commerçants juifs.* Il y analyse les mesures d'aryanisation économique comme une tentative de Vichy visant à diviser les classes moyennes et à susciter une diversion face aux difficultés économiques et sociales rencontrées par le gouvernement. Le texte y voit « des " pogroms modernes ", des " pogroms organisés " à coups de décrets », mais conserve la grille d'analyse traditionnelle du racisme et de l'antisémitisme comme arme de division. Cette approche n'est d'ailleurs pas propre aux communistes et se retrouvera dans l'ensemble de la Résistance.

De son côté, la population juive, si elle s'inquiète des graves mesures administratives qui la visent, ne peut, comme le rappelle Adam Rayski, envisager l'éventualité d'une persécution physique :

«Quel était à ce moment-là l'état d'esprit des Juifs immigrés de la capitale? Un fond d'inquiétude, certes, mais aussi l'espoir que les Allemands, préoccupés par la poursuite de la guerre, ne se montreraient pas trop méchants. "On les aura", entendait-on dire souvent, ce qui exprimait un optimisme naïf, ou plutôt cette croyance millénaire que, finalement, nous triompherions de nos persécuteurs. La même ignorance du danger régnait dans nos rangs, mais pour des raisons différentes. Ni pessimisme, ni optimisme, mais surtout refus de réfléchir et de voir les choses en face. Les activités de solidarité et d'entraide concrètes constituaient l'essentiel en l'absence de vue d'ensemble de la situation [9]. »

À partir de l'automne 1940, la direction de la MOI est chargée d'une nouvelle tâche : l'envoi dans leurs pays respectifs des militants communistes internés dans les camps en France. On l'a vu, l'Espagne a drainé beaucoup de cadres communistes issus des partis d'Europe centrale et orientale. Or, dans la situation nouvelle que vient de créer la victoire générale des nazis en Europe, ces partis ont un besoin urgent de militants solides et éprouvés. En octobre, London s'occupe donc de ce travail qui, précise-t-il, « faisait suite à une directive de l'Internationale communiste appliquée comme telle par la direction du Parti communiste français [10] ». Envoyé en mission pour trois semaines en zone Sud, il y trouve une situation très confuse. Par exemple, après la défaite française, beaucoup d'anciens des Brigades qui se sont engagés dans l'armée tchécoslovaque, et qui craignent d'être à nouveau internés ont quitté Agde pour Marseille où, avec la complicité d'officiers français et sous la direction de Laszlo Holdos, ils se sont fait officiellement démobiliser. Ils se sont ensuite dispersés dans la région, à Marseille, Gardanne ou Gémenos. Il en est de même pour d'autres militants étrangers.

London renoue des contacts à Toulouse puis à Marseille avec des organisations qui ont leurs ramifications jusque dans les camps d'internement. Il se fait une idée de la situation générale des militants immigrés dispersés en zone Sud. Mais surtout, il transmet dans les différents camps une nouvelle directive : chaque militant doit en sortir pour rejoindre son pays d'origine en prévision des combats futurs, et ce par tous les moyens, légaux ou illégaux. Laissons la parole à London, qui détaille les trois filières légales utilisées :

« À partir de décembre 1940, les volontaires tchécoslovaques des Brigades internationales concentrés dans la région marseillaise commencèrent à venir à Paris en utilisant des passages clandestins. Ils se présentaient avec un mot de passe dans deux logements habités par des camarades dévouées, Nelly Stefka et Véra Hromadko. Il fallait les vêtir convenablement, leur donner des informations sur la situation politique et militaire, des instructions sur les problèmes auxquels ils seraient confrontés quand ils retourneraient dans leur pays. Quand nous les jugions suffisamment préparés, ils s'inscrivaient au bureau d'embauche allemand où le seul contrôle qu'ils passaient était d'ordre médical.

« En Allemagne, nos camarades, à la faveur d'une permission exceptionnelle ou même d'un week-end, devaient rejoindre le protectorat tchèque et se perdre dans la nature. Là, ils devaient tenter de reprendre contact avec le Parti communiste illégal ou, à défaut, prendre l'initiative de détecter et regrouper autour d'eux des communistes isolés. Si nos camarades se voyaient dans l'impossibilité de regagner la Tchécoslovaquie, ils devaient revenir en France où nous les versions dans les groupes de la MOI. Évidemment, nous avions le moyen de faire parvenir au PC tchèque illégal l'identité et les caractéristiques de ceux qui rentraient au pays, afin d'éviter toute infiltration policière ou autre. Début 1941, presque tous les communistes tchécoslovaques de Marseille avaient rejoint le pays en suivant cette filière. Par une carte postale banale qu'ils nous envoyaient, nous savions qu'ils étaient bien arrivés. À partir de ce moment, tout contact avec eux était rompu. J'en ai retrouvé plusieurs par la suite au camp de Mauthausen.

« Parallèlement, nous avons utilisé la filière slovaque. La Slovaquie, alors État indépendant allié de Hitler, avait à Paris une mission de rapatriement de ses ressortissants. Avec la complicité tacite du consul, nous avons pu envoyer à Bratislava de nombreux camarades aussi bien slovaques que tchèques, hongrois, roumains, yougoslaves, tous munis de papiers slovaques. De là, ils parvenaient aisément dans leurs pays respectifs.

« La troisième filière était le bureau d'embauche allemand qui recrutait directement dans le camp du Vernet où étaient internés les derniers volontaires des Brigades internationales. Profitant de leur passage à Paris et de leur séjour temporaire à la caserne des Tourelles, nous prenions contact avec eux et leur donnions les instructions. Nous avons même réussi à en faire évader plusieurs : Aloïk Neuer, Otto Hromadko, Stern, Bukacek, Klecan. Les sections hongroise, roumaine et yougoslave firent comme les Tchèques [11]. »

La MOI met également sur pied une filière de rapatriement des militants polonais non juifs internés en zone Sud. Roman Melon, de son vrai nom Melchior, ancien d'Espagne devenu technicien des faux-papiers, fabriquait ceux-ci dans les services techniques centraux dirigés par Irma Mico puis, à partir d'août 1942, par Alexandre Lazar. Il précise les circuits empruntés par les militants polonais :

« Les jeux complets de documents des copains qui allaient en Pologne, revenant soi-disant d'une permission de détente et regagnant leur lieu de travail en Pologne comprenaient, outre les documents français, des documents allemands; entre autres, la carte de travail (*BMW Verke in Warschau*), un certificat de change de monnaie, un certificat du service de santé allemand d'épouillage, des cachets de la Gestapo. Comme je l'ai appris ensuite en Pologne, tous ces documents étaient tamponnés avec des cachets authentiques lors du passage de la frontière et permettaient de voyager sans risque en Pologne [12]. »

Par ailleurs, London a reçu l'ordre de faire établir par chaque groupe de langue une liste des anciens brigadistes invalides et des cadres politiques afin de demander pour eux des visas d'émigration en URSS. Pour le groupe tchécoslovaque, cette liste fut remise à l'ambassade soviétique à Vichy par Laco Holdos, tandis que London en faisait parvenir une copie au PCF.

En outre, l'historien Denis Rolland a retrouvé trace d'un accord franco-mexicain signé le 23 août 1940. Peu connu, il nous a été confirmé par Ljubomir Ilic, qui dirigeait le comité international du camp du Vernet. Le gouvernement mexicain, qui avait déjà reçu plus de 10 000 républicains espagnols, s'engageait par cet accord à accueillir tous ceux qui en feraient la demande, quitte à prendre en charge leurs frais de transport. Mais un changement politique au Mexique et les entraves mises par les autorités allemandes – avant un veto strict en juin 1941 – en limitèrent la portée. Ils furent moins de 5 000 à profiter de cet accord [13].

Restent enfin les moyens illégaux, et donc l'évasion. Là aussi, des filières sont mises sur pied et le processus est suivi par chacune des sous-sections. Le Yougoslave Lazar Udovicki, en contact régulier avec London, sert de point de ralliement avec sa maison du 2 *bis*, rue Monbuisson, à Louveciennes, dans la banlieue ouest de Paris, par où transitèrent 60 Yougoslaves et 10 Tchèques entre l'hiver 1940 et le printemps 1941. Un autre contact, Lazar Latinovic, remplit le même rôle à Marseille. Ainsi, de nombreux Yougoslaves anciens d'Espagne rejoindront leur pays au printemps 1941 et fourniront les cadres de la guérilla communiste dirigée par Tito. Citons pour mémoire Peco Dapcevic, commandant la Iʳᵉ armée yougoslave, Ivan Gosniak, futur ministre de la Défense, Veljko Kovacevic, futur vice-ministre de la Défense, Peter Drapsin ou Vlado Cetrovic [14].

Dès la fin 1940, les évasions se multiplient, depuis les camps de prisonniers ou les camps d'internement. Emprisonné au fort de Metz, Boris Holban réussit une très habile évasion, grâce à l'aide de la militante roumaine Irma Mico, qui a été envoyée de Paris à cet effet. De son côté, Joseph Epstein, interné dans un stalag dans les environs de Leipzig, s'évade en novembre 1940 et, en dépit d'un temps hivernal, parvient jusqu'à la frontière suisse; arrêté par les Suisses, il est renvoyé vers la frontière allemande, mais sachant le sort qui l'attend il préfère traverser à la nage une rivière glacée, reprendre pied sur le territoire helvétique et se réfugier dans un consulat français où on lui procure des papiers légaux de citoyen français; le 25 décembre 1940, il retrouve Paris et le parti. On pourrait multiplier les exemples. Peu à peu, la MOI et les partis communistes étrangers récupèrent une partie de leurs cadres, soit pour les renvoyer organiser l'action dans leurs pays d'origine, soit pour leur confier des responsabilités en France.

La MOI peut alors reconstituer son implantation. Ses sections se réorganisent dans la clandestinité. Dès l'été 1940, Gronowski les a contactées les unes après les autres, et d'abord les Italiens. Il rencontre Amendola qui lui confirme que les communistes italiens en France se regroupent sous la direction de Ferri, que remplacera Marino Mazzetti en septembre 1941, après son évasion du camp de Gurs et cinq mois passés à organiser les nombreux communistes italiens de la région niçoise [15]. Très rapidement, le Bureau extérieur du PCI réussit à publier un journal clandestin tiré à 3 000 exemplaires, *la Parola degli Italiani*, adoptant à un mot près le titre du quotidien de l'Union populaire italienne interdit en août 1939. Le premier numéro est daté d'août 1940, et le journal paraît tous les quinze jours dès le mois suivant. Trois thèmes sont sans cesse repris : la dénonciation de la guerre impérialiste, la solidarité avec les travailleurs français et les manœuvres du consulat italien à Paris. Bien plus aisément et radicalement que le PCF, le PCI peut défendre sur la guerre une ligne de stricte orthodoxie léniniste, plus aisément compatible avec sa lutte antifasciste. Appelant, depuis l'offensive italienne de juin 1940, au défaitisme révolutionnaire, il condamne l'oppression d'un peuple par un autre peuple que symbolise l'armistice (no 1, août 1940 ; no 6, octobre 1940, etc.). Le journal se veut aussi et d'abord le défenseur des émigrés : « Les luttes que nous menons en France, nous entendons les conduire au côté du peuple de France, dont nous admirons profondément les glorieuses traditions révolutionnaires, et non contre le peuple ou en concurrence avec lui » (no 1, août 1940). On y dénonce donc les manœuvres de l'occupant qui visent à diviser les travailleurs en jouant sur la concurrence et en favorisant, le cas échéant, la main-d'œuvre italienne (no 2, septembre 1940). Enfin, on tente de mettre en garde les travailleurs italiens contre les appels du consulat à Paris et de son journal, *Nuova Italia*, en faveur d'un retour massif au pays, où il ne faudrait attendre en fait que le chômage, la répression ou la colonisation : « Travailleurs immigrés ! Faites sentir aux messieurs du consulat que comme citoyens vous avez droit à retourner en Italie, si vous le désirez, et que vous n'avez aucune intention d'aller en Afrique travailler sur les terres usurpées au peuple d'Abyssinie » (no 4, octobre 1940) [16].

Ces articles témoignent des contradictions dans lesquelles se débattent les communistes italiens, pris entre le combat à mener parmi les immigrés dans une perspective intégratrice et la lutte à organiser contre Mussolini et son régime. Déjà sermonnés en février 1939 par l'Internationale communiste, qui dans un télégramme reprochait au PCI de délaisser ses activités en Italie même au profit de son organisation à l'extérieur de ce pays, ils seront constamment tiraillés entre ces deux perspectives, avec cependant comme objectif premier de fournir des cadres à la résistance intérieure italienne [17]. Cela ne sera pas sans conséquence sur leur intervention dans la MOI, spécialement à partir de l'été 1943, lors de la chute de Mussolini, de l'instauration de la République de Salo et de la reconquête militaire, mais cela ne les empêchera pas de devenir l'une de ses principales organisations de la résistance immigrée.

Après les Italiens, Gronowski se met en rapport avec les Polonais, en particulier avec Maslankiewicz, qui habite un bidonville à Gennevilliers. Ce dernier se charge de recréer une section polonaise qui sera surtout implantée dans le bassin minier du Nord-Pas-de-Calais, avec comme principaux responsables J. Rutkowski et R. Larysz [18].

Viennent ensuite les Roumains, parmi lesquels se trouvent beaucoup de Juifs bessarabiens, dirigés par Fanny Gurvitz. Leur groupe se renforce de manière significative à la suite d'une évasion massive au cours d'un transfert d'internés le 27 mars 1941 : plusieurs dizaines de prisonniers, profitant de l'état d'ébriété des gardes mobiles, ont pu sauter du train Perpignan-Toulouse qui les transportait d'Argelès vers le camp disciplinaire du Vernet. Parmi eux se trouvaient quinze interbrigadistes roumains, dont plusieurs cadres communistes confirmés, Francis Boczor, Nicolas Cristea, Sas [19].

Les Hongrois se réorganisèrent dès la mi-septembre 1940, lors d'une réunion tenue dans la forêt de Saint-Cloud; ils compteraient une cinquantaine de militants au début de 1941 [20]. Leur section est suivie de très près par Lajos Papp. Après quelques mois, Gronowski confie à une dizaine de militants hongrois le soin d'écouter sans discontinuer les radios étrangères – surtout Londres et Moscou –, dont les échos fourniront la base d'un *Bulletin d'information* diffusé clandestinement, chaque semaine.

Les Espagnols ont choisi des structures doubles et décentralisées. Il existe une direction du PC espagnol en zone Sud et une autre en zone Nord. Au nord, elle est composée de Nadal (dit « Henri ») pour le PCE, de Joseph Miret-Must pour le PSUC (Parti socialiste unifié de Catalogne) et de « Louis » pour la MOI. Joseph Miret publie une feuille clandestine en catalan, le *Buttleti d'informacio radiada*, tandis que son frère Conrado s'engage très tôt dans l'organisation spéciale chargée de la protection de certains militants et de l'intimidation des « traîtres » [21].

Le groupe tchèque est dirigé par Karel Stefka, Laco Holdos et Tonda Swoboda. Grâce à ses militants germanophones, il rend immédiatement de grands services à la MOI et au PCF. En particulier, la veuve d'un ancien des Brigades, Marika Karafiatova, accepte, à la demande de London, de se faire inscrire aurprès des autorités d'occupation comme Allemande des Sudètes. C'est là une excellente couverture qui permet de louer des planques, de cacher des militants de passage à Paris en attente de faux papiers, etc [22]. Dès le printemps 1941, à Paris, les Tchécoslovaques créent un Comité national antifasciste regroupant des militants socialistes et communistes, présidé par un socialiste, F.X. Fiedler, et auquel participent Laco Holdos et Otto Hromadko. Sans doute s'agit-il d'une libre interprétation du mot d'ordre de front national...

La direction yougoslave de la MOI se reconstitue en automne 1940, autour de Rudi Supek, Blagoje Nesic, Dejan Blejica, Branko Radic, Mugosa, Mate Bandalo et, pour agent de liaison, Anka Matic. Au début de 1941 commence à sortir un journal clandestin en serbo-croate et en slovène, *Nas Put (Notre voie)*.

Quant aux réfugiés allemands, ils commencent aussi à se réorganiser. Leurs principaux responsables sont internés depuis septembre 1939. En mai 1940, lors de l'attaque de la Wehrmacht contre la Belgique, les autorités belges ont arrêté beaucoup d'étrangers suspects, dont les communistes allemands Herman Geisen, Willi Eikemeyer, Otto Niebergall et un certain « Louis », de son vrai nom Andor Bereï, qui est le représentant de l'Internationale communiste auprès du Parti communiste belge. En raison de la rapide avance allemande, ces prisonniers sont envoyés en France où ils aboutissent dans le camp de Saint-Cyprien (Pyrénées-Orientales). Une direction se met immédiatement en place dans ce camp et décide que plusieurs dirigeants doivent s'évader; parmi eux, Ottomar Strohl, membre du comité central du PC autrichien, Louis Lallemand, membre du bureau politique du PC belge, Bereï et Niebergall. C'est chose faite le 12 juillet 1940. Arrivé à Perpignan, Niebergall rencontre par hasard un communiste allemand qui lui donne le contact avec ses camarades de Toulouse. Il reconstitue une direction en exil du KPD qui est entérinée par les dirigeants du parti internés au Vernet, Franz Dahlem, Paul Mercker et Siegfried Räde [23].

Cependant, si cette direction entre en contact dès l'automne 1940 avec la direction de la MOI par l'intermédiaire de London alors en tournée en zone Sud, elle semble peu disposée à suivre les directives de ce dernier, ainsi qu'il le dira plus tard : « Je tiens à souligner à nouveau que les Autrichiens étaient immédiatement prêts à s'engager dans la dangereuse résistance en zone Nord, tandis que les Allemands n'envoyaient pas leurs militants dans le Nord en invoquant divers prétextes selon lesquels il était irresponsable de diriger des Allemands vers la zone occupée, etc. [24] » Faut-il voir là une réelle crainte, de la part de communistes allemands très peu nombreux, d'être confrontés à la formidable puissance de l'armée d'occupation? Ou la volonté de préserver les cadres pour préparer l'après-guerre, comme l'ont analysé plusieurs responsables MOI pendant ces années? Quoi qu'il en soit, au début 1941, le responsable allemand Walter Beling est délégué à Paris pour renouer les contacts avec le PCF et y rencontre à plusieurs reprises Maurice Tréand qui lui communique la déclaration faite par le KPD à l'occasion de l'invasion de la Belgique, du Luxembourg et des Pays-Bas, ainsi que sa dénonciation du « diktat » imposé à la France fin juin 1940 à Compiègne. Ce texte a d'ailleurs été diffusé en français dès novembre 1940 par le PCF au nom du KPD et immédiatement repéré par les services de l'amiral Canaris, chef du contre-espionnage de la Wehrmacht, qui le juge assez significatif pour en faire le sujet d'un rapport pour le RSHA en date du 29 novembre 1940. Tréand fait savoir que la direction du PCF souhaite que le KPD de Toulouse envoie en zone Nord des militants allemands [25].

Par ailleurs, Beling peut rencontrer des membres de la Jeunesse communiste allemande qui ont déjà pris des initiatives en région parisienne, comme en témoigne Peter Gingold :

> « En novembre 1940, retourné à Paris, j'y trouvai déjà un groupe d'antifascistes allemands clandestins en fonctionnement, dont les membres se recrutaient pour la plupart dans la fédération de jeunesse Freie Deutsche Jugend (La jeunesse allemande libre), formée en 1936. Munis de moyens primitifs – lettres d'imprimerie pour enfants –, nous rédigions et "imprimions" des tracts en allemand destinés aux soldats allemands. Ils portaient des slogans comme : " Ne participez pas aux crimes contre le peuple français", "Mettez fin à la guerre" "Hitler conduit l'Allemagne au plus grand désastre", etc. [26]. »

En fait, ce groupe se composait, en tout et pour tout, de deux jeunes militants, Roman Rubinstein et Sally Grünvogel.

En avril 1941, la direction du KPD à Toulouse décide d'envoyer l'un de ses principaux dirigeants à Paris en la personne d'Otto Niebergall, un militant d'une trempe exceptionnelle. Né en 1904, il a commencé à militer dans les Jeunesses communistes allemandes avant de devenir, à vingt ans, responsable du KPD en Sarre, puis responsable municipal communiste de Sarrebrück de 1926 à 1935. Chassé de Sarre par le plébiscite favorable aux hitlériens, il se réfugie alors sur la frontière franco-belge d'où il dirige de 1935 à 1937 les activités clandestines du KPD en Sarre et Palatinat, depuis Forbach, et en Rhénanie, depuis Bruxelles. Interné en Belgique au début de 1940 au double titre de ressortissant allemand et de communiste, Niebergall réussit donc à s'évader l'été suivant et, après avoir participé à la reconstitution de la direction du KPD à Toulouse, il rejoint Paris. Arrivé dans la capitale, il est désormais le dirigeant du KPD pour la France, la Belgique et le Luxembourg[27].

Il a pour adjointe la femme de Richard Stahlmann, Erna. Couple étonnant : Richard, de son vrai nom Artur Illner, est l'ancien délégué du Komintern à Canton lors de la fameuse insurrection communiste de 1927. Erna a été arrêtée en 1933 à Berlin avec Dimitrov dont elle était la secrétaire. Arrivé à Paris au début de 1934, le couple est chargé de publier une revue en français et en allemand, *la Correspondance des Balkans*. Devenu bientôt *Voix européennes*, ce journal accueille les signatures prestigieuses de Péri, Tabouis, Pertinax ou Buré. Puis Richard part pour l'Espagne, où il devient responsable de groupes de sabotage derrière les lignes franquistes; en 1939, il parvient à se réfugier en France, et London lui permet de retrouver le contact avec le Komintern. Moins chanceuse, sa femme est arrêtée le 27 septembre 1939 et internée à la Petite-Roquette. Évadée, elle retrouve le contact avec le KPD dont elle devient l'une des dirigeantes en zone Nord[28].

Niebergall regroupe ses maigres forces et propose au PCF un plan de travail qui prévoit, pour commencer, de coordonner dans un collectif l'activité de tous les communistes de langue allemande, qu'ils soient originaires d'Allemagne, d'Autriche ou des Sudètes tchèques. Néanmoins, il est symptomatique qu'on ne discerne chez les Allemands, à la différence des autres nationalités, aucun mouvement de « retour au pays » afin d'y porter la lutte. Sans doute cela tient-il à l'extrême faiblesse de la direction du KPD en Allemagne même; pour survivre, celle-ci doit se terrer dans une clandestinité si profonde que toute action lui est quasiment interdite, ce qui ne l'empêchera pas de tomber aux mains de la Gestapo au début de 1943.

Durant cette première année d'occupation, l'organisation la plus active de la MOI à Paris est la section juive. Reconstituée en juillet 1940, elle reprend dès le mois d'août la publication de son journal clandestin *Unzer Wort (Notre parole)*. Début septembre se tient la première réunion élargie de sa direction, chez Rex Puterflam, au 54, rue de Custine, dans le 18e arrondissement. Y participent Adam Rayski, David Kutner, Mounie Nadler, anciens rédacteurs de la *Naïe Presse* avant guerre, ainsi qu'Alfred Grant, de son vrai nom Simon Cukier, directeur de la Clinique populaire et secrétaire de l'Union des sociétés juives, Jacques Ravine, Isaac Kristal, dirigeant de l'Ordre ouvrier, œuvre sociale des communistes, Sophie Schwartz, dirigeante des Femmes juives contre la guerre et le fascisme avant 1939, et Teschka Tenenbaum, militante du Syndicat de la confection. Sont également présents, au titre de la direction de la MOI, Gronowski et Kaminski [29].

Le premier objectif est de réorganiser la section en regroupant, sous le nom de Solidarité, des organisations de masse : comités d'immeubles, de rue, de quartier. En effet, du fait du chômage des uns (dû en partie aux mesures d'exclusion des Juifs de l'économie) ou de l'absence des autres (internés en France ou prisonniers en Allemagne), la population juive immigrée, dans un milieu indifférent, se trouve dans une situation particulièrement difficile. L'organisation Solidarité récolte des fonds, aide des familles. À la fin de 1940, elle comprend des comités populaires, des groupes de femmes de prisonniers de guerre, des sections syndicales et des groupes de jeunes, dont 300 militants environ forment l'armature [30]. Il s'agit donc d'une force politique déjà très conséquente qui s'appuie en outre sur le fonctionnement parfaitement légal d'une clinique et d'une cantine, laquelle, à titre indicatif, a servi près de 13 000 repas en décembre 1940. Dans ces premiers mois d'occupation cependant, l'un des volets essentiels de l'activité du militant reste la propagande par la diffusion de la presse clandestine et l'organisation de réunions; le militant Samuel Weissberg précise dans quelles conditions : « La tâche de propagande nous prenait entièrement. À chaque fois que c'était possible, nous nous réunissions dans l'appartement d'un sympathisant pour discuter des événements. C'étaient des réunions plutôt discrètes, et les participants étaient convoqués de bouche à oreille [31]. »

La section juive est confrontée à une première alerte sérieuse : l'ordre des Allemands, le 27 septembre 1940, de recenser les Juifs. Elle ne semble avoir donné aucune consigne précise, et la plupart des communistes juifs se font enregistrer, les dirigeants, Gronowski ou Rayski, comme les autres; malgré leur inquiétude, ils ne s'attardent guère sur les risques que comporte cette mesure administrative. Les uns s'y soumettent parce qu'ils ne peuvent imaginer que quelque chose de grave puisse leur arriver en France à condition qu'ils respectent la loi; on n'est tout de même pas en Pologne, moins encore en Allemagne... Les autres ne peuvent faire autrement. À la fin d'octobre 1940, 149 734 Juifs (85 664 Français et 64 070 étrangers) sont en règle dans le département de la Seine. Ils sont en règle, mais aussi en fiches, fiches que, dans quelques mois, avec la complicité de Vichy, les Allemands utiliseront pour d'autres opérations, plus radicales. Louis Gronowski a répondu aux critiques qu'a pu susciter, après coup, l'absence de réaction de la section juive :

« À la lumière de l'holocauste, nous sommes quelques-uns à nous demander si notre attitude à l'époque était juste et si nous n'aurions pas dû, dès le début, appeler la population juive à la désobéissance aux ordonnances de Vichy. Pourtant, il était inimaginable, à ce moment-là, d'envisager le passage du jour au lendemain de milliers de personnes à l'illégalité. En outre, notre mentalité n'était pas encore adaptée aux horreurs imposées au monde par les bourreaux nazis. Ce n'est que graduellement que nous prîmes conscience de la gravité du danger qui menaçait les Juifs de France [32]. »

Les quelques documents de cette période qui sont parvenus jusqu'à nous signalent l'activité de la section, ainsi ce rapport de police du 7 octobre 1940 : « L'ex-sous-section juive du Parti communiste continue de faire distribuer clandestinement dans la colonie juive de la capitale et de la région parisienne une feuille ronéotypée en langue yiddish, intitulée *Unzer Wort.* » Et à plusieurs reprises, les rapports en citent de longs extraits. Sur le fond, le discours recoupe très exactement celui de *l'Humanité* clandestine et des autres publications du PCF; on fête les Soviétiques qui ont « libéré » la moitié de la Pologne; on acclame le « pays du socialisme »; on stigmatise la « guerre impérialiste ». Le discours concernant les Juifs est plus original, mais s'inscrit également dans la ligne générale, *Unzer Wort* répétant que seul le socialisme apportera une solution au problème juif [33]. Plus concrètement, *Unzer Wort* dénonce les internements massifs de Juifs étrangers, par exemple au camp de Septfons, près de Montauban (numéro du 29 septembre 1940) ou en Algérie (numéro du 20 octobre 1940). Dans le numéro du 30 janvier 1941, le ton se fait plus véhément : « Actuellement, il y a 25 000 Juifs dans les camps de concentration, et chaque jour la police vient en arrêter de nouveaux à leur domicile. [...] Dans ces camps de concentration se trouvent des femmes et des enfants et, par suite du manque total d'hygiène, il y a de nombreux cas de maladie, souvent mortels [34]. » Peu à peu, cette presse délaisse l'accent mis sur la solidarité de classe et insiste sur la spécificité juive. Mais déjà une angoisse oppressante a saisi cette communauté qui s'interroge sur le sort qui lui est réservé par Vichy et l'occupant, même si, jusqu'au printemps 1941, la vie au quotidien des Juifs immigrés parisiens n'est pas sensiblement différente de celle qu'ils menaient avant la guerre, ni de celle que mènent alors tous les Parisiens; comme eux, ils se soucient du chômage, du chauffage et du ravitaillement.

Les dirigeants de la section juive réagissent très tôt à ce qu'ils perçoivent comme un autre danger. En effet, la France défaite, le service IV B4 de la Gestapo qui, sous la direction d'Eichmann, avait en charge la rafle des Juifs, envoya à Paris le SS Theodor Dannecker afin d'organiser un service spécial pour les questions juives, le *Judenreferat*. Celui-ci n'eut de cesse d'appliquer en France la politique déjà mise en œuvre par son service dans d'autres pays occupés, à savoir la création d'un *Judenrat*, organisme qui représenterait l'ensemble de la communauté juive et serait le seul interlocuteur de l'occupant. Dans un premier temps, Dannecker voit son entreprise contrecarrée par l'Association consistoriale israélite de Paris (ACIP). Mais, au bout de plusieurs mois de pressions, de menaces, de ruses et de chantages incessants, il parvient en partie à ses fins et contraint l'ACIP et le comité de la rue Amelot – qui regroupe les œuvres de bienfaisance des Juifs immigrés où sont actifs des militants du Bund et des sionistes-socialistes – à créer, le 30 janvier 1941, le Comité de coordination des œuvres juives d'assistance de Paris qui se transformera bientôt en UGIF (Union générale des israélites de France). À la mi-mars, Dannecker fait nommer à la direction du comité deux Juifs viennois qui en contrôlent toute l'activité, ce qui entraîne immédiatement le retrait des représentants de la « rue Amelot ». C'est à ces deux « techniciens » que Dannecker confie la rédaction d'un journal intitulé *Informations juives* dont le premier numéro sort le 19 avril 1941. Ce périodique se prétend l'organe du Comité mais en fait, il répercute les consignes de l'occupant. Dès la fin de l'année précédente d'ailleurs, la section juive a refusé de s'associer aux négociations sur la création du Comité de coordination, puis, au début de 1941, a décidé de fermer purement et simplement sa clinique et sa cantine légales, considérant qu'il valait mieux s'engager résolument dans la clandestinité, même si cela devait aggraver dans l'immédiat le sort des familles les plus défavorisées. Peu après, en avril 1941 semble-t-il, la section tire deux tracts dénonçant la manœuvre de l'occupant pour isoler les Juifs du reste de la population et mieux les contrôler. L'activité de la section juive est donc désormais pour l'essentiel clandestine.

Les alertes se multiplient. Fin mars 1941, les premières arrestations de Juifs communistes surviennent à Paris. Huit militants sont pris, dont Abraham Erlichmann et Mordha Blatt – ils ont mis à la disposition des autorités occupantes qui les recherchaient –, et Isidore Fuhrer, chez qui ont été découverts « une machine à écrire de fabrication Hermès dont le clavier et les lettres sont en alphabet yiddish, et le stencil qui a servi à la reproduction de la feuille *Unzer Wort* du 1er avril 1941 [35] ». D'autres arrestations interviennent un peu plus tard, d'abord à la suite d'une réunion de militants le 15 mai au 55, rue Corbeau, puis au 58, rue Crozatier. En mai toujours, la police arrête un groupe de jeunes communistes rue Basfroi. Parmi eux se trouve Germaine Trugman, seize ans, dont le père, David Trugman, a hébergé Gronowski, après son arrivée à Paris à la toute fin de 1929. Son frère Roger est déjà un militant actif de l'organisation (on retrouve là l'une des caractéristiques du militantisme communiste, en particulier chez les Juifs : l'engagement est « collectif », familial). Au total, de mars à mai 1941, la section juive déplore déjà à Paris plusieurs dizaines d'arrestations, dues pour l'essentiel aux mauvaises conditions de sécurité dans la mesure où, comme c'est le cas dans l'ensemble de la MOI, la plupart des militants mènent une action clandestine en gardant leur domicile légal et leur identité.

Mais les signes avant-coureurs que l'on aurait peut-être pu discerner à travers l'ensemble des mesures antisémites adoptées par Vichy et les Allemands depuis l'été 1940 n'ont pas permis aux communistes, pas plus qu'aux autres composantes de la communauté juive, de prévoir le coup qui s'abat brutalement sur les Juifs immigrés parisiens.

« En ce doux après-midi du mardi 13 mai [1941] – raconte le témoin et grand ramasseur d'archives David Diamant –, des centaines de policiers étaient disséminés dans les quartiers juifs de la capitale pour remettre aux intéressés une "invitation" de couleur verte, selon laquelle ils devaient se présenter le lendemain matin aux autorités. Cette invitation est entrée dans le vocabulaire des Juifs sous l'appellation de *Billet vert*, [...] "pour examen de situation", précisait-elle. [...] Qu'y avait-il à craindre, puisque leurs papiers étaient en règle? Cette crédulité dura longtemps après leur internement... Il était difficile d'envisager l'éventualité de vivre dans la clandestinité. Il leur semblait inconcevable de perdre d'un coup ce qu'ils avaient acquis pendant des années de travail et d'efforts. En réalité, ils n'étaient pas encore, ils ne pouvaient pas être psychologiquement prêts à comprendre que les *promesses* des nazis ne relevaient que de la mise en condition [36]. »

Profitant de l'effet de surprise, la police française arrête ainsi, sur ordre des Allemands, 3 710 Juifs étrangers et apatrides, et les interne dans les camps de Pithiviers et de Beaune-la-Rolande, dans le Loiret. Soulignons cependant que 6 494 Juifs ayant été convoqués, près de 40 % ont ignoré l'« invitation ». Encore une fois, la section juive demeura, sur le moment, désemparée, comme le rappelle Adam Rayski :

« En mission depuis avril en zone Sud, je ne connus le déroulement de cette première rafle que par le récit de proches parents et de camarades, lors de mon rappel à Paris pour participer à une réunion de la direction, consacrée précisément à l'analyse de la situation. L'atmosphère qui régnait à cette réunion, lourde et tendue, reflétait la tristesse, le chagrin et l'angoisse de milliers de foyers brusquement privés de pères, de maris. À nos yeux, l'internement de près de 4 000 hommes vivant dans des quartiers populaires et appartenant au "secteur immigré" prenait la dimension d'un désastre. À cela s'ajoutait l'amertume de s'être

laissé prendre aussi facilement. La veille, [...] les
" quartiers juifs " étaient en effervescence. Nos cellules attendaient la réponse des responsables. Dans
la journée, des instructions avaient été demandées
au camarade assurant le contact avec la direction
de la MOI. Dans l'impossibilité de rencontrer rapidement quelqu'un de l'échelon supérieur, il
n'avait pris aucune décision. Cette carence ne tra-
duisait-elle pas l'état d'impréparation du parti face
aux rafles massives [37]? »

Mais, s'ils ont été surpris, les communistes réagissent
rapidement. Fin mai, le PCF diffuse à des dizaines de
milliers d'exemplaires un tract imprimé intitulé « Brisons
l'arme de l'antisémitisme! Unissons-nous! ». Ce texte
résonne d'accents nouveaux :

« Le Parti communiste dénonce cette abominable et sauvage mesure, digne du sanglant pouvoir tzariste, comme étant une manœuvre de
diversion destinée à détourner l'immense et légi-
time colère qui anime les Français opprimés
contre les oppresseurs et les affameurs de son véritable objectif en tentant de l'aiguiller sur la voie de
garage de l'antisémitisme bestial.
« Cinq mille travailleurs dont le crime est d'être
nés de parents juifs ont été arrachés, par la force
conjuguée de la Gestapo et de la police dite " française " collaborant dans la honte, à leur foyer, à
leur épouse et à leurs enfants. Ils ont été " par-
qués ", suivant le terme de la presse traduite [la
presse collaborationniste], dans les camps de
concentration de l'Orléanais, aux applaudisse-
ments sadiques de louches personnages dont le
rôle infâme est d'obtenir des divisions dans les
rangs du peuple français.
« Ainsi, la France généreuse et humaine, héri-
tière de la Grande Révolution, la France qui, la
première, a brisé les chaînes odieuses de l'escla-

vage des Noirs, est ramenée par l'étranger et ses serviles valets "français" aux temps les plus sombres de l'époque médiévale. »

Puis le texte explicite l'analyse communiste :

«La colère et la haine légitimes du peuple de France grossissent de jour en jour contre les affameurs et l'impérialisme occupant. Aussi les responsables de cet état de choses songent à orienter les mécontentements sur la voie de garage de l'antisémitisme. *À défaut de pain, mangez du Juif!* Telle est la manœuvre diabolique du capitalisme affameur. Tels sont les buts de cette campagne déshonorante. Comme l'a si bien défini le plus grand génie de tous les temps, le camarade Staline, l'antisémitisme est "la manifestation moderne du cannibalisme". Pas un Français digne de ce nom ne peut s'associer à une aussi infâme et barbare façon de dresser les exploités les uns contre les autres pour le plus grand profit des trusts. Français qui pensez français et voulez agir français, luttez contre l'antisémitisme! »

Fin mai, Solidarité publie un tract imprimé pour la première fois en français. Ce choix même de la langue et la destination de cet appel traduisent la conviction que la défense des Juifs ne peut se concevoir dans les limites de la seule communauté. L'appel est signé «groupe de femmes et d'enfants juifs [38] » :

«Français! [...] Il faut que nous vous disions notre douleur et que nous trouvions parmi vous un Émile Zola qui élève contre ce crime son puissant "J'accuse". [...] Français! C'est le cœur serré que nous recourons à ces moyens "illégaux" pour vous informer des souffrances qu'on nous fait subir. Nous connaissons fort bien le malheur qui est arrivé au peuple français et nous y prenons notre part. Mais nous ne pouvons pas passer sous silence les mensonges bestiaux dont nous sommes accablés par des gens sans conscience qui nous présentent comme les responsables des malheurs de la France. Nous faisons appel à vous au nom de votre glorieux passé, au nom de la " Déclaration des Droits de l'Homme et du Citoyen ", au nom de vos grands hommes comme Voltaire, J.-J. Rousseau, Victor Hugo, Émile Zola et Jaurès, pour que vous vous joigniez à notre protestation venant de 5 000 victimes innocentes, de 5 000 foyers ruinés, des milliers d'enfants exposés à la faim et à la misère. Nous sollicitons la liberté pour nos époux et nos enfants. Nous sollicitons Justice! Justice! Justice! »

On ressent dans ce document le drame des familles séparées, l'angoisse face à l'absence de toute protection légale et surtout la révolte à l'idée que cela se passe en France. Désormais, les persécutions antisémites attribuent à la section juive un rôle particulier au sein de la MOI. À Paris, c'est elle la plus nombreuse, la plus active. En général, elle est la plus concernée par l'occupant et Vichy; elle est certes réprimée en tant que communiste et communiste étrangère – au même titre que les autres sections de la MOI –, mais elle est, de plus en plus, touchée comme juive.

À la veille de l'attaque de l'URSS par l'Allemagne, l'essentiel des structures de la MOI sont opérationnelles, de la direction nationale aux groupes de langue. Ces derniers, dirigés par des responsables aguerris et expérimentés, ont la capacité à la fois de traduire en actes la ligne du parti et de se faire entendre de leurs compatriotes. Ils disposent ainsi d'une grande force, et donc d'une certaine autonomie, au sein d'un Parti communiste qui commence tout juste à se reconstituer dans la clandestinité. Sensibilisés plus que d'autres au combat antifasciste, les militants immigrés ne défendent pas d'autre ligne que la ligne générale du parti, mais l'expérience qu'ils ont acquise dans leurs pays d'origine ou en Espagne, ainsi que la répression spécifique qui les a touchés dès les premiers mois de l'Occupation, ne peuvent qu'exacerber leurs sentiments antinazis et les prédisposer à accueillir sans réticences les inflexions de la ligne officielle. Le 22 juin 1941 sera pour tous un immense soulagement.

CHAPITRE V

En guerre contre l'occupant

22 juin 1941. À 4 heures 30 du matin, sur un front de 3 000 kilomètres, 2 millions d'hommes, 3 200 avions, 10 000 chars se lancent à l'assaut de l'Union soviétique. Un combat de titans s'engage, qui va bouleverser le cours de la Seconde Guerre mondiale. Du côté soviétique, la surprise est totale. Staline a même donné des ordres stricts pour ne pas répondre à d'éventuelles provocations allemandes sur la frontière. La DCA n'est pas autorisée à tirer sur les avions allemands qui s'aventureraient en territoire soviétique. Les états-majors et les troupes ne sont pas en état d'alerte. Staline a cru à l'alliance avec le Reich et reste stupéfait devant cette attaque qui ne devrait plus rien avoir de « surprise », tant les services secrets anglais, américains et les siens propres l'ont prévenu. Sur le moment, il est profondément déprimé et attend le 3 juillet pour s'exprimer publiquement, à la radio. Mais si, dans le monde entier, les militants communistes sont surpris, ils sont à la fois soulagés et exaltés :

« Par un week-end de juin 1941, raconte Louis Gronowski, nous étions, ma femme et moi, invités chez des amis à Brunoy. Nous terminions le déjeuner quand arriva mon agent de liaison qui m'annonça l'agression de l'armée allemande contre l'URSS. Je quittai aussitôt mes amis, et nous rentrâmes à Paris. Je retrouvai Jacques et Gérard

[Kaminski et London], membres de la direction de la MOI; ils étaient au courant de l'événement. Nous décidâmes de prendre contact avec tous les secteurs et de déclarer une sorte de mobilisation générale. Puis nous nous installâmes autour de nos postes de radio, suspendus aux nouvelles. Elles étaient mauvaises: la situation s'aggravait de jour en jour, l'avance de la Wehrmacht était foudroyante. De multiples questions se posaient: l'Union soviétique avait-elle vraiment eu confiance en l'honnêteté des hitlériens? L'Armée rouge ne s'était-elle réellement pas préparée à la guerre? Pourtant, malgré les victoires remportées par les armées hitlériennes, un sentiment de soulagement était né de l'équilibre rétabli. Il n'y eut plus désormais d'équivoque politique: l'URSS se trouvait dans le camp où nous voulions la voir dès le début de la guerre; nous étions libérés du fardeau de la contradiction [1]. »

Adam Rayski se trouvait alors à Marseille. C'est avec la même émotion qu'il apprit la nouvelle, mais il en fut moins surpris:

« Le matin du 23 juin, passant devant un kiosque à journaux du Vieux-Port, j'appris la nouvelle de l'attaque de l'URSS par la Wehrmacht. Mon émotion fut de celles que l'on ressent lorsqu'on est témoin d'un événement historique exceptionnel. Une surprise? Pas tout à fait, car depuis des semaines les journaux suisses en vente en zone libre faisaient fréquemment état des préparatifs d'agression contre la Russie. L'entrée en guerre de l'Union soviétique aux côtés de la Grande-Bretagne, bien que l'analyse officielle empêchât de l'envisager, était néanmoins évoquée les derniers temps dans les conversations privées entre camarades. Nous n'écartions pas une telle éventualité. Une fois l'émotion passée, c'est avec un sentiment de soulagement que je remontais, ce matin du 23 juin, la Canebière inondée par la lumière des premiers jours de l'été, au milieu de la foule des Marseillais aux visages toujours insouciants, bienveillants et accueillants. Les verrous venaient de sauter. La vraie guerre commençait, et notre conscience fut de nouveau en paix [2]. »

Effectivement, les verrous viennent de sauter. Dans son premier discours de guerre, le 3 juillet, Staline modifie radicalement sa politique et ses analyses : d'inter-impérialiste, la guerre s'est brusquement transformée en « grande guerre antifasciste et patriotique de libération ». La situation militaire de l'URSS se révélant catastrophique, il ne néglige aucun appui et accepte de grand cœur l'alliance offerte par la Grande-Bretagne et les États-Unis, naguère encore vilipendés comme « fauteurs de guerre ». Il incite également les peuples des pays occupés par Hitler à se soulever contre l'occupant, et ce par tous les moyens, à commencer par la lutte armée, la lutte de guérilla.

Durant tout le deuxième semestre 1941, le déclenchement de la lutte armée devient la grande affaire des communistes. Cette initiative n'est certes pas propre au PCF. Tous les partis communistes d'Europe occupée semblent avoir reçu les mêmes directives de l'Internationale communiste. C'est le cas, par exemple, du PC yougoslave :

« L'heure a sonné où les communistes doivent engager un combat ouvert avec le peuple contre les envahisseurs. Sans perdre un instant, organisez des détachements de partisans et commencez une guerre de partisans derrière les lignes ennemies. Mettez le feu aux usines de guerre, aux munitions, aux stocks de carburants, aux aérodromes. Atta-

quez et détruisez les chemins de fer, le réseau télé-
phonique et télégraphique; interdisez les transports de troupes et de munitions (ou de tout autre
matériel de guerre). Organisez les paysans pour
qu'ils cachent leur grain et mènent leur bétail dans
les bois. Il est absolument essentiel d'utiliser tous
les moyens possibles pour terroriser l'ennemi et lui
faire sentir qu'il est assiégé [3]. »

Évidemment, ce type de directives est plus facile à édic-
ter qu'à mettre en œuvre. Certes, comme parti bolchevique, le PCF ne repousse pas *a priori* la notion de lutte
armée, qui est inhérente à la doctrine et à la pratique léninistes de la prise du pouvoir; tout parti communiste est,
politiquement, psychologiquement et souvent organisa-
tionnellement, préparé à recourir à la violence pour
atteindre ses buts. En ce qui concerne le PCF, il a créé en
1926 les Groupes de défense antifascistes, troupes paramilitaires directement inspirées du *Rote Front* du KPD
(Parti communiste allemand) et qui obéissaient certainement, comme en Allemagne, à un appareil militaire spécialisé visant, le cas échéant, la prise du pouvoir par la
force. Néanmoins, ces groupes ont très vite disparu après
quelques heurts avec la police. Si ce n'est à la fin des
années 20, le PCF n'a jamais été menacé dans son existence par le pouvoir légal et, avant le décret de dissolution
prononcé en septembre 1939, il n'a jamais été jeté dans
l'illégalité. Certes, avec la guerre d'Espagne, les plus décidés et les plus exaltés des jeunes militants ont acquis une
certaine expérience des armes et du combat, mais ils sont
une toute petite minorité et la grande masse des militants,
même illégaux et clandestins, n'est préparée ni psychologiquement ni techniquement à se lancer dans une activité de guérilla, même si elle accueille sans déplaisir, et
sans qu'il soit nécessaire de donner des directives pour
cela, un combat sans merci contre l'occupant.
Enfin se pose la question cruciale du type de lutte
armée que le PCF doit engager. Lénine a toujours
condamné la pratique « terroriste » des attentats indivi-

duels, considérée comme anarchiste, tout juste digne de la bande à Bonnot ou des révolutionnaires russes du XIXe siècle. C'est une question d'efficacité : pour les communistes, l'acte individuel est le fait d'une élite suicidaire incapable d'entraîner le peuple dans l'action. Les léninistes aspirent au soulèvement armé de masse qui culmine dans l'insurrection armée. Les exemples proposés aux communistes français de 1941 ne sont, à cet égard, guère adaptés à la situation. Ceux-ci ne sont pas à même de prendre le pouvoir en temps de guerre, selon l'exemple fameux de 1917, quand le peuple, armé pour faire la guerre extérieure, retourne ses armes contre « sa propre bourgeoisie »; car en France, un an après l'armistice, le peuple est sans armes, et la nouvelle politique communiste l'incite à s'allier avec tous les patriotes, y compris les « bourgeois ». Reste l'exemple des guérillas ou guerres de partisans, popularisé en milieu communiste par l'historien soviétique Eugène Tarlé qui, dans ses ouvrages sur Napoléon, relate longuement la guérilla des Espagnols contre l'occupant français et le soulèvement de la paysannerie russe contre la Grande Armée en retraite en 1812. Ce modèle a été réactivé par les combats des partisans rouges pendant la guerre civile russe de 1918 à 1920, avec son héros de légende, le fameux Tchapaïev, puis par la lutte de guérilla des communistes chinois, popularisée dans une brochure du PCF en 1934 [4].

Étant donné les circonstances, le PCF ne peut se raccrocher à aucun de ces modèles. Il dispose d'un potentiel réduit en hommes et en moyens pour lancer une lutte armée, au milieu d'une population opposée dans sa majorité à l'occupation mais aussi apathique et confiante dans un maréchal Pétain auquel elle reconnaît la légitimité, même si elle est bien plus critique pour l'action de son gouvernement. Et l'ennemi est puissant, qu'il s'agisse de l'occupant ou de la police française. En l'absence d'une implantation suffisante dans les campagnes encore peu touchées par l'occupation, une seule option s'offre aux communistes, celle de la guérilla en milieu urbain, sous la forme du « terrorisme individuel ». Position théorique très difficile à tenir; dans un premier temps, le PCF s'abstiendra de toute revendication et de toute explicitation de ses actions [5].

Il dispose toutefois, depuis l'automne 1940, de l'organisation spéciale, l'OS, où quelques militants de choc, triés sur le volet, sont chargés principalement de la protection de certaines actions de propagande, comme des prises de parole devant les usines et sur les marchés, ou des distributions de tracts. Ce sont donc ces militants de l'OS qui engagent le combat. L'une de leurs premières actions d'envergure semble avoir été l'organisation du déraillement d'un train près d'Épinay-sur-Seine le 18 juillet 1941. Mais c'est insuffisant pour terroriser l'ennemi; le parti doit combattre directement l'armée ennemie : il doit tuer des Allemands.

Le 15 août, l'*Humanité* lance le premier appel à la lutte armée, en cherchant le modèle de référence dans l'histoire du mouvement ouvrier français, avec la Commune de Paris, soixante-dix ans plus tôt : « Francs-tireurs de 1941, debout pour chasser l'ennemi du sol sacré de la Patrie ! C'est le moment, car nos frères de l'Armée rouge retiennent en URSS l'essentiel des forces hitlériennes. » Très vite, les premiers combattants passent à l'action. Après une manifestation de la Jeunesse communiste à la porte Saint-Denis le 13 août, deux jeunes, Henri Gautherot et Samuel Tyszelman, sont arrêtés par les Allemands et fusillés le 19 août. Dès le 21, leur camarade et ami Pierre Georges, plus connu sous le pseudonyme de Fabien, inaugure la lutte armée en abattant, en plein jour, à la station de métro Barbès, un officier de la Kriegsmarine [6]. Le cycle attentat-répression s'est enclenché.

L'un des tout premiers à en être victime est Abraham Trzebrucki. Âgé de cinquante-huit ans, il vit avec sa femme au 14 de la rue Moreau, dans le XIIe arrondissement, sous la fausse identité d'Adam Piwolski. Arrêté le 25 mai 1941 dans le cadre d'une rafle de la Section de surveillance des milieux juifs des Renseignements généraux, il est trouvé porteur de timbres pour la collecte de fonds au nom de l'organisation Solidarité. Condamné le 5 juillet 1941 à cinq ans de prison, il est, le 27 août, extrait de sa cellule de la Santé et traîné devant la toute nouvelle Section spéciale auprès de la cour d'appel de Paris. Devant ce tribunal d'exception, les inculpés ne bénéficient d'aucun des droits élémentaires de la défense. Après un simulacre de procès, et pour les mêmes faits qui lui ont valu une condamnation à cinq ans, Trzebrucki est condamné à mort, en compagnie de deux autres militants communistes, André Bréchet et Bastard. Il est guillotiné le lendemain matin à l'aube. Ces exécutions marquent la soumission totale de Vichy aux Allemands dans la lutte contre le « terrorisme ». « Il fallait un Juif », aurait dit l'avocat général[7].

Les groupes armés du PCF sont alors de deux types : ceux du parti et ceux des jeunesses. Le parti encadre l'OS, alors dirigée par deux anciens d'Espagne, Pierre Rebière et Paul Dumont, aidés de Baillet et Marcel Paul. Eugène Hénaff, qui vient de s'évader du camp de Châteaubriant, en prend bientôt la tête. L'OS est elle-même divisée en deux branches; l'une, dirigée par Dumont, le premier commandant de la Brigade française en Espagne, regroupe les militants français; l'autre, dépendant de la MOI, est dirigée par Conrado Miret-Must (alias Lucien) assisté de Joseph Boczor. C'est le groupe de l'OS-MOI, dirigé par Boczor, qui aurait, les 11 et 24 juillet, fait dérailler deux convois militaires allemands dans la banlieue est. Au sein de l'OS, les Jeunesses communistes ont formé une organisation spécifique, appelée après guerre, pour les besoins d'un livre, « Bataillons de la jeunesse ». Elle est dirigée par Albert Ouzoulias et Fabien. Encore faut-il souligner que, durant les premiers mois de la lutte armée, ces groupes sont encore très limités, peu structurés, et qu'ils fonctionnent de manière relativement informelle.

Aussi bien le PCF que la MOI affrontent de nombreux obstacles d'ordre technique – en l'occurrence l'absence d'armes – et plus encore psychologique et politique. Difficultés psychologiques dans la mesure où l'on demande de tuer de sang froid. Le fait qu'il s'agisse d'ennemis politiques est-il un argument suffisant? N'y a-t-il en outre que des nazis parmi ces cibles potentielles? Difficultés politiques: les exécutions individuelles vont à l'encontre de la formation communiste qui a toujours enseigné que seule compte l'intervention des masses; or non seulement il s'agit d'actes strictement individuels, mais, qui plus est, les masses n'approuvent pas. Albert Ouzoulias ne s'en cache pas, qui écrit: « Le grand mérite des "bataillons de la jeunesse", de l'OS, de Fredo – Fabien – et de ses camarades de cette époque aura été, malgré toutes ces difficultés, d'ouvrir la voie du combat armé en tuant des officiers nazis. Il a fallu beaucoup d'explications pour gagner cette bataille [8]. »

Faute de troupes, les responsables sont contraints de s'engager eux-mêmes, par exemple pour l'incendie d'un garage allemand situé au 11 rue de Paris à Vincennes, effectué le 5 septembre 1941 par Dumont, Miret-Must et un couple de militants allemands. En octobre, la direction du PCF décide donc de regrouper ses maigres troupes. Charles Tillon est chargé d'unifier les différents groupes existants dans un Comité militaire national qui comprend Eugène Hénaff comme commissaire politique, Dumont comme commissaire militaire, et lui-même. Ouzoulias est l'adjoint d'Hénaff et assure la liaison avec la province; Pierre Rebière est l'adjoint de Dumont, tandis que Georges Beyer s'occupe du renseignement et du matériel. En outre, un « laboratoire » a été installé dans un appartement au 5 de l'avenue Debidour, près du boulevard Serrurier, où France Bloch, jeune chimiste, fille de Jean-Richard Bloch, fabrique des explosifs et où sont stockées les quelques armes dont dispose l'organisation [9].

Une fois restructurée, la direction militaire décide de frapper un grand coup destiné à desserrer l'étau parisien ainsi qu'à creuser de façon irrémédiable le fossé psychologique entre les communistes et l'occupant, et plus encore entre la population et l'occupant. Elle prépare donc trois attaques spectaculaires et simultanées, en province: le 19 octobre, Marcel Bourdarias, Gilbert Brustlein et Guisco Spartaco font dérailler un train entre Rouen et

Le Havre; le 20, à Nantes, Brustlein et Spartaco abattent le lieutenant-colonel Hotz, chef de la Kommandantur; le 21, à Bordeaux, Pierre Rebière abat l'officier d'état-major Reimer. Ces actions provoquent une réaction violente, prévisible, des Allemands. Déjà le 28 septembre, le Militärbefehlshaber avait édicté le « code des otages » : des communistes et des Juifs déjà emprisonnés seraient fusillés massivement en représailles à chaque attentat. « Pour la vie d'un soldat allemand [...], on pourra considérer en général la condamnation à mort de 50 à 100 communistes comme convenable », avait ordonné Hitler le 16 septembre précédent, par décret signé Keitel. Le 22 octobre, 100 otages sont donc exécutés à Nantes et à Bordeaux. Parmi eux se trouvent 27 militants connus extraits du camp d'internement de Châteaubriant.

Ces actions provoquent un dramatique débat au sein même de la Résistance. Le général de Gaulle considère qu'il est tout à fait justifié de tuer des Allemands, mais que le moment est mal choisi; et il le fait savoir haut et fort dans une allocution à la BBC le 23 octobre :

> « La guerre des Français doit être menée par ceux qui en ont la charge, c'est-à-dire par moi-même et par le Comité national [de la France combattante]. Il faut que tous les combattants, ceux du dedans comme ceux du dehors, observent exactement la consigne que je donne pour le territoire occupé. C'est de ne pas y tuer ouvertement d'Allemands. Cela pour une seule mais très bonne raison, c'est qu'il est, en ce moment, trop facile à l'ennemi de riposter par le massacre de nos combattants momentanément désarmés. Au contraire, dès que nous serons en mesure de passer à l'attaque, vous recevrez les ordres voulus[10]. »

Dès lors, la lutte armée devient un enjeu de première importance au sein même de la Résistance.

En six mois, le PCF parviendra à imposer ce type de combat comme l'une des nouvelles données de la France occupée. Un rapport de janvier 1942 du commandant du Grand-Paris, Otto von Stülpnagel, signale que d'août 1941 à début janvier 1942, 68 attentats ont été enregistrés en région parisienne, soit environ trois par semaine. L'objectif psychologique semble avoir été atteint, comme l'indique le témoignage postérieur de Hans Dortzel, conseiller auprès du tribunal militaire allemand en zone occupée :

> « Du point de vue matériel, les succès de la Résistance n'étaient que faibles au début; par contre, au point de vue idéologique, ils étaient, dès le début, d'une grande importance pour l'adversaire et présentaient un grand danger pour nous. L'effet de la situation générale à l'ouest était d'abord un sentiment d'insécurité au sein de la troupe. Ce sentiment empira toujours davantage et ne put en particulier être écarté par les contre-mesures – absolument inefficaces à mon avis – que l'on promulgua de temps en temps [11]. »

Le témoin fait référence au « code des otages » imposé par Berlin à Otto von Stülpnagel, qui d'ailleurs démissionnera le 16 février 1942 et sera remplacé par son cousin, Karl Heinrich von Stülpnagel. En fait, le PCF a visé en priorité un autre objectif : la population française. Peu encline à soutenir les attentats individuels – comme en témoignent les premières réactions que notent tous les services chargés de rendre compte de l'état de l'opinion et ce que confirme davantage encore peut-être le refus communiste de revendiquer ces attentats avant la fin décembre 1941 –, elle évolue sensiblement au dernier trimestre de l'année, pour voir dans l'occupant le principal responsable des violences que symbolise l'exécution de dizaines d'otages. Dès lors, les Allemands ne peuvent plus s'abriter derrière la police française; ils ont pris en charge la répression dans sa forme la plus brutale et la plus spectaculaire [12].

Au début de 1942, la lutte armée reste encore très

minoritaire et se limite à deux régions, le Nord et la région parisienne. Un rapport de police de la fin février 1942 dresse la liste des 75 « terroristes » arrêtés depuis juin 1941 [13]. 43 d'entre eux, pour la plupart des ouvriers, menaient leur action dans le Nord et le Pas-de-Calais, essentiellement des sabotages de pylônes électriques, des déraillements, des vols d'explosifs dans les mines. Ils ne s'attaquaient pas aux Allemands, mais se heurtaient à la gendarmerie française qui, dans ces deux départements, a enregistré quatre tués et sept blessés. Parmi ces combattants, on constate que sont mêlés Français et étrangers, surtout des Polonais, des Italiens et des Espagnols. Les premiers attentats individuels contre des soldats allemands apparaissent en même temps qu'à Paris, mais les auteurs ne sont pas encore arrêtés. Les 17 combattants capturés à Paris étaient tous des membres des Jeunesses communistes, lycéens et étudiants; ils se sont attaqués surtout aux Allemands, se heurtant moins à la police française qui compte cependant dans cette période un mort et 7 blessés. Les 15 autres « terroristes » arrêtés en province semblent avoir agi par conviction politique, mais de leur propre initiative.

Dès la fin de 1941, la répression commence à toucher les combattants de la MOI. L'un des tout premiers à tomber est l'italien Carlo Pozzi, qui a été commissaire politique dans les Brigades internationales avant de s'engager dans l'armée française en 1939 (deux citations à l'ordre du jour et croix de guerre), puis de devenir l'un des premiers responsables de la lutte armée à Paris. Tombé à la suite d'une dénonciation, il est fusillé avec son père au château de Vincennes le 31 décembre 1941. Peu après, c'est Conrado Miret-Must lui-même qui tombe aux mains de la police, et dont on perdra toute trace. Il est sans doute mort sous la torture.

Le combat contre l'occupant, s'il revêt la forme spectaculaire de la lutte armée, peut aussi suivre des canaux plus politiques et idéologiques. C'est dans ce but que le PCF crée le TA, Travail allemand (entendre « travail parmi l'armée d'occupation »). Les communistes ont une vieille tradition de lutte antimilitariste – le « travail anti »–, travail de propagande et de désagrégation du moral des troupes, mené par les militants appelés à servir dans les armées « bourgeoises ». Ils vont donc réactiver ces techniques bien connues de tous les militants chevronnés et les appliquer, dans un contexte tout à fait différent, à un objectif inédit : une armée d'occupation [14]. Dès l'été 1941, la direction a chargé London de créer cette nouvelle structure, puis a convoqué une réunion des responsables communistes allemands, autrichiens et tchèques; ils vont devoir coopérer dans le cadre du TA. London est désigné pour les Tchèques, Langer, alias Léo (bientôt remplacé par Franz Marek, « Marcel ») pour les Autrichiens, Otto Niebergall pour les Allemands. Niebergall témoigne du rôle tenu par la MOI : « Le TA recevait une aide inestimable de la MOI. Elle mit à notre disposition un grand nombre de camarades parlant allemand – des Polonais, des Hongrois, des Roumains [15]. »

Il semble que les premières actions du TA aient été engagées de manière « artisanale » à l'été 1941 par le responsable hongrois Janos Weisz, dit Jean Petit; arrêté le 23 septembre 1942, Weisz sera torturé à mort à Fresnes le 27 septembre. Simultanément, deux communistes allemands, Sally Grynfogel et Roman Rubinstein, ont, dès juillet 1940, confectionné des papillons en allemand, qu'ils collent sur les murs des casernes ou dans les endroits fréquentés par l'occupant [16].

Mais l'initiative la plus importante est celle des Allemands et des Autrichiens, qui lancent un journal clandestin en langue allemande, *Der Soldat im Westen (le Soldat à l'ouest)*, destiné aux membres de la Wehrmacht stationnés en France. Pour atteindre plus aisément la masse des soldats, il reprend le nom du quotidien que depuis le 19 décembre 1940 la Wehrmacht diffuse en France parmi ses troupes. Dans un premier temps, les articles sont rédigés par l'Autrichien Hans Zipper, ancien des Brigades internationales, qui, arrêté en 1941 en passant clandestinement la ligne de démarcation, a sans doute été abattu sur place. Il est alors remplacé par Marek. Les deux premiers numéros sont publiés sous forme de tract en juillet-août 1941; le premier exemplaire numéroté date de septembre. La composition et l'impression sont bientôt assurées par le Tchèque Karel Stefka et sa femme Nelly [17].

Sous la responsabilité de London, les tâches assignées au TA sont de trois ordres : propagande, recrutement, infiltration. *Der Soldat im Westen* véhicule une propagande défaitiste qui insiste sur l'inéluctabilité de la défaite nazie, sur l'invincibilité soviétique, sur l'absurdité de la guerre. Il effectue un travail d'explication sur le nazisme, mais adopte aussi quelques axes plus concrets : appel à « comprendre » la résistance qui oppose tous les peuples européens à l'occupation hitlérienne; ainsi le n° 3 de mars 1942 s'appuie-t-il sur l'exemple de Gabriel Péri, fusillé comme otage le 15 décembre 1941 : « Est-ce que sa mort nous regarde? Oui. Le député Gabriel Péri a été, il y a vingt ans, jeté en prison parce que, en tant que communiste français, il s'est élevé contre l'occupation de la Ruhr. [...] Il est de notre devoir d'aider aujourd'hui le peuple français pour qu'il nous aide demain, après la déroute de Hitler, à construire une Allemagne libre et heureuse. » Tentatives aussi de divisions au sein de la Wehrmacht en s'appuyant sur les Autrichiens, présentés comme des victimes du nazisme et pour qui on évoque « l'annexion du 13 mars 1938 qui a mis fin à la liberté et à l'indépendance de l'Autriche ». Appel enfin, sans relâche, à refuser le départ pour le front de l'Est décrit comme un enfer pour le soldat allemand en ligne, ou à déserter et à se rendre volontairement aux Soviétiques.

Cette propagande retient l'attention de la Gestapo dès le début de 1942, comme le montre un rapport du 9 janvier : « Un tract du Parti communiste allemand a été saisi. Il a quatre pages. Il porte le titre *Soldat im Westen* et est sous-titré "Journal de l'armée". Il s'agit d'une édition d'un petit format, composée en caractères d'imprimerie et portant la date de la mi-septembre 1941. Le contenu prouve qu'il a pour objectif la désagrégation de la Wehrmacht et qu'il est inspiré par les émissions de la radio bolchevique [18]. »

La deuxième activité du TA est bien plus dangereuse encore pour les militant(e)s qui en ont la charge; il s'agit, par un contact direct, de recruter des militaires allemands et de les amener, soit à faire de la propagande antihitlérienne parmi leurs camarades, soit à donner des renseignements, soit même à fournir des armes, voire à déserter pour entrer dans la Résistance. Ce travail est pour l'essentiel confié à des jeunes filles parlant bien l'allemand. Ce type de militantisme demande un courage exceptionnel et un grand savoir-faire pour opérer dans un milieu très surveillé. Entrée au TA en août 1942 et responsable de l'ensemble des groupes parisiens à partir de septembre 1943, Irma Mico en témoigne:

« J'ai pris contact avec une camarade, Autrichienne comme presque toutes les camarades qui faisaient ce travail. C'était un travail exaltant, car nous avions conscience de démoraliser cette puissante armée allemande et de contribuer à sa défaite. Nous allions généralement par deux, dans les endroits fréquentés par les Allemands, par exemple le château de Versailles. Quand ils étaient libres, ils venaient en touristes, gonflés à bloc, bardés d'appareils photo. Et nous, nous devions trouver un moyen pour les accoster et parler avec eux. C'est alors qu'il fallait exercer notre psychologie, distinguer rapidement si on avait affaire à un nazi fanatique ou à un homme susceptible d'écouter notre propagande. À la première rencontre, on ne pouvait que tâtonner, les faire parler. Et ainsi de suite. Dès que notre interlocuteur se révélait comme un nazi convaincu, nous n'insistions pas. Mais lorsque nous avions la chance de trouver des éléments qui nous paraissaient plus ou moins susceptibles d'écouter favorablement notre propagande, nous y allions doucement et prenions un autre rendez-vous. Nous faisions un tri extrêmement strict, de sorte que sur les soldats que nous avons contactés, nous n'avons réussi à créer que quelques groupes. Nous constations beaucoup de nuances dans les attitudes [19]. »

Il est d'ailleurs arrivé à plusieurs reprises que des militantes du TA soient dénoncées à la Gestapo par leur « contact ». Elles étaient alors terriblement torturées, car les nazis craignaient plus que tout autre ce travail de démoralisation de la Wehrmacht.

La troisième tâche du TA est l'« Eingebauten », l'infiltration dans les services de l'occupant, Wehrmacht ou administration civile, par des communistes allemands ou autrichiens, sous fausse identité française, et qui, faisant état de « quelques » connaissances dans la langue de Goethe, sont embauchés comme traducteurs ou pour divers travaux de bureau. Peter Gingold est l'un de ceux-là :

« Certains communistes autrichiens purent s'introduire dans les structures des forces d'occupation comme interprètes, munis, bien entendu, de faux papiers français. Nous assumions des fonctions dans des Kommandanturen, des casinos, des bureaux de la poste militaire, des terrains d'aviation militaires en construction, etc. Moi-même, j'ai travaillé quelques mois à l'aéroport militaire de Pontoise. Notre objectif était de nous renseigner sur le moral, de découvrir des adversaires de Hitler et de la guerre dignes de confiance, de nous procurer des informations et des formulaires pour établir de fausses pièces d'identité, des tampons, des numéros de poste militaire et, ce qui fut parfois possible, de nous emparer de sommes d'argent assez importantes. En passant par les bureaux de poste militaires [de la Wehrmacht], il était possible de faire parvenir [en Allemagne même] des lettres et colis contenant des tracts, sans être contrôlés. De même, toutes sortes de pièces de rechange demandées d'urgence furent déroutées, ou des modifications mineures étaient introduites dans les demandes, de manière à les rendre inutilisables [20]. »

Il faut croire que ces activités de « taupes » inquiétaient sérieusement les autorités nazies, car, pressentant l'importance qu'y tenaient des Autrichiens, elles envoyèrent à Paris, en 1941-1942, une équipe de répression spécialisée qui connaissait les militants communistes autrichiens d'avant-guerre. Mais sans succès.

La première chute sérieuse au sein du TA est venue d'une des branches de son appareil technique, le 26 avril 1942, au 1 *bis*, rue Lacépède, dans le 5ᵉ arrondissement. À cette adresse habitait une jeune étudiante, Macha Lew, détachée de la section juive pour s'occuper de la diffusion de la presse du TA destinée aux soldats allemands. Elle fut arrêtée tôt le matin au domicile de son ami Salek Bot qui avait été déchiqueté, la nuit même, dans l'explosion de la bombe qu'il préparait dans sa chambre de la rue Geoffroy-Saint-Hilaire. Dès la levée du couvre-feu, Macha Lew se précipita chez son ami. Malheureusement, la police l'avait précédée sur les lieux, l'arrêta et perquisitionna rue Lacépède, saisissant un stock important de publications clandestines en allemand. L'affaire fut transmise à la Gestapo et à la justice militaire allemande. Le Tribunal du peuple de Berlin réclama le dossier. Mais il fut informé, fin 1942, que Macha Lew était « décédée » à Auschwitz où elle avait été déporté de Drancy [21].

Si l'organisation de la lutte armée et du TA occupe des forces importantes de la MOI, les sections n'en continuent pas moins de consacrer une grande part de leur énergie et de leurs militants à l'action politique plus classique. Les nouvelles conditions créées par l'attaque contre l'Union soviétique permettent de réactiver très fortement les sentiments antifascistes. Dès octobre 1941, le front antifasciste italien se reconstitue. À Toulouse, dans la librairie de Silvio Trentin, se réunissent deux communistes, Serena et Doza, un socialiste, Saragat, et deux membres du groupe Giustizia e Libertà, Trentin et Nitti. Oubliant les différends qui les déchiraient depuis le 23 août 1939, ils créent des comités de libération nationale qui doivent regrouper tous les Italiens qui, se trouvant en France, souhaitent lutter contre Mussolini [22]. Ce même mois, l'organe des communistes italiens, la *Lettere di Spartaco*, publie dans un numéro spécial un appel à « l'union du peuple italien pour l'indépendance, la paix et la liberté ».

Cependant, la préoccupation principale du PCI reste de pouvoir renvoyer en Italie même un maximum de militants pour y animer la lutte clandestine. Il peut profiter de la grande campagne que Mussolini a lancée en France pour le retour des immigrés au pays. Ainsi infiltre-t-il de jeunes militants qui n'ont pas encore été repérés par l'OVRA, la police politique de Mussolini. Ce mouvement s'opère, évidemment, au détriment de la participation des Italiens à la MOI, participation qui reste pourtant l'une des plus importantes. Dans une lettre envoyée le 15 novembre à Moscou, le centre extérieur, basé à Paris, fait le point sur l'accord signé à Toulouse et rappelle, implicitement, les priorités du PCI :

> « Conclu pourparlers avec Pietro Nenni du PS et Silvio Trentin de GL [Giustizia e Libertà]. Comité d'action avec mêmes personnes qui prendra initiative de réaliser unité de tous les courants opposés au fascisme. L'appel invite tous les courants antifascistes traditionnels et nouveaux, et aussi tous les fascistes qui sont contre la politique de guerre, à se regrouper autour de cette initiative. L'appel est précédé du communiqué annonçant la constitution de ce comité et indiquant que toute

nouvelle adhésion est possible et souhaitable. Étant donné état désorganisation du Parti socialiste et de GL, Pietro [Nenni] et Silvio [Trentin] ne se sont pas sentis autorisés signer au nom de leur parti et mouvement. [...] Pour ces raisons, nous n'avons pas pu signer comme parti mais nous avons fait suivre la publication de l'appel et du communiqué d'un article indiquant l'adhésion de notre parti. Pietro et Silvio nous ont autorisés à faire connaître qu'eux-mêmes sont les signataires. Considérons accord très important surtout possibilité de son utilisation dans leurs émigrations toutes pressions sur deux amis pour qu'ils voient en premier lieu question du pays [...][23]. »

De son côté, la section juive doit faire face à une aggravation sensible de la situation des Juifs parisiens. En effet, les manifestations de la Jeunesse communiste à la porte Saint-Denis, le 13 août, ont été marquées par la participation de nombreux jeunes Juifs, fils d'immigrés, venus de leurs quartiers traditionnels, en particulier le 11e arrondissement. L'un d'eux, Samuel Tyszelman, arrêté par les Allemands, doit être fusillé le 19 août dans les bois du Plessis-Robinson, comme l'annonce un sinistre placard de l'occupant. Le lendemain 20 août, à l'aube, tout le 11e arrondissement est cerné par la police française, aidée de supplétifs de partis collaborationnistes, en particulier des doriotistes. Prenant prétexte de ces manifestations, les occupants ont ordonné que tous les Juifs étrangers de sexe masculin, âgés de dix-huit à cinquante ans, du 11e, soient arrêtés et internés. Au total, d'après des listes établies à l'avance, 5 784 personnes doivent être raflées. 2 894 arrestations sont opérées, mais la rafle se poursuit les jours suivants dans les 11e, 18e et 20e arrondissements. Dès le 25 août, 4 230 Juifs sont internés dans un camp récemment ouvert à Drancy, un vaste ensemble de logements sociaux en construction. En quelques heures, des milliers de foyers ont été privés de leurs hommes et de leur gagne-pain. La section juive y a perdu beaucoup de militants et de sympathisants.

C'est dans ce climat chargé d'angoisse et de terreur qu'intervient une nouvelle qui va bouleverser les militants juifs. Le 24 août, à 18 heures, Radio-Moscou diffuse une émission « destinée aux Juifs du monde entier » et captée par les postes d'écoute de la section juive, tant à Paris qu'à Lyon. Au micro, l'écrivain David Bergelson lance, en yiddish, cet appel :

« Frères juifs du monde entier !

« Le sanglant Hitler veut exterminer tous les peuples qui refusent de subir son esclavage. En premier lieu, il cherche à anéantir notre peuple, et nous constatons avec douleur que l'ange de la mort exécute son plan avec une précision implacable dans les pays où le fascisme a réussi à instaurer son affreuse domination, en Allemagne, en Pologne, en Autriche, en France, en Belgique, en Hollande, en Tchécoslovaquie, en Roumanie, etc., là où vit une grande partie de notre peuple.

« Si, pour tous les peuples opprimés, l'hitlérisme est synonyme d'esclavage, de persécution et de guerre, pour nous Juifs, il signifie extermination complète. Récemment, la Kommandantur de Lodz a convoqué le chef de la communauté juive pour lui laisser entendre qu'il valait mieux pour les Juifs se suicider qu'attendre le massacre !

« La question même de l'existence du peuple juif est aujourd'hui posée dans toute son ampleur : *il s'agit bien de la vie ou de la mort de notre peuple !*

« Au moment où vous entendez ces paroles, des femmes, des enfants, des hommes sont enterrés vivants par les bandits bruns. En Pologne et en Roumanie, des agglomérations juives sont entièrement détruites, les hommes sont tués, les femmes violées par les barbares. Dans le chemin millénaire de la diaspora, qui passe par les temps romains, le Moyen Âge et le tsarisme, le peuple juif n'a jamais connu une catastrophe semblable. Il n'a jamais été aussi menacé de disparition qu'aujourd'hui. Toutes les tueries, tous les massacres qu'il a vécus depuis Aman ne sont rien en comparaison de l'actuelle tragédie.

« Mais aujourd'hui, nous vivons d'autres temps ! Si, au cours de notre histoire, nous avons été, faible minorité, les seules victimes d'oppresseurs barbares, aujourd'hui notre avenir est lié à celui de tous les peuples : Hitler est l'ennemi du peuple allemand, du peuple polonais, des peuples autrichien, français, belge, roumain, grec, tchèque, yougoslave, des grands États-Unis, de la puissante Angleterre, de l'invincible Union soviétique ! Il est l'ennemi de l'humanité entière : ses bandes fascistes reçoivent les coups de l'héroïque Armée rouge dans les rangs de laquelle combattent des soldats et des commandants juifs qui couvrent notre peuple d'une gloire immortelle. Des centaines de milliers de vos frères soviétiques défendent, sur terre, sur mer et dans les airs, l'indépendance nationale et la liberté des peuples soviétiques parmi lesquels les Juifs ont, pour la première fois dans leur histoire, vécu égaux en droits, dans une liberté, nationale et sociale, complète.

« Mais aujourd'hui, les vandales détruisent tout, ils anéantissent tout être et en premier lieu les Juifs : mais notre peuple ne mourra pas. C'est le peuple de Maïmonide, de Spinoza, de Heine, de Mendelssohn. Le peuple qui, il y a des milliers d'années, a répondu à ses oppresseurs : "Je ne mourrai pas, je vivrai", répond de même aujourd'hui : "Je ne mourrai pas, je vivrai."

« Ils nous demandent de nous suicider, ils nous proposent le chemin le plus court. Les barbares ne font pas de distinction entre les Juifs croyants et athées, ils veulent les exterminer tous. Mais nous, Juifs, sommes un peuple têtu. Nous choisirons le chemin le plus dur, le chemin de la vie ! Nous ne voulons pas suivre l'exemple des Juifs de Vienne qui mettent fin à leurs jours, mais celui des Juifs soviétiques qui luttent armes à la main contre leur ennemi sanguinaire. Pour tous les Juifs, un seul chemin : la lutte pour la vie, pour l'existence nationale et l'avenir.

« Frères du monde entier, aucun de vous ne doit oublier que nous n'avons jamais eu dans notre histoire d'allié aussi puissant que l'URSS et que le devoir de tous les Juifs est de rallier au plus tôt le front mondial antifasciste. La place de tous les Juifs est dans les armées de la coalition démocratique, comme aux côtés des partisans pour les actions de sabotage. Organisez le boycott de la production et du commerce ennemis! Faites connaître au monde entier les tueries sadiques des hitlériens! Aidez l'URSS dans la lutte sacrée contre la bête fasciste! Au cours de notre histoire, nous avons survécu à beaucoup de persécutions. *Nous ne mourrons pas, nous vivrons* [24]. »

Un appel d'une telle force dramatique eut une portée mondiale, plus particulièrement en Palestine et aux États-Unis. Intervenant quatre jours à peine après la rafle du 11e arrondissement, il provoqua une émotion intense chez les militants juifs. Il associait combat pour le communisme, antifascisme et lutte des Juifs pour leur existence en tant que peuple. Il attirait, pour la première fois, l'attention sur la volonté exterminatrice des nazis. Dirigée à partir de septembre 1941 par Rayski, la section juive reproduisit immédiatement l'appel dans sa presse en yiddish et en français et lui consacra en outre le numéro spécial de *Notre parole* daté du 1er septembre. Dans ce numéro, un article intitulé « Que faire? » traçait les grandes orientations de l'activité de la section :

« 1. Se donner pour tâche de surmonter le désespoir et de rejoindre la résistance.

2. Éduquer la jeunesse juive en lui inculquant le sens de son devoir pour la lutte nationale libératrice.

3. Mener la propagande en liaison avec les forces démocratiques françaises contre l'antisémitisme, par différentes éditions en français.

4. Organiser le boycott du commerce avec l'occupant – aucune aide à l'ennemi!

5. Se charger du secours aux 30 000 Juifs qui languissent dans les camps.

6. Collecter des fonds pour le mouvement de libération nationale – aider le FRONT NATIO-NAL [25]. »

Cependant, écrasés par les rafles et les internements, stupéfaits de constater que la légalité française ne les protège plus, les Juifs immigrés sont désorientés, en dépit des avertissements que commence à diffuser la section juive, laquelle renforce ses moyens de propagande et d'information. On y retrouve les thèmes communistes du moment, en particulier l'exaltation des combats décisifs en cours devant Moscou. Très vite, on y perçoit toutefois une tonalité, une vivacité, une spécificité des thèmes abordés qui la distinguent de l'ensemble de la presse communiste.

Par son action maintenant multiforme, elle attire l'attention de la police. Le 29 octobre 1941, l'imprimeur de la presse juive clandestine, Rudolf Zeiler, est arrêté à la suite d'une dénonciation; sur ses machines, la police trouve le texte de l'«Appel aux Juifs du monde entier» lancé par le Comité antifasciste juif de Moscou. Elle saisit aussi des planches de timbres de 5, 10, 100 et 500 francs destinés à la collecte des fonds par l'organisation Solidarité. Remis aux Allemands, Zeiler est fusillé le 19 décembre [26].

La situation des Juifs parisiens s'aggrave, inexorablement. Après les rafles, des informations commencent à transpirer sur les conditions de détention épouvantables dans le camp de Drancy. À la mi-novembre 1941, après qu'une vingtaine de décès se sont produits, les autorités sont contraintes de libérer un certain nombre de détenus. Les informations se font plus précises, les accusations aussi. La section juive tente, avec ses moyens de propagande clandestine, d'informer une population laissée volontairement dans l'ignorance par les autorités. Elle publie ainsi un long tract, signé « Solidarité », qui dénonce le régime de Drancy, texte repris dans le numéro du 6 décembre de *Unzer Wort* [27].

Mais le calvaire des Juifs ne fait que commencer. Depuis le début de la lutte armée, les occupants ont décidé de répondre aux attentats par des fusillades massives d'otages, destinées à terroriser la population et les communistes. Les Juifs sont parmi les premiers sélectionnés, en particulier lors de la fusillade de 100 otages, dont Gabriel Péri, le 15 décembre 1941. Là encore, la section juive réagit. Dans un tract de Solidarité intitulé « Honneur aux victimes juives des assassins hitlériens », on lit :

« De nouveau la main sanglante de l'occupant s'est abattue sur la population juive torturée de Paris et a réglé ses comptes de façon horrible et sans pitié. Pour ces barbares "civilisés", il faut croire qu'il ne suffisait pas de voler les biens des Juifs, de les priver de leur gagne-pain, de les chasser de leurs emplois, de les envoyer par milliers dans des camps de concentration. Les instincts sauvages des assassins bruns ne s'étaient pas encore satisfaits du sang des martyrs juifs qu'ils avaient versé : Tyszelman, Rolnikas, Liberman, Bekerman et autres Juifs. Il faut croire que ce n'était pas suffisant de torturer à mort des internés du camp de l'enfer, Drancy. Les 11, 12 et 13 décembre, nous étions de nouveau témoins d'un nouvel acte de vengeance sanguinaire de la part de l'occupant à l'encontre des Juifs parisiens qui s'est manifestée par l'attaque d'appartements juifs par les agents de la Gestapo et par l'arrachement à leur foyer et à leur famille de centaines de Juifs. L'attaque a été dirigée principalement contre les Juifs français, établis depuis longtemps, naturalisés, des intellectuels juifs, des négociants, des industriels, des financiers et autres. En même temps, de la façon la plus barbare, on a tiré dans la cour du camp de Drancy quelques milliers d'internés et, après les avoir fait attendre trois heures durant sous la pluie, on a choisi parmi ces gens épuisés 350 personnes qu'on a transférées à Compiègne.

« Mais ce n'est pas tout. Ces gens ont apporté leur contribution sanglante aux "100 otages" fusillés d'après l'avis du sanglant Stülpnagel le 15 décembre. En même temps que des dizaines de patriotes français, on a également fusillé des Juifs. Ce sont nos martyrs. Parmi eux se trouvent des jeunes, des pères de famille, un père de six enfants, un de cinq, un de trois, etc. Meyerhowitch, Berenheim, Meyerfeld, Piuro, Grynbaum, et d'autres. Ils resteront à jamais dans nos mémoires, ces héros du peuple juif, égaux aux patriotes français. »

Au moment de la publication de ce texte, la liste complète des exécutés n'était pas encore connue. On sut bientôt qu'y figuraient de nombreux militants et sympathisants des organisations juives de gauche, dont Israël Bursztyn, ancien administrateur et gérant de la *Naïe Presse.*

Le tract concluait : « Ainsi, nous ne permettrons pas aux plans de l'occupant cherchant à nous exterminer physiquement et moralement de se réaliser. » Ces termes traduisent le pressentiment d'un danger de mort, même si les dirigeants de la section ne peuvent imaginer le sort qui attend les Juifs à partir de l'été 1942. Cela marquera la spécificité de la section au sein de la MOI jusqu'à la Libération.

La MOI commence donc à occuper une place de plus en plus importante dans la Résistance, à travers le TA, la lutte armée ou l'activité de la section juive. Elle essuie aussi ses premiers revers. En effet, toute manifestation d'opposition au régime de Vichy appelle une réaction des forces de répression qui, à Paris, sont principalement les services spécialisés des Renseignements généraux. Jusqu'au début 1942, ceux-ci se sont surtout interessés aux organisations françaises, mieux connues des services dès avant la guerre et moins rodées que les immigrées à la lutte clandestine.

Avec le mois de mai 1942, la 3e section des RG, spécialisée dans la surveillance des étrangers, lance ses filets sur la MOI. Le groupe yougoslave, qui publiait le journal *Nas Put* (*Notre voie*), est démantelé, sa direction arrêtée, et il ne parviendra pas à se reconstituer. En juin, la 3e section conclut une affaire beaucoup plus importante, qui touche les partis communistes espagnol et catalan. Pour la première fois, semble-t-il, les Renseignements généraux appliquent aux militants étrangers la méthode de la longue filature qu'ils ont déjà mise en œuvre avec succès à l'encontre des militants français. Partant des informations fournies par l'ami d'une militante, la police met en place une large surveillance des milieux communistes espagnols, en particulier à Issy-les-Moulineaux. Les filatures commencent le 9 avril 1942. Dès le 5 mai, les policiers ont repéré l'élément sans doute le plus intéressant de cette organisation de base, Louis Marasse, qui passe le plus clair de son temps à préparer des paquets de littérature clandestine et à les expédier par la SNCF à des correspondants en province, à Bourges, Bordeaux, Lorient, Nantes, Le Mans, Rennes et Dijon. Bien entendu, les correspondants sont repérés à leur tour et fournissent de nouvelles pistes. La filature montre en outre que les militants espagnols sont aussi en contact avec d'autres immigrations. Le filet policier s'abat à partir du 24 juin 1942. Selon la police, 119 membres « du groupe communiste clandestin espagnol en France » sont arrêtés. Il ne semble pas que figurent parmi eux des responsables importants, mais cela n'en est pas moins un coup dur pour les Espagnols et un premier avertissement majeur [28].

Ainsi, en pointe dans la résistance communiste parisienne – même s'il faut insister sur les difficultés inhérentes à la lutte armée et sur la minceur des effectifs qui y sont engagés –, la MOI subit les coups d'une police qui s'est organisée pour gagner en efficacité et affronter ce défi. Cette intensification de la répression ne l'empêche nullement d'entreprendre la création de ses groupes de Francs-tireurs et partisans.

CHAPITRE VI

1942 : l'année charnière

Le printemps 1942 a été une période désastreuse, tant pour le PCF que pour ses groupes armés, sans doute la période la plus noire que les communistes aient connue durant ces cinq années de guerre. Coup sur coup, en février-mars, les appareils politiques et militaires sont décimés. Le premier avertissement de taille est venu en décembre 1941, avec le démantèlement du groupe de l'Organisation spéciale animé par un membre du Comité central, ancien d'Espagne, qui disposait de nombreux relais dans le Centre-Ouest et le Sud-Ouest. Bilan : plus de 50 arrestations. Les rapports des 5 et 12 janvier 1942 de la préfecture de Police montrent que sont atteints les groupes de combat chargés des attentats individuels et des sabotages, avec la chute des groupes de jeunes. Le 11 février 1942, Yves Kermen, le responsable de la lutte armée sur Paris, est arrêté alors qu'il tente de porter secours à France Bloch qui venait de tomber aux mains de la police. Peu après, son camarade Louis Marchandise est arrêté. Bilan : 26 arrestations. Un nouvel état-major, mis en place avec Raymond Losserand, Gaston Carré et Beyssière, tombe dès avril. Ces chutes montrent que les militants communistes n'ont pas encore assimilé toutes les règles de la vie clandestine.

Avec les arrestations opérées en février et mars 1942 par la Brigade spéciale dirigée par David, la direction politique du PCF est touchée au plus haut niveau. Seuls les trois principaux dirigeants que sont alors Jacques Duclos, Benoît Frachon et Charles Tillon échappent au coup de filet dans lequel tombent, à l'issue d'une longue filature, les responsables aux cadres, à l'organisation, aux intellectuels, Arthur Dalidet, Félix Cadras, Georges Politzer, Jacques Decour, Marie-Claude Vaillant-Couturier, Jacques Solomon et Danielle Casanova. Bilan : 116 arrestations. Dallidet et Cadras avaient le contact direct avec le triangle de direction. Avant d'être fusillé, Dalidet est devenu sourd à force de tortures[1].

Pour marquer le coup, les Allemands organisent à l'encontre des combattants arrêtés trois procès à grand spectacle, qui n'ont de procès que le décorum. Le premier, tenu au Palais-Bourbon le 4 mars 1942, réunit des responsables des groupes des Jeunesses communistes dont sept sont condamnés à mort et exécutés le 9 mars. Le deuxième, organisé à la Maison de la Chimie le 15 avril, concerne 16 jeunes et 10 adultes de l'OS : ils sont tous condamnés à mort, sauf un. Enfin, 33 combattants sont jugés par la cour martiale réunie à l'hôtel Continental, le 24 août 1942 : 18 sont condamnés à mort et fusillés le 5 octobre[2]. Parallèlement, les occupants poursuivent leur politique de fusillades d'otages choisis dans les rangs des communistes incarcérés et des Juifs internés.

Depuis mars 1942, Moscou et l'Internationale communiste lancent des appels enflammés à la lutte armée. En décembre de l'année précédente, en raison de la résistance russe et... du général Hiver, les Allemands ont essuyé devant Moscou un important revers qui suscite un espoir général. Le 23 février 1942, Staline s'est montré optimiste dans son ordre du jour à l'occasion du 26e anniversaire de l'Armée rouge. Celui-ci a été repris dans un numéro spécial de *l'Humanité* clandestine qui l'interprète comme une invitation à intensifier et à généraliser la lutte armée. Les communistes sont à l'offensive, comme l'indique leur mot d'ordre central : « Hitler battu en 1942 ». Dans ce contexte, et en dépit des graves difficultés qu'il rencontre, le PCF transforme son ancien Comité militaire en une nouvelle organisation, les Francs-tireurs et partisans (FTP), « francs-tireurs » renvoyant aux francs-tireurs de 1870 chantés par Victor Hugo, tandis que « partisans » est le terme par lequel les Soviétiques désignent depuis 1917 les combattants de guérilla. Ces FTP, dirigés à l'échelon national par Charles Tillon, apparaisssent « officiellement » pour la première fois dans *l'Humanité* du 3 avril 1942. Ils sont censés amalgamer tous les groupes armés communistes [3].

À partir de cette décision, la MOI reçoit la mission de créer ses propres groupes de lutte armée, les FTP-MOI, construits à partir de ses groupes OS déjà très actifs. Une création qui ne s'opère pas sans problèmes, si l'on en croit l'un des principaux témoins et rares survivants, Boris Holban :

> « Kaminski a rencontré Boczor à cet effet. Or ce dernier refusa la fusion des groupes composés d'anciens d'Espagne avec les jeunes. Il était soutenu dans cette décision par ses camarades de l'OS et par son chef militaire direct, Henri Rol-Tanguy. Face à cette opposition résolue, c'était à la direction du PCF de trancher. La réponse parvint, très nette, fin mars 1942. Début avril, je revois Kaminski qui m'annonce que c'est donc moi qui en suis chargé. Je rencontre Boczor quelques jours plus tard; il m'explique que les déraillements qu'il organise sont d'une autre importance que nos jets de bouteilles incendiaires; il craint que la sécurité de ses groupes de vieux routiers de la clandestinité ne soit compromise par l'arrivée de jeunes. Début mai, nouvelle réunion avec Rol-Tanguy, Boczor et un délégué de la direction du parti. Ce dernier critique fermement Rol et Boczor d'avoir freiné l'application dans la MOI des décisions sur les FTP [4]. »

Après la nomination d'Holban, la commission centrale de la MOI complète le triangle dirigeant des FTP-MOI parisiens. Comme responsable militaire, ce dernier est chargé de superviser les opérations. Il est en contact tant avec la direction, en la personne de Kaminski, qu'avec la direction des FTPF. Il s'adjoint un responsable politique qui « réceptionne » les nouveaux combattants, assure leur subsistance (cartes d'alimentation, tickets, solde), contrôle et entretient leur formation politique. Le « politique » est en contact direct avec la direction politique de la MOI et le responsable politique des FTPF en région parisienne; le premier titulaire du poste est Karel Stefka, militant tchèque qui vient du Travail allemand. Le troisième homme de la direction militaire est le responsable technique qui doit superviser la fourniture des armes et explosifs, leur stockage, leur transmission à l'endroit et à l'heure voulus. Il est en contact direct avec le responsable technique des FTP de région parisienne. Il s'agit alors d'un communiste catalan, Joaquin Olaso Piera (Emmanuel) [5].

Une fois mise en place, cette direction s'emploie à créer les unités de combat qui seront en quelques mois au nombre de cinq, à savoir quatre « détachements » et une « équipe ».

Le Premier détachement, qui conservera son appellation de « Détachement roumain », est formé à l'été 1942 et composé en majorité de Juifs roumains ou originaires de Transylvanie; la plupart sont des anciens d'Espagne et sont passés par l'Organisation spéciale. Edmond Hirsch (Adam), son chef, a été interné à son retour d'Espagne avant de s'évader au début de 1941 et d'être affecté à l'OS parisienne où, aux côtés de Boczor, il a participé à de nombreuses actions. Le détachement sera démantelé une première fois par la police en décembre 1942.

Le Deuxième détachement, appelé aussi « Détachement juif », est constitué pour l'essentiel de Juifs originaires de Pologne. Il entre en action dès le mois de mai 1942 et connaîtra un important développement, tant au niveau des effectifs que des actions, après la rafle du Vel' d'Hiv', le 16 juillet 1942. Son fondateur est Sevek Kirschenbaum, originaire de Pologne, ancien d'Espagne, qui a été interné en France avant de s'évader. Arrêté en automne 1942, il ne reviendra pas de déportation. Plusieurs militants s'imposent à la tête du détachement : Léon Pakin, puis Meier List et Samuel Weissberg (Gilbert).

Le Troisième détachement, italien, créé à l'été 1942, et dirigé par un militant important du PC italien, Marino Mazzetti (Fernand). Né en 1909, Mazzetti a commencé à militer très jeune, en Italie, puisqu'il a adhéré au PCI à dix-sept ans. Arrêté dès 1927, condamné en 1928, il réussit à s'évader et devient secrétaire des Jeunesses communistes clandestines à Bologne. Traqué par la police, il se réfugie en France en 1930. La direction du PCI l'envoie alors à Moscou pour parfaire sa formation politique. Rentré en France en 1931, il est promu au secrétariat des Jeunesses communistes italiennes et chargé de missions clandestines dans son pays. Après trois missions réussies, il est arrêté pour la quatrième fois. Lourdement condamné, il est finalement mis en résidence forcée à l'île d'Elbe, d'où il s'évade et parvient à regagner la France. Au même moment éclate la guerre d'Espagne. Il s'engage immédiatement dans les Brigades et combat jusqu'au bout. Revenu en France au début de 1939 lors de la débâcle républicaine, il est interné dans les camps d'Argelès-sur-Mer puis de Gurs, d'où il s'évade – une habitude, en quelque sorte – le 2 février 1941. Après avoir réorganisé le PC italien dans ses fiefs de zone Sud, le Rhône, le Var, la Loire, les Alpes-Maritimes, il est, en février 1942, envoyé en zone Nord pour prendre en main le groupe de langue italien puis superviser parallèlement la mise en place du Troisième détachement[6]. Itinéraire mouvementé, mais bien à l'image de ceux qu'ont suivi la plupart des responsables immigrés.

Le Quatrième détachement, nommé plus tard « détachement des dérailleurs », est composé principalement d'anciens d'Espagne et commandé par Boczor. De son vrai nom Francisc Wolf, originaire de Transylvanie, il a adopté le nom d'un de ses camarades de combat qu'il admirait beaucoup. Né en 1906 dans une famille aisée, Boczor a commencé à militer quand il était lycéen. Il a ensuite poursuivi des études supérieures à l'Institut polytechnique de Prague. 1936, l'Espagne : sans papiers et en dépit d'un trajet semé d'embûches, il s'y précipite, combattant dans les Brigades comme saboteur opérant derrière les lignes franquistes – expérience précieuse pour la lutte armée. Interné en France après la défaite républicaine, il s'évade en avril 1941, rejoint Paris où il est aussitôt affecté à l'OS-MOI dirigée par Conrado Miret-Must. Boczor se spécialise dans les déraillements, opérations difficiles pour ces combattants qui ne disposent pas encore des explosifs nécessaires. En décembre 1941, quand Miret-Must est arrêté, Boczor prend sa place. C'est à ce titre qu'il participe aux discussions sur la création des FTP-MOI. Ce n'est qu'en juillet 1943 que ce détachement ne s'occupera plus que des déraillements. Boczor sera l'un des derniers à tomber, en novembre 1943, après trente mois d'action ininterrompue[7].

Le dernier groupe de combattants n'est pas assez nombreux pour constituer un détachement; il s'agit de l'équipe bulgare. Boris Milev, l'un de ses membres, raconte dans quelles circonstances elle fut créée :

« Nous étions neuf, réunis dans la chambre d'hôtel de Vladimir Chterbanov. [...] Là, on nous a dit que le Comité central du PCF avait lancé un appel aux communistes étrangers pour créer des groupes de combat. Les Polonais, les Yougoslaves, les Juifs en avaient déjà créé. Nous, il apparaissait clairement qu'on devait faire de même. Après une discussion, tous ceux qui étaient présents se déclarèrent volontaires. En fait, le PCF n'avait demandé aux Bulgares que trois combattants. Nous sommes descendus boire un verre au café pour fêter l'événement. Notre première rencontre avec Roger [Boris Holban] eut lieu dans le parc des Buttes-Chaumont. Après une longue procédure de contrôle, il est venu s'asseoir sur notre banc. Nous lui demandons quand nous recevrons des armes. Il répond que pour l'instant, nous n'aurons qu'un pistolet qui devra nous servir à nous armer sur l'ennemi [8]. »

Outre ces cinq groupes de combat, l'organisation dispose d'un service médical chargé de soigner d'éventuels blessés, et surtout d'un service de renseignements, dirigé par Cristina Boïco, qui jouera un rôle important en fournissant des objectifs aux combattants. Intellectuelle roumaine, elle avait fait ses premiers pas de militante comme journaliste. Venue en France pour poursuivre ses études, Cristina Boïco a été associée, plus ou moins légalement, aux travaux d'un laboratoire de la Sorbonne. Les contacts sûrs et personnels qu'elle entretient dans ce milieu de scientifiques progressistes accroissent sensiblement ses possibilités de combat et de « planque ». Elle a connu Holban dans un foyer d'étudiants juifs progressistes de Bucarest, et celui-ci lui demande de mettre sur pied le service de renseignements. Par ailleurs, elle fournit à « Emmanuel » (Olaso), le responsable technique dans le triangle, des produits de toutes sortes pour ses explosifs. Un jour qu'elle partait de la Sorbonne avec de l'acide nitrique, le professeur Jacques Monod lui a demandé : « Mais pourquoi n'utilisez-vous pas de l'acide perchlorique ? » Message transmis. En outre, les quelques mois qu'elle a passés à traduire – avec Alexandre Buican, un autre Roumain arrêté en décembre 1942 – un livre allemand sur les armes, les insignes et uniformes divers de l'armée d'occupation lui sont fort utiles dans ses nouvelles activités [9].

Il reste, enfin, le groupe espagnol, fort limité, auquel la liste des communiqués fournie par Ilic [10] attribue sept attentats de mars à octobre 1942, avant qu'il ne disparaisse. La faiblesse de ses effectifs s'explique-t-elle par la tendance qu'ont les Espagnols, plus encore que les Italiens, à cultiver leur particularisme et à situer leur objectif premier dans leur propre pays ? En effet, pour la plupart, ils seront engagés dans les combats du Sud-Ouest, les yeux et les armes tournés vers les Pyrénées. Peter Mod, responsable national aux cadres de la MOI en 1943, nous a confirmé la difficulté des contacts avec les Espagnols [11].

Le cas le plus symptomatique est celui des Hongrois : si le chef du PC hongrois en France, Lajos Papp, a accepté de « prêter » l'un de ses cadres, Peter Mod, à la MOI, il refuse obstinément d'en verser dans la lutte armée. Il explique à Kaminski qu'il est plus important de les conserver dans la perspective de la création d'une Hongrie socialiste après guerre que de risquer de les perdre dans des combats très aléatoires [12]. On retrouve, rappelons-le, le même type de raisonnement chez de nombreux cadres du PC allemand repliés ou internés en zone Sud.

Dès la fin de 1941, le parti a donné l'ordre à toutes ses organisations de verser 10 % de leurs effectifs dans les FTP. Le recrutement est effectué sur la base du volontariat par les responsables politiques de chaque immigration, Mazzetti pour les Italiens, Fanny Gurvitz pour les Roumains, Manouchian pour les Arméniens, Rudolf Supek pour les Yougoslaves, Nicolas Zadgorski pour les Bulgares, Rayski pour les Juifs. Le même processus est adopté pour les Jeunesses de la section juive à Paris : « Périodiquement, à la demande du Parti communiste français, nous faisions passer à l'organisation militaire dix pour cent de nos effectifs. [...] Du fait de mes responsabilités, j'étais un point de passage de la jeunesse aux FTP [13]. »

Le recrutement se heurtait également à un obstacle psychologique. Comme nous l'avons analysé, les attentats individuels contredisaient la vulgate léniniste qui préconisait les actions de masse. Le malaise ne pouvait que s'accroître, à constater les représailles allemandes après chaque attentat. C'est ainsi que le problème s'est posé à Rayski :

> « La directive de verser un dixième des effectifs se heurtait à de nombreuses difficultés. Il est devenu rapidement clair que la formation des unités armées ne saurait se faire uniquement par discipline, qu'il faudrait recourir à la conviction et à

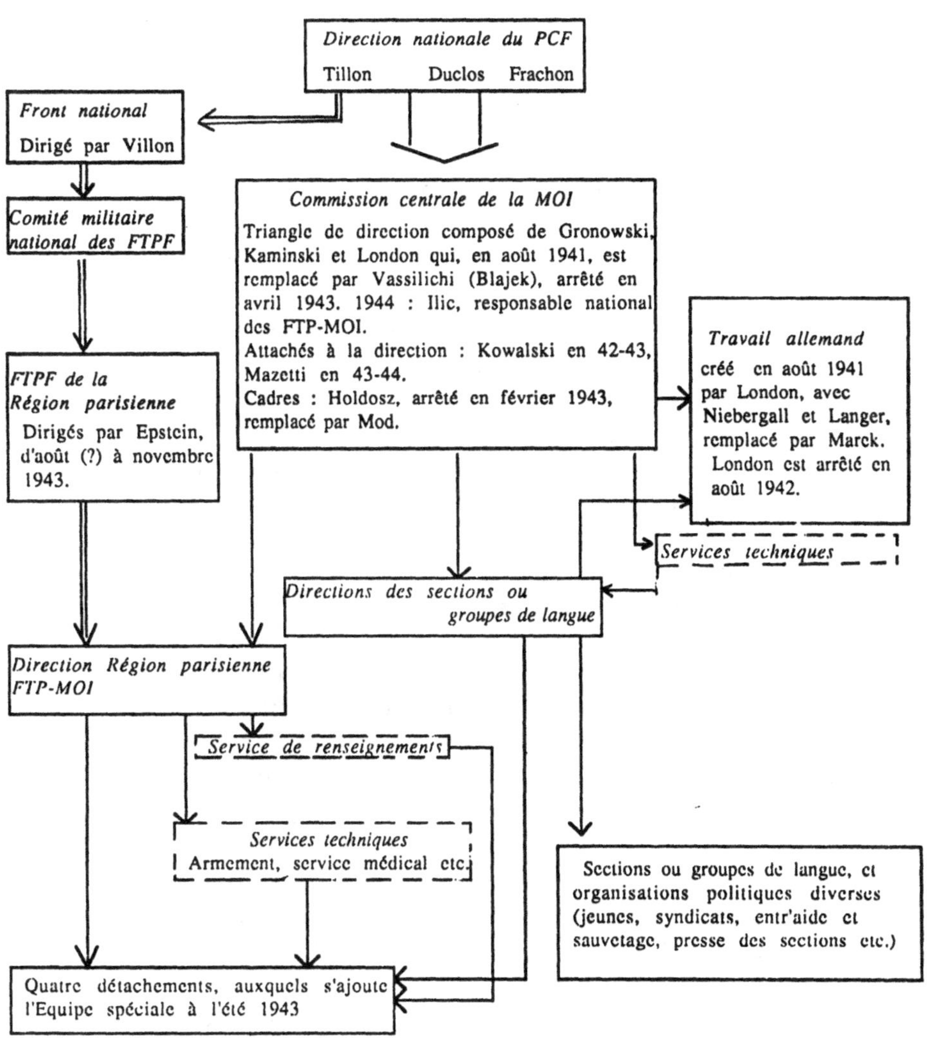

ORGANIGRAMME DE LA MOI (directions nationale et parisienne)

des motivations plus profondes. Un malaise s'installa chez ceux qui exécutaient les attentats ou devaient les préparer. "C'est du terrorisme pur et simple", pensaient-ils. En outre, ils n'éprouvaient pas suffisamment de haine contre les occupants pour tirer sur eux à bout portant. J'eus connaissance, sous la forme d'une note écrite, de l'analyse qu'en faisait Jacques Duclos, ce qui m'aida à dissiper mon propre trouble. Sans doute, affirmait Duclos, l'occupant marquera des points dans un premier temps, car nous courons le risque de ne pas être compris. Pourtant, il faudra continuer à développer la lutte armée, multiplier les actions pour arriver le plus vite possible au moment critique où l'occupant s'interrogera sur l'utilité de la terreur, et où il s'apercevra qu'au lieu de faire peur, ses procédés barbares ont pour effet de provoquer et d'intensifier la haine à son égard. Ce raisonnement me parut logique et convaincant [14]. »

Dans le même esprit, et pour montrer que la guérilla urbaine avait un objectif avant tout politique, qui était de sensibiliser une population encore apathique et de préparer un soulèvement populaire, Rayski rédige en juin 1942 une brochure en yiddish, intitulée *le Chemin de la liberté : comment est née la lutte des partisans et quel fut son rôle* [15]. Il y retrace dans ses grandes lignes l'histoire des guérillas et l'article sur l'histoire juive en rappelant l'épisode des Macchabées, ces Juifs qui pendant vingt années combattirent les armées du roi Antiochus.

En effet, la lutte armée menée par les communistes à l'été 1942 avait une fonction plus politique que militaire. Ouzoulias, de la direction nationale des FTP, l'a dit de manière lapidaire après guerre : « Il fallait briser la terreur de l'ennemi et venger nos frères assassinés [16]. » La direction du PCF le fit de manière plus circonstanciée pendant la guerre, dans un texte rétrospectif de septembre 1943 :

« Depuis les derniers mois de 1941, une organisation des Francs-tireurs a pris naissance et s'est développée après s'être heurtée d'abord à une certaine incompréhension des masses. Cette incompréhension fut rapidement dissipée grâce à notre parti, qui sut montrer que l'heure de l'action armée contre l'ennemi était venue et nous imposait de nouvelles tâches.

« Alors que notre pays est envahi par des hordes fascistes, la tâche essentielle de tous les communistes est de faire la guerre pour hâter la libération nationale, et pour faire la guerre les armes à la main, dans les conditions de l'occupation ennemie, il fallait créer une organisation, une technique et une tactique adéquates. C'est en tenant compte de l'expérience du passé dans la lutte armée " illégale» que les Francs-tireurs patriotes ont été organisés. Le bilan de l'action des FTP peut être défini comme suit :

« 1. *Les FTP ont joué un rôle politiquement important :* ils ont contribué par leur action à mettre en échec la politique de " collaboration " des traîtres de Vichy. C'est sur la base de l'action des FTP que les premiers contacts ont été pris avec la France combattante, et les communistes, en continuant à se battre les armes à la main, malgré l'assassinat des otages communistes, ont montré leur volonté indomptable de faire la guerre à tout prix sur le sol national, posant ainsi le problème de la libération nationale comme tâche de la nation tout entière, et non comme l'attente d'une marque de bienveillance de la part de l'étranger.

« 2. *Les FTP ont joué un rôle militaire dont l'ennemi a reconnu l'importance.* Ils ont montré qu'il était possible, dans les conditions géographiques de la zone occupée, malgré la terreur et en l'absence de tout vestige d'organisation militante nationale, d'organiser des actions de guérillas, de passer de l'action initiale sous forme d'attentats individuels à l'organisation de groupes de combat constituant les embryons d'une armée nouvelle. Les FTP ont porté des coups aux forces d'occupation, développé le sentiment d'insécurité dans les rangs de l'armée allemande stationnant en France. Ils ont amélioré leur tactique, leurs moyens d'action, et sont arrivés à créer dans diverses régions des perturbations graves dans le système des transports ennemis [...] [17]. »

Ce que ne dit pas le texte, c'est que la lutte armée est également un élément essentiel du rapport des forces au sein de la Résistance, en particulier face aux gaullistes. Elle est déterminante dans le bras de fer que se livrent les communistes, l'occupant et Vichy, et dans la compétition entre le même PCF et les gaullistes. Elle « prouve » aux yeux des communistes qu'ils sont les meilleurs patriotes, les plus audacieux, les plus déterminés. Elle répond à la stratégie soviétique qui vise à multiplier les difficultés dans le grand arrière hitlérien, l'Europe occupée. Elle rencontre les aspirations de nombreux Français et immigrés, qui souhaitent affronter directement l'occupant et accélérer la libération nationale.

C'est dans ce contexte que les responsables politiques des sections choisissent les militants qui leur semblent présenter le meilleur « profil » pour l'action armée, c'est-à-dire la motivation la plus forte pour une activité qui présente des risques considérables et exige de chaque combattant la volonté de combattre face à face la Wehrmacht. Pour l'essentiel, les recrues sont des anciens d'Espagne dont l'antifascisme ne s'est jamais démenti, des jeunes qui ont perdu un ou plusieurs parents dans la lutte antifasciste, ou déjà en déportation, ou encore des militants trop connus par la police pour ne pas passer dans une clandestinité totale. Si le candidat accepte la proposition de sa direction, il est adressé au responsable du service des cadres des FTP-MOI, en l'occurrence Abraham Lissner, qui l'interroge longuement sur sa vie, sa famille, ses motivations, indique les mesures de sécurité élémentaires à observer, etc. Le militant devient alors un combattant, soit l'un de ces permanents de l'organisation, appointés entre 2 000 et 2 300 francs par mois (l'équivalent en francs de 1989, à quelques pour cents près), qui constituent l'épine dorsale de l'organisation, soit un non-permanent, auquel on fera appel à l'occasion pour telle ou telle opération ponctuelle. Le combattant est ensuite affecté à une équipe et obtient le premier contact avec son responsable direct.

Les débuts de la lutte sont dramatiques. Le premier détachement à entrer en action est le détachement juif. Il a choisi, de manière symbolique, d'effectuer sa première opération le 1er mai 1942, en déposant une bombe dans une caserne occupée par des troupes allemandes. Deux partisans ont été chargés de la confection de l'engin explosif, Salek Bot, un jeune violoniste originaire de Lublin et dont le frère a été tué en Espagne, ainsi que son camarade Hersch Zimerman, ingénieur chimiste venu de Pologne en 1932, ancien des Brigades internationales et évadé du camp de Gurs. Le soir du 25 avril 1942, les deux hommes sont dans une petite chambre du 49, rue Geoffroy-Saint-Hilaire, où ils préparent leur engin. Celui-ci explose brusquement, les tuant tous les deux sur le coup. La police tend une souricière où tombent une dizaine de militants de la section juive, dont plusieurs anciens combattants d'Espagne et plusieurs cadres politiques [18]. Parmi eux se trouvent Mounie Nadler, ancien rédacteur en chef de la *Naïe Presse* avant guerre et rédacteur de la presse clandestine de la section juive, le docteur Joseph Burstyn, le chimiste Nathan Dyskin ; tous seront fusillés le 13 août 1942 au Mont-Valérien avec 85 autres otages.

Après ce grave accident, le détachement juif reste inactif pendant de longues semaines. Puis, le 31 mai, l'action reprend. Un groupe de combattants, dirigé par Léon Pakin, met le feu à un atelier juif où sont fabriqués des vêtements et des gants fourrés destinés aux soldats allemands du front de l'Est. Le 29 juin, Pakin et Elie Wallach tentent de répéter la même opération. Ils pénètrent à l'heure de la pause dans un autre atelier juif travaillant pour les Allemands et menacent le patron, mais celui-ci réussit à ouvrir une fenêtre et à alerter des passants. Les deux combattants s'enfuient mais sont ceinturés par des agents de police. Remis aux autorités allemandes, ils sont fusillés le 29 juillet 1942 [19]. Ces pertes sont une catastrophe pour le détachement juif. Pakin, en effet, était un vieux communiste ayant fait huit années de prison en Pologne, d'où il était parti pour s'enrôler directement dans les Brigades internationales. Très aguerri, il avait été de tous les coups durs à la tête de la compagnie juive Botwine de la 13e brigade, depuis la bataille de Lerida jusqu'au passage de l'Èbre, avant d'être interné en France et de s'évader. Quant à Wallach, fils d'un couple de sympathisants, c'était un jeune étudiant, amoureux des lettres, qui entretenait une correspondance suivie avec Romain Rolland.

Ces drames en série qui frappent le Deuxième détachement affectent fortement la section juive; concluant à l'absurdité de certaines actions, elle incite le détachement à renoncer aux attaques contre des petits patrons juifs. Quant aux autres détachements, ils poursuivent leurs opérations contre l'occupant, au nombre de sept en juillet et de onze en août 1942. Attaques encore « modestes » : incendies volontaires, dépôts d'engins explosifs devant des locaux occupés par les Allemands, deux déraillements. Mais, entre-temps, un événement capital est intervenu : la rafle du Vel' d'Hiv'.

Si le premier trimestre 1942 a été plutôt « calme » pour la population juive, sa situation se dégrade à nouveau à partir du 27 mars. Ce jour-là, le premier convoi de la solution finale quitte la gare de Compiègne. L'extermination des Juifs de France a commencé. Dès son numéro 3, daté du 1er avril, *Solidarité* dénonce la déportation de 400 internés de Drancy, sans pouvoir encore en percevoir le sens : « En réalité, il s'agit d'exploiter ou d'utiliser la force de travail gratuite des internés et de les transformer en esclaves au service de la machine de guerre allemande.

Ils seront utilisés pour les travaux forcés les plus durs et les plus dangereux et seront exposés, sous le fouet nazi, à tous les dangers[20]. »

Le 12 mai, l'organisation communiste du camp de Pithiviers reçoit une lettre où la direction de Paris demande que les internés écrivent à leurs familles pour les mettre en garde : la déportation, c'est la mort. Le 14 mai, dans des conditions très difficiles, l'organisation de Pithiviers diffuse dans le camp un tract en yiddish :

« Frères

« Le 14 mai marque le premier anniversaire du jour où les autorités d'occupation barbares nous ont arrachés à nos foyers, avec l'aide de la presse collaborationniste vendue et de la bande des collaborateurs de l'UGIF [Union générale des israélites de France]. Mais si nous avons été les premières des victimes internées, cette année a donné naissance à des lois qui ont permis d'interner d'autres milliers de Juifs dont des centaines ont été assassinés et beaucoup d'autres déportés dans une direction inconnue. À ce jour, nous n'avons aucune nouvelle de ces derniers. Il est certain que leur sort est cruel et il faut s'attendre au pire arbitraire à leur égard.

« Aujourd'hui, à ce premier anniversaire, notre situation a complètement changé. Nous subissons de grandes épreuves, dont les déportations du 8 mai ont constitué la première étape, et les illusions selon lesquelles il serait maintenu dans notre camp un régime moins dur que dans les autres camps se sont évanouies. Notre situation devient identique à celle des internés de Drancy et de Compiègne. [...] Cette nouvelle situation demande de nouvelles méthodes de lutte. Il convient de changer notre attitude et, désormais, chacun de nous doit comprendre que sa vie est en danger – par l'arbitraire hitlérien –, soit dans le camp même, soit par la déportation. Il ne faut pas attendre passivement. Tout travail de résistance abrège notre calvaire et nous devons nous efforcer de nous arracher à ce piège. Tous les moyens sont bons pour s'évader. [...] Camarades, aujourd'hui, en face du danger de mort permanent, chacun doit se dire : " Je n'ai rien à perdre et j'ai tout à gagner. " [...] [21] »

Le 16 mai, le comité des internés de Pithiviers répond aux directives parisiennes :

« J'ai bien reçu votre lettre du 12 courant. Les problèmes que vous posez sont justes, mais vous ne pouvez pas vous rendre compte des conditions dans notre camp.

« 1. La question des lettres des maris à leurs femmes : je ne pense pas que nous puissions dire aux épouses qu'on envoie leurs maris à une mort certaine. Chacun cherche à consoler sa famille. Malgré cela, du point de vue politique, vous avez raison. Nous avons comme devoir d'organiser les Juifs dans le camp, mais il ne faut pas penser que nous sommes maîtres de la situation et que tout ce que nous dirons sera exécuté [...] [22]. »

Dès l'origine apparaît donc l'une des contradictions majeures qu'aura à surmonter la section juive : il faut informer les Juifs du danger de mort. Mais comment risquer la panique, la passivité et plus encore le désespoir, quand il faut annoncer que la mort est déjà certaine pour ceux qui sont partis ?

L'interprétation tragique faite par la section juive de ces premières déportations est confirmée quand, à dater du 7 juin 1942, tous les Juifs de zone Nord âgés de six ans et plus sont contraints à porter l'étoile jaune. Dans un tract spécial de la fin juin, intitulé *J'accuse,* la section dénonce cette mesure et appelle les Français à se solidariser avec les Juifs. Quelques mois plus tard, *J'accuse* deviendra l'organe du mouvement de solidarité des Français avec les Juifs créé par la section juive, le Mouvement national contre le racisme (MNCR)[23].

Les 16 et 17 juillet à Paris, c'est la rafle du Vel' d'Hiv'. Dans les jours qui ont précédé, la section juive a appris, par des Russes blancs travaillant à la préfecture qu'une vaste opération se prépare. Elle a publié un tract intitulé *Aux masses populaires juives*. *L'ennemi prépare un crime inouï contre la population juive :*

> « Frères et sœurs. [...] Les hitlériens préparent une nouvelle offensive contre les Juifs. Selon des informations que nous tenons de source sûre, les Allemands organiseront prochainement une immense rafle et la déportation des Juifs. Par une terreur renforcée contre les Juifs, les hitlériens visent à préparer le terrain pour une oppression encore plus forte de toute la France. L'extermination des Juifs doit servir d'avertissement aux Français qui s'opposent à l'esclavage de leur pays. [...] Frères juifs! le danger est grand. Il est de notre devoir de vous prévenir. Les bandits hitlériens sont prêts à tous les crimes. *Fermer les yeux devant la réalité tragique équivaut au suicide. Ouvrir les yeux, prendre conscience du danger conduit au salut, à la résistance, à la vie*[24]. »

Nul doute que ce tract ait contribué à répandre dans Paris la rumeur sur l'imminence d'une grande rafle touchant les familles. C'est ce qui explique en partie que, en dépit de moyens considérables – 9 000 agents de police renforcés par des doriotistes – et d'une préparation minutieuse par un état-major policier franco-allemand, la rafle n'ait touché que 12 000 personnes sur les quelque 25 000 consignées sur les listes. De très nombreuses familles juives, militantes ou non, n'ont pas couché chez elles dans la nuit du 16 au 17 et ont ainsi pu échapper à l'arrestation.

Cette rafle suscite un véritable traumatisme dans les milieux juifs, qui prennent alors conscience que la persécution antisémite vise désormais à leur destruction.

Jusque-là, ils pensaient pour la plupart que les hommes déportés étaient destinés à quelque travail forcé en Allemagne ou en Pologne. Mais l'enlèvement des mères et des enfants, des femmes enceintes et des vieillards, des malades et des grabataires démontre qu'il ne peut s'agir de travail. Le jour même de la rafle, Alfred Grant, l'un des dirigeants de la section, réussit à faire pénétrer au Vel' d'Hiv' deux sympathisantes qui se font passer pour assistantes sociales et observent le terrible spectacle : 12 000 personnes, dont 4 000 enfants, entassées sans aucune hygiène, sans eau, sans nourriture, dans une chaleur suffocante. Dès le début d'août, leur long témoignage sera publié en brochure clandestine, à 10 000 exemplaires, avant d'être reproduit en zone Sud en septembre. Il s'agit là d'un des seuls documents de la Résistance française sur la tragédie du Vel' d'Hiv' [25].

À la suite de cette brochure qui a contribué à nourrir, parmi les Français, une vague d'indignation contre l'occupant et contre Vichy, la section juive crée le Mouvement national contre le racisme, qui regroupe des Juifs et des « aryens » – instituteurs, assistantes sociales, protestants, catholiques et laïcs mêlés – et dont l'objectif est d'organiser la solidarité active, car la section a compris que les Juifs, *a fortiori* les immigrés, ne pourront assurer leur survie sans l'aide des Français. Il faut cacher des enfants, trouver des faux papiers, obtenir des complicités, etc. En octobre 1942, paraissent simultanément à Paris et à Lyon les deux organes du MNCR; en zone Nord, il s'agit de *J'accuse,* en zone Sud de *Fraternité.*

Les jeunes sont à la fois plus traumatisés et plus révoltés encore que les adultes. Depuis la fin de 1941, la Jeunesse communiste parisienne est en pleine désagrégation. Beaucoup de ses cadres ont été versés dans la lutte armée et ont subi une terrible répression, sans que l'organisation parvienne à se maintenir. Des dizaines de jeunes issus de l'immigration juive cherchent sans succès le « contact ». Ces chutes et cette recherche constituent le premier facteur permettant d'expliquer qu'au tout début de 1942 on ait décidé de rassembler les jeunes communistes juifs dans une organisation spécifique sous l'égide de la section juive. Il y a, en second lieu, la volonté politique de la section de les organiser pour agir contre la persécution; la concentration de la population juive, encore assez forte dans quelques quartiers de Paris, facilitait leur mobilisation. Ce choix peut surprendre quand on sait combien ces jeunes sont intégrés à la société française, langue comprise, mais il traduit aussi une évolution du groupe de langue juif, qui s'adresse dès lors toujours davantage aux immigrés *et* aux Français. Ce n'est pas sans réticences, quelquefois, que ces jeunes ont accepté cette nouvelle affectation, mais l'accélération des persécutions et des déportations en a bientôt eu raison.

Les plus anciens, âgés de dix-huit à vingt-trois ans, militent déjà depuis quelques années et dirigent les plus jeunes, les quinze-seize ans, dont la « politisation » se fait « sur le tas ». Le recrutement s'opère par quartiers, entre copains, sur la base des anciens groupes de patronages juifs d'obédience communiste ou par relations de voisinage, principalement dans les 11e et 20e arrondissements; la plupart plongent dans la clandestinité avec de faux papiers, ou au moins dans l'illégalité. Dans les semaines qui suivent la rafle du Vel' d'Hiv', c'est une bonne centaine de jeunes qui se regroupent et passent à l'action, soit dans le secteur de la propagande, soit même dans celui de la lutte armée, donnant un nouvel élan, un nouvel enthousiasme aux FTP-MOI parisiens.

En effet, la rafle a accentué ou suscité chez tous les militants juifs, jeunes et adultes, une violente réaction contre l'occupant et contre Vichy. La plupart d'entre eux y ont vu partir un père, une mère, des frères et sœurs, des enfants, des cousins. La rage et le désespoir au cœur, ils sont bien décidés à en découdre avec les nazis. Ainsi Jacques Farber, qui a vu partir sa femme et sa petite fille Rosa dans les griffes de la police le 16 juillet, et dont le jeune fils a été miraculeusement sauvé et caché en province par l'organisation Solidarité: «Après le 16 juillet, quand on m'a pris ma femme et les enfants, j'ai été contacté par le camarade Kirschenbaum, un ancien d'Espagne. Il m'a demandé si je voulais entrer dans la lutte armée. Je n'ai pas hésité une minute, j'ai dit oui parce qu'il fallait chasser l'ennemi d'ici. Il m'a proposé de me payer pour que je sois libre et à l'entière disposition du parti [26]. » On pourrait multiplier des témoignages similaires de bien des combattants. Tous avaient des raisons personnelles, familiales, intimes, de combattre les nazis. Abraham Lissner, dont la femme et les enfants ont été arrêtés; Marcel Rayman, dont le père a été déporté et qui doit cacher sa mère et son jeune frère; Jean Lemberger, dont le père, la mère et la sœur ont réussi à échapper aux mains de la police, etc.

Les militants chevronnés voient donc leur détermination encore accrue et sont renforcés par une nouvelle génération de combattants, de très jeunes garçons et filles décidés à venger leurs parents déportés. Le désir de vengeance et le sentiment de haine ont dès lors balayé bien des réticences sur l'opportunité des attentats individuels. En raison de cet afflux militant, la section juive va, plus que jamais, se trouver en première ligne de l'action politique et de la lutte armée.

En région parisienne, la situation des organisations « françaises » du parti dans la guérilla à la veille de l'été 1942 n'est guère brillante, et elle va s'aggraver encore dans les mois qui vont suivre. Le 31 mai, les FTP sont chargés de protéger une prise de parole de militantes communistes, rue de Buci; c'est Georges Vallet en personne, le remplaçant de Rol-Tanguy au poste de responsable militaire pour la région parisienne, qui dirige l'opération, ce qui indique à quel point les FTP français manquent alors de combattants. La même opération est rééditée le 1er août 1942 rue Daguerre, avec, cette fois-ci, des conséquences catastrophiques. Lise Ricol y a pris la parole et a pu se replier, mais l'enquête qui a suivi a mis la police sur la trace de son ancienne planque, rue Copernic, où elle vivait avec son mari plusieurs mois auparavant. Le

12 août, ils s'y sont donné rendez-vous pour déjeuner. Son mari n'est autre qu'Artur London, qui, peu avant elle, tombe dans la souricière tendue par la Brigade spéciale. Fort heureusement, la police ne devinera jamais que le responsable du Travail allemand se cache derrière cet émigré slovaque que le tribunal d'État condamne, le 17 mai 1943, à dix ans de travaux forcés et vingt ans d'interdiction de séjour pour activité communiste et usage de fausse carte d'identité. Il s'en est fallu de peu pourtant : « Gérard » London et Lise Ricol ont passé la nuit du 11 au 12 août chez les parents de Lise, à Chamarande, près d'Étampes, dans la grande banlieue parisienne. Avant de partir, le matin, Gérard a changé de pantalon. En revenant en 1945 du camp de Mauthausen où il a été déporté, il retrouvera intact le pantalon... et, dans l'une des poches, un long rapport sur le Travail allemand [27]. Simultanément, l'un des deux groupes de FTP français sur Paris, celui dirigé par Le Berre, qui a été chargé de la protection rue Daguerre, tombe entièrement aux mains de la police à la suite d'une grave imprudence.

Le parti ne dispose plus alors dans la capitale que d'une seule formation militaire, plus connue sous le nom de « groupe Valmy », qui assure en réalité la police du parti. Issu de l'OS et formé de Français et d'immigrés, en particulier des Italiens, ce groupe a affectué, du 29 juillet 1941 au 10 juillet 1942, une dizaine d'attentats contre d'anciennes personnalités du PCF considérées comme traîtres, les plus connues étant Gitton, l'ancien secrétaire à l'organisation, qui a été exécuté le 4 septembre 1941; Clamamus, l'un des deux sénateurs communistes d'avant-guerre, qui échappe à une tentative d'exécution le 28 avril 1942; et Clément, ancien rédacteur en chef de *la Vie ouvrière*, tué le 2 juin 1942; mais aussi Georges Déziré, accusé à tort d'être à l'origine de la chute de février, exécuté (mais réhabilité après guerre). À partir du 10 juillet 1942, ce groupe est réorienté vers la lutte armée contre l'occupant et effectue plusieurs actions spectaculaires jusqu'au 16 octobre 1942, date à laquelle l'un de ses chefs, arrêté, parle, entraînant en quelques semaines la chute de l'ensemble du groupe [28]. En janvier 1943, ces coups de filets successifs sont couronnés par l'arrestation de tout l'état-major des FTP français de région parisienne.

On comprend mieux, dans ces circonstances, l'importance décisive acquise, aux yeux de la direction communiste, par les FTP de la MOI que la police n'a pas encore réussi à atteindre. C'est d'autant plus net qu'en septembre 1942 ceux-ci accentuent leur action, avec vingt attentats, principalement des dépôts de bombes à retardement dans des locaux fréquentés par les Allemands ou les collaborationnistes du PPF de Doriot; le 19 septembre, ils inaugurent l'attaque à la grenade de détachements allemands en déplacement dans Paris, avec l'action du Troisième détachement, route de Sannois, à Argenteuil. Au mois d'octobre, ils ont à leur actif 11 actions, 10 en novembre et 12 en décembre, dont plusieurs grenadages de troupes allemandes.

Ces opérations, pour spectaculaires qu'elles soient, ne s'en accompagnent pas moins de graves difficultés, illustrées par ce qui est arrivé à Samuel Weissberg (Gilbert), versé dans le deuxième détachement en août 1942. Né en 1912 en Bessarabie, il a fui en 1938 la répression du gouvernement Coza-Cuza. Réfugié en France, il s'engage en 1939. Démobilisé en 1940, il rejoint Paris où il milite dans la section juive. Début 1942, il dirige un groupe de lutte armée de la jeunesse juive, puis devient le responsable technique du Deuxième détachement. À ce titre, il est chargé de l'armement et de la fabrication des explosifs dont il connaît les rudiments, comme ancien étudiant en chimie. La direction lui procure le contact avec un militant espagnol, ancien de l'armée républicaine, qui en quelques minutes, sur le coin d'une table de bistrot, lui enseigne la fabrication de bombes à retardement simples mais efficaces. Peu après il loue, au 223, rue Saint-Charles un petit appartement dont la cuisine devient le « laboratoire » du détachement. C'est là que, le 3 décembre 1942, se produit la catastrophe; Weissberg a reçu ordre de fabriquer deux bombes dans un délai très court, trop court, semble-t-il, eu égard aux règles de la chimie des explosifs. Vers 16 heures, c'est l'explosion. Il raconte :

> « Je suis soudain abasourdi par une terrible explosion qui emplit la pièce d'une fumée âcre et étouffante. Je sens mes vêtements brûler. Je me penche pour essayer de les éteindre et m'aperçois que mes cheveux brûlent aussi. Une nouvelle explosion retentit, me projetant contre le mur qui s'écroule sous l'effet de la déflagration. Je me fais violence pour ne pas perdre connaissance, je tire la porte de toutes mes forces et m'élance dans l'escalier. Déjà sur les dernières marches, je vois que la rue est pleine de monde, on ouvre les fenêtres des maisons en face. La police ne va pas tarder à arriver. Je jette un coup d'œil sur mes vêtements en loques, fumants, sur mes mains brûlées. Il m'est impossible de me montrer dans cet état devant la foule.
>
> « Je fais demi-tour, remonte l'escalier quatre à quatre jusqu'au troisième étage, pénètre dans mon logement en flammes et réussis à prendre mon pardessus épargné par le feu et deux pistolets cachés dans un placard. Le manteau sur la tête, je redescends dans la rue et me faufile à travers la foule. En un clin d'œil, je traverse la rue, tourne l'angle d'une rue transversale, poursuivi à intervalles de quelques secondes par des explosions sonores, derniers sursauts de mon laboratoire.
>
> « Je longe alors une rue déserte, passe devant une petite boutique où la vendeuse, sur le pas de sa porte, me jette un regard effrayé, les yeux écarquillés. Dans mon état, je n'irai pas loin. Le premier flic ne manquera pas de m'arrêter. Je m'adresse à la femme. "Madame, je suis un patriote; il m'est arrivé un accident. Je ne peux

pas rester dans la rue. Pourriez-vous me garder ici une heure ou deux? "

« La femme ne répond rien mais me fait signe d'entrer dans l'arrière-boutique. Je commence seulement à sentir des douleurs dans tous les points du corps; mes jambes sont enflées; je ne peux plus remuer un doigt; je sens la fraîcheur des pistolets sur ma peau brûlante. Dans la rue, on entend les coups de sifflet de la police, les sirènes des voitures de pompier. Une femme s'arrête devant la boutique : "Tout un arsenal vient de sauter. On dit que ce sont des résistants qui y fabriquaient des bombes. " J'apprends ainsi que tout l'étage a sauté, mais seule une femme a été blessée. La plupart des locataires, ouvriers chez Citroën, étaient au travail.

« Mon visage est enflé. Des ampoules éclatées sur ma peau coule de l'eau. La vendeuse se met en devoir de me panser la figure et les mains. Je sens la fièvre monter, mes doigts sont devenus raides, tout mon corps est comme paralysé. Six heures. Je ne peux rester là plus longtemps. Je décide de me rendre chez une amie, rue Saint-Martin. Je me mets en marche en chancelant. Chaque pas me coûte un grand effort. La douleur devient de plus en plus vive. Il est hors de question de prendre le métro. Je me traîne à pied, choisissant les endroits les plus sombres. Par des ruelles obscures, puis le long du quai de la Seine, j'atteins le pont de la Concorde, où je me heurte à un cordon de police, en face de la Chambre des députés. Par un effort surhumain, je le passe sans hésitation. Vers 9 heures du soir, j'aboutis enfin à l'adresse désirée. Introduit dans la chambre, je m'évanouis [29]. »

C'est là qu'un médecin du MNCR, le docteur Chertok, va le prendre en charge. Son témoignage est saisissant :

«Passant par l'intermédiaire de plusieurs agents de liaison, je me rends immédiatement à son chevet. À peine ai-je monté les quatre étages de l'étroit et sombre escalier qu'une odeur d'huile goménolée et de chair brûlée me guide. Son visage est méconnaissable. Seuls vivent, brillants et fiévreux, les yeux, qui indiquent une souffrance indicible. Il a 40 de fièvre. il faut agir vite! Ce n'est que dans une clinique qu'il pourra recevoir tous les soins nécessaires. Je peux atteindre le Dr L..., qui demande par téléphone, à une maison de santé du quartier de l'Observatoire, que soit réservée une chambre pour un de ses malades. Dans la clinique, personne ne doit savoir de quelle sorte d'accident il s'agit.

«Le transfert est fixé à 9 heures du soir avec, comme seul moyen de transport possible, un vélo-taxi. Je fais arrêter ce dernier à une centaine de mètres du domicile du malade, afin qu'en cas de recherches, l'adresse de ceux qui l'hébergent soit toujours ignorée. Je monte, nous l'habillons avec peine et descendons. Il marche avec difficulté. Sa tête bandée attire l'attention des passants. Nous nous mettons en route, redoutant toujours que les agents qui nous croisent ne s'intéressent trop à nous. Mais nous n'avons même pas le temps d'être pris par cette inquiétude, car un nouveau problème se pose brutalement: l'identité du malade. Il ne peut pas conserver celle sous laquelle il vivait dans sa petite chambre. Je lui invente un état civil que je lui fais répéter plusieurs fois. Je l'enverrai demain à notre service spécial pour l'établissement d'un jeu complet de faux papiers. [...]

«Le 11 décembre, je viens le voir, comme de coutume. Je lis dans ses yeux une certaine frayeur.

– Eh bien, que s'est-il passé?

– Il faut que je parte d'ici immédiatement. Le Dr. L... m'a fait savoir ce matin qu'il venait d'être dénoncé comme médecin soignant des "terroristes". La police est venue le chercher à son domicile et, comme il ne s'y trouvait pas, ils ont continué leurs recherches dans une clinique où il a des malades.

« Je partage son inquiétude. Il faut sans perdre de temps l'emmener d'ici. Mais où le conduire? Se souvient-on de ce que signifiait, en 1942, le mot "terroriste"? Une seule solution se présente à mon esprit: Éva [Fradin], une jeune institutrice amie. Il est trois heures et demie; elle rentre de l'école à cinq heures. Je l'attends. Mille pensées traversent mon cerveau, et cette heure me semble une éternité. Et si elle refuse? Mais non, ce n'est pas possible. Ce serait tellement dommage pour notre amitié! Elle arrive et me voit bouleversé; je lui dis ce dont il s'agit et ce que j'attends d'elle; elle accepte sans hésitation, cela me réconforte. Je suis si joyeux que je l'embrasse et me sauve en lui promettant de revenir au plus tôt.

« Je retourne à la clinique et m'y glisse avec précaution, m'assurant que la police n'y est pas encore. J'envoie la petite garde-malade me chercher un vélo-taxi et, aidé de l'infirmière, j'habille le malade. Nous arrivons chez Éva sans encombre. Elle n'a qu'une chambre. Elle la cède et descend coucher chez une collègue qui habite la même maison. Nous mettons le malade au lit et je regarde à nouveau ses yeux. Quelle émotion s'y lit, quelle joie intense! Tout à coup, oubliant toutes ses douleurs, il se met à chanter. Quel spectacle étrange et poignant que ce visage de souffrance, aux lèvres brûlées, d'où s'échappent des mots de bonheur et de liberté, et ces yeux pétillants de joie! Je l'ai soigné une quinzaine de jours chez Éva, puis, lorsque ses plaies ont commencé à guérir, il a déménagé pour achever ailleurs sa convalescence.

« Je ne peux pas ne pas parler de cette petite "Germaine", admirable garde-malade qui restait avec lui nuit et jour pour le soigner. Elle supportait avec une abnégation et une simplicité extraordinaires cette atmosphère rendue presque intolérable par l'odeur qui se dégageait des blessures. Son mari était prisonnier, et elle avait un petit garçon de quatre ans ; elle-même en paraissait dix-huit, bien qu'elle en eût vingt-cinq. Elle combattait, elle transportait des armes avec le même dévouement qu'elle apportait à soigner un camarade blessé. Elle se considérait comme étant toujours au front, en première ligne, et cette intime satisfaction décuplait encore sa gaieté. La voyant se pencher avec tant d'affection sur notre malade, lui redresser son oreiller et mettre un fume-cigarette dans la pauvre bouche blessée, Éva, stupéfaite, me demanda un jour : "Et cette jeune femme est vraiment une 'terroriste' ?" [30] »

La petite « Germaine » n'est autre qu'Hélène Kro, jeune couturière dans un atelier de confection qui, après la rafle du Vel' d'Hiv', s'est engagée dans la lutte armée : agent de liaison, combattante à l'occasion, garde-malade des combattants blessés. Arrêtée un jour en flagrant délit de transport de dynamite, elle fut ramenée chez elle pour perquisition et souricière. Elle profita d'un moment d'inattention des policiers pour se jeter par la fenêtre du quatrième étage.

La participation aux actions militaires, dans un Paris quadrillé par les forces de répression, est pour les combattants une épreuve physique et nerveuse de chaque instant. Le second semestre de 1942 a vu les FTP-MOI se renforcer sensiblement, en même temps que leur isolement et leur importance ont grandi conjointement, au fur et à mesure que les combattants français ont été décimés. La branche «politique» des sections, dont l'action va au-delà de la zone traditionnelle de l'influence communiste, afin d'éveiller l'esprit de résistance dans l'ensemble de son immigration, doit constituer la source principale de recrutement pour les formations militaires. Néanmoins, la masse des immigrés, comme les Français, reste réservée et prudente face à ces attentats qui entraînent des représailles aveugles. Il faudra attendre le renversement de la situation militaire et l'intensification de l'oppression pour que la nécessité de participer à l'action se fasse de plus en plus pressante. Cette évolution s'est évidemment amorcée beaucoup plus tôt chez les Juifs, en raison même de leur situation, qui deviendra chaque jour plus terrible.

CHAPITRE VII

Automne 1942 :
la police à l'assaut de la MOI

Pour contrer les actions toujours plus spectaculaires des FTP-MOI au second semestre 1942, la préfecture de Police se mobilise. D'abord partiels et dispersés, les résultats sont bientôt significatifs.

L'une des premières actions retentissantes a été, le 19 octobre 1942, l'attaque d'une compagnie allemande à l'exercice sur le stade Jean-Bouin, à Montrouge, par une équipe du Premier détachement. Mais, par une malheureuse coïncidence, un incident sur la voie publique a conduit les Allemands à organiser une vaste rafle à Gentilly, précisément sur l'itinéraire de repli de deux des trois combattants. Nicolas Cristea et Andrei Sas ont donc été arrêtés, sous une fausse identité, sans qu'une relation soit établie entre eux et l'affaire de Montrouge [1]; il semble que les deux hommes aient été fort peu bavards; ils seront fusillés au Mont-Valérien le 9 mars 1943, sous les fausses identités de Joseph Coplat (Cristea) et Jaroslav Martunek (Sas) [2].

Néanmoins, leur camarade Carol Goldstein tombe quelques jours plus tard aux mains de la police, suivi, le 21 novembre, de Régine Ickovic, agent de liaison qui était chargée d'apporter les armes sur le lieu de l'action. Cette chute prive le Premier détachement de ses éléments les plus aguerris. L'aîné, Cristea, avait la quarantaine; ouvrier originaire de Galatz, il avait adhéré au PC en Roumanie, pays qu'il avait quitté en 1937 pour aller combattre en Espagne; commandant d'une batterie d'artillerie des Brigades internationales, il avait été interné en France en 1939-1940 avant de s'évader, sur ordre, en avril 1941. Il a alors rejoint Paris et a été intégré immédiatement dans l'OS, où il a combattu en étroite collaboration avec Boczor. Sass Dragos était un jeune ouvrier transylvanien, ancien d'Espagne, interné en France et évadé. Le troisième, Goldstein, qui appartient à une famille de révolutionnaires, est lui aussi un ancien d'Espagne; il sera fusillé avec ses camarades au Mont-Valérien [3].

Coïncidence? Convergence des enquêtes policières? Toujours est-il que le 2 décembre 1942, la police est sur la trace de la direction des FTP-MOI parisiens, par le biais du docteur Léon Greif. Né en 1905 dans la partie austro-hongroise de la Pologne d'une famille plutôt bourgeoise, il a fait sa médecine à Paris à partir de 1925. Naturalisé en 1937, il est, depuis 1939, chef de service à l'hôpital Curie. Mobilisé, envoyé au front à sa demande, fait prisonnier, il est libéré sur les instances de son hôpital. Rentré à Paris en octobre 1940, il refuse de se déclarer comme Juif:

> « J'avais le cœur à gauche, nous déclare le docteur Greif, mais sans engagement militant. Avec l'occupation, cet antisémitisme dans le milieu médical, je me suis dit: "Il y a quelque chose à faire." J'ai essayé de prendre des contacts avec la Résistance. Lors de mes visites, je tendais des perches, je tâtais le terrain. Sans grand succès. Et puis un matin, de très bonne heure, début 1942, je suis réveillé par un coup de sonnette. J'ouvre. Je vois un garçon que je connaissais à peine, Zellmayer, Juif d'origine polonaise. Il m'explique que, communiste, il a été arrêté, a simulé une crise d'appendicite et a été opéré à l'hôpital Rothschild d'où, au bout de trois jours, il s'est évadé. Je l'accueille et le planque quelques jours chez moi. J'ai alors mon premier contact avec le

PC et suis placé dans un groupe de trois avec Dyskin, qui sera fusillé plus tard. Je reçois et diffuse la presse juive communiste. Un jour, à l'été 1942, j'y lis cette phrase : "La déportation, c'est la mort!" J'annonce à Dyskin que je voudrais être plus actif.

« Un peu plus tard, un militant inconnu me rend visite, m'explique ce que sont la MOI, les FTP, et me demande de prendre la responsabilité médicale d'un groupe de militants. J'accepte. Je dois soigner les responsables de la direction et des détachements. Je n'ai reçu aucun blessé, mais j'avais souvent la visite de certains responsables, Stefka, Olaso, Hirsch, Buican, soit pour une maladie, soit simplement pour se reposer, prendre un bain. Le 2 décembre 1942 dans la matinée, je reviens à vélo de mon service à l'hôpital. Soudain, en arrivant, je croise une voisine qui me dit : "Vous êtes recherché, la maison est cernée." J'avais convenu avec ma bonne qu'elle place à la fenêtre un chiffon à poussière au cas où il y aurait quelque chose d'anormal. Je n'ai même pas eu le temps de vérifier la présence de ce torchon. La voisine m'a suffi. Je suis remonté sur mon vélo et me suis enfui. [...] J'ai téléphoné chez moi et, en me présentant comme un patient, j'ai pu avoir par ma bonne quelques renseignements, à demi-mot. La police avait installé chez moi une souricière qui a duré plus de dix jours[4]. »

Or, à la fin de novembre 1942, la compagne de Karel Stefka, Nelly, s'est aperçue qu'elle est enceinte. Attendre un enfant en pleine lutte clandestine n'étant pas une affaire simple, Karel décide d'aller demander conseil au docteur Greif. Le 4 décembre dans la matinée, il lui rend visite alors que les policiers ont déjà tendu leur souricière[5]. Arrêté, interrogé brutalement, Karel cède et indique l'adresse de sa planque, où il habite seul, et celle de « Emmanuel » Olaso, le responsable technique, qui habite rue du Colonel-Oudot, près du boulevard Soult. Une surveillance se met en place. Le lendemain, 5 décembre, Olaso et sa femme, qui vivent sous le nom de Martin, sont arrêtés en début de soirée. Une souricière est tendue chez eux, où viennent tomber des militants espagnols. En outre, Olaso parle : il indique aux policiers l'adresse de la planque de travail d'Holban, chez Riva Baranowski, où ont déjà eu lieu plusieurs réunions de la direction. Les policiers s'y précipitent le 7 décembre au soir et demandent à la concierge l'appartement de Riva. Comme elle n'est pas rentrée, ils l'attendent dans la loge; dès qu'elle se présente, ils l'encadrent et montent avec elle jusqu'à son appartement avant de l'emmener [6]. Boris Holban se rappelle ces instants dramatiques :

> « Le 7 décembre dans la soirée, après avoir achevé ma tournée de rendez-vous, je me dirige vers le 5, rue Guynemer, à Vincennes, où je dispose d'un "bureau" clandestin. C'est l'appartement de Riva Baranowski, où j'ai l'intention de préparer une réunion qui doit s'y tenir le lendemain avec mes adjoints Karel Stefka et Joaquin Olaso, ainsi qu'avec notre responsable Hervé-Kaminski. Riva, qui est prévenue, doit, comme d'habitude, placer sur la fenêtre de sa cuisine un torchon qui indique que tout est normal. J'arrive. Il est environ 20 heures. Un coup d'œil à la fenêtre. Rien! Pas de torchon! Un peu plus d'attention : la cuisine est éteinte mais les autres pièces sont allumées alors que rideaux et volets devraient être fermés. Pire : des silhouettes se déplacent d'une pièce à l'autre.
>
> « Je n'arrive pas à en croire mes yeux. Cette planque, qui me semblait parfaitement sûre, est tombée aux mains de la police. La tête vide, je n'arrive pas à m'arracher aux lieux. Et pourtant il le faut. Question de sécurité. Et nous appro-

chons de l'heure du couvre-feu. Au moment où je tourne les talons, une femme sort de la maison. Je la reconnais : c'est Liuba, la sœur du docteur Bacicurinski qui m'a accueilli après mon évasion d'un camp de prisonniers en 1941. Elle a l'air affolé. Elle me croise, me reconnaît brusquement et me lance à toute vitesse : "Fous le camp d'ici, il y a la police. Riva est montée avec deux hommes." C'est clair.

«Je rentre dans ma planque glaciale. Bouleversé, j'essaie d'imaginer ce qui a pu se passer. Je suis surtout inquiet pour la réunion de demain. Je décide de tout faire pour prévenir les copains. Le lendemain matin, j'arrive sur place à l'avance; je rôde dans les alentours, sans perdre de vue l'immeuble suspect. Peu avant midi, je vois arriver Hervé; discrètement, je lui fais signe de me suivre. Nous nous écartons de la zone dangereuse et je lui raconte les événements de la veille. Hervé est d'habitude très calme, réfléchi. Mais là, il est totalement surpris, muet, effaré. Comment une planque aussi sûre a-t-elle pu tomber? Nous concluons que comme Karel et Olaso ne sont pas là, c'est qu'ils ont dû constater l'absence de signe de reconnaissance et qu'ils sont repartis avant que je n'arrive. Nous décidons d'engager une enquête pour élucider l'affaire [7]. »

Ce même 7 décembre, à sept heures, près du métro Chapelle, les policiers ont arrêté Edmond Hirsch, le chef du Premier détachement. La visite domiciliaire est fructueuse, puisque la Brigade spéciale 2 des Renseignements généraux trouve une bombe chargée, une mitraillette Mauser avec chargeur complet et 5 autres chargeurs, un pistolet automatique 7,65 Steyer, un 7,65 Mauser, un revolver 6,35 et un pistolet automatique Peugeot, mais aussi l'indicatif des chefs de groupe du détachement, avec leurs lieux de rendez-vous avec contrôle fixe [8]. Ils tendent dans la planque de Hirsch une souricière où tombe sa femme, Julie Deutsch, qui rentrait le soir chez elle. Or, faisant la liaison avec le service des faux papiers, elle transporte ce jour-là, dans un sac à double fond dont le secret sera rapidement percé, quatre jeux de faux papiers qu'elle doit remettre le lendemain à leurs destinataires. La liste et les heures et lieux de rendez-vous les accompagnent, en clair [9]. Tous ces militants sont arrêtés le 9 décembre.

C'est d'abord le cas d'un cadre du PC roumain, Salomon Tinkelman, connu sous le pseudo de Timov. Fils d'une famille pauvre, il avait poursuivi ses études tout en militant au PC, puis avait travaillé comme journaliste pour la presse de gauche. Après l'interdiction du PC roumain en 1924, il avait été arrêté mais, évadé avant même d'être jugé, il avait connu la vie errante des responsables communistes clandestins. Membre du Comité central depuis 1928, il séjourna en Tchécoslovaquie, en Autriche, en Allemagne. Il est en France en 1939. Arrêté en 1940, interné au camp du Vernet, il s'en évade en 1942, revient à Paris et contacte le parti. Autant de péripéties qui ne l'empêchent pas de tomber stupidement en venant récupérer ses faux papiers. Terriblement torturé, il ne parlera pas. Remis aux Allemands, il sera déporté à Auschwitz où il sera gazé [10].

Autre militant arrêté, Alexandre Buican-Arnoldi. Juif bucovinien, il a participé à la fondation du PC roumain en 1921 puis a été envoyé à Paris pour représenter ce parti en France, ce qu'il fait de 1936 à 1938, date à laquelle il est remplacé par P. Grosu. Selon ce qu'il en a dit après-guerre à Cristina Boïco, le PCF lui fait savoir qu'on a reçu des directives demandant qu'il rejoigne Moscou. Cependant, il est resté à Paris avec, semble-t-il, l'assentiment de son interlocuteur, mais est bien sûr démis de ses responsabilités. Selon l'hypothèse de Cristina Boïco, il aurait été mêlé à la lutte fractionniste qui a déchiré le PC roumain en 1931 et se serait lié d'amitié, à cette occasion, avec Marcel Pauker qui, en 1937-1938, a été liquidé dans les purges. Engagé volontaire en septembre 1939, démobilisé en 1940, il revient à Paris et participe à la création des premiers groupes de combat MOI. Torturé, déporté à Auschwitz, Buican a pu survivre et rentrer en Roumanie[11].

Charlotte Gruia, adjointe du service technique des FTP-MOI, est arrêtée le 15 décembre. Elle était la compagne de Boczor et servait d'agent de liaison tant à celui-ci qu'à Patriciu, responsable du service technique. Elle se souvient précisément des circonstances de son arrestation :

> « Le 15 décembre, à onze heures du matin, j'attendais près du métro Riquet un contact "français", Bernard, qui depuis quelque temps fournissait nos détachements en explosifs pour la confection d'engins. Je vois arriver sa copine de liaison, qui m'apprend que Bernard a été arrêté la veille. Tout en discutant, nous entrons dans un café où nous sommes bientôt cernées par deux agents en civil. Amenée dans les locaux de la Brigade spéciale, je me trouve confrontée tant à Bernard qu'à Hirsch. En vain[12]. »

Quant à Boris Holban, il est de plus en plus inquiet car il ne parvient pas à s'expliquer la chute :

> « Le plus grave, c'est que tout ça reste parfaitement mystérieux. Je suis le seul de la direction à avoir évité la chute. Pourquoi? Comment? Je rencontre bientôt Hervé [Kaminski]. Il est sur ses gardes, me demande ce que je pense de ces chutes. Je lui réponds que je n'en ai pas la moindre idée. Il me réclame alors un récit détaillé. Je me rends compte que je suis en train de subir un interrogatoire. Situation désagréable, mais, en dépit de l'amertume que je ressens, je trouve cela normal; c'est la sécurité de l'organisation qui est en jeu. Hervé est très concentré. Il

ne commente aucune de mes réponses, les enregistre, les digère, les soupèse. Nous nous séparons.

« Au rendez-vous suivant, il ne vient pas personnellement, mais m'envoie son agent de liaison qui me transmet ses directives : " La gravité de la situation exige, pour ta propre sécurité et pour celle de l'organisation, que l'on coupe provisoirement tout contact avec toi. Tu dois cesser toute activité et transmettre à Lissner toutes tes liaisons avec les chefs de détachement. " Me voilà complètement isolé, en quarantaine. J'ai beau me savoir innocent, je suis angoissé. Au bout de deux terribles semaines, Lissner me fixe un rendez-vous avec Hervé. Ce dernier m'annonce que l'affaire s'éclaircit. Je respire [13]. »

En effet, à l'occasion de la Noël, Karel Stefka a réussi à faire parvenir une lettre à l'extérieur de sa prison ; il révèle à ses camarades qu'il a parlé sous la, torture et qu'il a indiqué la piste d'Olaso. À partir de là, en travaillant vite et fort, les policiers ont pu dévider tout l'écheveau de la direction militaire et du Premier détachement.

Les archives policières permettent d'être plus précis. Il semble bien que ces chutes soient le résultat indirect d'une importante filature qui a duré du 14 septembre au 19 novembre 1942 et a abouti à 38 arrestations, dont 33 mises à la disposition des Allemands. Cette filature serait partie de militants français avant de remonter à la branche MOI des FTP, peut-être par l'intermédiaire de Régine Ickovic, agent de liaison du Premier détachement, qui était sous surveillance de la police. Les dernières lignes du rapport de synthèse sur cette longue filature semblent confirmer cette connexion entre FTP français et immigrés, puisqu'il y est précisé que « les nommés Passy, Saint-Martin, Gabardine, Cire, Dupleix, Corvisart, Dombasle, Petit Rapée faisaient certainement partie d'autres groupes au sujet desquels les surveillances et filatures continuent [14] ». La plupart des personnes arrêtées furent déportées. Certains avaient été terriblement torturés, comme Hirsch, avec qui Régine Ickovic avait été confrontée, et qu'elle avait à peine pu reconnaître.

Cette série d'arrestations a jeté un trouble profond et persistant dans la section roumaine. En effet, lors de sa confrontation avec Charlotte Gruia, Hirsch a trouvé le moyen, lors d'un moment de répit, de lui souffler en hongrois ces quelques mots incroyables : « Nous sommes trahis par Holban. La police m'a montré les rapports que je lui donnais [15]. » Or la police s'était contentée, très classiquement, d'intoxiquer le prisonnier, lui laissant croire qu'elle savait tout sur l'organisation en lui montrant des rapports reçus par Holban et saisis chez Riva Baranowski. Néanmoins, il n'est pas impossible qu'Hirsch ait réussi à faire parvenir l'information à l'extérieur, incitant Kaminski à placer Holban en quarantaine. Il est vrai que toutes les apparences se liguaient contre ce dernier, qui rapporte lui-même les conditions psychologiques terribles dans lesquelles il vécut deux semaines durant, jusqu'à ce qu'il soit blanchi par la lettre où Stefka montrait la responsabilité d'Olaso dans les arrestations. Quant à Hirsch, déporté à Mauthausen, il se suicida en se jetant sur les barbelés électrifiés, emportant sans doute dans la mort cette terrible conviction d'avoir été trahi.

Cet épisode est très révélateur du climat de tension et de division qui régnait alors dans le groupe roumain, où existait un clivage très net entre « Bessarabiens » et « Transylvaniens », au point que ces derniers – Boczor, Hirsch, Patriciu (de son vrai nom Grunsperger) et quelques autres – se sont vu reprocher un comportement de clan. L'unité idéologique se serait-elle révélée moins forte que les animosités éthniques ? Sur cela se greffait le refus des anciens des Brigades internationales – Boczor, Hirsch, Cristea, etc. – d'être commandés par des « politiques » considérés comme inexpérimentés sur le plan militaire et manquant de « professionnalisme », en l'occurrence, Holban. C'est dans ce climat de tensions internes qu'Hirsch a pu croire à la trahison d'Holban, mais aussi en raison de la promptitude avec laquelle, dans les groupes clandestins, chaque arrestation implique chez les militants épargnés la recherche du « traître ». Rançon inévitable du secret et de l'opacité qui président à la clandestinité.

Cependant, Holban n'est pas le seul militant un moment suspecté par ses propres camarades. En effet, la figure la plus controversée dans cette affaire est celle de Joaquin Olaso. Communiste espagnol dès le début des années 20, il a été nommé en 1936 inspecteur général de l'ordre public en Catalogne, poste d'où il relaie les activités communistes dans la police catalane. Il semble bien qu'en réalité, il ait été placé sous les ordres directs de l'homme des services soviétiques en Catalogne, Ernö Gerö, dit « Pedro ». Il devient bientôt responsables des cadres du Parti socialiste unifié de Catalogne (PSUC), dirigé par le très jeune Santiago Carrillo. Après la défaite républicaine, Olaso se réfugie en France avec sa femme, Dolorès Garcia qui, à peine arrivée à Paris, est embauchée au consulat du Chili sous la fausse identité de Charlotte Martin. Le consul général est alors Pablo Neruda, dont Dolorès devient la secrétaire particulière. Sans doute s'agit-il là d'une connexion permettant aux services soviétiques de favoriser et contrôler le passage au Chili des Espagnols qui le désirent. Beaucoup de ses camarades ont cru, à tort, discerner en Olaso le responsable des chutes qui vont, en ce deuxième semestre de 1942, décimer les communistes espagnols.

En effet, au printemps 1942, un indicateur a fait parvenir à la direction des Renseignements généraux des informations qui ont permis à la 3e section (chargée des étrangers) d'engager contre ces milieux une filature qui durera du 9 avril au 24 juin, et aboutira à 119 arrestations dans toute la France. Une bonne part des structures clandestines communistes espagnoles se trouvent ainsi démantelées (*cf.* p. 141).

En dépit de cette situation difficile, le groupe des FTP espagnols se manifeste bientôt de manière spectaculaire. Le 30 septembre, les jeunes du Parti populaire français – le PPF collaborationniste de Doriot – sont réunis en carré pour saluer les couleurs dans la cour de l'immeuble du PPF, 41, rue Raffet, au cœur du 16e arrondissement. Soudain, trois hommes surgissent, jettent des grenades et tirent: deux morts et plusieurs blessés. Une furieuse poursuite s'engage. Deux des assaillants se frayent un chemin à coups de revolver, mais le troisième, un Espagnol, est rattrapé près du métro Jasmin.

Celui-ci finit par lâcher que ses camarades ont l'habitude de déjeuner avenue du Maine. Des surveillances sont mises en place jusqu'au 8 octobre, sans succès. Mais d'autres sont plus efficaces: ce même jour, la BS 2 arrête deux autres «Espagnols», Perez Garcia, ancien militant anarchiste, et le Paraguayen Delgado, ancien responsable dans les Brigades internationales, l'un des trois de l'attentat de la rue Raffet. Sans doute terriblement maltraité, Delgado finit par donner le rendez-vous à son troisième camarade, Domingo Tejero. À dix-huit heures, place du Danube, les policiers attendent Tejero. Interpellé, celui-ci présente des papiers à son nom. Invité à suivre les policiers au commissariat, il obtempère. En chemin, il se retourne à plusieurs reprises et ses anges gardiens s'aperçoivent alors qu'un groupe de jeunes gens les suit. Alors qu'ils veulent passer les menottes à Tejero, celui-ci les bouscule violemment, fait demi-tour et s'enfuit. Remis de leur stupeur, les policiers tirent et l'atteignent dans le dos. Il meurt à l'hôpital Saint-Louis deux jours plus tard [16].

Or, au même moment, l'indicateur de la Troisième section des RG dans les milieux espagnols signale que ces groupes se reconstituent, grâce à la montée à Paris de militants de province, principalement de Rennes et de Bordeaux. Une nouvelle filature, engagée le 25 septembre, aboutit le 30 novembre à l'arrestation de 28 militants espagnols dont le plus important, Joseph Miret-Must, est le frère de Conrado Miret-Must, premier responsable de l'OS-MOI (Joseph a été ministre du gouvernement de la Généralité de Catalogne pendant la guerre civile). Vivant clandestinement sous le nom de Jean Régnier, il est arrêté dans la rafle du 30 novembre 1942, mais les policiers ne parviendront pas, dans un premier temps, à percer son identité [17].

Dès ce moment, les communistes espagnols suspectèrent Olaso d'être pour tout ou partie responsable de ces chutes répétées. Or celui-ci n'a été arrêté que le 5 décembre, soit après ces chutes. Il n'y a donc pas de rapport de cause à effet. D'autre part, plusieurs témoignages inciteraient à penser que, confronté à Miret-Must, Olaso aurait révélé la véritable identité de ce dernier. Or l'affaire Miret-Must était menée par la Troisième section des RG, tandis que l'affaire Olaso était aux mains de la Brigade spéciale 2. Quand on connaît la véritable « guerre des polices » que se livraient ces deux services – l'un plutôt « résistant » et l'autre ouvertement « collabo » –, on ne peut que mettre en doute de telles assertions. Certes, Olaso a parlé sous les coups de la BS 2, mais seulement des FTP-MOI. Quoi qu'il en soit, Olaso et sa femme furent déportés, elle à Ravensbrück et lui à Mauthausen, où il fut mis en quarantaine par ses camarades avant d'être exclu du PSUC à son retour des camps. Un matin de février 1954, on les retrouva tous deux morts dans leur appartement, asphyxiés par le gaz. Quant au véritable indicateur, il fut dénoncé pendant la guerre même par des policiers de la Troisième section des RG à un responsable communiste espagnol, qui l'aurait fait exécuter [18].

Le cas Olaso attire l'attention sur une question délicate, celles des relations entre la MOI et les services soviétiques. Les attaches évidentes de certains de ses cadres avec les services soviétiques nous imposent d'essayer de mieux comprendre quelles étaient la nature et la signification de ces rapports. Deux livres ont fait connaître au grand public le cas de l'Orchestre rouge, que dirigeait Leopold Trepper. Sans revenir en détail sur l'affaire, plusieurs épisodes nous permettront, aidés de ces récits recoupés par nos propres investigations, de mieux comprendre l'esprit et la forme de ces relations. Né en 1904 en Galicie, Trepper part d'abord pour la Palestine en 1924. C'est là qu'il fait la connaissance de Hillel Katz et de Leo Grossvogel, qui seront ses principaux adjoints quand se mettront en place les groupes belge puis parisien du réseau, dans l'été 1940. Bientôt visé par la répression britannique, il gagne la France à la fin de 1929, et de Marseille monte à Paris, où il fréquente des militants de la section juive comme Louis Gronowski ou Michel Feintuch-Jean Jérôme.

Dès 1930, sous le pseudonyme de Domb, il devient responsable de la section. En 1931, il la représente auprès du comité central du PCF et devient responsable du journal communiste en yiddish publié en France, *Der Morgen (le Matin)*. Mais en 1932, compromis, avec Jacques Duclos, dans une grave affaire d'espionnage au bénéfice des Soviétiques, l'affaire Fantômas, il doit s'enfuir en URSS. En décembre 1936, le général Berzine, chef du service de renseignement de l'Armée rouge, lui propose de reprendre du service. Sa première mission en France, en mai 1937, consiste justement à tirer au clair l'affaire Fantômas. En 1938, il s'installe à Bruxelles où il crée la société Simex qui sera la couverture commerciale de son service. En 1940, il met sur pied un réseau à Paris. Les branches belge et française du fameux Orchestre rouge sont opérationnelles [19].

Sans compter les contacts naturels dont il pouvait disposer parmi ses anciens camarades de combat, ses connexions avec le PCF illustrent à nouveau la place particulière que tiennent des responsables immigrés. Dans leurs ouvrages, Trepper comme Gilles Perrault signalent qu'un certain « Michel » était le « représentant de la direction du PCF ». Les contacts étaient réguliers avec ce « Michel », qui n'est autre que Louis Gronowski, alors tête du triangle de la MOI [20]. Et c'est aussi Gronowski, par exemple, qui présentera à Trepper un élément important de son réseau, le baron Vassili Maximovitch, Russe blanc, fils de général tsariste réfugié à Paris et membre de l'Union des patriotes russes qui, contrôlée par la MOI, regroupe des Russes vivant en France et sujets au mal du pays. Étranger indésirable, Maximovitch a été arrêté au début de la guerre et interné au Vernet, d'où il réussit à sortir fin 1940 après avoir accepté de travailler en Allemagne, comme le conseille, depuis l'automne 1940, la MOI. Mais lors de son transit à Paris, il est remarqué par le colonel Kuprian, chef de la Mission allemande d'achat, qui souhaite utiliser ses services diplomatico-mondains. Cet aristocrate russe se voit ouvrir les portes de l'hôtel Majestic, et il devient l'amant de la secrétaire de Kuprian. Pris, il sera exécuté avec sa sœur.

Dernier exemple : après le démantèlement de son réseau à la fin de 1942 puis une rocambolesque évasion le 13 septembre 1943, Trepper cherche aussitôt à retrouver le contact avec le parti, en passant par la MOI. Le fil est renoué grâce à Suzanne Spaak, à la tête d'un groupe de femmes protestantes du MNCR chargé du sauvetage d'enfants juifs, qui contacte son responsable, le docteur Chertok, et ce dernier, Charles Lederman ; un rendez-vous est même fixé avec un responsable national de la MOI, Édouard Kowalski, à Bourg-la-Reine ; mais il est décommandé au dernier moment : Trepper craint que l'Abwehr en ait eu connaissance [21].

Il ne faudrait cependant pas réduire l'action soviétique en France pendant la Seconde Guerre mondiale au seul Orchestre rouge, si important fût-il. D'autres réseaux fonctionnaient, qu'ils dépendent de l'Armée rouge ou bien d'autres services. Signalons à titre d'exemple, et toujours pour essayer de comprendre comment ils s'articulent avec la MOI, le cas du réseau qu'a mis sur pied Robert Beck et qui, à la différence de l'Orchestre rouge, privilégiera l'action sur le renseignement. Robert Beck était un militant très expérimenté, qui avait été l'un des principaux dirigeants du PC tunisien dans les années 20 et l'un de ses rares militants français. Ouvrier à l'arsenal de Ferryville, il avait pris la parole, le 11 septembre 1924, au cours d'une grande manifestation devant le commissariat de Bizerte pour la libération de syndicalistes arrêtés, qui devait se conclure par une fusillade et la mort de trois manifestants. Il a connu la prison en 1925-1926 pour « provocation de militaires à la désobéissance », en l'occurrence pour une distribution de tracts contre la guerre du Rif [22]. Selon le journal communiste tunisien, il a même été condamné à mort en 1926 par un conseil de guerre pour refus de combattre, mais la peine aurait été commuée en cinq ans de bagne à Biskra. Il semble cependant qu'il ait rejoint la métropole et le PCF en 1929, à en croire la thèse que Claude Liauzu a consacrée au mouvement ouvrier tunisien dans les années 20 [23]. Entrant dans des réseaux soviétiques, il est alors officiellement exclu du parti. Dans la forme que nous connaissons, son réseau est mis sur pied au second semestre de 1940. Les ponts sont nombreux avec l'organisation des communistes immigrés. Plusieurs membres se sont connus en Palestine entre les deux guerres, et/ou en Espagne dans les Brigades internationales.

L'adjoint de Robert Beck se nomme Hillel Gruszkiewicz (Bil). Né à Lodz, en Pologne, sa première école est un *cheider*, cette école traditionnelle juive où l'on apprend les rudiments de la lecture, les prières et le Pentateuque. De Palestine où il arrive à l'âge de quatorze ans en Australie, de France où il devient communiste à Albacete où il dirige les groupes de transporteurs d'armes à la base centrale des Brigades, dans l'armée française en 1939-1940 − quand, sous l'identité de Durand, qui lui a permis d'échapper aux camps d'internement au retour d'Espagne, il sert d'interprète, avec le grade de lieutenant, auprès des troupes britanniques −, la vie de Bil mériterait sans doute un biographe que sa personnalité attirerait, comme elle a attiré les militants qui l'ont connu. Et ceux qui l'ont croisé, dans les missions qui l'amènent régulièrement à passer de zone occupée en zone libre de 1940 à 1942, pensent que ce débrouillard sympathique ne travaille pas que pour la MOI [24].

Le contact entre le réseau et le PCF passe, côté réseau, par un ancien de Palestine et d'Espagne, A.P., et sa femme, D.K., qu'il a rencontrée en Palestine alors qu'elle militait dans une organisation sioniste de gauche; côté PCF, par Kaminski, dont on connaît les responsabilités dans le triangle de la MOI. Si la police française est à l'origine des arrestations qui décapitent ce réseau en juin-juillet 1942, les prisonniers sont immédiatement transmis aux Allemands. Avant le procès, ils sont torturés; Beck est amené dans sa cellule de la Santé sur une civière et tente de s'ouvrir les veines du cou à l'aide d'un morceau de verre cassé; la chimiste du réseau est battue devant son compagnon; plutôt que de risquer une défaillance, Bil se jette d'une fenêtre des locaux de la Gestapo. Craignant une opération au moment des transferts, les Allemands organisent le procès à l'intérieur même de la prison. Condamné à mort, Robert Beck est exécuté le 6 février 1943.

On trouverait des connexions similaires avec le fameux militant allemand déjà cité, Richard Stahlmann (de son vrai nom Artur Illner), ancien membre du M-Apparat (l'appareil militaire) du KPD dans les années 20, envoyé en mission en Chine, dans les Balkans, en France, en Espagne, avant de rejoindre la Suède en 1940 pour y organiser, grâce aux liaisons maritimes dans la Baltique, un réseau en direction de l'Allemagne. Revenu en RDA après-guerre, il dirige en 1950 la section des cadres du Parti communiste et est repéré, en 1951, comme responsable de l'une des plus importantes agences d'espionnage de ce pays [25].

Quelques conclusions s'imposent. Des dirigeants et des militants de la MOI ont été associés au fonctionnement des services soviétiques, en particulier comme soutien logistique; mais on ne peut en induire une dépendance structurelle et organisationnelle. D'autre part, c'est en toute logique que les militants émigrés, venus en général d'Europe centrale, ont joué un rôle charnière dans ce dispositif doublement clandestin, forts de leur expérience militante dans leur pays d'origine, en Palestine ou en Espagne. Par ailleurs, seul l'anachronisme nous ferait oublier dans quelle période nous sommes alors, quand la défense de l'URSS est une composante essentielle de l'engagement communiste, et qu'en ce temps de guerre totale on fait feu de tout bois, quitte à négliger un temps les cloisonnements excessifs.

CHAPITRE VIII

La grande traque I
Objectif : l'organisation
des jeunes Juifs

Les Brigades spéciales des Renseignements généraux lancent, à partir de janvier, la première des trois grandes offensives de l'année 1943 contre les organisations de la MOI parisienne. Ces policiers disposent déjà à cette époque de nombreux renseignements sur l'ensemble des sections, en particulier sur la juive, dont la forte implantation de masse, si elle inquiète ses adversaires, leur offre aussi certains avantages de nature à faciliter la surveillance de ce milieu. Mais par où commencer? Quelle piste suivre?

Une occasion se présente. La police repère quelques militants des groupes de jeunes de la section juive. L'origine de la piste est incertaine : elle pourrait venir de l'enquête du commissariat de Puteaux, qui a suivi l'attaque d'un garage allemand ou, plus vraisemblablement, de l'utilisation d'une informatrice proche du milieu des jeunes Juifs, une certaine Lucienne Goldfarb. Quand la police se lance sur leur piste, ils sont plus d'une centaine à militer dans l'organisation des jeunes, où l'on peut distinguer deux générations, si le terme signifie quelque chose quand l'écart d'âge est si faible. Il y a les dix-huit-vingt-deux ans, élevés dans le « sérail » communiste ou à sa périphérie, qui assurent l'encadrement; ils ont fréquenté à neuf ou dix ans les « patronages rouges », qui leur offraient une forme d'intégration, comme les manifestations du Front populaire, où ils accompagnaient leurs pères; leur milieu familial yiddishophone où le respect de quelques traditions tient lieu de garanties pour la préservation de l'identité juive, comme tout un réseau de structures culturelles et sportives. L'autre « génération » est celle des adolescents, souvent de quinze-seize ans, qui ont rejoint le combat après le traumatisme de la rafle du Vel' d'Hiv'; leur « politisation » se fera au combat et, souvent, dans les locaux des BS, puis dans les camps.

Les filatures qui ont abouti à la première grande chute de 1943 seraient parties du commissariat de Puteaux, le 16 janvier 1943. À partir du 18 février, l'antenne de la Brigade spéciale de Puteaux est renforcée par quatre inspecteurs de la BS 2 de la préfecture de Police, et l'opération prend une ampleur considérable. La filature principale commence donc le 18 février. Les policiers « rencontrent » un garçon que, dans l'ignorance de son état civil, ils ont surnommé Bertrand et qu'ils décrivent ainsi : « Vingt-deux ans, 1,70 m, mince, nez long, visage type sémite, cheveux châtain clair rejetés en arrière retombant sur les côtés. Pardessus bleu marine à martingale, pantalon noir, souliers jaunes, chaussettes grises[1]. » Les fileurs – les « opérateurs », dit-on dans le jargon policier – le suivent toute la journée du 18 février dans ses pérégrinations autour de la place de la République. « Il est rejoint à 15 heures 50 par un individu déjà remarqué que nous appellerons Lucien. » Puis Bertrand rencontre une jeune fille qu'ils surnomment Martine : « Vingt ans, 1,60 m, corpulence moyenne, cheveux châtain moyen, relevés sur le devant et retombant sur la nuque. Nez légèrement retroussé, teint mat, non fardée, vêtue d'un manteau beige avec fronces dans le dos, bas blancs; elle porte un sac à provisions gris et un sac à main noir. Elle est accompagnée d'une fillette. »

Le « couple » se promène, puis se sépare. Bertrand entre au 18 rue Meslay. Les inspecteurs le surveillent mais ne le voient pas ressortir de la soirée. Ils en concluent que Bertrand y loge. Ils ignorent cependant qu'il s'agit là d'un immeuble à double entrée qui débouche aussi sur le boulevard Saint-Martin : Bertrand s'est envolé. Quant à Martine, elle est suivie par une autre équipe jusqu'à Belleville où, accompagnée de la fillette, « par la rue des Pyrénées et du Jourdain, elles se rendent au carrefour de la rue de Belleville. [...] À l'angle de la rue de Bagnolet, elle rencontre une femme de petite taille, vêtue d'un manteau lie-de-vin et coiffée d'un chapeau noir qui, vraisemblablement, est la mère de la fillette. Elles conversent quelques minutes, puis Martine repart seule. [...] Toujours en courant, elle redescend la rue de Belleville, Compant, Auguste-Thierry, puis la place des Fêtes, où elle prend le métro, direction Châtelet. Elle descend à Belleville où, à la faveur de l'obscurité, elle est perdue de vue à la sortie. » Envolée elle aussi... Cette première journée de filature est bien peu fructueuse. Et pourtant, la police est au cœur du dispositif, puisque Bertrand n'est autre qu'Henri Krasucki.

C'est en 1926 que son père, Isaac Krasucki, âgé de vingt-quatre ans, arrive à Paris. Militant communiste clandestin, il a fui la Pologne anticommuniste et antisémite du maréchal Pilsudski, où il a laissé sa femme Léa et son tout jeune fils, lesquels le rejoignent à Paris en 1928. Dès son enfance, le jeune Henri a vécu dans un climat communiste juif et yiddishophone. Isaac a milité dans la section juive dès 1927-1928 avant de devenir l'un des principaux leaders syndicaux des travailleurs juifs immigrés du tricot et de la confection. Henri est l'exemple type de la « deuxième génération ». Il a effectué toute sa scolarité primaire au cœur du Paris ouvrier, à Belleville, où il a fait montre de belles qualités intellectuelles et de travail; ses parents l'inscrivent au lycée Voltaire, dans le 11e arrondissement, où, jusqu'en quatrième, il rafle prix et accessits [2].

Mais surtout, Henri s'engage très jeune. Il participe d'abord au fameux patronage communiste de la « Bellevilloise ». Il y est « pionnier », et l'un de ses aînés n'est autre que Pierre Georges, qui, à partir de 1941, s'est illustré dans la lutte armée sous le nom de Fabien, puis de colonel Fabien. Septembre 1939 marque une rupture dans sa vie : alors que Hitler et Staline ont signé un pacte de non-agression et que la guerre vient d'éclater, il a décidé d'interrompre ses études et de trouver du travail. Peut-être cette décision a-t-elle été prise en raison des lourdes charges financières que sa scolarité représentait pour ses parents. Peut-être aussi la nouvelle situation politique a-t-elle joué : le PCF est interdit, les organisations et la presse juives communistes dissoutes, les militants jetés dans l'illégalité et la clandestinité.

Après avoir vu entrer les troupes nazies dans un Paris désert et alors qu'il vient, le 2 septembre, de fêter son seizième anniversaire, Henri Krasucki se voit confier des responsabilités dans les groupes des Jeunesses communistes, d'abord dans son quartier, puis dans son arrondissement, le 20e. Avec ses camarades Kaddish Sosnowski et Charles Wolmark, il se montre très actif. À la mi-1942, sur une cinquantaine de groupes qui rassemblent environ 350 membres, le 20e revendique à lui seul quinze groupes, suivi du 11e arrondissement (neuf groupes) et du 18e, (huit groupes). À l'été 1942, Henri est appelé à la direction parisienne des organisations de jeunes de la section juive. Adam Rayski précise les raisons de ce choix :

« Lorsqu'en août 1942 nous avons décidé de confier à Henri cette responsabilité, nous l'avons fait sans la moindre hésitation. Je le connaissais bien pour l'enthousiasme, l'ardeur et le dévouement avec lesquels il fonçait. [...] Mes rendez-vous avec Henri avaient lieu deux ou trois fois par semaine. Il me rendait compte du progrès du recrutement, donnait les caractéristiques des candidats pour que nous les examinions avant confirmation. Son enthousiasme, il le communiquait aux jeunes. Son charme aidant, il est parvenu en quelques mois à monter une grande organisation de jeunesse juive dont les appels à la résistance, par journaux et tracts, étaient suivis d'actes contre l'occupant. Il m'arrivait parfois de penser que le côté pur et dur de son caractère l'amenait dans certains cas à commander et non à convaincre. Mais, après tout, ce qui comptait c'était l'efficacité [3]. »

Quand la police découvre sa trace, Henri n'a que dix-huit ans, mais déjà près de quarante mois d'activité illégale derrière lui. Et il est plus ardent que jamais : le 20 janvier 1943, son père, qui occupe alors d'importantes responsabilités dans la commission intersyndicale juive, a été arrêté par la police puis interné à Drancy. Déporté à Birkenau le 9 février 1943, il sera **gazé** dès son arrivée, comme 816 des 1 000 hommes, femmes et enfants du convoi.

Quant à la « Martine » repérée en sa compagnie, elle a pour nom Paulette Sliwka et n'est autre que la compagne d'Henri, mais aussi la responsable aux sympathisants dans les groupes de jeunes. La fillette qui l'accompagne est Lilli Krasucki, la petite sœur d'Henri. La femme qui part avec la fillette est sa mère, Léa Krasucki, agent de liaison d'un dirigeant de la MOI. La police est sur la trace de cadres...

La traque reprend le lundi 20 février autour du déjà nommé « Lucien », lequel contacte une « Raimonde » qui – à son insu s'entend – entraîne la police jusqu'à Antony chez « Robert », immédiatement identifié comme étant Robert Pradel, né en 1922 à Paris, un garçon de courses habitant chez ses parents. Rien de bien important pour les fileurs.

Les choses sérieuses reprennent le 21 février. La police retrouve la trace de Bertrand-Krasucki devant le musée des Colonies, porte Dorée, et réussit à le suivre jusqu'à sa planque, 8, rue Stanislas-Meunier (20e arrondissement), d'où il ressort bientôt accompagné de Martine-Paulette. La BS connaît donc, dès ce jour-là, la planque de deux des principaux responsables des groupes de jeunes de la section juive. Elle vient de marquer un point important : si elle ignore encore les fonctions réelles d'Henri et de Paulette, elle sait où les retrouver à tout moment. Ils sont « logés ».

Le 22 février, Henri est filé dès la sortie de son domicile à 8 heures 05. Il rencontre quatre camarades qui sont autant de pistes nouvelles. Le 23 février, même scénario : Henri est filé depuis 7 heures 50, mais le fort brouillard

qui enveloppe la capitale empêche les suiveurs de poursuivre efficacement leur travail. En revanche, le surnommé « Lunettes », de son vrai nom Jean Goldstein,
repéré la veille, est filé à son tour. Le 24, Henri et Paulette sortent à 12 heures 06 de leur domicile et se séparent.
La filature d'Henri ne donne pas grand-chose; quant à
Paulette, elle rencontre, au cours de rendez-vous espacés,
sept camarades qui sont aussitôt la proie des fileurs.

Le 25, Paulette est à nouveau suivie en sortant de sa
planque et met la BS sur les traces d'une jeune fille surnommée par les inspecteurs « Cape rouge » : « Vingt ans,
corpulence moyenne, cheveux châtain clair, peu fardée,
boucles d'oreilles blanches, coiffée d'une cape de velours
rouge, manteau noir, sac blanc, gants blancs, cache-col
vert. Elle paraît enceinte de quelques mois. » Il s'agit
d'Anna Neustadt. En la suivant, la police trouve trace de
son ami, Thomas Fogel, un très jeune militant qui a déjà
été arrêté en 1941, alors âgé d'à peine quinze ans, pour
diffusion de littérature clandestine. Condamné à plusieurs
années de maison de redressement, il s'est rapidement
évadé, avant d'entrer dans l'organisation clandestine des
jeunes. En une semaine, la filature d'Henri et Paulette a
permis à la BS 2 de repérer 14 militants.

Ayant ainsi provisoirement fait le tour des contacts
d'Henri et de Paulette, la BS semble, à partir du
26 février, privilégier une autre piste, qu'elle a de toute
évidence obtenue sur renseignement. Il s'agit du « Rouquin », dont le surnom signale sans équivoque la cheve-
lure [4]. De son vrai nom Samuel Radzinski, celui-ci travaille au 99, rue Oberkampf et déjeune ou dîne le plus
souvent au restaurant Chez Théo, au 48 de la rue de la
Folie-Méricourt. C'est autour de lui que la filature se
réorganise dans la semaine du 26 février au 4 mars. Or il
s'avère que le Rouquin est en contact avec Henri, mais
aussi avec une quantité d'autres jeunes, en particulier avec
sa compagne « Pauline », de son vrai nom Ruth Kurchant,
et avec une jeune fille surnommée « Boulotte », de son vrai
nom Renée Wilenski, connue sous les pseudonymes de
Mado ou Gaby, et qui n'est autre que la principale res-

ponsable des groupes de jeunes. Elle assure, une fois par semaine, le contact avec la direction de la section juive, en l'occurrence Rayski. Par Radzinski, la police remonte également à « Radeau » : « Dix-sept ans, 1,60 m, cheveux bruns, corpulence moyenne, pardessus bleu marine, chaussures jaunes, visage pâle. » Mais ce Radeau semble très méfiant. Filé le 6 mars, « il se dirige vers le métro. En cours de route, il regarde à travers les glaces de la brasserie Diderot, puis prend le métro à la Nation. »

Plus curieux :

> « Radeau pénètre quelques instants après au music-hall Les Folies-Bergère. Il en ressort à 17 heures 35. En flânant, il se rend place de la République où il prend le métro à 18 heures 25. Il change au Châtelet, passe direction Orléans et attend sur le banc du quai le passage de plusieurs rames. Après avoir monté dans le métro, il descend à la station Montparnasse. Il est 18 heures 50. [Un surnommé] Vermont le rejoint. Ils se dirigent tous deux vers la gare Montparnasse. Vermont se retourne fréquemment. Ils prennent le train de 19 heures 25 en direction de Clamart. À la toute dernière extrémité, ils descendent à la station Ouest-Ceinture. Le quai est complètement désert. La filature est très difficile. Nous les perdons de vue. Nous les retrouvons dans la rue de Vanves alors qu'ils se dirigent vers la station de métro Porte de Vanves où ils prennent une rame en direction des Invalides. Il est 19 heures 40. Ils descendent aux Invalides, prennent la direction Opéra et descendent à cette station à 20 heures 10. Ils empruntent l'avenue de l'Opéra, tournent brusquement dans la rue Louis-le-Grand où ils se retournent sans arrêt. Cette voie étant complètement déserte et en raison de la grande méfiance dont ils font preuve, nous levons la surveillance. »

Or, selon toute vraisemblance, « Radeau » est un combattant FTP-MOI en mission de reconnaissance aux

Folies-Bergère, où le Deuxième détachement envisage d'organiser une attaque de grande envergure contre les militaires allemands. Ce qui expliquerait sa grande méfiance et finalement l'échec des policiers à le suivre et à le « loger ».

La deuxième semaine de filature autour du Rouquin permet donc à la BS de constater que Sam Radzinski est en relation étroite avec Henri Krasucki et qu'il a beaucoup de contacts. Outre les militants déjà connus de la première semaine, la BS en repère sept nouveaux, dont la principale responsable du groupe.

À partir de la troisième semaine, du 5 au 15 mars, la filature se localise sur les couples Henri-Paulette et Sam-Ruth. Le premier mène à quatorze nouveaux militants. Le second à cinq. Plusieurs incidents émaillent cette troisième semaine de filature. Le 10 mars, les policiers attendent le Rouquin à la sortie de son travail. Sans succès. Ils notent, laconiques : « La surveillance à l'égard du Rouquin a été négative. Il n'était pas présent à son travail. » Pourtant, ils le retrouvent un peu plus tard : « À 18 heures 45, il a été aperçu avenue Parmentier avec Boulotte. Après avoir pris de nombreuses notes, le Rouquin l'a quittée à l'angle des rues Popincourt et Chemin-Vert. » Croisement d'itinéraires, destins individuels : ce même jour, le frère du Rouquin, Maurice Radzinski, combattant du Deuxième détachement, a pour mission, avec son camarade Jean Kerbel, d'attaquer à la grenade, au Bois de Boulogne, un camion de militaires allemands; malheureusement, la grenade, de fabrication artisanale, leur explose dans les mains et les tue tous les deux. Cependant, l'agent de liaison qui attend les deux combattants ne sait pas ce qui s'est produit et constate simplement qu'ils ne sont pas rentrés, pour conclure qu'ils sont vraisemblablement tombés. Sam Radzinski, rapidement prévenu de ce drame, quitte son travail pour consoler sa mère.

Le 13 et le 14 mars, les hommes de la BS 2 attendent le Rouquin à la sortie de son travail. Toujours sans succès. Pourtant, le 15 mars, la police retrouve sa trace :

« Le Rouquin et Foulard prennent le métro à 15 heures 50 à la station Réaumur-Sébastopol et descendent à Odéon. Rue de l'École-de-Médecine, devant la faculté, ils rencontrent deux hommes et une femme. L'un de ces individus, que nous appellerons Faculté, répond au signalement suivant : dix-neuf ans, corpulence trapue, visage rond, cheveux châtain foncé, frisés et abondants, chandail bleu marine à col roulé, pardessus bleu à martingale, souliers noirs, porte une serviette sous le bras. L'autre, que nous appellerons Rapide, répond au signalement suivant. [...] La femme ayant été prise en filature par d'autres collègues, nous ne donnons pas son signalement.

« Le Rouquin, Rapide, Faculté, Foulard et la femme conversent ensemble à l'angle de la rue de l'École-de-Médecine et du boulevard Saint-Germain jusqu'à 16 heures 30. Puis ils se dirigent par la rue Mazarine jusqu'au quai Malaquais, sont divisés en deux groupes marchant à quelques mètres l'un de l'autre, le dernier groupe se retournant fréquemment pour voir s'il n'y a rien de suspect. La surveillance est abandonnée vu le peu de passants circulant dans ces rues et la méfiance des individus suivis. »

Cette description de deux groupes en marche indique qu'ils sont en train de préparer une action, avec un groupe d'attaque et un groupe de défense « qui se retourne fréquemment ». Leur objectif est certainement situé le long des quais de la Seine. Or, ce même 15 mars, une équipe du Deuxième détachement effectue une opération retentissante : vers 22 heures, elle grenade, au pont de l'Alma, le wagon où est installée la compagnie allemande qui sert la batterie de DCA du pont[5]. Tout indique que les fileurs étaient sur les traces des auteurs de cette action. Parmi eux, très vraisemblablement, Marcel Rayman, dont le portrait correspond trait pour trait au signalement de « Faculté ». Enfin, la présence d'une femme qui rencontre puis quitte le groupe correspond bien à la méthode des FTP, qui se font apporter les armes par des agents de liaison à proximité des lieux de l'action envisagée. Cela confirmerait que, efficacité oblige, les fileurs avaient ordre de ne pas s'opposer à un éventuel attentat, même contre l'occupant, voire qu'ils devaient s'écarter des lieux s'ils considéraient qu'un attentat était imminent.

Si la BS 2 se fait toujours plus pressante, la méfiance des militants poursuivis le 15 mars montre qu'ils se sentent surveillés. Ils redoublent de prudence, comme deux jours auparavant, où le rapport conclut avec dépit: « À 8 heures 15, Bertrand sort de son domicile et par le trajet habituel il se rend au métro Pelleport. Changeant à Père-Lachaise, il descend à la station Barbès-Rochechouart. Bertrand semblant très méfiant, nous abandonnons la surveillance. »

Leur inquiétude ne fait que croître devant d'autres indices. Paulette Sliwka est en contact avec la jeune Lucienne Goldfarb, qui souhaite entrer dans la Résistance. Or elle apprend que Lucienne a aidé une famille juive à faire ouvrir un appartement mis sous scellés par la police. Pour en avoir le cœur net, Henri et Paulette se présentent chez cette famille. Se faisant passer pour frère et sœur dont les parents seraient internés à Drancy et dont l'appartement est sous scellés, ils demandent conseil. La femme leur confirme que Lucienne l'a aidée, grâce à des relations dont elle disposerait dans la police[6].

Au même moment, un « monsieur » se présente chez Suzanne Frydman, la tante de Marcel Rayman, qui connaît bien Henri mais aussi Lucienne, puisqu'ils ont passé toute leur jeunesse dans la rue des Immeubles-Industriels. Ce « monsieur » tient à la tante un discours étrange: « Vous voyez, madame, je suis inspecteur de police et je suis venu vous prévenir que Marcel Rayman est recherché. Qu'il soit sur ses gardes ou qu'il fuie. Je vous apporte aussi toute une liste de jeunes résistants dont l'arrestation est imminente. Il faut qu'ils se cachent le plus rapidement possible. » Persuadée d'avoir affaire à un agent provocateur, la tante met cet homme à la porte[7].

Enfin, un jeune militant, André Terreau, grand ami de Marcel Rayman et dont la mère était concierge rue des Immeubles-Industriels, reçoit une lettre d'un inspecteur de police qui lui fixe un rendez-vous pour le prévenir des dangers qui pèsent sur lui. La mère est si effrayée par la lecture de cette lettre qu'elle ne la donne à son fils qu'après la date fixée pour le rendez-vous.

Craignant de perdre le contact, il semble que la BS décide d'arrêter les filatures d'Henri et Paulette le 15 mars et de Sam et Pauline le 18. En revanche, elle approfondit une nouvelle piste dont elle pressent toute l'importance. En effet, le 12 mars, « Louisette », suivie à l'issue d'une rencontre avec Paulette, et en dépit des multiples précautions qu'elle observe, mène les policiers sur une nouvelle piste. Descendue au métro Ranelagh, elle pénètre dans un café de l'avenue Mozart. Puis,

> « à 14 heures, à l'angle de la rue de Boulainvillers, elle rencontre une femme que nous appellerons "Boulain". Signalement : vingt-huit ans, 1,60 m, plutôt forte, cheveux châtain moyen roulés sur le devant avec bouclettes, figure ronde, bien portante, maquillée, souliers noirs. Elles font quelques pas ensemble et se séparent rue du Ranelagh à 14 heures 40. Louisette se dirige vers le métro. Boulain pénètre au n° 22, avenue de Versailles à 14 heures 50; elle en ressort à 16 heures 15 portant sous le bras un petit paquet. Par les rues Pature, Félicie, David, Auteuil, elle se rend place Claude-le-Lorrain où, à 16 heures 30, elle retrouve une femme que nous appellerons "Auteuil"; signalement : trente-cinq ans, 1,60 m, corpulence moyenne, cheveux châtain moyen, chapeau de feutre bleu marine à large bord relevé derrière, souliers noirs. Elles se séparent à 16 heures 58. Boulain lui remet le paquet qu'elle portait sous le

LE SANG DE L'ÉTRANGER

LA GRANDE TRAQUE I : RECONSTITUTION DE LA FILATURE*

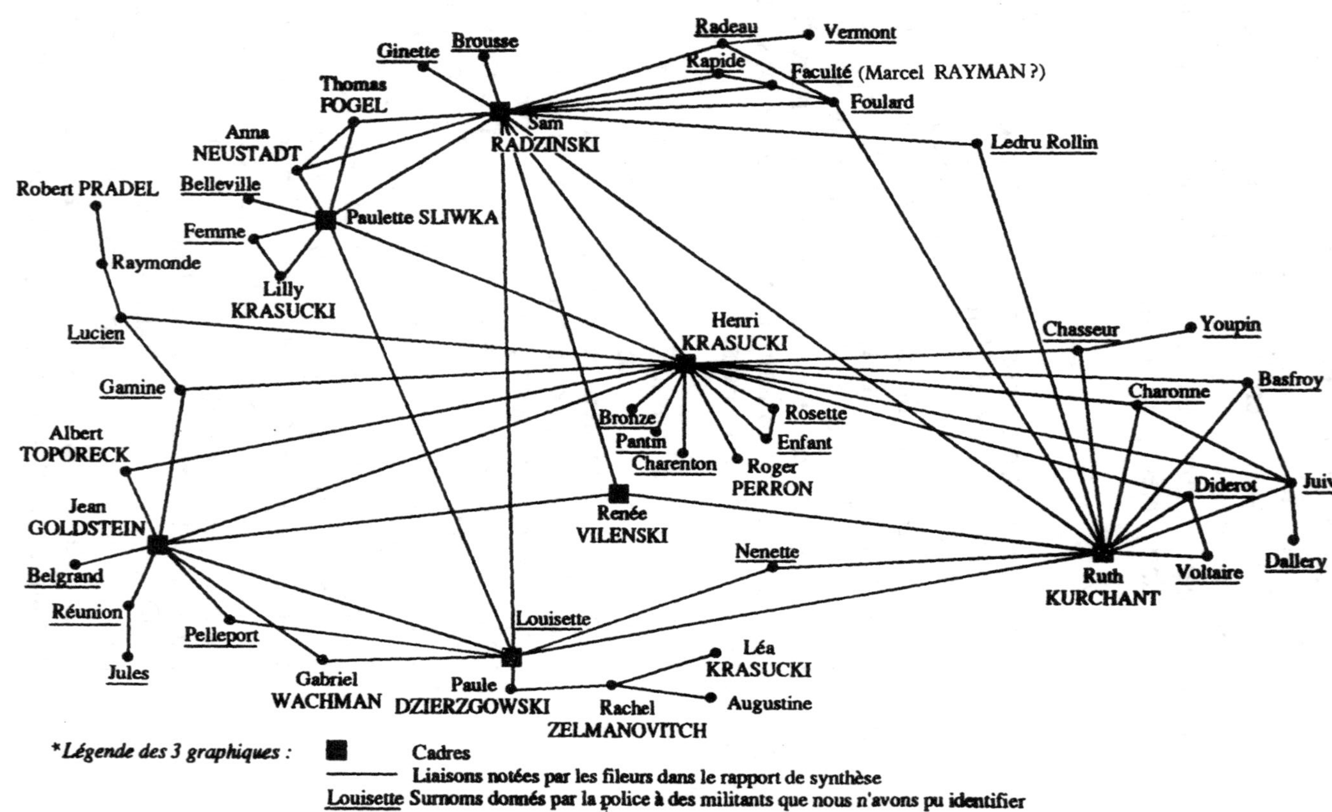

*Légende des 3 graphiques :

■ Cadres

— Liaisons notées par les fileurs dans le rapport de synthèse

Louisette Surnoms donnés par la police à des militants que nous n'avons pu identifier

bras. Auteuil rencontre à 17 heures une jeune fille rue de Géricault et lui remet le paquet; le signalement de cette jeune fille ne peut être donné. Auteuil rentre au café-tabac rue d'Auteuil d'où elle ressort quelques minutes plus tard portant un paquet de $40 \times 30 \times 30$ qui paraît assez lourd. Devant l'église d'Auteuil, elle retrouve Boulain qui l'attendait, et lui remet le paquet. Boulain se rend au 22, avenue de Versailles, où elle pénètre à 17 heures 25. La surveillance est levée à 23 heures. Auteuil traverse le pont Mirabeau, prend le métro à la station Javel et descend à la Porte de Clignancourt; elle pénètre 26, rue Calmels à 18 heures 45; après en être ressortie, elle pénètre à 19 heures 35 au n° 18, rue de l'Avenir; en raison du lieu désert et du clair de lune, la surveillance est levée. »

Le lendemain, la filature reprend devant le 22, avenue de Versailles. Si les policiers n'ont pas vu sortir Boulain, ils la voient rentrer à 12 heures 30, « accompagnée d'une femme d'une trentaine d'années – 1,60 m, corpulence moyenne, visage allongé, assez maquillée, cheveux châtain moyen, vêtue d'un manteau en velours noir, elle est coiffée d'un grand turban rouge et noir. La mise de cette femme est très soignée, elle paraît être locataire de l'immeuble. Ensemble, elles se rendent par le deuxième escalier au 3e étage, porte de gauche. » Le 19, la surveillance est reprise devant le 22, avenue de Versailles : « Auteuil sort à 7 heures 45. [...] Elle est rejointe dans le square sis rue de Lagny [et rencontre une femme] que nous appellerons Lagny. Après s'être séparée de sa compagne [Lagny rentre] au n° 31, rue Pelleport à 12 heures 10. Il s'agit de [Léa] Krasucki, 6e étage, porte 45. »

Ainsi, sans encore le savoir, la BS vient de marquer un point. Après Bertrand-Henri Krasucki qui a été utilisé comme pivot de la filature des jeunes Juifs communistes, les policiers viennent d'identifier sa mère, qui est l'agent de liaison d'Édouard Kowalski, dit Tcharny, le numéro 4 dans la hiérarchie de la MOI.

Simon Cukier, alias Alfred Grant, membre de la direction de la section juive, a en charge le service technique et en particulier le réseau d'imprimeries clandestines. À la fin de 1942, il décide d'installer l'une d'entre elles dans un quartier bourgeois, à proximité de la porte d'Auteuil. Il demande à Léon Zelmanovitch, militant clandestin, de louer un appartement dans ce quartier; ce sera au 22, avenue de Versailles. Zelmanovitch y fait installer des ronéos et une machine à coudre pour camoufler les bruits d'impression. Il y installe sa femme, Rachel, à qui il adjoint « Pola la Noire », qui se fait passer pour sa domestique. Paula Zdziergowski est la veuve de Hersch Zimmermann, qui a été déchiqueté par sa bombe, rue Geoffroy-Saint-Hilaire, le 25 avril 1942. Elle est chargée de distribuer les paquets de tracts imprimés avenue de Versailles [8].

« La femme très soignée qui paraît être locataire de l'immeuble » décrite par les policiers n'est autre que Rachel. Quant à « Boulain », il s'agit de Paula Zdziergowski. Les nombreux paquets transmis dont parlent les policiers contiennent, bien entendu, les tracts et journaux destinés aux différents secteurs de l'organisation, pour diffusion.

La pénétration de la BS 2 dans ce secteur de la section juive, pénétration dont les conséquences seront finalement catastrophiques, est brusquement interrompue par un événement inattendu. En effet, le jeudi 19 mars 1943, à 15 heures, Alfred Grant tombe dans une souricière tendue chez un militant. Avec lui, huit autres sont arrêtés, qui sont liés aux services techniques de la section juive. Mais ce ne sont pas les hommes de la BS 2 qui sont à l'origine de ce coup de filet. Le commissaire Sadovski, en charge de la surveillance des Juifs à la Troisième section des Renseignements généraux vient de brûler la filature de la BS [9]! À l'origine, l'absence de coordination et, peut-être, la concurrence entre les polices. En effet, tandis que la BS 2 attaquait le service technique « par la base », à savoir son imprimerie de l'avenue de Versailles, la Troisième section l'attaquait par le sommet, c'est-à-dire par Grant.

D'ailleurs, dans une lettre qu'il fait parvenir à l'extérieur de sa prison le 29 avril 1943, Grant prévient ses camarades qu'ils doivent d'urgence protéger, entre autres, « Louise » – Rachel Zelmanovitch, la locataire du 22, avenue de Versailles – et Léa Krasucki (il ignore qu'elles ont été toutes deux déjà arrêtées à la fin de mars), ainsi que « Francis », sans doute Francis Lipcer qui, laissé volontairement en liberté sans qu'il en ait conscience, servira à la BS 2 de pivot à la deuxième grande filature de 1943 contre la MOI.

On peut avancer l'hypothèse que, sachant assez de choses pour remonter dans l'organisation des adultes et craignant que l'arrestation de Grant ne contraigne les militants, déjà très méfiants, à se réorganiser de manière draconienne, la BS 2 arrête là ses filatures et décide d'une première vague d'arrestations. Celles-ci commencent le 23 mars par l'arrestation d'Henri Krasucki. Sorti de chez lui à 7 heures 15, il est arrêté par quatre inspecteurs qui le fouillent, trouvent ses clefs et décident de perquisitionner immédiatement. Paulette, qui entend la clef dans la serrure, est persuadée que c'est Henri qui revient. La surprise est amère : deux policiers, revolver au poing, entament la fouille. La moisson est accablante : de fausses cartes d'identité toute prêtes, six photos d'identité de camarades pour établissement de fausses cartes, deux enveloppes contenant des rapports d'activité de l'organisation et des rapports d'arrestation, des documents concernant la police, des documents politiques, des listes de souscription, des tracts, une carte de tabac au nom d'Isaac Krasucki avec adresse, une carte de vêtement au nom d'Anna Neustadt avec adresse – information inutile puisque Anna et son mari ont été arrêtés chez eux à 6 heures du matin –, etc. [10]. Surtout, ce que n'indique pas le procès-verbal de perquisition, on trouve une pleine valise avec les « documents des cadres », biographies et fiches de contrôle.

Si Krasucki et Fogel ne sont pas bavards sur leur organisation, cela n'empêche pas la police d'opérer un vaste coup de filet. Au total, si l'on en croit un rapport du 9 jan-

vier 1946 établi par l'inspecteur Roger Faure de la section
d'épuration de l'inspection générale de la préfecture de
Police, la BS 2 aurait procédé à 57 arrestations de militants de la section juive, parmi lesquels la plupart des responsables de la jeunesse [11].

Cependant, du fait même du cloisonnement de l'organisation et du silence des jeunes sous la torture, il ne
semble pas que cette importante vague d'arrestations ait
permis à la police de remonter d'autres filières. Il s'en est
pourtant fallu de peu que le chef de la section juive,
Adam Rayski, ne tombe dans ses filets. Il raconte dans
quelles circonstances :

« Henri Krasucki était en contact régulier avec
moi. Il avait entre autres missions de faire passer
ses camarades des jeunesses dans les détachements
de lutte armée ou des services annexes de la section juive. Une fin d'après-midi du mois de mars,
je le rencontre boulevard Berthier où il devait me
présenter une candidate-agent de liaison. Il m'avait
déjà envoyé un rapport sur elle : "Lucienne, dix-
huit ans, bien connue de nos camarades du quartier des Immeubles-Industriels du 11e arrondissement. Désire venger ses parents déportés." Henri
me propose de mettre Lucienne à l'épreuve dans
une activité "à la base". J'en suis d'accord.
Lucienne m'attend un peu plus loin. Je l'aborde et
me présente : "Je suis Marcel." Elle est rouquine,
bien en chair, le visage marqué de taches de rous-
seur, sans expression particulière. Et pourtant, le
coup d'œil prolongé et insistant qu'elle pose de
temps en temps sur moi me surprend. Nous mar-
chons côte à côte. À plusieurs reprises, sa main
heurte la mienne. Il me semble qu'elle cherche à
la toucher. Bientôt, j'en suis certain. Bizarre. Je
deviens prudent devant ces gestes un peu trop
engageants. Au même moment, je remarque plusieurs hommes qui nous croisent ou nous
dépassent. Leurs silhouettes, leurs regards me

semblent suspects. " Nous sommes filés ", mais il ne me vient pas à l'idée d'en rendre Lucienne responsable. L'entretien terminé, je dois rentrer dans ma planque, square de la Bresse, près de la porte de Saint-Cloud. Je prends donc un maximum de précautions pour lâcher d'éventuels suiveurs.

« Cependant, le lendemain matin, ma femme aperçoit par la fenêtre un type qui fait les cent pas sur le trottoir d'en face. Nous sommes sous surveillance. Nous décidons de tenter notre chance chacun de notre côté et sortons séparément. J'ai un rendez-vous à midi rue de la Convention. Sans me retourner, j'emprunte les quais de la Seine en direction du boulevard Exelmans. Je m'engage sur le pont du Garigliano (alors Pont Viaduc d'Auteuil) et jette un coup d'œil derrière moi. Pas de doute, deux hommes me suivent. J'accélère le pas. Ils accélèrent à leur tour. Une idée me traverse l'esprit : " Ce n'est pas une filature, ils veulent me prendre. " À ce moment, miracle : j'arrive sur le quai de Javel à l'instant même où les portes de l'usine Citroën s'ouvrent, libérant un flot d'ouvriers et d'ouvrières. Mêlé à la foule, j'essaie de gagner du temps. Arrivé à l'angle de la rue de la Convention, je vois arriver la camarade Georgette avec qui j'ai rendez-vous. Je la croise et lui lance entre les dents : " Fous le camp. " Puis je me précipite vers la station de métro Javel. Avant de m'enfoncer dans la bouche de métro, je remarque mes deux suiveurs postés au carrefour ; d'un coup d'œil, ils contrôlent toute la place Mirabeau. Ils me cherchent. Je fonce vers le quai où une rame s'engage. Au moment où elle va démarrer, mes deux suiveurs arrivent en courant... sur le quai opposé et me regardent partir, furieux et déçus. Intuition ? Hasard heureux dans le choix du quai de métro ? Dans ces cas-là, la vie du résistant tient à un fil. Après la Libération, j'ai appris de notre concierge du square de la Bresse que la police de

> Puteaux était restée en planque dans notre chambre pendant plusieurs jours. Sans succès. Personne ne connaissait notre adresse et nous n'y avons jamais remis les pieds [12]. »

Il est possible que cet épisode ait également incité la direction des BS à lancer ses filets, craignant que Rayski ne donne l'alerte. Quoi qu'il en soit, avec une cinquantaine d'arrestations, la chute est catastrophique, singulièrement le secteur des jeunes.

Il reste à comprendre les circonstances exactes de cette première grande chute qui touche la section juive. Tous les détails sur les origines de la filature ne sont pas, aujourd'hui encore, complètement éclaircis. Remarquons d'abord que la police avait déjà opéré de nombreuses arrestations dans les milieux juifs du 11ᵉ arrondissement, notamment parmi les jeunes, et qu'elle disposait des fichiers d'avant-guerre des Renseignements généraux. Par ailleurs, un rapport de police signale que la filature aurait commencé après l'arrestation d'un jeune Juif responsable d'un attentat contre un garage allemand dans le 7ᵉ arrondissement, affaire qui aurait été traitée par le commissariat de Puteaux, avec des filatures entamées le 16 janvier. Les communiqués signalent, le 7 janvier 1943, le « dépôt d'un engin dans un garage boche près de Montparnasse » par un groupe du Troisième détachement et, le 10, le grenadage d'un restaurant rue Boissy-d'Anglas (8ᵉ) par le Deuxième détachement. Mais d'une part, on ne parvient pas à « situer » ce jeune Juif, et de l'autre, pourquoi faire traiter cette affaire par le commissariat de Puteaux ? La nature même du document interdit en fait d'imaginer que l'on puisse y trouver l'origine explicite d'une opération.

Enfin, il ressort, tant des documents que des témoignages, qu'immédiatement les jeunes ont été persuadés avoir été trahis par cette Lucienne Goldfarb dont nous avons parlé. Dès le début d'avril 1943, Paulette Sliwka parvient à transmettre à l'extérieur une lettre destinée à Rayski, où elle fournit des indications recueillies auprès de policiers :

> « Je suis presque sûre qu'il n'y a pas d'autre indicateur que Lucienne, car la mère du Rouquin m'a dit que quand on les emmenait à la P.P. en auto, il y a un inspecteur qui a dit au Rouquin : c'est une bien belle jeune femme qui vous a donnés. Les premiers jours, j'ai cru à une blague, mais après remémoration de l'interrogatoire, je me rends compte que tout commence du jour où Henri avait rencard avec elle. [...] Soignez bien vite Lucienne, elle le mérite [13]. »

De son côté, Henri Krasucki a réussi à faire sortir du commissariat de Puteaux un mot désignant Lucienne comme la dénonciatrice. Sa conviction se serait forgée en deux temps. D'abord, il est certain de l'avoir vue converser gaiement avec des inspecteurs dans la cour du commissariat de Puteaux. Ensuite, il se souvient que, lorsqu'il a été arrêté et conduit à la préfecture de Police, les inspecteurs de la BS l'ont accueilli, hilares : « Alors, Bertrand, comment ça va ? » Or il assure que son premier rendez-vous avec Lucienne a eu lieu le 18 février, jour du début de la filature, rue Guillaume-*Bertrand* [14]. Comme il leur arrive souvent, les fileurs des BS ont pris comme surnom le nom de la rue où la personne filée a été repérée pour la première fois. Par ailleurs, la lecture attentive du rapport de synthèse des filatures des BS fournit plusieurs indices qui semblent démontrer que la police était renseignée et, à la Libération, un ancien de la BS 2 évoquera l'existence d'une jeune indicatrice. Cependant, tant que l'on n'aura pu retrouver les rapports des équipes de base qui ont fourni la matière au rapport de synthèse des filatures du premier trimestre 1943, il sera hasardeux de s'aventurer plus loin.

Qui est cette Lucienne que tout le monde charge ? De son vrai nom Kajla Goldfarb, elle est née le 30 octobre

1924 à Radom, en Pologne[15]. Ses parents, travailleurs dans la confection, sont arrivés à Paris en 1931 comme émigrés économiques et ne font pas de politique. Ils habitent la rue des Immeubles-Industriels où la jeune Lucienne fréquente ses voisins, les garçons de la famille Rayman et de la famille Lemberger, des familles de militants. Lors de la rafle des Juifs étrangers du 11e arrondissement, le 21 août 1941, son père, Fiszel, a été arrêté puis déporté à Auschwitz dans le premier convoi de la solution finale, le 27 mars 1942. Elle s'est alors réfugiée en zone Sud avec sa mère et son frère. Il semble qu'en novembre 1942 elle ait cherché à retourner illégalement en zone Nord. Arrêtée à la ligne de démarcation, elle aurait été condamnée à douze semaines de prison, purgées immédiatement à Bourges. Libérée, elle a rejoint Paris en février 1943 et appris que sa mère, revenue de zone Sud, a été arrêtée le 11 février. Elle se réfugie alors, munie de faux papiers, dans un hôtel de Puteaux dont l'adresse lui aurait été fournie par l'une de ses codétenues de Bourges.

C'est à partir de ce moment qu'elle cherche à prendre contact avec des jeunes communistes juifs du 11e arrondissement, en particulier avec Jean Lemberger et les frères Rayman. C'est finalement par un ancien camarade de classe, Lipa, qu'elle aurait trouvé le contact avec Krasucki; ce dernier aurait fini par l'adresser à Rayski. Elle aurait ensuite été aperçue à plusieurs reprises en compagnie de policiers.

Dès le début des arrestations, la direction de la section juive s'est inquiétée. Adam Rayski rappelle les faits:

> «Après avoir reçu le mot d'Henri désignant Lucienne, et pour en avoir le cœur net, j'ai fait demander à Marcel Rayman de vérifier les renseignements que j'avais. Peu de temps après, je reçus l'information suivante: "Après l'arrestation de ses parents, Lucienne, qui se cachait chez une concierge du quartier et sur les conseils de cette dernière, s'est mise en relation avec la police. Un marché tout à fait classique lui a été proposé: on

libérerait ses parents contre des renseignements sur l'organisation des jeunes résistants qu'elle connaissait. " [16] »

Lucienne semble ensuite avoir disparu de la circulation pour réapparaître à la Libération, prostituée puis tenancière sous protection policière [17].

À peine rentré à Paris de sa déportation, Henri Krasucki dépose une plainte, le 16 mai 1945, contre les policiers qui l'ont arrêté et contre Lucienne :

> « Enfin, je tiens à préciser le rôle qu'a pu jouer une adhérente du mouvement auquel j'appartenais, Lucienne Goldfarb, demeurant, je crois, 13, rue des Immeubles-Industriels à Paris (11e). Cette personne, ainsi que je l'ai constaté lors de mon arrestation, nous avait déjà dénoncés, mon camarade et moi, aux inspecteurs des BS et du commissariat de Puteaux, lors du premier rendez-vous des divers militants. Cette personne habitait Puteaux à cette époque et, alors que j'étais dans les violons du commissariat de cette circonscription, je l'ai vue converser gaiement dans la cour du commissariat avec lesdits inspecteurs. D'autre part, évidemment, elle n'a jamais été inquiétée. En conséquence, je porte plainte contre les douze tortionnaires qui ont mené successivement les interrogatoires que j'ai subis. [...] Je porte plainte également contre la nommée Lucienne Goldfarb, la dénonciatrice qui est à l'origine non seulement de mon arrestation, mais de celle de mes camarades du groupement, qui m'ont aussi chargé de porter plainte en leur nom et sont morts en déportation en Allemagne [18]. »

Peu de temps après, Henri Krasucki et quelques-uns de ses camarades se lancent à la recherche de Lucienne. Ils ont tôt fait de la découvrir et sont bien décidés à lui régler son compte. Rayski intervient :

> « J'ai fait venir Henri et son amie Paulette, ainsi
> que Jean Lemberger, tous trois de retour de dépor-
> tation, pour leur faire comprendre que nous étions
> à nouveau dans la légalité. Pas question de régler
> son compte à Lucienne. "Remettez-la à la police."
> Disciplinés, ils acceptèrent. Conduite au commis-
> sariat, Lucienne fut libérée peu après et nous
> apprîmes qu'elle continuait à bénéficier de cer-
> taines faveurs [19]. »

Pourtant, en 1950 encore, Simon Rayman, Jean Lemberger et quatre autres anciens de la MOI déposèrent une
plainte contre elle. Sans résultat : une loi du 5 janvier 1951
amnistia les faits de collaboration commis par des mineurs
au moment des faits. Lucienne avait dix-huit ans en 1943.

Parallèlement, Henri Krasucki et ses amis seront amenés à rencontrer un autre protagoniste du drame, le policier qui a cherché à les prévenir des arrestations immi-
nentes. Il s'agit de Pierre Piget, inspecteur de la BS du
commissariat de Puteaux en 1943. À la Libération, son
appartenance à une BS le mène en prison, à Fresnes, pour
trente-trois mois de détention préventive. Dans une lettre
à son juge d'instruction datée du 20 avril 1947, Piget fournit la liste de quatre témoins à décharge : André Terreau,
Suzanne Frydman (la tante de Marcel Rayman), Samuel
Radzinski et Henri Krasucki ! En outre, il réussit à faire
toucher Simon Rayman, lui explique qu'il est le « policier
patriote » de mars 1943 qui a essayé de le faire prévenir et
lui demande de faire intervenir Henri Krasucki en sa
faveur [20]. Ce dernier accepte de témoigner devant le juge
d'instruction que Piget a eu un comportement différent
des autres policiers, et surtout que c'est lui qui a fait passer à l'extérieur le message dénonçant Lucienne. De son
côté, Suzanne Frydman, confrontée à Piget le 3 juin 1947,
confirme qu'elle a bien reçu, au début de mars 1943, une
lettre lui fixant au métro Italie un rendez-vous auquel elle
ne s'est pas rendue, craignant un piège : « Quelques jours
plus tard, j'ai reçu la visite d'un personnage que je
reconnais aujourd'hui être l'inspecteur Piget et qui

m'annonça une perquisition prochaine. Il me demanda de prévenir un certain nombre de camarades du réseau. Malheureusement, au bout de quelques jours, nous crûmes à une plaisanterie et nous reprîmes nos occupations premières. Il en résulta un certain nombre d'arrestations [21]. » Après un non-lieu, le policier est libéré mais radié de la police, et bientôt on ne parle plus de lui.

En 1985, deux journalistes du *Monde*, Edwy Plenel et Patrick Jarreau, donnent un nouveau coup de projecteur sur l'affaire en révélant que Lucienne et Piget se connaissaient fort bien. C'est en effet Piget qui, lors d'un contrôle d'identité dans l'hôtel de Lucienne, lui aurait permis d'éviter l'arrestation pour port de faux papiers, puis de se cacher en Normandie jusqu'à la fin de la guerre. Dès lors, les faits s'éclairent d'un jour nouveau. On peut penser que, déjà en train d'enquêter sur l'activité de jeunes Juifs communistes à la suite d'un attentat, le policier saisit l'occasion d'utiliser cette Lucienne qui vient de lui révéler qu'elle est juive et habite le 11e arrondissement. Il lui met le marché en main : à terme, des faux papiers et une planque en Normandie contre des renseignements immédiats sur ses anciens camarades de la rue des Immeubles-Industriels. D'où l'insistance de la jeune fille à vouloir contacter les résistants sous le prétexte plausible de venger ses parents déportés. Interwievé en 1985, Pierre Piget reconnaît implicitement les faits; il ne veut pas remuer le passé : « C'est un peu spécial, je n'y tiens pas. Même pour la "L.G." en question, c'est trop grave pour elle. Il faut oublier tout ça, ça vaut mieux pour tout le monde [22]. » Reste le comportement curieux de ce policier qui, d'une part, lance activement la BS sur la piste des jeunes communistes juifs et qui d'autre part, semble tout mettre en œuvre, en prenant de grands risques personnels, pour leur éviter l'arrestation. Sans doute Piget était-il à la fois un fonctionnaire discipliné et un résistant, ce qui ne serait nullement original dans la police de l'époque. Dans l'état des sources actuellement connues, toute autre hypothèse ne serait que pure spéculation.

Quoi qu'il en soit des responsabilités de la Rouquine,

qui a, semble-t-il, fourni de bonnes pistes à la police, l'essentiel relève cependant de l'importance des moyens que la préfecture de Police a mobilisés pour mettre en œuvre sa politique de répression. Le rapport de filature note de nombreux conciliabules à trois ou quatre sur la voie publique, des rendez-vous pris en série sans coupures intermédiaires, etc. À un âge où l'on fréquente d'ordinaire l'école ou le lycée, où la fougue de l'engagement peut difficilement se plier aux contraintes de la clandestinité, ces militants peu expérimentés sont investis de dangereuses responsabilités. Henri Krasucki s'en explique : «J'avais des tas de responsabilités; quand j'y pense, rétrospectivement, évidemment ça fait drôle... Donner des responsabilités pareilles à des adolescents de cet âge! Mais je pense que les adolescents d'aujourd'hui, dans les mêmes circonstances, feraient la même chose [23]. » Pour le reste, qui leur reprocherait de vouloir combattre? D'ailleurs, bien des vieux routiers de la clandestinité ne se sont pas mieux défendus de la pression policière.

Une fois arrêtés, la plupart des jeunes subirent de graves tortures, physiques et morales. Conduit dans les locaux de la BS à la Préfecture, Henri Krasucki y fut sauvagement battu. N'en pouvant plus, il se serait écrié : «Oui, je suis communiste, et même si vous me coupez en morceaux, je ne dirai rien de plus. » Il est alors confronté avec Thomas Fogel :

> «Thomas fut complètement dénudé et, en ma présence, mis à la torture. On le fouetta avec un grand fouet dont le bout était terminé par un gros boulon de plomb. Chaque fois qu'il recevait un coup, la corde souple s'enroulait autour de son corps et le bout de plomb venait frapper avec force sur le sexe. Thomas hurlait de douleur mais dans sa peine, il ne perdit pas courage. Il criait : " Bandits! Salauds! Assassins! Vous paierez cher vos

crimes! Vous n'échapperez pas à notre vengeance. La France sera encore libre. Vous devrez rendre compte de vos crimes! Assassins! Assassins! " [24] »

Sam Radzinski lui aussi est terriblement battu, tout comme Paulette Sliwka, qui témoigne : « À la préfecture, lors du premier interrogatoire, je fus tabassée selon les règles établies : gifles, coups sur tout le corps. Je suis retournée tout abasourdie. » Anna Neustadt, la femme de Thomas Fogel, raconte : « Mon séjour à la Brigade spéciale m'a laissé un souvenir ineffaçable. Des dizaines et des dizaines de femmes et d'hommes, tous d'un courage magnifique, passaient à la torture. Ils préféraient les coups, la matraque, les interrogatoires qui duraient pendant des heures, que dire le moindre mot. À tous moments, on entendait des hurlements et j'avais si peur d'entendre la voix de mon mari [25]. »

Le pire est sans doute atteint avec les tortures morales. Henri Krasucki est torturé en présence de sa mère. La mère de Sam Radzinski, arrêtée le 27 mars 1943 à son domicile illégal, au 39, rue du Général-Douzelot à Neuilly-sur-Marne, fortement ébranlée après la disparition de son fils Maurice, a été internée à l'hôpital Rothschild en raison de son état de santé. Extraite de cet établissement pour reconnaître le corps de son fils à l'Institut médico-légal, elle en perd la raison.

Bientôt informée de ces faits, la section juive réagit, en avril 1943, par une lettre destinée aux jeunes internés et diffusée dans toutes les organisations de la section :

« Nous connaissons et nous ferons savoir en France et à l'étranger les scènes horribles qui se sont déroulées dans les cellules de la préfecture de Police. Les femmes nues frappées et brutalisées, des jeunes dix jours sans manger, les enfants torturés en présence de leur mère, une mère torturée et questionnée en présence de son fils mort de dix-sept ans. Vous sortez endurcis des griffes de la Gestapo, votre héroïsme et votre esprit de sacrifice

ont atteint les plus hautes cimes. Mettez-le au service de la lutte contre la déportation. Ne vous laissez pas déporter, influencez les masses à ne pas se
laisser déporter [26]. »

Et pourtant, les jeunes internés restent optimistes,
presque sereins, comme le montre le cas d'Anna Neustadt. Elle a été arrêtée alors qu'elle était sur le point
d'accoucher. Bien que repérée au cours de la filature, elle
n'a pas été maltraitée dans les locaux de la BS. Simulant
un accouchement prématuré, elle est conduite à l'hôpital
Rothschild où elle donne naissance, en avril 1943, à un
garçon prénommé Gaby. C'est l'enthousiasme chez les
jeunes internés, qui font parvenir des billets à la mère.
Bella Kirman, bientôt déportée, lui écrit de Drancy :
« Félicitations pour ton fils chéri, notre grand Gaby que
nous aimons tous sans le connaître. Ton Thomas est fou
de joie. [...] Dis-nous s'il est sage. Et doit-on lui administrer une correction [27] ? »
Paulette Sliwka en fait autant :

> « Tu vas être épatée de me savoir atterrie à
> Drancy. [...] Une grande joie d'abord, je me suis
> emparée de ton homme pour lui décrire Gaby sous
> toutes les coutures [...]. Envoie-lui une photo du
> bébé. [...] Nous serons tous heureux, car tu sais, le
> petit ange est notre mascotte. [...] On en passera
> encore de bons moments avec le môme [28]. »

Pour ces jeunes promis à la mort avant d'avoir vécu,
cette naissance symbolise l'échec de la torture, de la
déportation, de l'anéantissement.
Restée jusqu'au 20 mai 1943 à l'hôpital Rothschild,
Anna Neustadt est transférée à la maison de l'UGIF au 67
rue Édouard-Nortier, à Neuilly-sur-Seine. En octobre
1943, avec l'aide de la section juive, elle s'en évade avec
son enfant qui, grâce au service de sauvetage du MNCR
dirigé par le docteur Léon Chertok, est caché dans le village de Noirvault, dans les Deux-Sèvres. Fin juillet 1944,

tous les enfants et le personnel de ce foyer de l'UGIF seront déportés. Aucun ne reviendra.

Le 29 mai 1943, Thomas Fogel écrit de Drancy à sa femme :

«Ma bien-aimée Anna et mon cher petit inconnu Gabriel,

«Anna chérie, tu peux imaginer ma joie lorsque j'ai appris la nouvelle que tu avais quitté l'hôpital. [...] Lorsque j'aperçus ton écriture, mon émotion fut telle que je restai immobile avant de réaliser, et ensuite j'eus la joie d'un enfant. Je courus donner cette grande nouvelle à tout le monde. [...] Après notre brutale séparation, je suis resté encore quelque temps là-bas [...], puis ce fut Drancy où je retrouvai papa, maman, oncle et tante et d'autres amis. [...] J'étais tellement inquiet (tu vois, moi, de mon côté, c'était de même) pour toi lorsque je pensais aux épreuves que tu avais passées et celle (la plus grande) que tu avais à passer, j'étais tout avec toi, mais malgré tout, il y avait tant d'inconnu.

«Ah, mais maintenant, ma joie est tellement grande que je ne réalise pas encore. Ce que nous attendions est enfin arrivé et c'est un Gabriel qui est là, un véritable petit gars qui aura tout ce que nous espérons pour lui. Enfin, d'après tous les témoignages, il est superbe. Quelle joie pour moi et pour nous tous ici! [...]

«Ne te tracasse pas, car tout va bien ici, santé, moral plus qu'excellent. Le temps est beau et nous sommes tout noirs. [...] Papa et maman vont bien. Ils sont admirables tous les deux; papa est tout noir, et maman toute rouge, et on les voit se promener ensemble en se tenant le bras comme deux vrais tourtereaux. Leur moral est au plus haut point, leur santé aussi. Ils pensent constamment à toi et à leur petit-fils; c'est là qu'on voit quel était leur attachement pour leur nouvelle fille. Et nos plus doux moments, c'est lorsque nous sommes tous trois à parler de nous quatre et maintenant de nous cinq. Ils t'embrassent bien tendrement et aussi notre cher petit bonhomme [29]. »

Voici sa dernière lettre, avant la déportation :

« Le 31 mai 1943,
« Ma très chère petite Anna et mon grand Gaby,
« [...] Mon Anna, c'est avec la vision de notre séparation que je vis sans cesse. Je te revois, constamment, ma bonne et courageuse femme, et ton attitude lors de notre séparation restera gravée dans ma vie, car, Anna chérie, tu as été l'admiration de tous; on se souviendra longtemps encore de cette jeune petite femme si courageuse dans les couloirs de la PP. Et lorsqu'on me parlait de toi, combien je sentais notre amour, et notre attachement! Et malheureusement, tu n'étais pas au bout de tes peines, tu avais encore à subir de rudes épreuves, et moi j'étais là, un acteur passif, moi qui me représentais toujours notre vie commune à trois, et moi qui me préparais à t'aider le plus possible; j'étais là, et maintenant encore, à attendre en me morfondant des nouvelles si chères de toi et je savais que toi là-bas tu étais seule, si seule et bientôt avec un petit être qui te prendra tout ton temps.

« Tout cela, j'ai su que tu l'as surmonté comme tu devais le faire, je suis sûre que tu me comprends, en véritable membre de notre famille. Car, Anna, tu n'a pas le droit de faiblir; au contraire, lutte constamment, en redoublant d'efforts, contre la rigueur des événements; soutiens jusqu'au bout cette lutte, sois courageuse jusqu'à la fin; cette fin tant désirée et si proche. Mais, pour y arriver, que nous faudra-t-il encore passer; attendons-nous au plus dur : envisageons tout; cela n'a pas d'importance; nous survivrons et nos espoirs, nos buts se réaliseront et toute cette époque ne sera plus qu'un noir souvenir que l'on

racontera à notre grand bonhomme de Gaby –
croira-t-il tout? – qui ne comprend pas encore.
Anna chérie, c'est ainsi que nous devons tout
considérer et penser que Gaby, lui, verra et vivra,
heureux avec nous deux, et que bientôt nous nous
retrouverons tous ensemble.

« Mon Anna, je sais que pour toi, c'est plus dur,
que bien souvent en regardant notre enfant tu dois
penser à tout ce qui était " nous ". Je sais que tu ne
t'attendais pas à te retrouver tout à coup seule avec
un petit, bien vivant et qui ne demande qu'à vivre,
et que c'est un fardeau; tout cela, je ne le sais que
trop bien, et je rage de mon impuissance de vous
savoir tous deux, séparés de tous. Quoique ce soit
dur, vous êtes rassurés pour un temps – je suis sûr
jusqu'à la fin –, alors, vous deux, réconfortez-vous
l'un et l'autre et formez un bloc inséparable et allez
au devant de la rafale, n'attendez pas passivement,
au contraire, allez au-devant de cette fin, car c'est
là que nous nous retrouverons tous, marcherons en
avant pour accélérer ce que nous attendons si
ardemment.

« Encore un mot, mon Anna bien-aimée, et mon
petit Gaby, soyez courageux et ayez de l'espoir et
en pensant toujours à notre amour jeune et fort –
qui enterrera tous les salopards. Car, Anna chérie,
c'est notre amour qui sera le lien constant dans
notre marche vers notre victoire [...] [30]. »

Lettre terrible où se mêlent étroitement amour et politique, temps intime et temps de l'histoire, espoir et désespoir, sentiment d'impuissance et volonté de lutte. Thomas
et Anna ont alors dix-sept ans.

Salomon, le père de Thomas, s'est expatrié jeune de
Pologne en Allemagne, où il a participé dès 1918, les
armes à la main, au mouvement spartakiste. Venu en
France en 1922, il a continué à militer, jusque sous
l'Occupation, dans les organisations communistes juives.
Sa mère, Esther, originaire de Biélorussie, s'expatria à

Paris et milita activement, d'abord dans l'organisation Solidarité, puis dans le secteur très dangereux du TA. Thomas Fogel est déporté le 23 juin 1943 sans avoir connu son fils, Gaby. Sélectionné pour le travail, il est mort à Jaworzno. Les parents de Thomas sont partis par le même convoi sans avoir vu leur petit-fils. Ils ont été immédiatement gazés.

On retrouve dans les lettres de Thomas Fogel la dimension familiale, essentielle pour appréhender la force et les formes que prend l'engagement communiste dans ce milieu. La famille et « notre famille », entendons le parti, sont étroitement associés dans la quotidienneté. D'une étude systématique des réseaux familiaux et de leurs interrelations se dégagerait sans doute l'image réelle de cette microsociété communiste juive qui s'inscrit dans cette société plus large qu'est le Parti communiste. C'est l'articulation des deux qui lui assure partiellement sa cohésion et amorce son mouvement d'intégration dans la société française. Mais cette volonté d'insertion suscitera une contradiction qui fera souvent éclater cette microsociété dès les générations suivantes.

Il faudrait aussi souligner les alliances qui se tissent entre ces grandes familles de militants, par exemple le rapprochement entre la famille Radzinski et la famille Kurchant. Régine Kurchant, veuve et militante du TA, devait élever ses trois enfants dont la dernière, Ruth, était la compagne de Sam Radzinski (le Rouquin); son aîné, Sevek, militait dans les groupes de jeunes. Tous furent arrêtés en mars 1943, déportés, et ne revinrent pas.

Après trois semaines aux mains de la police française – BS de la préfecture de Police et commissariat de Puteaux –, Henri Krasucki fut remis au SD allemand et interné à Fresnes dans le secteur allemand, au quartier des condamnés à mort. Au secret absolu pendant deux mois et demi, il fut ensuite envoyé à Drancy et déporté le 23 juin 1943 à Auschwitz, avec la plupart de ses camarades des jeunesses de la section juive. Seuls six d'entre eux sont rentrés.

Certains des rescapés de la rafle furent dispersés dans

d'autres secteurs de l'organisation. Renée Wilenski était la responsable des jeunes qui assurait le plus souvent la liaison avec la direction nationale de la section juive. Épargnée par la rafle de la fin mars – peut-être les policiers la gardaient-ils « en réserve » pour relancer une filature ? –, Renée, traumatisée d'avoir été la seule rescapée alors que tous ses camarades tombaient, fut victime d'une grave dépression nerveuse, et la direction décida de la placer à l'abri dans une famille amie à la campagne, dans l'Ain. Malheureusement, elle ne supportait toujours pas le poids de la chute de mars 1943 : quelques semaines seulement après son retour à Paris, après la Libération, elle se donna la mort en ouvrant son réchaud à gaz.

CHAPITRE IX

La guerre de l'ombre

Gestapo: cet acronyme est gravé dans la mémoire des Français comme le symbole de la répression menée quatre années durant contre la Résistance. Quel étonnant phénomène de reconstruction de la mémoire fait oublier que, si la Gestapo ne fut pas absente, elle eût été impuissante sans l'aide et, le plus souvent, l'initiative de la police française. C'est à cette police française que furent confrontés en permanence les militants de la MOI, en particulier à Paris. Il est temps, pour le lecteur, de faire connaissance avec ces services et ces hommes.

De tradition, le préfet de police de Paris a sous sa tutelle trois grands services aux responsabilités clairement délimitées: la police municipale (PM), qui a pour charge de prévenir crimes et délits par un déploiement sur la voie publique de gardiens en uniforme, la police judiciaire (PJ), qui recherche les auteurs de crimes et délits, et les Renseignements généraux (RG) qui recueillent toute information utile. Avec la déclaration de guerre et, le 26 septembre 1939, l'interdiction du Parti communiste et de ses organisations affiliées, la répartition des tâches est sensiblement modifiée. Sous l'impulsion du préfet Langeron, la PM met en place dans chaque arrondissement des Brigades spéciales de cinq à six gardiens, supervisées par un commissaire, voire un personnel plus étoffé, chapeauté par des inspecteurs principaux adjoints (IPA) et un haut gradé, comme c'est le cas dans le 14e arrondissement.

On trouve aussi dans les six subdivisions de banlieue des BS au statut particulier puisque les commissaires de la Seine hors Paris relèvent à la fois de la police municipale et de la police judiciaire. En parallèle, le directeur des RG, Simon, demande en mars 1940 à Baillet, chef de la première section, de mettre sur pied une brigade spéciale, chargée de la répression anticommuniste. Ancien chef de cabinet de Langeron alors que celui-ci était préfet du Nord, Jacques Simon l'a suivi à Paris quand il a été nommé préfet de police et a obtenu la direction des RG avec rang de préfet, avant d'être remplacé en mai 1940[1].

Avec l'occupation et surtout le déclenchement des attentats par les communistes à l'été 1941, la dérive répressive de l'ensemble des services s'accentue singulièrement. Le directeur de la PM, Hennequin, organise des « brigades d'interpellation » qui traquent les « terroristes ». Elles opèrent simultanément en plusieurs points de la capitale et de la banlieue, surgissant inopinément dans une rue, dans un café, à une sortie de métro, pour contrôler les identités et arrêter des suspects. Un « plan de blocage » complète le système : dès qu'un attentat est signalé, l'état-major est immédiatement informé et donne l'alerte générale à tous les services pour boucler l'îlot ou l'arrondissement concerné. Si nécessaire, des renforts motorisés, en permanence à disposition à la caserne de la Cité, peuvent être envoyés sur les lieux.

Très jaloux de ses prérogatives, Hennequin se heurte fréquemment avec les RG, qu'il cherche à enfermer strictement dans leurs tâches originelles, comme le confirme la conclusion de son rapport général de 1942 : « La PM a obtenu de brillants résultats dans la répression des menées antinationales, et particulièrement dans l'arrestation d'éléments terroristes. [...] La plupart des opérations effectuées par les services de la PM ont été le plus souvent le point de départ d'affaires de vaste envergure, développées par la direction générale des Renseignements généraux, qui a utilisé ces arrestations comme élément primaire de ses enquêtes. » Il est exact que les rafles incessantes n'ont pas été sans conséquences, non plus que la contribution ponctuelle des agents. Néanmoins, malgré son évidente bonne volonté, Hennequin ne dispose ni de l'infrastructure humaine – des équipes spécialisées et motivées – ni de l'infrastructure matérielle – des services techniques, des fichiers – lui permettant de concurrencer sérieusement les RG.

Ceux-ci sont spécialisés dans les affaires politiques. Leur directeur en août 1941, puis directeur général en mai 1942, Lucien Rottée en est un des personnages clefs. Il a sous ses ordres cinq sections et une, puis deux Brigades spéciales. Chaque matin à 9 heures 30, son adjoint reçoit les commissaires des sections et des brigades pour faire le point avant de lui en rendre compte; deux fois par jour, à 11 heures 30 et à 18 heures 30, Rottée rencontre le préfet de police, avant de réunir, vers 12 heures et 19 heures, les chefs des sections [2].

La Première section, que dirige, à partir de 1941, Georges Labaume, surveille les mouvements politiques de gauche et d'extrême gauche. Une centaine d'inspecteurs se consacrent aux activités communistes. Labaume connaît bien les communistes : nommé inspecteur des RG en 1926, il est affecté à leur surveillance depuis 1929. Quand Baillet est nommé à la tête de la Première section, Labaume est son principal adjoint, travaillant dans le service « Information ». Il sera soutenu par Baillet quand il posera sa candidature au grade de commissaire de police et prendra la succession de Baillet, après la nomination de ce dernier comme directeur adjoint des RG. Aidé de Bourgeade, auquel se joindra plus tard Texier, Joseph Picard dirige le service « Information » dont la création revient au préfet Chiappe au début des années 30. La répression n'est pas dans les attributions de la Première section. Chaque matin, entre 9 heures et 12 heures, tous les effectifs disponibles sont, en général, présents au bureau, en réserve pour telle ou telle mission le cas échéant. De 12 heures à 17 heures, tous sont dehors, et de 17 heures à 19 heures, quand ils rentrent, on fait le point et l'on précise les missions pour le lendemain [3].

La Troisième section des RG a charge d'information,

mais aussi de répression sur les groupements étrangers. C'est l'ancienne Section spéciale de recherches dont l'action contre la Cinquième colonne n'a guère été appréciée des Allemands : son chef, le commissaire Louit, a été déplacé puis arrêté et déporté. Néanmoins, la tradition patriotique s'y maintient, puisque son successeur, Lantheaume, relâche des membres d'un service de renseignement belge qui, cherchant à passer en Espagne, se sont fait arrêter à la gare d'Austerlitz. Directeur de la section depuis janvier 1941, il est arrêté par les Allemands en septembre 1942 et condamné à mort avant d'être finalement déporté en décembre, sa peine ayant été commuée. Après quelques mois d'intérim, il est remplacé par Lucien Tissot – à ne pas confondre avec son frère, un « dur » des Brigades spéciales, abattu en 1943. À croire les souvenirs d'Edmond Momy, ancien résistant de la Troisième section, « Lucien Tissot était la crème des hommes[4] ». À la « chasse aux terroristes », il préférait la pratique de la clarinette, dont il jouait fréquemment dans son bureau. Le dernier titulaire du poste fut Bizoire, plus zélé, mais nommé seulement en janvier 1944.

Le nombre limité de dossiers de membres de la Troisième section déférés devant les cours de justice à la Libération est là pour confirmer que cette section n'était guère zélée, à l'exception de Sadovski, le chef du groupe chargé du contrôle des Juifs. Il y eut certes des « affaires » : le contrôle des diverses immigrations par des groupes spécialisés, des arrestations effectuées par les groupes de voie publique dans les gares ou les stations de métro, ou encore de vastes rafles consécutives à des dénonciations, qui ne furent pas sans conséquences pour la Résistance. Néanmoins, comme nous le verrons dans le prochain chapitre, les résultats furent bien en deçà des potentialités d'une structure de 180 inspecteurs très au fait des milieux communistes immigrés. Soulignons que, dans cette section, la torture est rare, sinon inexistante, et que la consigne est claire : les rapports avec les Brigades spéciales et les Allemands doivent être limités au strict minimum. C'est ainsi que les personnes arrêtées seront

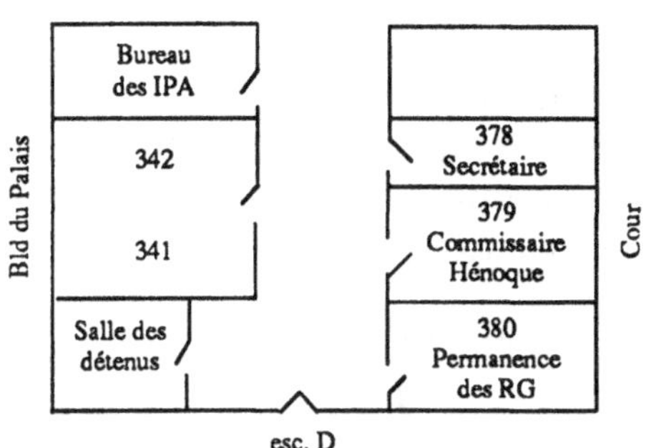

Plan des locaux de la BS2 (avant novembre 1942)

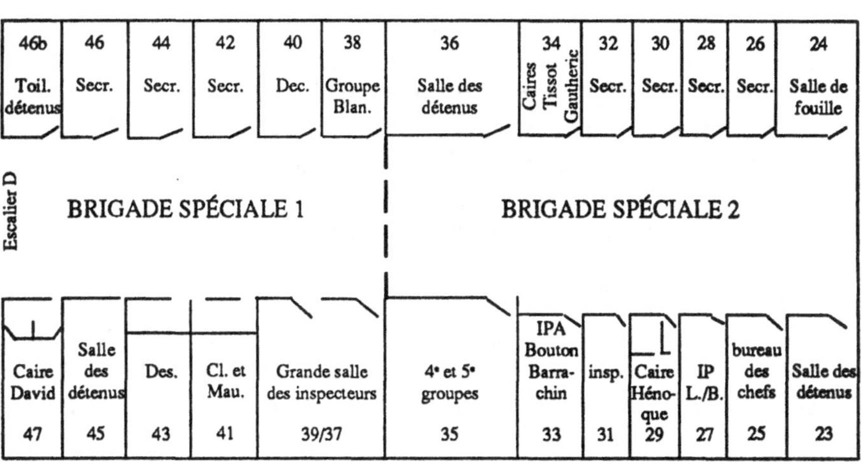

Quai du Marché Pont-Neuf

GALERIE SUD (2ᵉ étage)

Plan des locaux des BS (a partir de novembre 1942)

remises en priorité à la justice française. La Troisième section fut assez tôt l'un des bastions de la Résistance à la préfecture de Police, en liaison avec l'Organisation de Résistance de l'armée (ORA). Ainsi, dans ses déplacements dans le Paris de l'hiver 1943-1944, le chef de l'ORA, le général Revers, a vu sa sécurité assurée par trois policiers de cette section, le commissaire Paul Martz, l'inspecteur principal Louis Migeon et l'inspecteur Buisson [5].

Il en va tout autrement pour les Brigades spéciales. C'est au début du mois de mars 1940 qu'André Baillet, dit « le colonel », responsable de la Première section des RG, organise une Brigade spéciale anticommuniste où sont affectés une quinzaine d'inspecteurs, tous désignés d'office. Deux événements ont sans doute pesé d'un grand poids dans l'itinéraire de ce jeune commissaire d'avant-guerre, promis par ses chefs au plus brillant avenir. Il y a, tout d'abord, l'amitié qui liait son père, ancien commissaire de police d'Aubervilliers, à Pierre Laval, dont cette ville était le fief. Après son éviction du pouvoir à la suite du « complot » du 13 décembre 1940, Laval a demandé au préfet de police que sa sécurité soit confiée au fils Baillet, ce qui lui a été accordé. Or, en avril 1942, quand Laval revient au pouvoir, Baillet est promis à une rapide promotion.

Autre événement d'importance, Baillet a fait la connaissance, avant-guerre, au cours d'un congrès international des polices, d'un policier allemand de haut rang, Boemelburg. Ils se sont retrouvés en 1938, à l'occasion du voyage à Paris de Ribbentrop, ministre allemand des Affaires étrangères, les deux hommes étant chargés de la sécurité pour chaque partie. Ils ont sympathisé. Paris occupé, Boemelburg y est nommé chef de la Gestapo.

Cependant, la Brigade spéciale (BS) de Baillet reste en sommeil jusqu'en août 1941 quand, pour répondre à la lutte armée engagée par le PCF et renforcer les moyens d'intervention contre l'ensemble de la résistance parisienne, le préfet de police nomme Fernand David à sa tête. La BS croît rapidement, au point d'être dédoublée en janvier 1942, la BS 1 étant dirigée par David avec pour cible les « politiques » et la BS 2, dirigée par Jean Hénocque, ayant pour cible les « terroristes ». BS 2 contre MOI : la lutte de l'ombre s'engage, constante et sans merci.

Pourtant, Jean Hénocque ne semblait pas avoir le profil de l'emploi. Entré à la Sûreté nationale en 1931, il a été reçu le 1er août 1941, après deux échecs, au concours des commissaires de police et affecté à la direction de la PM, puis, en janvier 1942, à celle des RG, sous la protection et l'impulsion de son oncle Rottée. Selon les souvenirs d'Alfred Angelot, l'un des rares résistants de la BS 2, Hénocque prend quelques distances, à partir de la mi-1943, avec le travail qu'on lui impose, allant même, une fois, jusqu'à prendre position contre les tortures[6]. En fait, il n'avait sans doute ni la personnalité ni le courage nécessaires pour s'imposer. On dit qu'à la Libération il aurait réussi à gagner le Congo belge. Son adjoint, Paul Tissot, a été tué en juin 1943, dans des conditions mal élucidées, et remplacé par Gautherie.

Composée d'une quarantaine d'inspecteurs à sa création, la BS 2 en comptera plus de 100 en 1944, répartis en cinq groupes. Le Cinquième groupe, que dirige Gaston Barrachin, s'occupe plus spécialement du dossier MOI, mais, quand une opération d'envergure est envisagée, les inspecteurs des autres groupes, voire ceux d'autres services de la préfecture de Police, sont réquisitionnés. Les Brigades spéciales de banlieue constituent en outre un relais privilégié, livrant toute indication utile ou tout militant important, ce que confirme le rôle de la BS de Puteaux dans la chute du groupe Krasucki en mars 1943. Les policiers sont donc en force pour combattre les « terroristes étrangers », et à l'automne 1943, ils seront nettement plus nombreux que les FTP-MOI de la région parisienne, au nombre d'à peine une soixantaine.

Ces forces de répression françaises, en particulier les BS, vont très vite constituer une pièce indispensable dans le dispositif de répression allemand. Les occupants y gagnent doublement : la police française a des forces et une connaissance du terrain infiniment supérieures à celles de la Gestapo, et l'occupant laisse à l'administration française une bonne part du « sale boulot ».

Dans un premier temps, l'organisation de la répression a essentiellement été régie par l'article 3 de la Convention d'armistice :

> « Dans les régions occupées de la France, le Reich allemand exerce tous les droits de la puissance occupante. Le gouvernement français s'engage à faciliter par tous les moyens les réglementations relatives à l'exercice de ces droits et à sa mise en exécution avec le concours de l'administration française. Le gouvernement français invitera immédiatement toutes les autorités et tous services administratifs français du territoire occupé à se conformer aux réglementations des autorités allemandes et à collaborer avec ces dernières d'une manière correcte. »

Mois après mois, la collaboration policière ne cesse de s'intensifier, et plus encore lorsque les communistes s'engagent dans la lutte armée. Le 4 août 1942, Bousquet, le secrétaire général à la police pour les territoires occupés, conclut avec Oberg, le commandant supérieur des SS et de la police allemande, un accord qui marque une nouvelle étape :

> « Les services dépendant du commandant supérieur des SS et du chef de la police dans les territoires occupés, à savoir le commandant de la police de sûreté et du service de sécurité, et le commandant de la police de l'ordre, ont pour mission de garantir au Reich la conduite de la guerre, notamment d'assurer la sécurité des troupes d'occupation, de combattre et de prévenir toutes les attaques dirigées contre le Reich alle-

mand dans la lutte actuelle pour la libération de l'Europe.

« La police française apportera son appui aux services dépendant du commandant supérieur des SS et de la police, dans le cadre de la mission sus-indiquée, dans la lutte contre les communistes, terroristes et les saboteurs, en mettant en œuvre tous les moyens à sa disposition.

« C'est pourquoi elle apportera son appui aux services dépendant du commandant supérieur des SS et chef de la police, non seulement en lui communiquant tous renseignements utiles, mais par toute autre coopération dans la répression de tous ces ennemis du Reich, et également en livrant ce combat elle-même, sous sa propre responsabilité [7]. »

« Sous sa propre responsabilité »! Vichy affirme sa souveraineté gouvernementale en assumant la responsabilité directe de la répression contre « les ennemis du Reich »... Dans une lettre adressée aux préfets régionaux de zone occupée qui accompagne cette note, René Bousquet est explicite :

« Il ne vous échappera pas [...] que si la note de M. le général Oberg donne à la police française, tant sur le plan moral que matériel, des moyens d'action qu'elle n'avait pas jusqu'à présent, il importe que, par une activité encore accrue et par les résultats qu'ils obtiendront, les services de police fassent la preuve de leur efficacité réelle. Il vous appartient de donner à ces services une impulsion vigoureuse dont vous sentez comme moi toute la nécessité dans les circonstances présentes [8]. »

Il faut croire que la police parisienne en avait conscience depuis un certain temps. En effet, le directeur des RG entretenait des contacts réguliers avec Moritz, représentant de la Geheimfeldpolizei qui, jusqu'au printemps 1942, assumait officiellement les pouvoirs de police de l'occupant. Ceux-ci ayant été transférés des autorités militaires au SD, c'est avec Boemelburg, chef de la Gestapo à Paris, et avec ses adjoints Lischka, Heert et Kenter, que les contacts eurent lieu – ce que Rottée appellera lors de son procès « des rapports de travail ». Chaque mercredi, dans son bureau de la rue des Saussaies, David, le chef de la BS 1, accompagné de Labaume, chef de la Première section des RG, rencontre deux responsables de la Gestapo pour faire le point. À la préfecture de Police, les visites d'officiers allemands sont fréquentes dans les bureaux de l'escalier D [9].

Le 16 avril 1943, un nouvel accord est conclu entre Bousquet et Oberg. Dans l'allocution qu'il prononce le même jour devant les chefs du SIPO-SD et les intendants de police, Bousquet désigne sans ambages les ennemis du régime : « Les terroristes, les communistes, les Juifs, les gaullistes et les agents de l'étranger [10]. »

S'ajoute à cet accord une clause précisant que devront être remis aux services de police allemands tous les individus pris dans une action contre des membres de l'armée allemande ou même au cours de sa phase préparatoire. En outre, les interrogatoires des cas qui intéressent la sûreté intérieure devront se dérouler en présence des hommes des services allemands. Ce point implique que ces derniers pourront réclamer qu'on leur remette les personnes qui les intéressent.

La collaboration des polices est d'autant plus étroite qu'au-delà des « rapports de travail » se tissent des relations personnelles. C'est le cas, comme nous l'avons vu, entre André Baillet et Boemelburg. L'occupation venue, l'un est un temps directeur adjoint des RG et l'autre chef du SIPO-SD à Paris. Ils se rencontrent souvent. Or les services de Baillet sont appréciés à Vichy, et principalement par son protecteur Laval, puisque, en mai 1943, il connaît une importante promotion comme directeur de l'administration centrale du secrétariat d'État à l'Intérieur (direction nationale des RG). En février 1944, il devient directeur général de l'administration pénitentiaire et des services de l'éducation surveillée. Cette promotion d'un policier très lié aux services de police allemands et connu pour ses méthodes d'investigation illustre la responsabilité et l'implication du gouvernement de Vichy dans la collaboration policière.

Si les chefs sont motivés, les exécutants le sont aussi. À l'origine, beaucoup ont été mutés d'office dans les Brigades spéciales. Leurs raisons pouvaient ensuite être multiples. Matérielles d'abord : aux 2 500 francs de leur salaire s'ajoutait une prime mensuelle de 1 000 francs; les « fileurs » touchaient en outre une indemnité journalière de 58 francs; leur avancement était accéléré. Personnelles ensuite, qu'il s'agisse d'obtenir ainsi le retour d'un parent prisonnier, ou de la réaction devant un attentat touchant un policier proche. Ou encore idéologiques, surtout à partir de 1942, quand affluèrent aux BS des volontaires issus du corps des gardiens de la paix, voire des éléments extérieurs recrutés sur concours. Les plus zélés se retrouvaient dans les Quatrième et Cinquième groupes de la BS 2 (ceux de Bouton, membre du PPF de Doriot, et Barrachin). En fait, la plupart de ces inspecteurs vivent dans un climat xénophobe, antisémite et anticommuniste, comme le confirme l'anecdote suivante. Henri Serennes, gardien résistant de la police municipale, nous a rapporté une conversation très instructive avec l'inspecteur Lavoignat quelques mois avant la Libération : « Je l'ai croisé un jour à Notre-Dame; il était en planque. "Fais attention, lui dis-je, tu risques d'avoir bientôt des comptes à rendre! – Ne t'en fais pas pour moi, me répondit-il; j'ai pris des précautions : tous les gens que je suis sont des étrangers, des Juifs, des criminels." [11] »
Un ancien de la BS 2, André Hadet, confirme ce climat et souligne le rôle des chefs dans un texte écrit après-guerre :

> « Ne m'a-t-on pas aussi traité de fasciste ? De
> partisan ? Il a bien fallu reconnaître que de ma
> vie je n'avais appartenu à aucun parti politique,
> ni fait de politique. J'étais parfaitement ignorant
> de toute idéologie politique. J'avais assurément
> une grande confiance dans le maréchal Pétain.
> [...] Que cette foi fût aveugle, j'en conviens. [...]
> Je l'avais encore au printemps 1944, lorsque le
> préfet de police Bussière nous fit savoir qu'étant
> allé à Vichy rendre visite au Maréchal, celui-ci
> s'était montré vivement intéressé par l'activité des
> BS, auxquelles il envoyait ses félicitations chaleu-
> reuses. Il avait d'ailleurs, à cette occasion, signé
> le livre d'or de la préfecture de Police : "En
> témoignage d'admiration pour les brigades spé-
> ciales [12]. " »

Aussi bien Lavoignat qu'Hadet insistent sur les discours qu'à deux reprises Bussière adressa spécialement
au BS :

> « Au cours de ses allocutions, le préfet disait
> notamment que notre travail était connu en haut
> lieu, et que nous devions persévérer dans la lutte
> contre les éléments troubles qui, pour des buts
> n'ayant rien à voir avec les intérêts supérieurs de
> notre patrie, mettaient en danger la vie de nos
> concitoyens, notamment de la population pari-
> sienne dont nous étions les protecteurs.
> « Celle-ci, disait-il, a le droit d'exiger de nous les
> plus grands sacrifices pour pouvoir travailler dans
> la sécurité, sans crainte d'injustes représailles, afin
> d'être en état d'œuvrer plus rapidement au redres-
> sement de notre pays [13]. »

Ce climat général régnant dans les BS est un obstacle
majeur à toute infiltration par la Résistance : il se trouvera
tout juste une douzaine d'inspecteurs résistants dans les
deux BS. Des procès-verbaux de filatures et des rapports

passèrent entre leurs mains, par exemple dans celles de l'inspecteur Dubessay, qui était affecté au bureau administratif. Des arrestations furent évitées, mais leurs possibilités d'intervention étaient très limitées, plus encore la dernière année, après l'arrestation de deux inspecteurs résistants, comme en témoigne Lavoignat :

> « Au début, les affaires se traitaient ouvertement à la brigade et n'importe quel inspecteur avait accès aux archives, aux fichiers et aux dossiers. À partir de l'arrestation de l'inspecteur Quillaut et de l'inspecteur Dumaine, cela avait changé. Les fichiers avaient été confiés à un inspecteur chargé en même temps des scellés, et les rapports de surveillance en cours étaient enfermés dans l'armoire du bureau des inspecteurs principaux, où l'on ne pouvait les avoir qu'en les demandant. Les mesures ont été resserrées au service. Les IPA [Inspecteurs principaux adjoints] ne nous ont plus parlé des affaires qu'ils traitaient, donnant simplement des ordres. Ils interrogeaient les détenus dans le bureau de M. Gautherie et non plus dans la salle commune. Pour les surveillances, nous avons reçu l'ordre de ne plus mettre, sur nos rapports journaliers, les identités et les adresses des personnes connues [14]. »

Plus on approche de la Libération, plus grandit l'inquiétude dans l'esprit des inspecteurs. À en croire la déclaration faite à la Libération par André Noedts, directeur adjoint des Renseignements généraux, « un fléchissement d'activité est apparu non seulement dans le personnel des deux brigades mais, à certains indices, parmi les chefs, tous gens signalés à Radio-Londres. [...] Le commissaire David, chef de la BS 1, animé des mêmes sentiments, cherchait à temporiser et à se décharger sur la brigade Hénocque (BS 2) [15] ». Ce fléchissement se serait manifesté dès que les BS eurent été impliquées dans des affaires qui ne concernaient pas des communistes, comme le confirment de nombreux faits rapportés dans les mémoires en défense des inspecteurs des BS, à la Libération, et souvent dans les témoignages cités.

Quoi qu'il en soit, pris dans l'engrenage de la machine policière ou bien exécutants zélés, ces policiers forment des équipes répressives dangereusement efficaces pour les résistants. Leurs méthodes de travail sont assez classiques dans la police parisienne. Ne parvenant que rarement à infiltrer des agents doubles dans les rangs communistes, leur arme principale est la surveillance ou les renseignements arrachés sous la torture. À l'origine de toute affaire se trouve l'information, et donc l'informateur. Elle peut venir d'indicateurs, d'une BS de banlieue, ou de tout autre service. Mais l'essentiel est ailleurs : dans une occupation massive et systématique du terrain, dans le suivi des filatures dont l'écheveau s'élargit sans cesse, dans les renseignements même minimes arrachés sous la torture et qui complètent le puzzle, dans une connaissance du milieu visé alimentée par une série de fichiers.

Chaque section, voire chaque rayon, dispose de son propre fichier et nourrit le fichier central. Le « fichier communiste » de la Première section compte 3 000 noms pour le moins. Chaque note, chaque enquête, chaque coup de téléphone génère une fiche ou la complète. En 1941, le directeur des RG demande à la section de créer un « fichier C » qui regrouperait les noms de tous les militants communistes susceptibles de reprendre une activité politique quelconque en cas de troubles. 25 % des noms sont puisés dans le fichier de la Première section, et 75 % fournis par les commissariats de Paris (PM) et de banlieue (PM et PJ). La police dispose en outre du fichier des étrangers et du fichier des Juifs, dont le recensement est obligatoire depuis l'ordonnance allemande du 27 septembre 1940.

Une fois que, d'une manière ou d'une autre, la victime a été repérée, commence la surveillance. La plupart du temps sous forme de filature, de « filoche » en argot policier.

> « Les inspecteurs chargés d'une surveillance – expliquera Lavoignat dans un mémoire et un texte intitulé *Ma façon de travailler*, présentés pour sa défense à la Libération – marchaient à deux et devaient rédiger, environ tous les deux jours, les rapports journaliers. Ils étaient tenus de téléphoner quotidiennement au chef de groupe chargé de l'affaire pour rendre compte de leur travail et recevoir les ordres qui pouvaient leur être transmis. [...] Quand quelques personnes étaient connues, deux équipes étaient alors mises sur l'affaire. Il arrivait qu'il y ait trois équipes sur la même affaire. »

L'objectif prioritaire est clair : il faut avant tout identifier et « loger », c'est-à-dire repérer le ou les logements de la personne filée.

Dans leurs écrits et dépositions, les policiers restent avares d'informations sur leurs techniques d'investigation et de surveillance. Quand il s'agit de surveiller un lieu fixe où le camouflage est difficile, ils utilisent camionnettes ou camions bâchés. La filature elle-même s'effectue en équipes dont les membres sont échelonnés tous les 50 mètres, de part et d'autre du trottoir. Les policiers peuvent être camouflés en ouvriers, en employés des PTT ou de la STCRP (la société des bus parisiens), ou même en clochards. Des résistants ont même signalé qu'ils étaient suivis par des individus arborant l'étoile jaune. Ces policiers, spécialisés dans le repérage des physionomies et des silhouettes, peuvent aisément reconnaître leur cible, de dos, de face ou de profil. Soulignons qu'il s'agit là d'un travail de pure routine, auquel ces hommes ont été longuement formés et qu'ils pratiquaient longtemps avant la guerre. Les portraits des victimes en particulier, brossés par les inspecteurs chargés des filatures, étaient le résultat d'un long apprentissage du « portrait parlé », méthode élaborée dès la fin du XIXe siècle par Bertillon, et spécialement maîtrisée par les « réunionnistes », ces inspecteurs habitués de la surveillance des meetings communistes avant guerre et dont plusieurs avaient été affectés aux BS [16].

Une filature peut durer des mois, et même elle le doit si elle veut être efficace. Sur la base des informations qu'il reçoit, le chef d'équipe reconstitue patiemment le puzzle des contacts des résistants surveillés, et donc de leur organisation. Grâce à cet ensemble de données, il dessine un schéma des contacts qui lui permet d'orienter l'effort de surveillance sur tel ou tel élément jugé plus intéressant. On a retrouvé après la guerre plusieurs de ces graphiques, tentatives de reconstitution de l'organigramme, les noms – ou plus exactement les pseudonymes attribués aux résistants filés – étant reliés entre eux en fonction des contacts repérés, et donc de leur importance supposée. Ce n'est qu'au bout de plusieurs semaines, voire de plusieurs mois, que des dizaines d'inspecteurs sont mobilisés simultanément pour le coup de filet final.

Une fois arrêté, le résistant, homme ou femme, transite par un commissariat de quartier avant d'être transféré dans les locaux des BS, au deuxième étage de la préfecture, galerie sud, escalier D. Au bureau 24, il est fouillé et inscrit sur le registre des fouilles. Puis commence l'interrogatoire, salle 35. Au début de 1942, après le suicide d'un détenu, on a apposé des grilles à toutes les fenêtres; des anneaux sont scellés à 20 centimètres du sol. Les méthodes d'interrogatoire des BS sont particulièrement brutales, comme on l'a vu dans l'affaire des jeunes communistes juifs. Devant ses juges, Barrachin ne s'en cachera pas : « Il m'est arrivé, sous l'emprise de la colère, de malmener des détenus que j'interrogeais [17]. » L'euphémisme est roi... La réputation des BS est bientôt telle qu'en septembre 1943 le directeur de la police judiciaire débaptise sa « Brigade spéciale de la PJ » pour l'appeler « Brigade criminelle ». Un policier résistant, Angelot, le confirme : « Au sein des brigades spéciales, il s'est passé des faits atroces : matraquages à l'aide des poings, des pieds, de nerfs de bœufs. On retrouvait les résistants menottes aux mains, jambes enchaînées, pouvant à peine se traîner. Affreux cauchemar [18]. »

« Affreux cauchemar » qu'ont vécu et raconté ces hommes et ces femmes. Certains ont tenu ; d'autres ont craqué, parlé, lâché un nom, un rendez-vous, une planque, un renseignement minime qui relançait la machine de répression. Qui osera leur reprocher d'avoir parlé ? Ceux qui ont réussi à tenir le coup sont les derniers à le faire, car ils savent. Le 30 décembre 1943, Simone Lambre, emprisonnée à la Petite-Roquette, fait parvenir à Mme Taravella des nouvelles de son mari, Auguste Taravella qui, arrêté le 23 juillet 1943, a été fusillé au Mont-Valérien le 23 octobre suivant :

> « Pour être battu, oui il le fut. Matraqué avec un nerf de bœuf, j'ai vu son corps plein de zébrures, j'en frémis encore de rage ; quand j'y pense, j'ai le cœur gros. Je sais que je vous ferai de la peine, mais il faut que la vérité se sache. Il faut que ces brutes sans nom, ces immondes ordures, ces sadiques du mal, soient châtiés. Ce sont eux qui donnent nos héros aux Boches, ce sont eux ces êtres sanguinaires qui se baignent dans le sang de nos martyrs. Pas de pitié pour eux ni pour les leurs [19]. »

À 17 heures ou 18 heures, c'est le répit. Les tortures cessent, le personnel change. Des gardiens de la paix sont requis pour la nuit. « On se passait des messages dans des sandwiches et les gardiens " fermaient les yeux ", raconte Ciporka Gutnik, arrêtée en juillet 1943 ; ils m'ont même laissé voir un camarade pour faire le point. La vie recommençait [20]. » La défense de l'organisation aussi, car on pouvait ainsi comprendre les tenants et les aboutissants des chutes.

Laco Holdos, responsable national aux cadres de la MOI, tombé aux mains des BS le 4 février 1943, avait conservé un souvenir précis de son passage à la préfecture de Police :

« La police française qui m'a arrêté était fasciste, cruellement fasciste, collaboratrice. Pire que la Gestapo, car celle-ci n'y voyait pas aussi clair dans la problématique française. [...] Ils m'ont tellement battu que j'avais le dos complètement déchiqueté. Ils me déshabillaient complètement et m'allongeaient tout nu sur une table, deux me tenaient par les jambes et deux autres par les bras, le cinquième me frappait avec un fouet jusqu'au sang. Les flics, les policiers qui nous surveillaient là-bas, disaient : "C'est un mec, mon Dieu, il ne pleure pas." [...] Ils me battaient tellement que je pensais en avoir le foie malade, les entrailles broyées; ils étaient comme des boxeurs, ils ne me frappaient pas seulement avec le fouet mais aussi avec les poings, sur la tête, dans l'estomac, dans les reins. Lorsque, neuf jours plus tard, je suis arrivé à la Santé, le médecin en place, le docteur Paul, a refusé de m'admettre sans procès-verbal. J'étais dans un tel état [21]... »

Des témoignages identiques ont été rapportés par Henri Krasucki, Jean Lemberger et bien d'autres encore.

Après quelques jours passés au dépôt, le résistant est souvent livré aux Allemands, incarcéré à Fresnes ou à la Santé dans les quartiers allemands. Là, les interrogatoires, la torture, peuvent reprendre avant la déportation ou le peloton d'exécution, après procès ou comme otage.

Les vastes opérations déclenchées successivement par la police parisienne dès l'été 1942 à l'encontre des organisations politiques et militaires de la MOI vont obliger celles-ci à s'engager sur un deuxième front, invisible, dont dépend la survie de toute l'organisation. L'affrontement qui s'ensuit est à armes inégales, avec un avantage immédiat et considérable pour les forces de répression qui conservent en permanence l'initiative.

Les commissaires, inspecteurs principaux et adjoints, et même les simples policiers, ont tous « du métier ». Ils disposent du fichier des étrangers de la préfecture de Police qui leur facilite l'identification des personnes soupçonnées. Même s'il leur arrive de perdre la trace des résistants, ils les connaissent bien et ne manqueront pas une occasion de les retrouver. Bref, les uns sont les chasseurs et les autres le gibier, dans une terrible traque.

Face à l'expérience policière, les résistants se trouvent dans des conditions inédites, y compris ceux qui ont connu la répression dans les régimes autoritaires d'Europe centrale où ils n'ont pas eu, sauf exception, à changer d'identité et à rompre tout lien familial ou professionnel. Le clandestin de la MOI, surtout s'il était juif, était confronté à quelques problèmes essentiels, et de leur résolution dépendaient sa survie quotidienne et sa vie tout court.

D'abord, être un clandestin implique de disposer de bons faux papiers. Roman Melchior (pseudonyme Melon) a été pendant trois ans l'adjoint du responsable des faux papiers. Engagé en 1939, interné en 1940, il s'évade, reprend contact avec les organisations communistes à Paris et s'engage dans le Deuxième détachement avant d'être affecté aux faux papiers. Son témoignage est éloquent sur les faibles moyens dont disposait ce service vital :

> « Les débuts de ma "carrière professionnelle" ont été très modestes. On ne fabriquait que des cartes d'identité délivrées par des mairies situées dans les départements en général limitrophes de Paris (Seine-et-Oise, Seine-et-Marne, etc.). En outre, j'appris à laver les cartes d'identité étrangères; la carte lavée était ensuite enduite avec une solution de gélatine pour pouvoir écrire dessus sans bavures. Au besoin, on changeait la photo. Les tampons étaient faits à l'aide de pâte et d'encre à polycopier. J'ai appris à fabriquer moi-même la

pâte à polycopier avec de la gélatine et de la glycé-rine. D'abord, je dessinais le tampon à l'encre, à l'échelle 1/1, sur papier calque. Ensuite je reportais le dessin sur la pâte à polycopier. Un seul dessin pouvait servir plusieurs fois. En imprimant un léger mouvement pendant l'apposition de la carte sur la pâte, j'imitais assez fidèlement le "coup de tampon" en caoutchouc.

« Notre service s'étant agrandi, il a fallu trouver de bons modèles pour varier les titres d'identité délivrés. On commençait à imprimer d'autres documents : certificats de naissance, de baptême, feuilles de démobilisation, certificats de naturalisa-tion et plus tard, livrets de famille, cartes d'identité françaises des différents département délivrées par les préfectures; enfin, les cartes d'identité de la préfecture de Paris, dont la confection était très compliquée, avec un papier-carton spécial guillo-ché. Ensuite, nous avons encore amélioré notre technique en travaillant avec des plaques en zinc [22]. »

Cependant, de bons faux papiers n'épargnaient pas tout danger. Il y avait les contraintes d'une vie sociale entière-ment contrôlée. Le quotidien était déjà compliqué pour tous les Parisiens; il faut imaginer ce que signifiait pour un résistant de faire tamponner, au début de chaque mois, sa carte d'alimentation chez le boucher et chez le crémier, qui inscrivaient les noms sur leur registre. Et la prudence exigeait que l'on prît régulièrement son lait, sa viande, ses matières grasses, sous peine d'attirer l'attention. Or diffi-cultés pratiques et psychologiques se combinaient pour fournir des prises à la police.

Autre élément essentiel de la sécurité du clandestin, la planque. En changer était l'un des seuls moyens, quoique sans garantie, d'échapper aux coups de filet. Pour la plu-part des immigrations, les relais parmi les compatriotes offraient des possibilités certaines, ainsi pour les Italiens, les Espagnols ou les Arméniens. Mais ce ne pouvait être le cas pour les Juifs après les premières alertes, et moins encore quand leurs quartiers s'étaient vidés, tant du fait des déportations que des départs en zone Sud. On pouvait certes louer des chambres de bonne, faciles à trouver dans Paris occupé. Mais à chaque changement de domicile, il était préférable de disposer de nouveaux papiers d'identité, et il fallait bien quelques meubles, autant d'obstacles souvent insurmontables. Entreprise décourageante et épuisante qui amenait souvent le résistant à refuser d'admettre que son domicile était repéré. On le voyait ainsi multiplier les stratagèmes pour échapper à ses fileurs, mais « maintenir » avec eux le fil le plus solide en ne changeant pas de planque. Tout montre que si quelques dirigeants – Jacques Duclos, Charles Tillon, Benoît Frachon par exemple – ont pu disposer d'excellentes cachettes en banlieue parisienne, la plupart des cadres intermédiaires et des militants de base, faute de moyens financiers et de contacts, n'avaient aucun moyen d'en changer. Et combien de fois ces fugitifs ont-ils dormi dans une gare ou sous un pont.

Cette traque est constamment présente, dans les faits ou dans la tête. La filature est aussi une arme psychologique d'une particulière efficacité, soit que le résistant voie dans chaque passant un policier, soit qu'il ne voie plus rien, contrecoup d'une tension nerveuse extrême. Il faut y ajouter la crainte d'être pris de panique, un reproche souvent entendu dans la bouche des responsables qui craignaient la paralysie de l'organisation et ont souvent payé eux-mêmes de leur liberté, voire de leur vie, cette tendance constante à relativiser le danger.

Il y avait enfin l'impossibilité d'appliquer les consignes. Il en était ainsi du principe d'« étanchéité », à savoir l'absence de communication entre les différentes branches de l'organisation. Comment était-elle possible, quand les membres d'une même famille, quand des amis très proches se retrouvaient à des responsabilités et dans des secteurs différents? Au-delà, n'y avait-il pas contradiction entre les exigences de la vie clandestine et celles du travail « de masse », entre le cloisonnement nécessaire et le militantisme prosélyte?

CHAPITRE X

La MOI frappée au sommet

Face au formidable dispositif des forces de répression, et quelques semaines à peine après la chute du groupe des jeunes communistes juifs parisiens, la direction nationale de la MOI subit une nouvelle et très chaude alerte. En ce printemps 1943, elle est formée de trois responsables : Gronowski (Louis), Kaminski (Hervé) et Vassilichi (Victor Blajek). Les deux premiers sont déjà bien connus du lecteur. Le troisième est un militant roumain chevronné qui, évadé de la prison de Craiova, est arrivé à Paris en 1938, muni d'un vrai faux passeport tchécoslovaque au nom de Victor Blajek. Considéré comme citoyen tchécoslovaque, il est mobilisé, à partir du 17 septembre 1939, dans une unité de l'armée tchécoslovaque. L'armistice le surprend près de Montpellier, et il est démobilisé le 10 août 1940[1]. Il reprend alors contact avec le PC et la MOI. En août 1941, il remplace à la direction de la MOI Artur London qui vient d'être nommé responsable national du Travail allemand. En mars 1943, la police est sur ses pas[2].

La surveillance commence le 4 mars 1943. Dès le 10, Blajek, repéré, offre involontairement aux policiers une piste d'importance, en la personne de Betka Weinraub. Betka (ou Beila) est née en 1907 en Pologne. Communiste, il semble qu'après une émigration en Palestine elle ait suivi en Espagne son fiancé, engagé dans les forces républicaines et tué au combat. Elle aurait été infirmière dans l'armée républicaine espagnole. Réfugiée en France après la défaite de la République espagnole, militante de la section juive, elle vit depuis 1942 dans la clandestinité sous le nom de Boudé en compagnie de Blajek, au 36, rue Brillat-Savarin dans le 13ᵉ arrondissement.

Or il se trouve que Betka est le principal agent de liaison de Gronowski et tient une position clé dans le fonctionnement de la direction. Elle constitue donc une cible de choix pour la police. Il est évident que sa cohabitation avec Blajek ne contribue pas à assurer le cloisonnement du fonctionnement de la direction nationale et donc sa sécurité. Filée à partir du 22 mars 1943, Betka « amène » les policiers dès le 25 mars au 4, sentier des Thillards au Perreux, un pavillon habité par un marchand forain, Roger Moga, et sa femme Simone. C'est là que, depuis des mois, se trouve la planque de Gronowski. En trois semaines, Betka sera suivie six fois au Perreux.

Le 9 avril, elle rencontre l'autre agent de liaison de Gronowski, Rywka (Régine) Barczewski, la sœur d'Ydel Barczewski (Korman) – l'un des responsables de la section juive –, qui est à son tour repérée. Mais Betka est aussi en relation étroite avec d'autres agents de liaison, Fernande Rouge et Lilly Fisch pour la zone Nord et Bernard Causse qui, chaque semaine, porte des directives en zone Sud. Elle rencontre aussi régulièrement d'autres responsables nationaux : Blajek, avec qui elle vit, mais aussi Peter Mod, le responsable national aux cadres, qui à son tour est repéré et « logé » le 29 mars. Le 31 mars, toujours par le truchement de Betka, c'est Fanny Gurvitz, la responsable de la section roumaine, qui est repérée. Enfin, le 14 avril, Betka met involontairement les policiers sur les traces des dénommés Pinelli, Kubin et Jean Michel.

Le 14 avril, après plus d'un mois de filature, la direction de la Troisième section des Renseignements généraux, qui mène cette enquête, décide de rafler toutes les personnes repérées. Elle frappe sans le savoir au moment idoine : c'est en effet la veille, 13 avril, que la direction de la MOI a réuni, pour la première fois, ses responsables zone Nord et zone Sud. La police assiste aux allées et venues que provoque cette réunion, comme en témoigne le rapport de synthèse :

« Weinraub [...] est repartie [de son domicile] à
9 heures 20, a emprunté le métro de Glacière à
Trocadéro; après avoir circulé dans différentes
voies aux abords de cette place, elle s'est rendue
vers 10 heures avenue Henri-Martin qu'elle a
remontée lentement en direction de la Muette. À
10 heures 5, à l'angle de la rue Decamps, elle a
abordé une femme inconnue qui attendait à cet
endroit. Cette femme a été identifiée par la suite
comme une nommée Léger. Toutes deux ont
conversé et se sont dirigées lentement vers le Trocadéro. Elles ont été abordées par une autre
femme, également inconnue mais identifiée par la
suite comme étant une nommée Pinelli. Toutes les
trois ont été également abordées quelques instants
plus tard par un quatrième inconnu du nom de
Kubin. [...] Alors qu'elle se rendait à son domicile,
36, rue Brillat-Savarin, Weinraub a rencontré à
12 heures 40, rue Vergniaud, le nommé Feintuch,
Juif polonais [...][3]. »

Or, la « nommée Pinelli » n'est autre que Teresa Nocce-
Longo, la femme de Luigi Longo, l'un des principaux
dirigeants du PC italien. Teresa est membre du comité
central du PC italien clandestin. Internée au camp de
Rieucros en avril 1940, elle en a été libérée au printemps
1941. Elle est alors passée dans la clandestinité pour
prendre peu après la direction de la MOI en zone Sud.
Elle est venue à Paris pour assister, le 13 avril, à la réunion nationale mais, repérée le 14, elle est arrêtée ce
même jour à 15 heures 40 à la gare d'Austerlitz.

Le « nommé Feintuch », arrêté quelques minutes après
sa rencontre avec Betka Weinraub, est, lui aussi, une proie
d'importance, même si la police l'ignore. Il est plus connu
sous son pseudonyme de Jean Jérôme. Il a fui la répression en Pologne et est arrivé en France en 1929, après
deux années passées en Belgique. Il est surtout, à partir de
1936, l'un des principaux responsables de la compagnie
France-Navigation, chargée de se procurer et d'achemi-

ner les armes et le matériel que l'URSS veut faire parvenir à l'Espagne républicaine. Il a montré à cette occasion toutes ses qualités de grand argentier occulte [4]. Comme la guerre est déclarée, il décide de s'engager dans l'armée française, manière aussi, précise-t-il dans ses *Mémoires*, d'officialiser sa présence en France puisqu'il y est clandestinement depuis son expulsion en 1931 pour activités syndicales. Bientôt orienté vers l'armée polonaise, il voit son incorporation reportée. En attendant, il est embauché comme « requis civil » dans une entreprise parisienne travaillant pour la défense nationale, la Société industrielle du téléphone. L'usine ayant été fermée, Jean Jérôme se trouve au chômage juste avant l'entrée des Allemands à Paris, à laquelle il assiste.

Dès que le PCF commence à se reconstituer, Jean Jérôme est mis à contribution par Jacques Duclos luimême, d'abord pour créer un réseau d'imprimeries clandestines, puis pour procurer au parti des rentrées financières et enfin pour établir, au milieu de 1942, les premiers contacts avec des résistants gaullistes, en particulier le fameux colonel Rémy. Par ailleurs, Jérôme est en contact avec la MOI. En 1941, il a demandé à Gronowski des militants destinés à ses imprimeries clandestines. C'est à cette occasion que Vittoria Nenni, fille de Pietro Nenni et épouse du militant français Henri Daubœuf, a été impliquée dans une grave chute : le 19 juin 1942, la police a découvert quatre ateliers de photogravure, quatre imprimeries, sept dépôts de papier, deux postes émetteurs à ondes courtes et un appareil de transmission en morse. Elle a opéré onze arrestations dont celles de Daubœuf, de sa femme et de Ricardo Boatti, dit Manfredi, ancien administrateur de *Stato operaio*, l'organe théorique du Parti communiste italien. Daubœuf et Boatti ont été fusillés dès le 11 août 1942 au Mont-Valérien avec 86 autres otages, pour la plupart communistes. Vittoria a été internée à Romainville, puis déportée à Auschwitz le 24 janvier 1943, où elle est morte du typhus le 16 juillet [5].

C'est donc une pièce essentielle de l'appareil communiste qui, par le plus grand des hasards, tombe dans les filets de la police. En effet, si Jean Jérôme connaissait Betka Weinraub depuis avant la guerre et transmettait par son intermédiaire les fonds pour la MOI, il n'avait pas, ce matin-là, rendez-vous avec elle. Il a simplement joué de malchance : Betka, se sentant traquée par la police, affolée, a eu le mauvais réflexe de vouloir aborder un autre clandestin rencontré par hasard, peut-être pour le prévenir. Or, comme les policiers avaient ordre, le 14 avril, d'arrêter toutes les personnes avec qui Betka entrerait en contact, ils arrêtèrent Jean Jérôme.

Mais si la police joue de chance avec Teresa Longo et Jean Jérôme, qui sont tous deux repérés pour la première fois avec Betka le jour même des arrestations, il n'en va pas de même avec trois autres militants importants, à savoir Gronowski, Mod et Niebergall. Gronowski a raconté les moments angoissants qu'il a connus :

« Un jour d'avril 1943, Roger Moga [locataire en titre du pavillon du Perreux] est monté dans ma chambre pour m'informer que la propriétaire du pavillon avait reçu la visite de la police, venue la questionner sur son locataire. "Qu'en penses-tu, Louis ? – Je crois que je dois foutre le camp immédiatement", lui ai-je répondu. Et, avec l'aide de Betka, mon agent de liaison, je brûlai la plupart des papiers cachés dans le pavillon et me rendis chez Nadine Rougeaux qui gardait pour moi une cachette de réserve.

« Tout commença le lendemain de notre conférence nationale, organisée pour l'examen de la nouvelle situation créée par l'extension des maquis, l'occupation de la zone Sud et la création des FTP de la MOI dans cette zone ; Estella Nocce-Longo, responsable de la zone Sud, avait bien sûr été conviée à cette conférence. La discussion, très animée, se termina si tard que je n'avais plus d'autobus pour me rendre de la porte de Vincennes au Perreux. Betka me proposa alors de me prêter pour la nuit sa "planque" du 13e arrondissement. Nous y soupâmes ensemble, puis elle me quitta pour aller dormir ailleurs. Le lendemain, elle me retrouva pour le petit déjeuner et, à 8 heures 30, j'étais prêt à partir. " Attends un peu, me dit-elle, nous partirons ensemble, j'ai un rendez-vous à 9 heures. – Non, je préfère partir seul. " [6] »

Il fut bien inspiré. Le rapport de police précise en effet : « Weinraub n'a pas couché à son domicile dans la nuit du 13 au 14, mais l'a réintégré à 7 heures 45. Elle est repartie à 9 heures 20 [7]. » Si Gronowski l'avait accompagnée, il aurait certainement été arrêté le 14 avril 1943.

Le deuxième à avoir échappé aux mailles de la police fut Peter Mod (Laporte). Né en 1911 en Hongrie, il était venu en 1935 à Paris, à la fois pour échapper à la répression politique et pour achever ses études. En 1937, il se marie avec l'une de ses compatriotes, une étudiante nommée Irène Stettinger. Tous deux militent dans une organisation de gauche contrôlée par les communistes hongrois, le Comité du 1er Septembre. Engagé volontaire en septembre 1939, Mod est intégré au 23e régiment de marche des volontaires étrangers, envoyé à Barcarès puis affecté à une école d'officiers français de la Légion. Replié dans la débâcle jusqu'à Aix-en-Provence, il est démobilisé et rentre à Paris le 13 septembre 1940 [8]. Il retrouve le groupe des communistes hongrois dans lequel il milite, tandis que sa femme est la secrétaire de Papp, kominternien envoyé à Paris en 1939 pour reconstituer le PC hongrois.

Le 4 février 1943, Laco Holdos, militant tchèque et responsable aux cadres de la MOI, tombe, à l'occasion d'un rendez-vous avec son adjoint, le Roumain Ion Calin. Mod est alors appelé à le remplacer. Tout comme sa femme, il vit légalement, avec des papiers d'identité en règle, valables respectivement jusqu'en juillet et octobre 1943. Mais, le 29 mars, Mod est aperçu en compagnie de Betka Weinraub, et son adresse est repérée par la police, au 7ter, rue d'Alésia. Le 14 avril, les inspecteurs viennent l'arrêter à l'heure du laitier. Il n'est pas là, mais sa femme est emmenée à la préfecture tandis que l'appartement est placé sous surveillance. Mais Mod ne se montre pas. Au bout de deux jours, peut-être pour le piéger, la police libère sa femme qui rentre chez elle. Bientôt, la concierge lui fait savoir que les policiers de faction sont partis au café et qu'elle devrait en profiter pour sortir avec son pot à lait, comme si elle allait faire ses courses, et disparaître. Ce qu'elle fait. Le couple Mod vient d'échapper à la police.

Le troisième responsable qui, dans des circonstances rocambolesques, file entre les doigts de la police est le « dénommé Kubin ». Betka Weinraub l'a rencontré le 14 avril dans la matinée, et c'est alors qu'il a été pris en filature. Il a rencontré, près du métro Duroc, un certain Georgely. Ensemble, ils sont allés déjeuner dans un restaurant qu'ils ont quitté à 14 heures 15. C'est là, au coin du boulevard Garibaldi, que les inspecteurs Bedou et Bijeau veulent les arrêter. Interpellés, les deux hommes répondent... en allemand et font un scandale. Ils exigent que les policiers les amènent auprès de deux soldats allemands qui sont de garde à la sortie d'un garage de l'occupant. Là, ils présentent des papiers allemands en règle et des *Ausweis*. Les policiers français ont raconté la suite dans leur rapport :

> « Les soldats ont alors fait comprendre aux inspecteurs que les individus précités étaient en règle et qu'il ne fallait pas les inquiéter. Afin de ne pas créer d'incident, les inspecteurs se sont retirés après avoir relevé le nom et l'état civil de ces deux individus. [...] Les recherches effectuées en accord avec les autorités allemandes, alertées à la suite de cet incident, ont permis d'établir que les adresses fournies par les nommés Kubin et Georgely sont fausses. Ces derniers n'ont pu être découverts jusqu'à ce jour [9]. »

Or Kubin n'est autre qu'Otto Niebergall (Gaston), le responsable national au Travail allemand et le chef du

Parti communiste allemand pour la France, le Luxembourg et la Belgique; bref, un homme tout particulièrement recherché par la Gestapo.

Au total, du 14 au 23 avril, ce sont 21 cadres qui ont été arrêtés, parmi lesquels Victor Blajek, membre du triangle de direction de la MOI, Estella Nocce-Longo (Jeanne Pinelli), responsable zone Sud, les trois agents de liaison de Gronowski, dont la principale, Betka Brikner (Beila Weinraub), Jean Dejante, l'imprimeur de la direction, Michel Feintuch (Jean Jérôme), grand intendant du PCF et son contact privilégié avec les services gaullistes, les époux Moga qui logent Gronowski depuis un an au Perreux, la femme de Kaminski, Hana Unglick, chez qui les policiers ont trouvé 59 biographies codées, des responsables du Mouvement national contre le racisme (MNCR, organisation rattachée à la section juive) et des groupes roumain et polonais. Le responsable national du TA et chef du PC allemand pour la France, la Belgique et le Luxembourg, le responsable national aux cadres et, finalement, Gronowski lui-même ont pu échapper aux mailles du filet [10].

« Je quittai la planque de Betka un lundi matin, relate Gronowski. Le mercredi suivant, elle ne vint pas. Régine Barczewski, mon autre agent de liaison, ne vint pas non plus. J'étais très inquiet. Je demandai à Claude-Nadine Rougeaux d'aller au repêchage. Elle ne fut pas de retour à l'heure prévue. J'arpentai la pièce de long en large pendant un moment, puis je sortis de leur cachette tous les documents que je gardais encore et les brûlai dans la cuisinière. Je quittai la maisonnette pour aller à Paris et je commis l'imprudence de faire un crochet pour passer devant le pavillon des Moga. La sœur de Simone se tenait justement devant la porte avec leur fils, le petit Roland. " Ils ont arrêté Roger et Simone et ils ont perquisitionné", me dit-elle. Je compris alors qu'il s'agissait d'une chute sérieuse. [...]

« Mille questions se bousculaient dans ma tête. Quelle était l'ampleur de la chute et comment s'était-elle produite? Il était déjà certain que mes trois agents de liaison et les époux Moga étaient arrêtés? Pourquoi pas moi? Je repassais dans ma tête toutes les situations et toutes les rencontres des dernières semaines pour trouver un indice, mais la fatigue eut raison de mes soucis, et je m'endormis. Le lendemain, j'envoyai un pneumatique à mon plus proche collaborateur, Hervé-Kaminski, dont je connaissais l'adresse à Champigny, pour lui fixer rendez-vous le dimanche suivant à notre lieu habituel de "repêchage". Ensuite, je me rendis à Issy-les-Moulineaux chez un cordonnier roumain qui m'avait été recommandé par Blajek (Victor) pour le cas où je me trouverais en difficulté. Dans la boutique, je trouvai sa femme: "Victor a été arrêté. Ils sont venus hier chez nous pour perquisitionner." Je sortis de la boutique sans avoir prononcé un mot.

« Je me dirigeai vers Paris tout en tournant dans les rues d'Issy pour me rendre compte si je n'étais pas suivi. Je pris le métro jusqu'à Montparnasse. Là, dans une petite rue, habitait la famille Sinetar, que je ne connaissais pas mais chez qui je pouvais me présenter en cas de difficulté. Ils me reçurent très gentiment. [...] Le dimanche suivant, je me rendis au rendez-vous que j'avais fixé à Jacques Kaminski. Je revois une route de la banlieue parisienne et, de loin, Jacques marchant à ma rencontre. Au fur et à mesure que nous nous rapprochions, mon émotion grandissait. Nous nous jetâmes dans les bras l'un de l'autre. Après avoir examiné la situation, nous envisageâmes de nouvelles mesures de sécurité. Les dégâts étaient très sérieux [11]. »

Cependant, ces dégâts auraient pu être d'une tout autre ampleur si les dirigeants de la MOI avaient eu à faire aux Brigades spéciales et non à la Troisième section chargée de la surveillance des étrangers. Trouver le fil pour atteindre en son cœur la résistance communiste immigrée, puis remonter jusqu'à Jacques Duclos, Benoît Frachon et Charles Tillon, tel fut le rêve caressé des années durant par les patrons des BS. Or, en ce printemps 1943, ce rêve aurait pu devenir réalité. En effet, Gronowski et Jean Jérôme étaient en relation presque directe avec Duclos, et l'on peut penser que les inspecteurs des BS n'auraient pas laissé filer Gronowski et auraient tout tenté pour le faire parler, ainsi que Jérôme. Il s'en est donc fallu d'un rien : l'affaire était aux mains de la Troisième section, et les BS en étaient tenues à l'écart. Or, nous l'avons déjà souligné, à la Troisième section, le zèle, sauf exception, était peu répandu – si ce n'est en faveur de la Résistance –, la torture était bannie, et les contacts avec les Allemands ou les BS strictement limités.

Plusieurs éléments montrent d'ailleurs le peu d'empressement du commissaire Tissot et de ses hommes à exploiter à fond leur filature. Le 15 avril, lors de l'arrestation à son domicile de Riwka Barczewski, l'un des agents de liaison de Gronowski, les inspecteurs Ozanne, Bottreau et Claude frappent à sa porte. Sans résultat. Ils font alors appel à un serrurier, « d'autant plus qu'une légère fumée sortait de la fenêtre donnant sur la cour de l'immeuble [12] ». Autant dire que tous les papiers compromettants auront été brûlés avant que la porte soit crochetée... D'ailleurs, l'un des principaux inspecteurs de la section sera, moins d'un an plus tard, arrêté par les Allemands et déporté à Buchenwald. Quant au commissaire Tissot, il ne veut voir dans les militants arrêtés que des activistes de la section juive de la MOI.

Même méthode avec Marcel Cliques. Celui-ci a été repéré le 13 avril au jardin des Tuileries alors qu'il transmettait des documents à une femme qui venait de quitter Betka. Le 20, trois inspecteurs se présentent chez lui. À en croire l'un d'entre eux, inquiété quelque temps à la Libération, Cliques leur aurait tenu ce langage : « Je risque gros. Je suis ingénieur au ministère allemand de l'Air et je transmets des plans à un service de renseignements de la France combattante. » La version est confirmée par Cliques lui-même devant la cour de Justice de la Seine le 17 avril 1945 : « Il est exact que les policiers m'ont conseillé de transformer mon rendez-vous en rencontre galante. Ils m'ont donné des conseils pour établir ma défense, et ils n'ont pas perquisitionné dès mon arrestation. J'ai été arrêté à 7 heures, et les policiers ont fait savoir à ma femme qu'ils reviendraient à mon domicile pour perquisitionner vers 10 heures. Le temps pour ma femme de faire disparaître les documents [13]. »

Ils vont plus loin encore. L'inspecteur principal Martz et l'inspecteur principal adjoint Migeon, dont nous avons eu l'occasion de présenter les liens avec l'Organisation de résistance de l'armée, décident de faire liquider l'informateur qui a mis les Renseignements généraux sur la piste de la direction de la MOI [14]. Car les sources nous permettent de répondre à cette question majeure : qui est à l'origine de la filature ?

Comme en juin et en novembre 1942, nous trouvons de nouveau la filière espagnole. La « grande chute », comme la nomme Gronowski, est en fait la « troisième affaire espagnole ». Paul Martz, alors affecté à la « voie publique », dirige le groupe des fileurs. Au début de 1943, il est averti par G., l'informateur espagnol de la section déjà à l'origine des chutes de 1942, qu'un de ses compatriotes, un dénommé Lopez, est un militant communiste actif. Après quelque temps, la filature aboutit à Blajek. Il semble que Lopez ait été averti à temps du danger, mais, comme on l'a vu à l'occasion de la chute de mars chez les jeunes Juifs, il n'aurait pas voulu le croire. Deux indices tendent à conforter l'hypothèse de la piste espagnole. Dans la doublure du sac à main saisi au domicile de Betka Weinraub, on trouve le texte d'une déclaration que le comité central du PCF a adressée à la direction du PCE. Dans la même doublure, à l'intérieur de l'enveloppe « caisse », on lit sur un petit papier : « J'ai reçu au nom del P. Esp. pour le mois de mars douze mille francs – 5 mars 1943 – Josep [15]. »

La dernière arrestation date du 23 avril. Cinq jours plus tard, 21 personnes sont transmises à la justice et, après procès-verbal de première comparution, le juge d'instruction au tribunal de première instance de la Seine les inculpe de « présomptions de menées communistes ». L'instruction suit alors son cours. Tout au long du mois de mai, le juge interroge et confronte. Le 25 juin, il clôt la procédure et transmet les pièces au procureur. Le 13 juillet, au vu du réquisitoire du substitut du procureur, le juge Pommeray renvoie devant la section spéciale de la cour d'appel de Paris tous les inculpés, sauf deux. Le procès se tient peu après, à huis clos, dans une salle surchauffée et bondée de policiers. Tous les inculpés sont condamnés à de lourdes peines mais incarcérés dans des prisons françaises, les femmes à la Petite-Roquette, les hommes à la Santé. Deux semaines plus tard, Blajek est transféré, avec deux autres camarades de la MOI et un important groupe de militants français, à la centrale d'Eysses, dans le Lot-et-Garonne. C'est à ce titre qu'il participera, les 19 et 20 février 1944, à la révolte des détenus de cette centrale, qui sera noyée dans le sang de 13 « meneurs » condamnés à mort par un tribunal de Vichy et exécutés le 23 février 1944. À la suite de ce soulèvement, Blajek sera déporté au camp de Dachau, d'où il reviendra [16].

Cependant, le tribunal refuse d'inculper deux des personnes internées, concluant en effet qu'« il n'est pas résulté de charges suffisantes à l'encontre des nommés Cliques Marcel et Feintuch Michel de s'être trouvés à Paris au cours des années 1942 et 1943, en tout cas dans le département de la Seine, et depuis temps non prescrit, rendus coupables d'activités communistes. [...] Ordonnons que les susnommés seront sur-le-champ remis en liberté, si ne sont détenus pour autre cause [17] ».

Ainsi Cliques fut libéré. Pour ce qui concerne

Feintuch-Jean Jérôme, cet épisode de son histoire allait nourrir une terrible et vaine polémique. L'ampleur de cette polémique publique, mais plus encore l'importance du personnage mis en cause et l'éclairage particulier que donne cet itinéraire sur les contradictions de la machine répressive française nous imposent de faire le point.

Le débat a surgi après la publication par Jean Jérôme du premier tome de ses *Mémoires* où, évoquant son arrestation d'avril 1943, il fait dire à Betka Weinraub, qu'il rencontre par hasard : « Le groupe Manouchian est tombé [18]. » L'erreur de date est patente, puisque la chute du « groupe Manouchian », qui n'a d'ailleurs jamais existé sous ce nom, n'est intervenue qu'en novembre 1943.

En dépit de cela, Philippe Robrieux s'est appuyé sur cette déclaration pour impliquer Jean Jérôme dans la chute du « groupe Manouchian » [19]. L'hypothèse était fondée sur une série d'interrogations, dont la principale portait sur le fait que ce groupe aurait été trahi par un certain « Roger » et que précisément le pseudonyme de Jean Jérôme était « Roger ». Comment un personnage de l'importance de Jean Jérôme, présume-t-il ensuite sans l'établir, avait-il pu passer la dernière année de l'Occupation dans une prison parisienne en évitant à la fois les tortures allemandes et françaises et la déportation, si ce n'est pour prix d'une trahison ?

Un peu plus tard, Philippe Robrieux revient à la charge dans son livre *l'Affaire Manouchian* [20]. Constatant, au vu de documents, que d'une part Jean Jérôme a bien été arrêté en avril 1943 mais que l'inculpation pour menées communistes a été abandonnée à la mi-juillet, et d'autre part que la chute du « groupe Manouchian » trouve son origine dans la filature de l'un de ses membres au cours de la troisième semaine de juillet 1943, il avance sans le démontrer que Jean Jérôme, sur ordre de Moscou, aurait fourni la piste aux policiers. Ce dernier resterait ainsi à l'origine de l'affaire Manouchian.

Simultanément, Jean Jérôme publie le second tome de

ses *Mémoires* où, après avoir reconnu son erreur, il se montre beaucoup plus précis. À l'en croire, arrêté après sa rencontre fortuite avec Betka le 14 avril 1943, il se serait trouvé « entre les griffes de la Brigade spéciale », à deux pas de la salle de torture, « la salle Tissot », et y aurait tenu le discours suivant : « J'ai de faux papiers pour éviter d'être pris et déporté comme Juif; les clefs qui sont sur moi ouvrent des chambres que des amis ont bien voulu me prêter et que je ne voudrais en aucun cas trahir; j'ai depuis longtemps cessé toute activité politique et la rencontre avec cette dame est purement fortuite [21]. » Jérôme explique ensuite que, libéré de l'inculpation de menées communistes, il aurait, grâce à la bonne volonté d'un policier patriote, obtenu une simple inculpation pour port de faux papiers, qui lui aurait évité la déportation en tant que Juif. Avec force complicités, il aurait obtenu que son affaire soit repoussée à plusieurs reprises, jusqu'aux dernières semaines de l'Occupation, ce qui lui évita une fois encore la déportation consécutive à toute condamnation. C'est ainsi qu'il serait sorti vivant de la prison des Tourelles lors de la libération de Paris.

Les archives que nous avons consultées permettent aujourd'hui de répondre aux principales questions que pose cette énigme.

1. *Comment Jean Jérôme a-t-il été arrêté?*

Dès son premier interrogatoire, le 14 avril 1943, il affirme au commissaire Tissot que c'est par hasard qu'il a rencontré Betka :

> « Cet après-midi vers 13 heures, alors que je passais rue Vergniaud, j'ai entendu une voix féminine qui criait : "Allo." Je me suis retourné, et j'ai vu une femme qui ne m'était pas inconnue et qui me

souriait. Nous avons fait quelques pas l'un vers l'autre, et cette femme m'a dit : " Comment allez-vous ? " ou quelque chose d'approchant. Elle m'a ensuite demandé ce que je devenais; j'ai répondu que j'allais bien, sans autre précision, et j'ai laissé cette femme. J'ai d'ailleurs écourté l'entretien, car, si je me souvenais avoir vu cette personne quelque part, je n'avais pas présent à ma mémoire son nom [22]. »

Cette version est confortée par la confrontation entre les deux protagonistes. Or, notons-le, Jérôme est la seule personne que Betka Weinraub reconnaît avoir rencontrée. En outre, le procès-verbal d'arrestation confirme la brièveté de l'entretien et l'absence d'échange de documents.

2. *Où et comment s'est déroulé l'interrogatoire ?*

Contrairement à ce qu'il a avancé, Jean Jérôme n'était pas « entre les griffes de la Brigade spéciale », mais dans le bureau du chef de la Troisième section des RG. Cela lui a sans doute sauvé la vie et certainement épargné de terribles tortures. Quant à la salle Tissot, dont il avait « en effet entendu parler », elle ne pouvait exister sous ce nom : Paul Tissot, numéro 2 de la BS 2 et frère du chef de la Troisième section, avait été tué à la fin de juin 1943.

Jean Jérôme doit s'expliquer sur son identité et sur ce qu'on a saisi sur lui, indique le procès-verbal d'arrestation :

« Une somme de 2 500 francs qui lui a été laissée; une carte d'identité française [...] établie au nom de MICHEL Jean, André [...]; un bulletin de démobilisation au même nom [...]; un certificat d'emploi permanent [...] une carte d'alimentation au même nom; deux carnets de notes en cuir noir ne portant aucune indication utile à l'enquête; une grosse clef, un trousseau de deux clefs et un trousseau de trois clefs; un couteau; un briquet. »

Dès l'interpellation, il déclare que « ces temps derniers, il avait été hébergé par des amis dont il ne voulait pas donner les noms pour ne pas leur créer d'ennuis. Il a ajouté que les clefs trouvées étaient celles qui lui avaient été prêtées par les amis en question ». « Je ne veux pas indiquer leur nom afin de ne pas leur créer d'ennuis, confirme-t-il peu après au commissaire Tissot. J'ajoute que j'ai donné ma parole d'honneur à ces personnes. »

La famille? « Je suis marié, père d'un enfant âgé de trois ans, mais ces derniers ont été internés en août ou septembre 1941. Je n'ai pas de nouvelles d'eux depuis. »

Les faux papiers? « Je n'ai pas de carte d'identité d'étranger depuis juin ou juillet 1941, c'est-à-dire depuis l'application des lois raciales. » « Juif, je voulais ainsi éviter d'être déporté, comme l'avaient été ma femme et mon enfant », précise-t-il, en mai, au juge d'instruction.

3. *Que savaient-ils de son activité politique?*

Tous les documents consultés convergent. Les services concernés ne connaissent de son activité politique que l'arrêté ministériel d'expulsion en date du 7 novembre 1931, deux ans après son entrée par la Belgique, d'où il avait déjà été expulsé pour menées communistes. Le rapport de synthèse fourni en mai 1943 au juge d'instruction précise : il était domicilié « 17, rue Gramme (15e avec sa femme et sa fille. Il a quitté cette adresse au début de 1941 et, depuis, on avait perdu sa trace. [...] Les renseignements recueillis sur son compte sont favorables. Il jouit en effet de l'estime de son entourage qui le représente comme travailleur, honnête, bon père de famille, ayant une excellente conduite et n'affichant pas ses opinions politiques, ce qui démontre que Feintuch, malgré ses apparences, menait double jeu ». L'argument du « double jeu » n'a pas suffi à convaincre le substitut du procureur de la République ni le juge, d'autant moins qu'est adjoint au dossier un rapport du commissaire Renault, de la direction de la PJ, qui rappelle son « excellente conduite » et ajoute qu'il « n'affichait pas d'opinions politiques ».

4. *Le retrait de l'inculpation pour menées communistes est-il crédible?*

Jean Jérôme disposait de nombreux atouts. Il n'avait été repéré et arrêté qu'en fin de filature; aucun document n'avait été échangé au cours de la rencontre avec Betka; c'était la seule rencontre que Betka reconnaissait; il ne portait sur lui aucun texte suspect; il donnait une explication à l'existence d'une série de clefs et au refus d'en fournir l'origine précise; son argumentation d'ensemble se tenait; le dossier politique était pratiquement vide; les policiers étaient rien moins que zélés.

Le 13 juillet 1943, le juge Pommeray signa donc l'ordonnance de non-lieu. Rappelons qu'il la signa également pour Marcel Cliques, dont le dossier n'était ni plus épais ni plus vide. Et rien, au bout du compte, ne nous autorise même à penser que Jean Jérôme ait eu besoin d'acheter tel ou tel inspecteur, commissaire ou magistrat pour obtenir ce non-lieu [23].

5. *A-t-il pu, une année durant, éviter la déportation sans se compromettre?*

Nous ne disposons d'aucun élément nouveau pour cette période. Mais, étant donné l'importance des relais dont Jérôme disposait à l'intérieur comme à l'extérieur de la prison et le statut de droit commun qui était le sien, l'explication qu'il propose dans son dernier ouvrage, luxe de détails à l'appui, nous semble digne de foi.

Quant aux erreurs accumulées sur toute cette affaire

dans son premier tome de *Mémoires*, et à celles qui subsistent dans le second, elles relèvent, selon nous, de la frustration de n'avoir jamais été, même lors de son arrestation, dans la même situation que ses camarades de combat, d'être resté, en raison de ses fonctions financières occultes, un clandestin dans la clandestinité, et ce jusque dans l'après-guerre.

CHAPITRE XI

Les FTP-MOI à l'apogée

À partir de l'automne et de l'hiver 1942, l'offensive change de camp, la guerre a basculé. Il y a, bien sûr, la victoire britannique sur l'Afrika Korps de Rommel à El-Alamein et le débarquement américain en Afrique du Nord; mais c'est surtout la victoire soviétique de Stalingrad, le 2 février 1943, qui impressionne tant la Résistance que la population française dans son ensemble. Et, en dépit des contre-offensives allemandes des deux mois suivants, l'optimisme et l'admiration sont de règle. La confiance est grande dans cette Armée rouge fondée il y a tout juste vingt-cinq ans. Pourtant, depuis de longs mois, l'ouverture d'un second front en Europe occidentale est la pierre d'achoppement entre Alliés et le thème récurrent de la presse communiste. Churchill et Roosevelt considèrent que la situation n'est pas mûre et, en juin, avertissent Staline que le débarquement en France est remis à l'année 1944.

En France même, le vent tourne. Le gouvernement Laval est singulièrement isolé depuis qu'il a instauré, le 21 février 1943, le Service du Travail Obligatoire (STO) en Allemagne pour tous les jeunes de dix-huit à vingt et un ans. Cette mesure, particulièrement impopulaire, dresse les jeunes et leurs familles, dans tous les milieux, contre le régime et son protecteur allemand. Dès le printemps, les premiers maquis s'organisent et accueillent de plus en plus de réfractaires au STO.

Dans ces premiers mois de 1943, la situation de la MOI parisienne est contrastée : de très graves chutes touchent l'organisation des jeunes Juifs ou la direction nationale, mais les militants, enthousiasmés par l'évolution du conflit mondial, déploient une activité sans précédent. Chez les Juifs en particulier naît le désir de vengeance, et la branche « politique » de la section juive a engagé une bataille d'un enjeu majeur, la bataille de l'information sur le génocide juif.

Dans ce contexte, toute la Résistance est à l'offensive, particulièrement les communistes, en première ligne quand il s'agit de lutte armée. À Paris, l'organisation militaire immigrée est restée quasiment seule, en 1943, à pouvoir mener ce combat.

Après les chutes de décembre 1942, ils ont dû se réorganiser. Le responsable politique, le Tchèque Stefka, a été remplacé par le Bulgare Boris Milev, un vieux militant tant par l'âge – quarante ans – que par les états de service. Originaire d'un faubourg de Sofia, instituteur, Milev milite au sein du PC bulgare depuis 1923. Poursuivi par la police, il a dû émigrer en 1925 et se réfugier en France où il a adhéré, déjà, à la MOE (future MOI). Expulsé en 1928, il réside illégalement à Bruxelles avant d'être renvoyé vers la France en 1929. En 1931, il retourne en Bulgarie où, journaliste, il devient permanent de son parti. Arrêté en mai 1935 et lourdement condamné pour ses activités politiques, il s'évade d'un hôpital pénitentiaire et revient à Paris, avec l'objectif de rejoindre les Brigades internationales; mais il est envoyé en mission en Pologne, précise-t-il lui-même dans ses Mémoires[1], et il semble avoir participé à la réorganisation du PC polonais, sous la houlette de son compatriote Bogdanov (*cf.* p. 48). Revenu en France, il est arrêté, après la déclaration de guerre, comme étranger suspect. Après un passage à la prison de Fresnes, il est interné aux camps du Vernet puis des Milles, d'où il s'évade. Arrêté par les Allemands, il est incarcéré à la prison de Chalon-sur-Saône, mais bientôt libéré comme ressortissant d'un pays allié du Reich. Retrouvant le groupe bulgare à Paris, il s'engage dans la lutte armée. C'est donc un militant expérimenté qui prend la direction politique. Mais, repéré par la police en avril 1943, il part, peu après, prendre des responsabilités dans le Nord et est remplacé par Joseph Dawidowicz, jusque-là commissaire politique du Deuxième détachement. Un Tchèque, Alik Neuer, ancien volontaire en Espagne et l'un des premiers combattants de l'OS-MOI, remplace Olaso aux tâches de responsable technique.

Parallèlement, le Premier détachement, réorganisé, est complété par l'équipe bulgare et par quelques Arméniens, dont Missak Manouchian. Son nouveau responsable militaire est Joseph Clisci, né en Bessarabie. Mathématicien de formation, ce jeune intellectuel s'est engagé dès la fin des années 20, à moins de quinze ans, animant des cercles d'étude communistes et traduisant du français *le Manifeste communiste* et *l'Anti-Dühring*. Arrêté, il profite d'une mise en liberté provisoire pour émigrer. Réfugié en France, il entreprend des études de lettres tout en militant activement. Bien que souffrant d'une maladie pulmonaire, il s'engage, en septembre 1939, dans le 21e régiment de marche des volontaires étrangers. La maladie ne l'empêche pas non plus de s'engager dans la lutte armée, jusqu'à devenir le chef de l'un des quatre détachements parisiens [2].

En même temps, la direction fait de plus en plus souvent appel à son service de renseignements qui va lui être d'une grande utilité. Formé de quelques militants choisis parmi les intellectuels et les médecins, celui-ci est dirigé par une jeune étudiante en biologie, Cristina Boïco. Avec ses camarades, celle-ci repère d'éventuels objectifs allemands et prépare des plans d'attaque et de repli appropriés. Les objectifs sont étudiés par ce service des jours, des semaines, voire des mois durant avant l'exécution. Car il ne s'agit pas seulement de constater l'intérêt d'un objectif, mais de juger ses chances de réalisation au moindre coût humain, en examinant en particulier les possibilités de repli. Les hommes et les femmes du service, qui sont souvent présents dans les quartiers allemands, ne participent jamais directement aux actions. Cette séparation est un gage d'efficacité et de sécurité. Le groupe sera renforcé au début de l'été 1943 par l'incorporation de quatre médecins, hongrois pour la plupart, qui poursuivent leurs activités dans le service médical, tout en effectuant des missions de renseignement [3]. L'essentiel des objectifs a été fourni par le service de Cristina Boïco, à l'exception des déraillements, les horaires des trains allemands étaient indiqués par le comité militaire interrégional (CMIR) des FTPF, et « vérifiés » par le service de renseignement. Que la très grande majorité des opérations effectuées concerne des objectifs allemands ne doit pas surprendre; le choix est délibéré. La MOI tient à tout prix à éviter l'exploitation que ne manquerait pas de susciter l'exécution privilégiée de Français, même collaborateurs, par ce que la propagande de Vichy appellera « le mouvement ouvrier international [4] ».

Enfin, pour compléter ce dispositif de combat, l'organisation dispose, à partir de juin 1943, de l'Équipe spéciale, formée de quelques combattants d'élite qui, si elle va exécuter deux collaborateurs, sera rapidement utilisée par la direction comme une unité chargée des coups de main les plus audacieux, les plus spectaculaires et les plus retentissants contre l'occupant [5].

À l'origine, cette équipe est formée de quatre combattants : Marcel Rayman, Leo Kneler, Spartaco Fontano et Raymond Kojitski. Marcel Rayman (matricule 10305), âgé de vingt ans en 1943, est très représentatif du recrutement des jeunes Juifs immigrés dans les rangs des FTP-MOI où il est entré dès septembre 1942 au Deuxième détachement. Son père a été arrêté et déporté, sa mère et son jeune frère Simon sont contraints de vivre sous une fausse identité, à la merci d'un contrôle ou d'une dénonciation [6]. Kojitski (matricule 10161) est lui aussi un jeune Juif d'origine polonaise qui, ayant perdu toute une partie de sa famille dans les rafles, est entré au Deuxième détachement à l'âge de dix-sept ans [7]. Spartaco Fontano appartient pour sa part à une famille de militants italiens décimée par la répression [8].

Leo Kneler (matricule 10318) est le plus expérimenté et le plus âgé des quatre. Militant communiste à Berlin dès les années vingt, poursuivi par la police, il est contraint à l'exil en 1929, à l'âge de vingt-huit ans. Un temps employé comme charpentier à Anvers, il passa à Paris puis à Zurich, avant de pouvoir rentrer en Allemagne à la Noël 1932, profitant d'une mesure d'amnistie. Mais il est arrêté à deux reprises, en mars 1933 puis en novembre 1934, avant de pouvoir regagner Paris. Il combat en Espagne dans la 11e brigade et, à son retour, est interné à Saint-Cyprien, à Gurs puis au Vernet, d'où il s'évade en mars 1941 sur ordre du Parti communiste allemand, avec pour mission de rejoindre l'Allemagne camouflé en travailleur étranger volontaire. Il s'y retrouve avec deux communistes arméniens qu'il a connus au Vernet, les Karayan. Là, dans une ville de la Ruhr, il met sur pied un groupe de résistance antinazie. Mais la Gestapo a bientôt vent de l'affaire, et il doit rejoindre clandestinement Paris, en compagnie des Karayan. C'est par leur intermédiaire qu'il prend contact avec les francs-tireurs arméniens sous la fausse identité de Léon Basmadjian [9].

Ainsi réorganisés, les FTP-MOI parisiens mettent rapidement toutes les polices françaises et allemandes en alerte. Ils effectuent 11 actions en janvier 1943, 23 en février, 22 en mars, 12 en avril, 11 en mai, 13 en juin, au total 92 attentats en six mois [10], soit en moyenne un attentat tous les deux jours dans une ville quadrillée par d'importantes forces de répression (32 d'entre eux ont été accomplis par le Deuxième détachement, 31 par le Troisième, 18 par le Premier, 11 par le Quatrième). Bien plus que leur efficacité militaire, c'est leur impact politique et psychologique qui importe, d'autant qu'ils ne visent que des militaires allemands. Et c'est en tout cas beaucoup plus que ceux-ci ne peuvent en supporter.

Si leur sécurité générale n'est pas menacée, les troupes d'occupation vivent néanmoins dans un sentiment d'insécurité, ce que confirment les mesures adoptées par la

Wehrmacht, à lire par exemple cette circulaire n° 29, du 14 avril 1943, de la Feldkommandantur 801, « Mesures de sécurité contre attaques terroristes », résumée comme suit : « Protéger les unités et divers services contre les terroristes par un dispositif de sentinelles et de patrouilles. Il importe particulièrement d'assurer la protection des rassemblements ou des marches pour exercices en plaçant en avant, derrière et de chaque côté de la colonne, des hommes avec les armes prêtes à tirer. S'assurer la possibilité de surveiller la circulation dans la rue [11]. » Ou cet autre ordre, n° 51, qui, constatant les pertes importantes subies lors d'attentats devant les cinémas ou les théâtres, ordonne que des cordons de sécurité soient établis dans un rayon de 50 mètres et que toute circulation de civils soit interrompue [12]. Ces initiatives indiquent que les attentats ont atteint, dès le début de 1943, leur effet psychologique tant sur l'occupant que sur la population qui observe, non sans satisfaction, les mesures de protection que les Allemands sont contraints d'adopter.

L'étude de cet ensemble d'opérations est révélatrice du mode d'intervention et des forces des FTP-MOI. Le type d'action le moins risqué est le sabotage : incendie d'un véhicule allemand à l'arrêt, d'un stock de produits en partance pour l'Allemagne, d'un poste d'essence, etc. Ensuite viennent les attaques de locaux ou de détachements en déplacement par dépôt de bombes à retardement qui explosent alors que les combattants se sont déjà repliés. Enfin, la forme supérieure du combat est l'attaque directe des locaux ou détachements ennemis par un « commando » qui, en général, comprend un grenadier et deux hommes de protection armés de revolvers. S'ajoutent les exécutions individuelles de traîtres ou de militaires allemands isolés. Les attaques directes à la grenade et au revolver représentent un peu moins de la moitié des attentats, les sabotages et les bombes à retardement un peu moins du quart, les exécutions individuelles étant limitées en ce premier semestre de 1943. En principe, les combattants ont rendez-vous peu avant l'action avec un agent de liaison – une femme – qui leur apporte les armes nécessaires. Quand l'action est terminée, ils retrouvent leur agent de liaison et lui remettent les armes. Ainsi la direction sait-elle très rapidement si l'entreprise a réussi ou non, s'il y a eu des pertes ou non.

Ces attentats sont d'autant plus irritants pour les autorités que leurs auteurs sont pratiquement insaisissables. Les FTP-MOI connaissent pourtant quelques chutes et accidents au cours des six premiers mois de 1943. Le 3 juin, à 17 heures, rue Mirabeau, Marcel Rayman et un jeune Juif autrichien, Ernest Blaukopf, attaquent à la grenade un autocar transportant des marins allemands. Lors de la retraite, Ernest est gravement blessé par les Allemands qui ont riposté. Ancien du Schutzbund autrichien, la formation para-militaire des sociaux-démocrates, il a participé en 1934, à Vienne, à la défense de la cité Karl-Marx assaillie par les troupes du chancelier Dollfuss [13]. Il s'est ensuite réfugié à Paris, a rompu avec les socialistes pour se rapprocher des communistes. Connaissant fort bien les nazis et sachant le sort qu'ils lui réserveraient s'il tombait entre leurs mains, il se tue avec sa dernière balle.

Deux autres tragédies affectent la MOI au cours de la même semaine, provoquées par des grenades artisanales que le responsable du service technique, Patriciu, a fabriquées. La première intervient le 10 mars, quand deux membres du Deuxième détachement doivent attaquer un groupe d'officiers allemands à proximité du Bois de Boulogne. L'un des combattants est Jean Kerbel, contraint par les persécutions antisémites de quitter la Pologne en 1937 avant de s'engager comme volontaire en 1939. L'autre est Maurice Radzinski, qui n'a que dix-sept ans. À 8 heures du matin, Anka Richtiger, agent de liaison du Deuxième détachement et femme de Kerbel, apporte les armes et les grenades aux deux hommes et récupère leurs papiers. Les combattants ne reviennent pas. Finalement, Anka doit se résoudre à quitter le lieu de rendez-vous. Quelques jours plus tard, l'information parvient : les deux résistants ont été tués par leurs propres grenades qui ont explosé dans leurs mains [14].

Une semaine plus tard, la même catastrophe se répète.

Le 18 mars, Jancu Silberman (Paul), un ingénieur roumain de trente-trois ans et ancien d'Espagne, doit attaquer des Allemands à la gare de l'Est. Sa grenade lui explose dans les mains. Grièvement blessé, il est transporté par la police à l'hôpital où il meurt trois jours plus tard sans avoir parlé [15]. À la suite de ces deux tragédies, la direction diligente une enquête qui se conclut par l'arrêt de la fabrication des grenades artisanales.

Deux chutes surviennent également au mois de mars. Le jeune Kaddish Sosnowski, dix-sept ans, fils d'une militante très connue de la section juive, attaque à la grenade une cantine militaire allemande. Poursuivi par un agent de police français qui le blesse à coup de revolver, il est remis à la Gestapo, torturé, condamné à mort et sera fusillé le 26 mai [16]. Quelques jours plus tard, le 29 mars, l'étudiant hongrois Thomas Elek et le jeune Tchèque Pavel Simo (âgé de dix-huit ans et fils d'un ancien d'Espagne) attaquent à la grenade un restaurant réservé aux officiers allemands, à Asnières. Arrêté par la police au cours de son repli, Paul sera livré à la Gestapo et fusillé [17].

Le 22 avril vers midi, Jean Lemberger, combattant du Deuxième détachement, rentre dans sa planque, au 76, boulevard Soult. Depuis que son frère, Nathan, franc-tireur lui aussi, a été arrêté à la fin de 1942, Jean, plus motivé que jamais, participe, avec son camarade Charles Mitzflieckier, aux actions les plus audacieuses. Au moment où il pénètre dans son immeuble, il est ceinturé par plusieurs policiers. À lire les rapports, il semble qu'il ait été arrêté par la Troisième section, sans doute par le zélé service des Juifs, dans la mesure où il a été transféré rapidement à la BS 2 qui, forte des renseignements fournis par Lucienne Goldfarb, connaissait parfaitement les jeunes militants de la rue des Immeubles-Industriels.

« Les coups pleuvaient, raconte Jean Lemberger. Ils me présentaient des photos des copains et voulaient que je leur dise tout ce que je pouvais savoir sur eux. Il s'agissait en particulier de Roger Trugman, Paulette Sliwka et Henri Krasucki. Mais quel choc quand ils m'ont montré les photos de Marcel Rayman et de Terreau, qui ne provenaient pas, bien sûr, de l'identité judiciaire puisqu'ils étaient en liberté. Quelque temps plus tard, par l'intermédiaire d'un détenu italien, j'ai fait parvenir un mot à l'extérieur signalant ce repérage. Pour qu'on ne doute pas de ces informations, j'ai signé Simar de Maujean, nom bien connu de Marcel puisque nous signions ainsi nos " poèmes " collectifs [*Si*mon, *Marc*el, *Mau*rice, *Jean*]. »

Le 10 juillet suivant, il quitte la prison de Fresnes, où il était complètement isolé, pour le camp du Struthof (en Alsace). Dans le groupe, composé pour l'essentiel de résistants français, il retrouve David Kutner, rédacteur de la presse clandestine juive, qui mourra dans ses bras. Après les prisons de Karlsruhe et de Nuremberg, Lemberger aboutit finalement au camp de Birkenau. C'est à son retour en France qu'il apprendra pourquoi il n'a pas suivi l'itinéraire « classique », par Compiègne ou Drancy, vers Auschwitz. Une fois livré aux Allemands, ceux-ci l'ont classé *Nacht und Nebel* (Nuit et Brouillard) avec le matricule 172448 [18].

Enfin, deux combattants sont blessés au cours d'actions, mais sont parvenus à se mettre à l'abri. Le premier est Jacques Farber. Le 23 février, à 6 heures du matin, avec Jean Kerbel (« Jules »), il attaque à la grenade un hôtel occupé par des Allemands, près du métro Havre-Caumartin. Il se souvient :

« Jules a lancé la grenade. Je suis parti en courant à gauche, lui à droite. J'entends un coup de revolver. Je tombe. Je veux me relever. Je ne peux pas. Je me suis dit : " J'ai reçu une balle dans la cuisse. " J'avais très mal, mais j'ai réussi à me relever, à rejoindre au métro Anka Richtiger à qui je devais remettre mon arme après l'action. Je lui ai dit : " J'ai reçu une balle dans la cuisse. " Elle m'a répondu : " Ce n'est rien. Va au métro. " Elle ne m'a pas accompagné. Je suis allé au métro. Le ticket qui était dans ma poche était gluant de sang. Je l'ai léché avant de le tendre au poinçonneur. Dans le métro, je sentais le sang couler, mais on était en février et je portais des caleçons longs qui en épongeaient la plus grande partie et qui canalisaient le reste dans ma chaussure. Je me suis traîné jusqu'à la rue du Cloître-Notre-Dame, chez des amis. C'est une de leurs cousines, une étudiante en médecine, qui m'a donné les premiers soins. Le soir, Meier List [le chef du deuxième détachement] et David Vilner que j'avais fait prévenir sont venus me voir et m'ont transporté dans une planque, rue Saint-Jacques [19]. »

L'autre blessé au cours d'une attaque est le tout jeune Raymond Kojitski. Le 27 mai, à 7 heures du matin, avec son camarade Roger Engros, il attaque à la grenade une section allemande qui passait rue de Courcelles. Kojitsky n'a pu oublier cet instant :

« On enlève les anneaux, on jette les grenades. On court. On entend l'explosion des grenades. Et, tout d'un coup, ça tire. Je me retourne. Trois Allemands, deux à genoux, un debout, qui nous tirent dessus. Je cours. Je manque tomber. C'est là que j'ai dû être touché. Heureusement que je ne suis pas tombé. Ils m'auraient achevé à coups de crosse. On court. Je sens que je suis tout mouillé. J'enlève ma veste. C'est tout rouge. Je dis : " Merde! je suis touché. " Et Roger me fixe avec un de ces regards! Mais j'avais l'énergie. J'ai dit : " Viens. " On est reparti vers la copine qui nous attendait pour qu'on lui rende les armes. Je lui dis : " Je suis blessé ", mais je ne l'accoste pas. Et, tout à coup, une nuée d'Allemands à vélo. Peut-être cinquante. Je dis à Roger : " On est cuit. " On ne voyait plus qu'eux, avec un officier qui gueulait. J'ai fait une pause, adossé au mur. Et ils sont passés! On a continué. Mais j'avais peur. J'étais en train de mourir. On est entré dans une clinique. Le médecin m'a dit: " Je n'ai pas le droit de soigner ça. J'appelle Police-secours. " J'ai dit non. On a continué. On a vu une plaque de médecin. On est monté. Il tremblait. Alors, je suis rentré chez ma mère, rue de la Mare, et l'organisation m'a envoyé un médecin [20]. »

Soigné, Raymond reprendra sa place au combat dans l'Équipe spéciale.

Bilan: trois morts au combat et trois morts à la suite d'accidents, deux blessés, une arrestation, ce sont des pertes exceptionnellement peu élevées, eu égard à l'intensité de l'action et de la répression. Preuve que la police a les plus grandes difficultés à cerner les FTP-MOI, alors que l'organisation française vient de subir un nouvel échec total sur Paris avec l'arrestation, en janvier, de tout leur état-major. Le premier semestre 1943 a donc constitué le temps fort de l'action des résistants immigrés parisiens, tant par le nombre des opérations exécutées et la faiblesse de leurs pertes que par les résultats limités obtenus par la police.

La grande traque II
L'organisation juive démantelée

Après le traumatisme de la rafle du Vel' d'Hiv', la section juive emploie toutes ses forces à dénoncer la persécution et à organiser la solidarité parmi les Juifs et entre Juifs immigrés et Français, afin d'accélérer le passage à la clandestinité, seul moyen efficace d'échapper aux déportations. Son recrutement pour les FTP-MOI se trouve favorisé par la montée de la colère et de l'esprit de vengeance. Dès septembre 1942, elle a créé le Mouvement contre la barbarie raciste, devenu le Mouvement national contre le racisme (MNCR), et assure la publication de ses organes. *J'accuse* en zone Nord et *Fraternité* en zone Sud. Dans l'une et l'autre, les militants du MNCR, parmi lesquels on compte de nombreux chrétiens, organisent des délégations de hautes personnalités – médecins réputés, écrivains, scientifiques – auprès des autorités ecclésiastiques. Encore ne s'agit-il que de protester contre les conditions de rafles et de transports vers l'Est, car on ignore la réalité, encore impensable, de la «solution finale».

Les premières informations ne sont parvenues à la direction de la section juive que vers la mi-octobre 1942, y provoquant un dramatique débat que rappelle Adam Rayski :

« La nouvelle paraissait exacte, venant d'une source plutôt sûre : un camarade ancien d'Espagne, qui, pour sortir du camp de Gurs, s'était engagé comme chauffeur dans l'organisation Todt, un service d'intendance de la Wehrmacht. Il revenait à Paris en congé, après un transport qui l'avait conduit à travers la Pologne jusqu'au front de l'Est, en Ukraine. Au cours de ce périple, il avait entendu des officiers allemands parler d'essais de gaz effectués sur des Juifs.

« À Cracovie, non loin d'Auschwitz, il a pu obtenir la confirmation de l'assassinat des déportés de France.

« Publier? Ne pas publier? Dilemme atroce, car, quoi que nous fassions, c'était mauvais. En diffusant cette information, ne risquions-nous pas de provoquer une réaction de peur, de panique, et de plonger les gens dans le désespoir et la résignation? Mais quelle responsabilité de ne pas la divulguer! Et si ce n'était pas vrai, ce que nous espérions au fond de nous-mêmes? C'est désemparée et déchirée que notre direction se trouva placée devant ces questions qui nous concernaient tous si directement [1]. »

Finalement, *J'accuse* n° 2, du 20 octobre 1942, publie l'information sous le titre « Les tortionnaires boches brûlent et asphyxient des milliers d'hommes, de femmes et d'enfants juifs déportés de France » :

« Les nouvelles qui nous parviennent en dépit du silence de la presse vendue annoncent que les dizaines de milliers d'hommes, de femmes et d'enfants juifs déportés de France ont été ou bien brûlés vifs dans les wagons plombés ou bien asphyxiés pour expérimenter un nouveau gaz toxique. Les trains de la mort ont amené en Pologne 11 000 cadavres. Telle est l'œuvre sanglante des Huns du XXe siècle, les cannibales de l'ordre nouveau [2]. »

Cependant, on ne parle encore que d' « essai » de gaz asphyxiants, et l'on n'inscrit pas encore le sort des Juifs français dans un projet d'ensemble, celui de la « solution finale ». Pour cela, il faut attendre la Déclaration de onze gouvernements alliés, le 17 décembre 1942, qui proteste contre la persécution des Juifs et dont les termes sont, volontairement, encore bien loin de refléter la réalité. Dès le 25 décembre, *J'accuse* s'en fait l'écho dans son n° 7 :

> « La Pologne tout entière, vaste abattoir de Juifs. Par dizaines de milliers, femmes, enfants, vieillards, malades sont massacrés. 360 000 êtres humains assassinés dans le ghetto de Varsovie. Le monde entier se révolte et clame sa haine envers les massacreurs nazis. Onze gouvernements dressent un acte d'accusation. Le Parlement britannique demande le châtiment suprême pour les assassins. Journées de deuil, manifestations, protestations dans tous les pays libres. Français! Joignons-nous à la protestation et à l'action du monde civilisé. Qu'un cri unanime s'élève dans toute la France. Renforçons la lutte pour chasser de notre sol les barbares! [...] Ce ne sont pas des crimes isolés d'agents subalternes, mais des actes prémédités et organisés selon un plan tracé à l'avance par le gouvernement hitlérien. En application de ce plan diabolique, les hommes valides sont parqués dans des camps de travail où on leur inflige des souffrances intolérables et où ils meurent au bout de peu de temps; des femmes, des enfants, des vieillards, des malades et des infirmes sont anéantis avec une sauvagerie bestiale, sans exemple dans l'histoire. Toute sorte de supplices sont mis en œuvre : chambres à gaz, empoisonnements, fusillades, champs de mines, courant électrique, etc. [...][3] »

Brusquement, ce thème acquiert une terrible actualité; les pires craintes sont confirmées. Dans la nuit du 30 avril au 1er mai 1943, toute la direction de la section, traquée par la police dans Paris, se réunit à Élancourt, près de Trappes, dans un pavillon occupé par un couple de militants chargés d'écouter en permanence les radios alliées et de rédiger un bulletin d'information. Cette réunion est consacrée aux mesures de réorganisation à adopter après la vague d'arrestations qui a touché plusieurs secteurs d'activité en mars et en avril. Elle dure toute la journée et une partie de la nuit. Par mesure de précaution, les militants doivent se séparer au matin et rejoindre Paris par des chemins différents. Bientôt, tout le monde va se coucher, sauf Rayski qui, grimpé au grenier où se trouve un puissant poste de radio – à huit lampes! –, tripote les boutons. Soudain, il capte l'émission polonaise de la BBC. Une voix en polonais : « Ici Londres. » Puis, tout de suite après : « Depuis dix jours, les Juifs de Varsovie résistent, les armes à la main, contre les assauts des chars hitlériens. » Toute la nuit, bribe par bribe, les militants reconstituent une information plus détaillée. À 5 heures du matin, tous réunis autour du poste, ils comprennent enfin que le ghetto de Varsovie est entré en insurrection, ce qui constitue à leurs yeux l'un des événements majeurs de la guerre. Immédiatement, ils prennent des dispositions pour diffuser massivement cette nouvelle encore inconnue en France. Au cours de la même matinée, encore sous le coup de l'émotion, Rayski rédige deux articles, l'un pour *Notre voix*, l'autre pour les journaux du MNCR [4].

Dès le 13 mai 1943, *Notre voix* publie un premier article, puis le numéro du 1er juin, tire les leçons du soulèvement sous le titre « Les Juifs de France saluent leurs frères héroïques du ghetto de Varsovie » :

> « Les Allemands ont établi un plan minutieux d'exploitation forcenée, puis d'extermination totale des populations juives dans l'Europe occupée. Mais à l'acharnement mis par eux à nous exterminer, nous répondrons, suivant l'exemple de nos frères de Varsovie, par une volonté implacable de défendre notre liberté et notre vie. ARMONS-

NOUS! Constituons nos groupes de défense pour répondre à toute tentative d'arrestation et de déportation. Renforçons l'organisation de la résistance. Avec tout le peuple de France, dès maintenant, frappons sans merci les barbares. [...] GLOIRE À NOS FRÈRES HÉROÏQUES DE VARSOVIE! L'étendard de la résistance armée qu'ils lèvent bien haut, brandissons-le à notre tour. DEBOUT, JUIFS DE FRANCE! C'est l'heure de la vengeance et du châtiment, c'est l'heure de la libération de notre peuple que le sang des héros de Varsovie auréole d'une gloire immortelle [5]! »

Au cours des mois de mai et de juin, toute l'activité de la section juive porte l'empreinte de l'insurrection du ghetto de Varsovie, qui galvanise les militants. La plupart d'entre eux, ou leurs parents, sont nés en Pologne, où vivaient avant la guerre plus de trois millions de Juifs, et l'essentiel des familles de ces combattants.

Cet événement survient alors que la section est en pleine réorganisation. Au mois d'avril, elle a décidé de rassembler tous les groupes émanant d'elle au sein de l'Union des Juifs pour la résistance et l'entraide (UJRE), organisation à la fois plus large et plus spécifique. La direction tire donc les conséquences découlant de la prise de conscience aiguë que le sort de l'ensemble des Juifs est en jeu, qu'ils soient français ou immigrés. A travers le titre de sa déclaration de principe, « Pourquoi le combat des Juifs ne doit pas être anonyme », l'UJRE, en septembre 1943, explicite sa raison d'être. On y lit : « Exception faite pour les membres de quelques organisations juives, c'est à titre individuel et s'effaçant en tant que Juifs dans la masse de leurs camarades [de la résistance] que ces éléments participaient à la lutte pour la libération de la France. »

Du même coup, l'UJRE est amenée à revendiquer également l'organisation des Juifs français, qui sont désormais concernés par la persécution au même titre que les Juifs immigrés : « Tous les Juifs, quels qu'ils soient, sont frappés; ils sont tous visés : la nationalité, l'âge [...], les services rendus à la patrie d'origine ou d'adoption, rien n'entre en ligne de compte. Le Juif est, aux yeux de la brute nazie, un être qui doit disparaître. » D'ailleurs, l'UJRE adopte bientôt le français comme langue usuelle, que ce soit dans son journal *Droit et Liberté* ou dans ses tracts et brochures. Parallèlement, le journal *Notre voix* est, lui aussi, de plus en plus souvent, publié en français.

Sur le plan structurel, la section juive et l'UJRE restent attachées à la MOI, organisme pourtant réservé aux immigrés. Cette dépendance ne doit cependant pas cacher que cette section dispose d'une très large autonomie d'action et d'orientation. N'y est pas étranger le fait que la direction de la MOI soit assurée par Gronowski et Kaminski, tous deux issus de la section juive et qui ressentent très fortement la persécution nazie dont, entre autres, leurs familles sont victimes. Cette « complicité » contribue à diminuer parmi les responsables juifs le sentiment de se trouver en porte-à-faux dans une structure limitée aux immigrés, et donc dépassée à la fois par l'ampleur et la spécificité du drame juif.

Cette nouvelle orientation a été confirmée par la réunion de la direction juive, le 30 avril, qui a décidé de demander à la direction l'autorisation de « muter » en province un certain nombre de militants parisiens. En effet, face à la persécution, une grande partie de la population juive de la capitale s'est réfugiée en zone Sud et dans la zone d'occupation italienne. L'idée est donc de remettre les cadres communistes juifs au contact de cette population pour qu'ils puissent y poursuivre et intensifier leur travail politique. La direction a répercuté cette demande à la direction du PCF. En attendant la réponse, Adam Rayski a suggéré à Jacques Ravine d'examiner les possibilités d'accueil de ces militants en zone Sud, puis il a décidé d'organiser une réunion générale sur ce problème, en présence d'un membre de la direction de la MOI, Kowalski.

Fixée au 25 mai 1943, cette réunion allait à l'encontre des règles de sécurité, renforcées depuis les chutes du mois de mars. Les militants évitaient autant que possible de se réunir dans des locaux fermés, mais plutôt à deux ou trois en marchant dans la rue. L'importance des cadres prévus pour cette réunion impliquait un local très sûr. Grâce au docteur Chertok, l'un des dirigeants du MNCR, dont les relations « mondaines » étaient nombreuses, la direction obtient un studio appartenant à la chanteuse Charlotte Évrard. Tout est en ordre. Mais, le 24 mai, Adam Rayski rencontre Jacques Kaminski, qui lui signifie que la MOI refuse tout transfert des responsables de la section juive et d'une partie du Deuxième détachement en zone Sud. La réunion, néanmoins maintenue, permet à Jacques Ravine, venu de Lyon, d'exposer devant Kowalski les possibilités de développement de la résistance dans les villes de zone Sud où sont réfugiés des dizaines de milliers de Juifs parisiens. Cependant, en restant à Paris malgré les alertes multiples du printemps, les organisations juives vont se trouver fragilisées face à la nouvelle offensive policière.

En effet, la BS 2 développent contre elles une opération de filatures de grande envergure. Le rapport de synthèse commence par un exposé des motifs :

> « Une recrudescence d'attentats perpétrés par des éléments du Parti communiste s'étant manifestée dès le début de l'année en cours dans la région parisienne, malgré l'arrestation par nos services de nombreux individus convaincus d'activité terroriste, des investigations avaient été entreprises à l'époque dans les milieux étrangers de la capitale, qui avaient bientôt révélé l'importance de l'organisation dite Main-d'Œuvre Immigrée constituée par des militants vivant dans l'illégalité. C'est ainsi que, le 23 mars dernier, après une série de surveillances et de filatures, 57 individus tous juifs et de nationalité étrangère ont été appréhendés. [...]

Quelques membres actifs de cette organisation qui se trouvaient en province au moment de cette intervention avaient pu de ce fait échapper à la répression. L'un d'eux cependant, connu sous le nom de " Maroc ", a été repris en surveillance peu après son retour à Paris [6]. »

La BS établit donc clairement la continuité entre la nouvelle filature et l'affaire des jeunes communistes juifs. En revanche, tout laisse à penser qu'elle a alors renoncé volontairement à arrêter « Maroc » pour garder le contact. « Maroc », ainsi nommé par la police en raison de son adresse, 2 impasse du Maroc dans le 19e arrondissement, s'appelle Éphraïm Lipcer, connu dans la clandestinité sous le nom de Francis. Il est en quelque sorte l' « intendant » de la section juive, fournit le papier, les stencils et l'encre indispensables aux imprimeries clandestines. Il peut aussi, à l'occasion, procurer des meubles à ceux qui passent dans la clandestinité, et autres services du même type. À ce titre, il a certainement été repéré à la fin de la précédente affaire, quand la BS a pu mettre la main sur une partie de l'appareil technique, l'imprimerie clandestine de l'avenue de Versailles. C'est donc autour de ce « contact » que commence la nouvelle offensive policière.

La filature débute le 22 avril. La première journée est peu fructueuse. Le 23, Lipcer sort à 9 heures 50 de sa planque et, après quelques tours et détours, rencontre devant le 25, boulevard Henri-IV « un homme de trente-deux ans environ, 1,60 m, corpulence moyenne, teint clair, visage juif, cheveux bruns, coiffé d'un chapeau marron clair à bords larges, légèrement relevé sur le derrière, pardessus gris-beige à martingale avec des raies longitudinales marron, pantalon gris, souliers noirs, genre élégant. » Suivi à son tour, cet homme

« se rend rue Bergère où il rencontre une femme qui paraît être son amie. [...] Il se rend au pont de Neuilly où il rencontre à 15 heures 10 une femme surnommée Neuilly : vingt-huit ans environ,

1,60 m, corpulence mince [...]. Après l'avoir quittée, il remonte l'avenue de Neuilly où à 15 heures 20, devant le n° 109, il parle avec un homme de trente-huit ans, 1,75 m, corpulence moyenne, teint mat, entièrement rasé, porte un manteau bleu et des lunettes à fine monture d'écailles, il est coiffé d'un chapeau marron foncé, il est vêtu d'une gabardine beige, d'un pantalon bleu à raies longitudinales marron et de souliers noirs. » Mais, « en raison de la méfiance dont font preuve ces individus, nous jugeons préférable de les abandonner momentanément ».

Les premiers résultats sont pour le moins spectaculaires. En effet, le premier contact n'est autre qu'Adam Rayski, le responsable politique de la section juive, même si la description est en partie inexacte. Son « amie » est sa femme, Jeanne, qui est agent de liaison. « Neuilly » est Guta Puterflam, qui est loin cependant d'avoir vingt-huit ans. Elle est la fille d'un cadre important, Rex Puterflam. Dirigeante des jeunesses de la section juive sur Paris, rescapée de la grande chute de mars 1943, elle vient d'être affectée comme agent de liaison de Jacques Kaminski, cheville ouvrière de la direction de la MOI. Et l'homme au teint mat n'est autre que le commissaire militaire du Deuxième détachement, Meier List, connu sous le pseudonyme de Markus.

Itinéraire étonnant que celui de Meier List : né en 1907 en Pologne, il émigre avec toute sa famille en Argentine où, avec ses frères, il milite dans le jeune Parti communiste. Son frère Jacob est tué par la police ; lui-même, pourchassé, s'enfuit en Uruguay où il est finalement arrêté. Expulsé, il est mis sur un bateau en partance pour Dantzig. Mais à l'escale de Vigo, en Espagne, il parvient à s'évader : on est à la veille du soulèvement de Barcelone ! Engagé dans les Brigades internationales dès leur création, il parvient, en 1939, à passer à travers les mailles du filet policier français et à gagner Toulouse puis Paris où il survit difficilement, miné par la tuberculose. Dès la fin

1941, il rejoint les groupes OS-MOI puis le Deuxième détachement, dont il devient le responsable militaire [7].

D'emblée, la BS est donc parvenue au cœur du dispositif de la section juive, de sa direction tant politique que militaire, mais elle ignore à qui elle a affaire et perd le contact immédiatement en raison de la vigilance de ces militants.

La filature est reprise le 24 avril à partir de Lipcer, sans succès. Le 30, toujours en partant de Lipcer, les policiers ont retrouvé la trace de Rayski, mais ils ne sont pas assez nombreux sur le terrain et suivent une mauvaise piste, celle de « Georgette », de son vrai nom Monique Gronowski, belle-sœur de Louis Gronowski et agent de liaison de Rayski; ce dernier leur file à nouveau entre les doigts. Le 6 mai, les policiers repèrent à la porte d'Orléans un homme surnommé « Orléans » : « quarante ans, 1,60 m, corpulence moyenne, teint mat, entièrement rasé, figure ronde, cheveux châtain foncé, porte un chapeau bleu marine, un imperméable bleu marine assez court, un pantalon gris clair, des souliers jaunes. » C'est Ydel Barczewski, plus connu sous le nom d'Ydel Korman.

Korman, adjoint de Rayski, est à ce titre en charge de l'organisation et des services techniques à Paris, ce qui l'amène à multiplier les rendez-vous. Très prudent, il échappe à la filature dans les petites rues désertes du 20ᵉ arrondissement. Dans un premier temps, la BS 2 ne parvient donc pas à pénétrer le dispositif politique de la section juive. Il n'en est pas de même pour le Deuxième détachement.

En effet, toujours en partant de Lipcer le 28 avril, les policiers ont à nouveau repéré Meier List ainsi que plusieurs militants qui l'entourent, tous membres du Deuxième détachement. Parmi eux, Boria Lerner : « trente-huit ans environ, 1,75 m, corpulence moyenne, visage allongé, porte une petite moustache à la "Charlot", cheveux châtains, porte un chapeau gris, vêtu d'une gabardine grise, d'un pantalon de ski marron, des souliers noirs. » Lerner, âgé de vingt-huit ans, a réussi à quitter la Roumanie en 1938 et est arrivé à Paris, trop tard pour combattre dans les Brigades internationales, mais assez tôt pour s'engager dans l'armée française en septembre 1939. Envoyé dans les régiments de marche à Barcarès, il tombe gravement malade; réformé, il rejoint Paris où il retrouve sa femme et son bébé. En juin 1940, il fuit devant l'avance allemande pour se retrouver interné, avec sa femme, au camp de Rivesaltes. En 1941, le couple parvient à s'évader de ce camp et arrive à Paris le jour même de la grande rafle d'août 1941 dans le 11e arrondissement. Ayant repris contact avec les communistes, Lerner est affecté au Deuxième détachement dont il devient responsable à l'armement[8]. C'est précisément le 4 mai 1943, que, suivi depuis plusieurs jours et en dépit de ses précautions, il finit par mettre la police sur la trace du 18, rue Dauphine, escalier D, entresol première porte face. C'est là que se trouve le dépôt d'armes du détachement. Cependant, il est si méfiant que les policiers doivent interrompre la filature. Ce n'est qu'après un mois de surveillance pratiquement ininterrompue qu'ils parviennent à localiser sa planque, rue d'Ivry, dans le 13e.

Le 29 avril, en filant List, les policiers ont repéré un nouveau militant important, surnommé Dupont : « trente-huit ans, 1,80 m, corpulence moyenne, visage allongé et osseux, gros traits, nez applati, rasé, teint pâle, chapeau bleu marine baissé devant, porte une gabardine gris fer, un pantalon gris et des souliers noirs. » Dupont n'est autre que Joseph Dawidowicz, commissaire politique du Deuxième détachement pour peu de temps encore. En quelques jours, la BS 2 a donc repéré et bientôt « logé » le triangle de direction de ce détachement.

Le 5 mai, les policiers repèrent Henri Tuchklaper, mais il leur file immédiatement entre les doigts en disparaissant dans un immeuble à double issue. Le même jour, ils assistent, autour du 18, rue Dauphine, à des transferts de lourds sacs à provisions, sans doute remplis d'armes. Mais encore une fois, Lerner est si méfiant qu'ils doivent interrompre la filature. Il en est de même le lendemain avec un certain « Gabardine », que nous n'avons pu identifier. Néanmoins, du 28 avril au 8 mai, 14 membres du

Deuxième détachement sont repérés, parmi lesquels Joseph Dawidowicz, Anka Richtiger, agent de liaison de List, Boria Lerner, chef du dépôt d'armes, plusieurs combattants dont Henri Tuchklaper, Rogert Engros et « Gabardine ».

Certains de ces combattants appliquent mal les mesures de sécurité, à commencer par le chef, Meier List, qui a la mauvaise habitude de déjeuner régulièrement dans un restaurant, au 13 de la rue aux Ours, où les policiers n'ont aucun mal à le retrouver.

Le 10 mai, les policiers notent :

> « Dupont [Dawidowicz] sort à 8 heures 15, prend le métro à Villette et descend Porte de la Villette. À 8 heures 35, la Grande [Anka Richtiger] le rejoint ; elle est accompagnée de Louis [Iarosz Kleszcelski]. Ils prennent tous les trois l'autobus 52 et descendent à l'aérodrome du Bourget. Dupont montre le terrain et les hangars à Louis et à la Grande. Il fait de grands gestes. Ils s'éloignent quelques instants en se retournant sans arrêt, ils reviennent ensuite au terrain d'aviation où ils paraissent attendre. En raison des lieux déserts et des difficultés de surveillance, nous levons celle-ci. »

Or, quelques heures plus tard, à 11 heures 45, un groupe du Deuxième détachement dépose une bombe à retardement qui explose au passage d'un détachement allemand au Bourget, provoquant de nombreux morts et blessés. S'ils ont manqué les combattants, les policiers savent maintenant qu'ils ont affaire à ces « terroristes » qu'ils recherchent. Après cet épisode du Bourget, la direction de la BS semble vouloir donner le change : du 11 au 20 mai, les filatures sont tout à fait ralenties et peu productrices.

Le bilan d'un mois de filature – 22 avril au 20 mai 1943 – est finalement assez positif pour la police. Elle a certes enregistré un échec total en ce qui concerne la direction de la section juive : si elle a repéré six de ses militants, dont Rayski et Korman, elle les a perdus début mai. En revanche, son résultat est meilleur pour ce qui concerne les services techniques : sept militants repérés, mais surtout un point d'appui précieux en la personne de Lipcer, qui ne semble prêter que peu d'attention aux problèmes de sécurité. Enfin, son triomphe est incontestable avec les fileurs du Deuxième détachement : 23 militants sont repérés, dont le triangle de direction et plusieurs combattants.

La filature aborde une deuxième étape du 21 mai au 8 juin. Durant cette période, la surveillance du Deuxième détachement est très réduite jusqu'au 27 mai, et complètement abandonnée par la suite. Cela s'explique vraisemblablement par les mesures adoptées par la direction qui, fin mai, devant les rapports signalant des filatures, a décidé de retirer du terrain, pour trois semaines, les combattants du Deuxième détachement. Abraham Lissner, responsable aux cadres parisiens, est chargé de cette opération :

> « Au cours des mois d'avril et mai, nous avons découvert des traces de la police autour de l'unité juive. De plus en plus souvent, nos combattants signalaient à la direction des faits suspects, des cas de filature ; malgré cela, les opérations militaires prévues continuaient à être normalement effectuées. Fin mai 1943, nous nous sommes rendu compte que toute l'unité juive était étroitement surveillée par des agents de la Gestapo [il s'agit en fait de la BS 2]. Le danger d'être pris dans le filet était imminent. Il fallait agir vite. L'état-major a alors décidé de dissoudre les groupes et disperser tous les membres dans diverses localités de la banlieue parisienne, afin de créer chez l'ennemi l'impression que tous les combattants avaient quitté Paris. C'était moi que l'état-major avait

chargé de réaliser ce stratagème, ce qui signifiait : fournir à chacun des partisans en cause l'argent, des cartes d'alimentation et éventuellement un gîte bien camouflé.

« Afin de ne pas perdre le contact avec les hommes, je devais aller voir chacun d'eux tous les deux jours et, d'autre part, je devais rester en contact avec la direction militaire pour l'informer de la situation de chaque partisan planqué et des moyens mis en œuvre pour accomplir ma mission. Dans le même temps, je devais également, il est vrai à intervalles plus espacés, maintenir le contact avec les autres unités. Cet état de choses avait duré plus de trois semaines. Ensuite, je remis chaque homme, séparément, entre les mains de l'état-major, et personne ne manquait à l'appel [9]. »

Ce témoignage est confirmé par le rapport d'activité des FTP-MOI parisiens. Rédigé à la fin de juin, il traduit aussi bien leur conscience aiguë du danger que leurs illusions sur l'efficacité des mesures adoptées : « La filature dans le Deuxième détachement et l'insistance de la direction a développé la vigilance des camarades. Une préoccupation majeure pendant le mois de juin dans le domaine de la vigilance a été d'isoler et de nettoyer le Deuxième détachement au prix d'un arrêt du travail [10]. » Effectivement, aucune action n'est imputable à ce détachement pendant le mois de juin. Les mesures prises sont très strictes :

« La direction régionale, en étroite collaboration avec le service des cadres, a pris les mesures les plus énergiques, radicales, pour couper la filature. Toute liaison pendant une courte durée, tout contact à l'intérieur du Deuxième détachement a été interdit sous menace d'exclusion. Tout contact au-dehors interrompu. Tout domicile quitté et tout travail cessé. Pendant cette période, parallèlement à ces mesures sévères, un travail de clarification a été mené, une campagne politique a été déclenchée autour du problème de vigilance [11]. »

La conclusion sera bientôt contredite :

« Ces mesures furent acceptées par les camarades avec la meilleure compréhension, et cela a permis de débarrasser, momentanément, ce détachement de toute filature, et de le rendre apte pour le travail. Le nettoyage peut être définitif seulement en respectant les mesures de sécurité précédemment adoptées [12]. »

Enfin, les coïncidences peuvent jouer. Ainsi, Dawidowicz disparaît de la filature, car il a remplacé Milev au poste de commissaire politique de l'ensemble des FTP-MOI parisiens. Il a dû changer de planque et d'agent de liaison, ce qui lui permet d'échapper aux policiers.

Si le Deuxième détachement est un temps épargné, il faut d'abord en chercher la cause dans l'évolution même du travail d'investigation policière. En effet, entre-temps, la BS 2 a réussi à retrouver le « contact » avec la direction politique de la section juive, objet de la deuxième phase de la filature. Le 21 mai, toujours à partir de Lipcer, elle a repéré à nouveau Korman et surtout Paulette Kwater, son agent de liaison [13]. Suivant cette piste prometteuse, en n'hésitant pas à y mettre les moyens, la police parvient rapidement à remonter une partie de l'appareil de direction politique de la section juive. En moins de trois semaines, 29 militants sont repérés, dont trois seulement étaient déjà connus dès la première étape de la filature.

Parmi eux, une femme surnommée par les policiers « Bécassine », de son vrai nom Sophie Schwartz, membre de la direction de la section juive, responsable de tout le secteur de la solidarité, du sauvetage des enfants et des groupes de femmes. Le 25 mai, « Bécassine » est suivie

LA GRANDE TRAQUE II : RECONSTITUTION DE LA FILATURE*

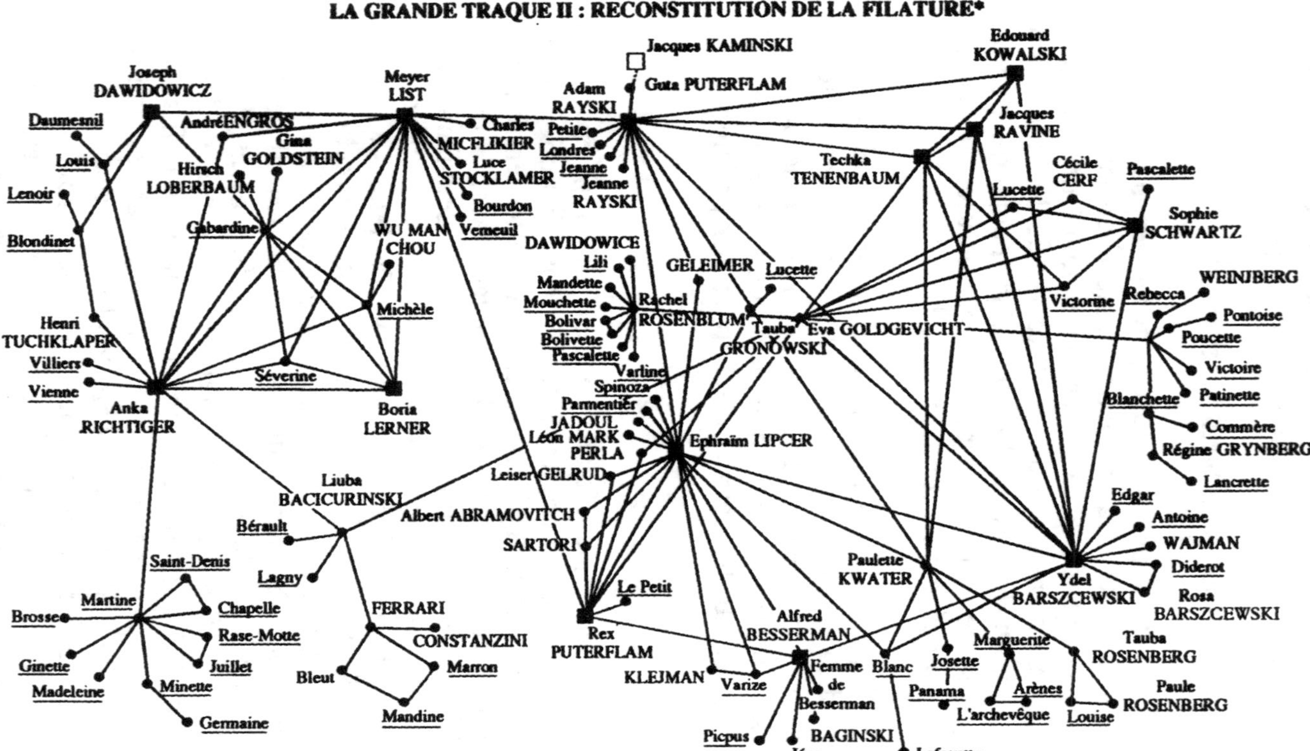

* Légende Cf. Graphique Grande Traque I, p. 200.

jusqu'à sa planque, au 10 de la rue Léon-Dierx, « 7e étage, chambre 17 ». Mais, peu auparavant, les policiers l'ont vue entrer « à 16 heures rue Guynemer au no 30, 2e étage, chez le docteur Bréchot », dont elle est sortie à 16 heures 40. En effet, Sophie Schwartz doit subir à la fin du mois une opération chirurgicale, et son entrée en clinique lui permet de disparaître de la filature et d'échapper ainsi à la vague d'arrestations du début juillet. Elle sera ensuite envoyée en zone Sud.

Fin mai, les policiers assistent très vraisemblablement à un sauvetage d'enfant juif : « Bécassine [Sophie Schwartz] « rencontre à 11 heures 40, à l'angle de la rue de Charonne et de la rue des Boulets, la nommée Goldgewicht. Bécassine remet un paquet à Goldgewicht, pénètre 36, rue Amelot et ressort quelques minutes après. [...] À 19 heures 10, Goldgewicht prend le métro à Trinité et redescend à Saint-Mandé. À 19 heures 10, à la sortie du métro, elle rencontre une femme accompagnée d'un enfant d'environ sept ans. La femme porte un paquet assez volumineux. Goldgewicht prend le paquet, emmène l'enfant et prend le métro, descend à la gare de l'Est où, sur le quai direction Orléans, elle retrouve à 19 heures 40 Victorine et Angèle [Techka Tenenbaum]. Victorine part avec l'enfant et le paquet [14]. »

Le 27 mai, des événements étonnants se produisent. Suivons le rapport de police :

> « Barczewski sort à 13 heures 30 du 3, square du Tarn, il se rend rue de Prony où, à 13 heures 45, il rencontre Rajgrodski [Rayski]. Ils se séparent à 14 heures. Barczewski se rend dans un café situé à proximité. Rajgrodski rejoint un homme et une femme qui l'attendaient. Nous les appellerons Basané et Angèle. Signalement de Basané : quarante-cinq ans environ, 1,75 m, corpulence assez forte, teint très basané, cheveux bruns, porte des lunettes, visage allongé, pantalon noir rayé gris, gabardine beige, souliers noirs, chapeau mou gris très clair, type étranger. Signalement d'Angèle :

trente-deux ans, 1,60 m, corpulence moyenne, cheveux noirs, visage rond rempli, maquillée normalement, coiffée d'un chapeau en tissu à fleur très relevé sur le devant, vêtue d'un tailleur marron, avec grande martingale, nu-jambes, souliers blancs à semelles de bois, type étranger. »

En réalité, le « Basané » est Jacques Ravine, responsable de la section juive pour toute la zone Sud, et Angèle est Techka Tenenbaum, membre de la direction de la section juive, chargée de réceptionner Ravine à son arrivée à Paris.

« Rajgrodski les quitte à 14 heures 10 et se rend au café où se trouve Barczewski d'où il sort à 14 heures 30 et se rend 32, rue Guyot [actuellement rue Médéric], bâtiment A. Barczewski sort à son tour du café à 14 heures 40 en compagnie d'un individu que nous appellerons Prony. Signalement : trente-huit à quarante ans, 1,70 m, corpulence moyenne, visage allongé, teint bronzé, rasé, cheveux châtains, chapeau mou bleu marine, complet bleu, souliers noirs. »

Prony n'est autre qu'Édouard Kowalski, connu aussi sous le pseudonyme de Tcharny, membre de la direction de la MOI.

« Tous deux [Barczewski et Kowalski] se rendent également au n° 32, rue Guyot. À 15 heures, arrivent Basané et Angèle qui pénètrent à la même adresse. Barczewski sort à 18 heures 45 et se rend 3, square du Tarn. Basané et Angèle sortent à 19 heures. Ils prennent le métro à la station Ternes, ils descendent à Victor-Hugo pour pénétrer vers 19 heures 40 au n° 11, rue des Sablons (villa Michel-Ange) escalier A, 1er étage, couloir de droite. Rajgrodski et Prony sortent à 19 heures 15, ils se rendent au restaurant « Les Baléares », rue

Montmartre à 20 heures 5; ils sortent à 20 heures 50 et se rendent au métro Montmartre où nous les perdons de vue. »

Sans le savoir, les hommes de la BS 2 viennent d'assister à la réunion de la direction nationale de la section juive, réunion à laquelle participait un membre de la commission centrale. On devait y débattre de l'opération de transfert vers la zone Sud. Plus de quarante ans après, Adam Rayski a ainsi découvert que l'une des réunions les plus importantes de la section juive s'était déroulée sous la surveillance de la police!

Pourquoi celle-ci n'est-elle pas intervenue? La première hypothèse, la plus simple, c'est que les fileurs ne savaient pas qu'ils avaient à faire à un groupe de responsables nationaux en pleine réunion; leur absence d'intervention s'expliquerait donc par l'ignorance de l'importance exacte de la prise. Selon une seconde hypothèse, les fileurs auraient reçu l'ordre de « laisser faire ». Il est en effet évident que l'arrestation immédiate et intempestive des participants aurait risqué de faire perdre tout le bénéfice d'un mois de filatures, en poussant les autres militants à disparaître. Les deux hypothèses ne sont d'ailleurs pas incompatibles.

Durant cette deuxième étape, le service technique est surveillé de manière épisodique, mais la filature reste toujours très productive. Le 5 juin, Lipcer, rencontre un homme à la porte de Clignancourt : « Signalement : cinquante ans, forte corpulence, cheveux grisonnants, visage terreux, rasé, vêtu d'une cotte bleue, d'une blouse grise et coiffé d'un chapeau gris usagé. » Sous cette piètre apparence se cache Albert Abramovitch, une figure du mouvement révolutionnaire juif. Par sa personnalité, son itinéraire, ses idées politiques et même par son « standing », Abramovitch est très différent des autres militants juifs communistes. Né à Kharkov en 1889, il a été membre du mouvement terroriste des socialistes-révolutionnaires russes au début du siècle, et à ce titre, un adversaire acharné des bolcheviks de Lénine, mais il a dû fuir la police tsariste en 1905 pour trouver asile en France. Les premières années, il a survécu en poussant la voiture à bras des « biffins », les marchands de chiffons. Puis un jour il s'est « installé », a ouvert une boutique et a épousé une française non juive, qui d'ailleurs protégera ses activités commerciales pendant l'Occupation. Le Front populaire l'a rapproché des communistes mais, par tempérament, il n'a pas voulu adhérer à leurs organisations, ce qui ne l'a pas empêché de faciliter leur implantation dans le milieu des brocanteurs du marché aux Puces de Saint-Ouen. Devenu « Albert le Vieux », il collecte des fonds pour la *Presse nouvelle* et fait voter communiste.

Avec la lutte armée, « Albert le Vieux » reprend du service. Il se retrouve dans son élément du début du siècle, même s'il ne participe pas directement aux opérations. Il fournit à l'organisation juive ses premières armes, dont certaines sont de véritables pièces de collection. Il procure aussi les meubles indispensables pour les planques et se fera d'ailleurs repérer lors d'un de ces transports. Son agent de liaison est sa bonne, une jeune Italienne nommée Sartori, arrêtée le 2 juillet 1943 mais relâchée faute de preuves. Quand lui-même sera pris, il simulera la folie et sera interné à Sainte-Anne d'où il sortira, parfaitement sain de corps et d'esprit, le premier jour de l'insurrection de Paris. On peut penser que les 115 000 francs (somme à peu près équivalente en francs 1989) saisis chez lui par les inspecteurs de la BS 2 et qui ont disparu sans laisser de traces, n'ont pas été étrangers à ce traitement de faveur [15].

Du 9 juin au 1er juillet, la filature entre dans sa phase finale. La BS 2 intensifie son action et exploite toutes ses pistes. Ce sont souvent deux et même trois équipes qui sont en permanence sur le terrain avec, par la force des choses, des résultats spectaculaires.

Elle reprend la surveillance du Deuxième détachement, en particulier dans la semaine du 9 au 16 juin où elle repère 15 militants, dont 9 encore inconnus d'elle.

Partis de Liuba Bacicurinski [16], agent de liaison, les policiers remontent à une équipe italienne, semble-t-il. Le 22 juin, alors qu'ils suivaient Sarah Rosenblum et qu'ils l'avaient perdue de vue à la porte de Vincennes, les fileurs rencontrent le nommé Ferrari, déjà repéré le 16 juin. Tenant «un sac à provisions vide roulé», celui-ci rencontre un individu surnommé «Marron», «porteur d'un sac à provisions plein». Ils se rendent avenue de Saint-Mandé et, après quelques tours et détours rue des Pyrénées, «Marron» revient sans son sac à provisions. Un transport d'armes, sans doute.

En revanche, la surveillance de la direction politique est moins fructueuse. Quelques-uns, comme le responsable du MNCR, Roger Aronson, ont été envoyés en zone Sud avec des responsabilités équivalentes. Il sera remplacé, au début d'août, par Charles Lederman, appelé de zone Sud. D'autres ont alors changé de planque, tels Rayski ou Korman. Utilisant ses connaissances, ce dernier dormira rarement plus de trois ou quatre jours à la même adresse. Ne le trouvant plus, la police se rabat sur ses agents de liaison, Éva Goldgewicht et Sarah Rosenblum, mais la filature tourne en rond [17].

La filature de Lipcer continue de manière régulière et donne toujours d'excellents résultats. Le 23 juin, «Lipcer sort à 16 heures 35, prend le métro à Aubervilliers et descend à Porte Dauphine; il se rend à la gare, prend le train et descend à Porte d'Auteuil. À l'angle de la rue Molitor et de la rue Michel-Ange, il rencontre le nommé Besserman. Signalement: quarante ans, 1,67 m, forte corpulence, cheveux bruns avec légère calvitie, nu-tête ou coiffé d'un béret basque, visage rond rasé, chemise blanche, veste bleu foncé, pantalon de flanelle grise assez court, souliers noirs». Or Alfred Besserman est membre de la direction de la section juive, chargé du secteur syndical.

Commencée le 23 juin, la filature de la direction syndicale permet à la police de repérer dix militants en une semaine. Le 26 juin, les policiers assistent à une scène de la vie quotidienne des clandestins:

« À 13 heures 15, Besserman sort accompagné de Varize. Ils se séparent à 13 heures 25 au métro Bagnolet. Besserman se rend à pied jusqu'à Bagnolet où, rue de Paris, il rencontre à 13 heures 55 un individu nommé Baginski. Ils se rendent dans un café où un individu conducteur d'une voiture à cheval portant l'inscription "Transport Milo-Avron 10-72" les rejoint. À 13 heures 50, Besserman monte dans la voiture accompagné du conducteur; ils arrivent à 15 heures à Saint-Ouen. Besserman descend et va causer à Lipcer et à Puterflam qui stationnaient à cet endroit.

« Besserman s'éloigne, abandonnant l'attelage à Puterflam; Lipcer part également. Sous la conduite de Puterflam, le conducteur mène sa voiture rue Jean-Pernin à Saint-Ouen où, au n⁰ 17, il pénètre dans la cour, dans un petit pavillon, d'où il déménage de l'ameublement. À 15 heures 45 arrive Sartori accompagnée d'un cycliste qui conduit un cycle et une remorque portant le n⁰ 99 83 RD 6, puis arrive Lipcer. Puterflam ferme les portes et laisse le conducteur partir seul avec son attelage en direction de la porte de Clignancourt. Ensuite, Puterflam conduit Lipcer, Sartori et le cycliste dans une impasse située rue Monceau où ils s'arrêtent en face de la troisième porte. Au bout de quelques minutes, ils sortent avec des paquets et une table de nuit. Le déménagement continue avec le cycliste. Comme il nous est impossible de suivre le cycliste, nous abandonnons notre surveillance. »

À la fin de juin 1943, après deux mois et demi de filatures, le bilan des policiers est impressionnant. Ils ont repéré 103 militants, dont 43 du secteur politique, 40 des FTP-MOI, 15 des services d'intendance et 10 de l'organisation syndicale. Sur ces 103, seulement 47 ont été

« logés », dont 17 dans le secteur politique, 16 parmi les francs-tireurs, 9 pour l'intendance et 4 syndicalistes. Ces 47 sont évidemment les plus vulnérables.

Un incident inattendu interrompt brusquement ce travail de fourmi. Le 28 juin, alors qu'il sort de son domicile, le commissaire Paul Tissot, chargé des affaires administratives de la BS 2 et principal adjoint de Jean Hénocque, est abattu de deux balles dans le dos. À la Brigade, Barrachin est persuadé que c'est un coup de la MOI et de celui qu'il considère comme son chef, Ydel Korman [18]; il donne l'ordre de l'arrêter à la première occasion. Les inspecteurs Plancheneau et Lavoignat sont particulièrement chargés de suivre l'agent de liaison de Korman. Le 29 juin, Sarah Rosenblum est suivie toute la journée, en vain. Et puis soudain, « à 19 heures, elle sort [de sa planque, 3, square du Tarn] et se rend à l'angle de la villa Saint-Mandé et du boulevard de Picpus où elle rencontre une femme à 19 heures 10. Elles se séparent dix minutes plus tard. Rosenblum se rend ensuite rue Vitruve où Barczewski la rejoint à 19 heures 50. Rosenblum lui remet des paquets. Ils se séparent à 20 heures 10. Quelques instants plus tard, nous procédons à l'arrestation de Barczewski ». Ainsi commence la grande chute de la section juive en cet été 1943.

Fouillé, Korman est trouvé porteur des paquets que vient de lui remettre son agent de liaison, à savoir des tracts en français et en « hébreux » *(sic)*. Les perquisitions à sa planque du 13, rue Saint-Blaise et à celle du 14, square du Vaucluse ne permettent de saisir que des documents politiques généraux. Lerner, quant à lui, est arrêté le même jour. Les 30 juin et 1er juillet, les policiers ne se manifestent pas. Il frappent massivement le 2 juillet : 25 arrestations au moins, dont celles des membres du Deuxième détachement – List, Engros, Tuchklaper, Liuba Bacicurinski –, de la direction de l'intendance – Lipcer, Rex Puterflam, Abramovitch – et des agents de liaison de Korman – Goldgewicht et Rosenblum. Les arrestations consécutives à des surveillances organisées dans les planques des militants déjà arrêtés se poursuivent jusqu'au 9 juillet. Au total, 77 arrestations sur un total de 103 militants plus ou moins repérés.

Cependant, des informations parviennent rapidement à la direction de la section juive sur les circonstances des arrestations. Dès les premiers jours, Ciporka Gutnik parvient à faire sortir du dépôt une lettre en hébreu (espérant ainsi retarder la traduction en cas d'interception), où elle dit en substance que personne n'a parlé, que la chute est la suite d'une longue filature où d'autres responsables ont également été repérés : « Chers camarades, fuyez de Paris, vous êtes en grand danger ! [...] En ce qui nous concerne, le sort en est jeté, nous savons ce qui nous attend. Vous ne pouvez rien pour nous. Protégez nos enfants, c'est le souhait ardent des mères ici ! Protégez nos enfants, salut ! Adieu, camarades [19] ! »

Le 20 septembre, Alfred Besserman parvient à faire sortir un rapport de Drancy, où il a été transféré. Le récit est détaillé :

> « J'ai été arrêté le 3 juillet dans mon logement illégal. C'est arrivé dans les circonstances suivantes. Après avoir constaté l'absence du camarade Ydel [Korman], la question essentielle n'était pas [illisible] continuer notre travail et préparer la conférence des militants syndicaux. J'ai vu le camarade Sch. et lui ai annoncé que Ydel n'est pas là et que nous devons quitter nos logements. Chacun a fait ainsi. Je n'ai pas dormi à la maison. Jeudi soir, je devais voir la camarade T. [Techka Tenenbaum]. Comme elle n'est pas venue mais a envoyé un camarade, alors j'ai pensé que c'est un hasard au sujet de Ydel, car on l'a pris dans la maison de Guitel [Ginette Sosnowski]. Comme son fils a été fusillé, il est possible que la maison était observée. Il était tard, j'étais très fatigué, je suis monté me coucher sans rien avoir remarqué de suspect.
>
> « Vendredi matin, j'ai quitté mon logement, me trouvant dans le quartier de l'hôpital Saint-Louis, où je devais rencontrer T. [Techka] et régler avec

elle des questions courantes que je devais transmettre au camarade Ad. [Adam Rayski]. Arrivé au coin de la rue du Faubourg-du-Temple et de la rue Bichat, j'ai remarqué que deux hommes entrent chacun dans une cour. J'ai immédiatement pensé qu'ils ne me plaisent pas. M'approchant de la rue Corbeau [aujourd'hui rue Jacques Louvel-Tessier] et rue Bichat, je suis également entré dans une cour pour attendre. Restant ainsi assez longtemps, je suis sorti et je ne suis pas revenu à l'endroit où je devais rencontrer T. [Techka].

« Sorti de la cour, je vois deux autres types qui marchent tout près de moi. Je passe rue Alibert, avenue Parmentier, rue Corbeau, rue Bichat, Faubourg-du-Temple, rue d'Aix, rue Corbeau où habite une camarade française. En sortant, je lui dis de quoi il s'agit. Je lui demande de voir ce qui se passe dans la rue. Après son retour, elle me dit que deux "capteurs" sont postés des deux côtés de la rue et cherchent dans chaque maison.

« Quand les camarades français sont partis travailler, je suis resté et en même temps j'ai demandé à la concierge qu'elle me dise lorsque la rue sera "propre". A midi moins dix, la concierge monte et me dit qu'on lui a demandé si un tel se trouve dans la maison. Elle a répondu que non. Quand la camarade est revenue à midi, elle m'a dit la même chose, qu'ils sont toujours là.

« Le soir, la concierge monte et me dit qu'ils sont partis. Une fois sorti, je ne remarque personne. En me rendant à différents endroits par le métro, je ne vois personne. Je monte pour me coucher là où couche [illisible]. Je lui raconte mon histoire. Elle me dit qu'au même endroit on avait lancé une grenade contre un café et on a déjà arrêté 20 personnes. Comme je ne suis pas du quartier, il est possible qu'on voulait m'arrêter. J'ai considéré ça normal.

« Samedi à 7 heures 30, je vois Sch. Je lui dis la même chose. Il ne croit pas non plus que c'est une " filature ". Nous nous partageons le travail pour la conférence. Tout est donc normal. Voulant calmer ma femme, je vais dans le quartier de mon logement. Arrivé chez moi après tant de détours différents, je m'approche de l'endroit où était posée la clef. Je trouve tout à sa place, j'entre chez moi. Trois types m'attendaient là [20]. »

On comprend la surprise d'Alfred Besserman, qui a pris tant de précautions. Mais il ignore que, filé depuis le 23 juin, il a été « logé » dès ce jour au 84, rue de Montreuil. Ce n'est donc pas un problème pour les policiers de le retrouver. Besserman poursuit son rapport sur ce qu'il sait de la filature :

« D'après les questions posées à la préfecture, il s'est avéré qu'ils m'avaient vu pour la première fois avec Francis [Lipcer] le 23 juin. Ils m'ont vu le même soir avec Ydel [Korman] et encore une fois avec Francis chez Rex [Puterflam], mais cette fois encore, ils ont suivi Francis.

« Lors de la livraison des meubles, c'est les agents qui se trouvaient là, et ils voyaient Francis avec Rex enlever les meubles et les charger sur la voiture. Ils ont suivi la voiture pour savoir où ils allaient (Ydel pense qu'ils pouvaient me suivre). Le 28, Techka m'a donné rendez-vous avec Gab.; on nous a également vus là-bas, et on m'a dit où j'ai passé et T.G. et une autre camarade de la jeunesse sont entrés dans un café, et moi je suis parti chez moi manger. [...] Ensuite, ils m'ont vu seulement le 2 juillet.

« Des questions sont posées : il s'avère que la police connaît notre activité; cela donne à réfléchir : est-ce que quelqu'un des nôtres leur aurait donné des renseignements, ou bien ils ont remonté d'après les documents lors des perquisitions de nos camarades, et ils cherchent à compléter leurs connaissances.

« Notre arrestation a quelque rapport avec l'assassinat du commissaire Tissot, bien que l'on ne pouvait donner la preuve de la culpabilité de ce cas; ils se sont trouvés devant le fait qu'il fallait arrêter un grand nombre et les désigner comme terroristes.

« Comme ils avaient suivi Francis un temps assez long, et grâce à sa filature, ils ont touché un grand nombre pour faire le coup " pour le pouvoir allemand ", cela voulait dire que ce sont des militants et on a arrêté cinquante personnes (dont vingt des nôtres). Ceci a gêné notre activité, mais on peut constater avec contentement qu'ils n'ont pas atteint leur but. Ils ne savent pas grand-chose de notre travail intérieur. Tous les efforts pour obtenir des renseignements de nos camarades n'ont pas réussi, et nous avons pu constater une fois encore que tous les camarades avaient une chose à l'esprit : protéger nos militants restés encore libres [21]. »

La plupart des militants arrêtés sont d'abord torturés à la préfecture de Police, transférés du dépôt en prison pour un court laps de temps avant d'être envoyés à Drancy d'où ils sont déportés. Cependant, cinq d'entre eux eurent le triste privilège d'être jugés par un tribunal militaire allemand : Meier List, Boria Lerner, Henri Tuchklaper, André Engros et Hirsch Loberbaum. Arrêtés entre le 2 et le 12 juillet, ils furent terriblement torturés dans les locaux de la BS, en particulier Meier List, avant d'être remis aux Allemands. Tous les cinq furent jugés le 20 septembre 1943 par le Gericht-Kommandantur von Gross-Paris, Abteilung B. Nous avons pu retrouver l'original de l'acte d'accusation, l'un des rares documents de la justice allemande conservés sur les affaires qui concernent la MOI.

Le document précise l'origine des inculpés – *Israeli-*

ten – et leur état civil. Tuchklaper et Engros sont de nationalité française, List et Loberbaum polonaise, Lerner roumaine. Il est souligné que Tuchklaper et Engros sont *jugendlich* (mineurs). Exemples types de la génération de la rafle de juillet 1942 : ils n'ont même pas dix-sept ans à la date de leur arrestation. Tous, sauf Loberbaum, sont inculpés d'avoir, « dès la fin 1942, et ceci jusqu'en juin 1943, été en possession d'armes et d'autres moyens de combat dans le but de les utiliser contre la Wehrmacht ou d'en tuer un de ses membres sans qu'ils aient appartenu à des forces militaires ennemies, qui, selon le droit international en vigueur, doivent se signaler par des signes extérieurs de reconnaissance [22] ».

Les faits précis qui leur sont reprochés montrent que, sous la torture, les quatre FTP n'ont rien lâché, si ce n'est des éléments déjà connus de la police. Tuchklaper et Engros déclarent que c'est un certain « Gilbert » qui leur a remis des armes, des faux papiers et les a menés au combat; or « Gilbert »-Weissberg, mis hors de combat depuis plusieurs mois, a été muté en province. Lerner reconnaît avoir été chargé des questions d'armement; la police l'a vu de nombreuses fois entrer et sortir du dépôt d'armements du détachement, rue Saint-André-des-Arts. Quant à List, s'il ne cache rien de ses activités dans les Brigades internationales, il est parfaitement muet sous les coups. Les Allemands considèrent néanmoins qu'il pourrait avoir eu un « rôle d'organisateur ». Pour sa part, Loberbaum, qui était le médecin du Deuxième détachement, a affirmé qu'il ignorait tout de l'activité des trois ou quatre malades que lui avait adressés List. Les Allemands considèrent cette version comme *glaubenswirtig* (crédible).

Dans le coin droit en haut de la première page du document, une annotation manuscrite, minuscule et plus que laconique : « 20.9.43 KGR Wandreij. 1-4 Todesstrafe 5 : 1 1/2 JJ. Gefängnis-Genadefrüst 21.9.12. » Il convient de comprendre ainsi la note d'un greffier pressé :

> 20 septembre 1943, Kommandant von Gross-Paris.

1-4 : Tuchklaper, Engros, Lerner, List : peine de mort.
5 : Loberbaum, un an et demi de prison. Délai de grâce le 21 septembre à midi.

Les quatre condamnés à mort furent exécutés au Mont-Valérien les 1er et 2 octobre 1943. Loberbaum ne rentrera pas de déportation.

Un été 43

L'été 1943 marque le véritable tournant de la guerre. Le 5 juillet au matin, les Allemands lancent leur dernière grande offensive à l'est; leurs divisions blindées se ruent à l'assaut du saillant de Koursk, que les Soviétiques ont fortifié sur huit lignes en profondeur! Après une bataille ininterrompue de chars et d'artillerie durant plusieurs jours, l'offensive allemande est brisée et la contre-offensive soviétique se développe. Elle ne s'arrêtera qu'à Berlin en 1945. Le 10 juillet, sur l'autre front, les Américains et les Anglais débarquent en Sicile, qu'ils conquièrent aisément avant de prendre pied en Italie même, où leur progression sera beaucoup plus difficile. Ces succès militaires placent au premier plan les enjeux politiques. Déjà on s'interroge sur la nature des régimes politiques dans les pays promis à une prochaine libération.

Pour la France, les choses sont en bonne voie. Après avoir connu une situation fort compromise par le débarquement des Américains en Afrique du Nord et la mise en place de leurs poulains – d'abord Darlan, puis le général Giraud –, de Gaulle a réussi un superbe rétablissement. Il s'est fait reconnaître comme le véritable chef de toute la Résistance et a fait entériner cette reconnaissance, le 15 mai 1943, par le Conseil national de la Résistance, organisme créé à cet effet par Jean Moulin. À partir de là, tout va très vite. Le 17 mai, Giraud invite de

Gaulle « à se rendre immédiatement à Alger pour former avec lui le pouvoir central français ». Le 27 mai, le CNR se réunit dans la clandestinité au grand complet, y compris avec les communistes, et réaffirme que de Gaulle est « le seul chef de la Résistance française ». Ce dernier atterrit à Alger le 30 mai, et le Comité français de libération nationale, coprésidé par les deux généraux, est créé le 3 juin.

Cette évolution très rapide de la situation incite le PCF à mettre en œuvre une stratégie de large alliance, symbolisée par sa participation au CNR, par la reconnaissance de l'autorité suprême de de Gaulle, mais aussi, sur le terrain, par le développement d'une nouvelle organisation, le Front national, où il souhaite regrouper sous sa houlette tous les « patriotes », quels qu'aient été leurs antécédents politiques. L'heure est à l'ouverture et à l'union nationale.

Cette nouvelle orientation ne vaut pas que pour le PCF; elle touche aussi la MOI, ses différentes sections nationales, et la première d'entre elles par son importance numérique à l'échelle du pays, le groupe des Italiens.

Le débarquement allié en Sicile provoque, dès le 25 juillet 1943, la chute de Mussolini et la constitution du gouvernement du maréchal Badoglio. La joie est immense chez la plupart des Italiens qui résident en France, dont beaucoup ont dû émigrer en raison même de leur combat contre Mussolini. En dépit des risques, le Comité d'action des immigrés antifascistes, constitué fin 1941 par les communistes, les socialistes et le groupe Giustizia e Libertà, décide d'une importante initiative politique : il appelle à une manifestation devant le consulat d'Italie, en plein Paris occupé. Le dimanche 1er août, plusieurs centaines de manifestants sont au rendez-vous. Au premier rang, le PCI et la section italienne de la MOI, avec à leur tête Carlo Fabro qui est sous les ordres directs de Marino Mazzetti. Ils réclament la paix immédiate, l'indépendance nationale et le rétablissement de rapports amicaux avec la France [1]. Le lendemain, une délégation du Comité est même reçue au consulat et demande que soit transmis au maréchal Badoglio le message suivant :

> « Un groupe d'Italiens, interprètes autorisés des divers courants politiques des Italiens résidant en France, appréciant hautement et pleinement les mesures prises par le gouvernement du maréchal Badoglio contre le fascisme et pour le rétablissement des garanties constitutionnelles, émet les vœux les plus ardents pour que, dans le plus bref délai possible, ces mesures soient suivies de toutes les dispositions qui, afin d'éviter à la patrie de nouveaux sacrifices, conduiront, en sauvant l'honneur et la dignité du pays, à une conclusion rapide de la guerre et créeront cette unité de résolution et d'action indispensable à la rénovation de la nation dans la justice et la liberté [2]. »

Dès lors, la politique des Italiens est claire et rejoint la ligne générale du PCF : combattre résolument les Allemands, qui sont entrés en territoire italien le 6 août, et soutenir le gouvernement en place, qui signe le 8 septembre 1943 un armistice avec les Alliés. Cependant, cette nouvelle orientation s'accompagne d'une autonomie accentuée de la section italienne. En effet, en adoptant une politique de lutte de libération nationale en Italie, en soulignant les accents patriotiques italiens de sa propagande, cette section est de plus en plus tournée vers son pays d'origine. On imagine les problèmes que pose à la MOI une telle situation, qui se traduit, en particulier, par le retour au pays, à la demande du PCI, de nombreux militants italiens pour combattre et militer sur leur sol natal.

La deuxième immigration dont l'accélération des événements accentue l'autonomie par rapport au PCF est celle des Allemands et des Autrichiens. En effet, il apparaît clairement, à l'été 1943, que Hitler a militairement perdu la guerre. Un peu partout s'engagent les grandes manœuvres politiques en vue de l'après-guerre. Dans ce contexte, les Soviétiques créent, en juillet 1943, un Comité national pour l'Allemagne libre, formé de militaires allemands, pour la plupart faits prisonniers à Stalingrad, et destiné à susciter un pôle antihitlérien qui n'apparaisse pas comme purement communiste et soit susceptible de jeter le trouble dans l'armée et la population allemandes. Otto Niebergall, alors responsable du KPD en France, rappelle dans quelles circonstances il accueillit cette nouvelle :

> « La création de ce Comité revêtit pour nous une énorme importance. La nouvelle nous parvint immédiatement grâce à notre service d'écoute. Et lorsque Radio-Moscou diffusa le manifeste du Comité à la Wehrmacht et au peuple allemand, la communiste autrichienne Erika Hausmann, Fanny Gingold et la camarade polonaise Justina Siert prirent note des passages essentiels. Le manifeste fut diffusé à plusieurs reprises, si bien que nous avons finalement disposé d'une transcription du texte intégral. Nous avons ensuite entrepris de lui assurer la diffusion la plus large [3]. »

À l'issue de nombreux conciliabules clandestins avec des sociaux-démocrates, voire avec des organisations plus à droite et des officiers de haut rang de la Wehrmacht, le comité « Allemagne libre » pour l'Ouest est créé en septembre 1943. Il est dirigé par Otto Niebergall, avec une délégation en zone Sud dirigée par Heinz Pries, un ancien commissaire politique du bataillon Hans Beimler de la 9e Brigade internationale; il avait été interné en France avant de s'évader et de devenir le responsable du KPD à Lyon. À la fin 1943, le secrétaire général du comité ayant été arrêté, il est remplacé par Harald Hauser, vieux militant du KPD en France, engagé volontaire dans le 23e régiment de marche en septembre 1939, qui devient le rédacteur du journal du comité en zone Nord. Le comité est donc entièrement contrôlé par le KPD, mais Niebergall est entouré de vice-présidents social-démocrate et catholique [4].

Dès sa création, le comité à lancé un manifeste :

> « Nous nous prononçons en faveur du programme de lutte du Comité national " Allemagne libre " fondé à Moscou. Nous nous engageons à mettre notre vie au service de la cause sacrée de notre peuple et de notre patrie, pour le renversement de Hitler et pour une Allemagne libre, pacifique et indépendante. [...] Hitler doit disparaître pour que vive l'Allemagne. [...] Soldats et officiers! C'est vous qui détenez les armes. Le peuple est avec vous. Les forces conjuguées de notre peuple et de la Wehrmacht peuvent anéantir le régime hitlérien, pour le bien de notre peuple et pour celui de l'humanité tout entière, pour restaurer une Allemagne qui vivra en paix avec tous les peuples de la terre. [...] Officiers et officiers généraux, rejoignez les rangs de l'Union des officiers allemands. Préparez dès maintenant, dans toutes les unités, le retour à l'intérieur des frontières du Reich [5]. »

La création du comité « Allemagne libre » constitue en quelque sorte le point d'aboutissement, avec une portée politique plus large, du Travail allemand. À titre de confirmation, on notera que, dès le mois d'août 1943, les deux journaux clandestins publiés par le TA sont remplacés, en zone Nord, par *Volk und Vaterland (Peuple et Patrie),* dont 63 numéros (un par semaine) seront publiés jusqu'en août 1944, et, en zone Sud, par *Unser Vaterland (Notre Patrie),* dont 25 numéros seront publiés. Les titres mêmes indiquent qu'il s'est agi d'engager une opération politique de grande envergure, destinée à rassembler, autour des communistes allemands et autrichiens, tous les antihitlériens de l'heure, y compris des officiers de la

Wehrmacht. Grâce au comité « Allemagne libre », qui impliquait la reconnaissance d'une résistance allemande et la perspective d'un avenir pour l'Allemagne, les communistes allemands cessaient d'être en porte-à-faux avec leur identité nationale.

Le même type d'initiative est pris, en ce même été 1943, par le groupe de langue hongrois qui crée un Mouvement pour l'indépendance hongroise et publie, à partir du 1er août 1943, un journal clandestin, *Magyar Szemle (la Revue hongroise)*, qui connaîtra 17 numéros clandestins jusqu'à la Libération. L'objectif est de « rassembler dans un groupe combatif les Hongrois résidant en France, pour pouvoir lutter avec des forces unies, d'une part pour la libération de la nation hongroise, d'autre part pour soutenir de toutes ses forces la lutte de la Résistance française »[6].

Au même moment, la section arménienne a créé, quant à elle, un Conseil national arménien dont la direction est établie en zone Sud, en raison de l'importance numérique des communautés arméniennes résidant à Marseille, Valence et Lyon. Son secrétaire général, David Davidian, est en relation avec Kaminski à la direction de la MOI et avec Manouchian pour les groupes arméniens de zone Nord. En août, à la suite d'une rencontre avec Manouchian, Davidian fait parvenir un rapport au PCF où il précise la « plate-forme politique de lutte nationale[7]. »

Les Arméniens de la MOI considèrent alors que l'entrée de la Turquie dans la guerre aux côtés des nazis est imminente. « Après avoir examiné les conséquences de cette éventualité, écrit Davidian, nous avons déjà envisagé des mesures pour accélérer la mobilisation de toute notre jeunesse sous la bannière de la lutte sacrée[8]. » « Lutte sacrée » contre la Turquie dont les Arméniens craignent que l'entrée en guerre n'entraîne des massacres identiques à ceux perpétrés en 1915 et qui coûtèrent la vie à plus d'un million de personnes, « mettant en cause l'existence même de la nation arménienne en tant que telle ». Les objectifs sont définis comme suit :

« 1. Création d'un comité militaire arménien interzone qui aurait pour tâche de coordonner l'action de mobilisation de notre jeunesse dans les unités combattantes, de se mettre en liaison avec les vlassoviens arméniens en vue de leur incorporation éventuelle dans nos unités et mettre le tout à la disposition du commandement suprême FTPF. 2. Pour des raisons de sécurité et de facilité de communication interzone, la ville de Vierzon a été choisie comme siège de ce comité. 3. Confier à une unité spéciale la tâche de la liquidation de la poignée de traîtres qui, sous la férule des nazis, a formé un " gouvernement arménien " en Allemagne même [9]. »

En effet, Konstantinian rappelle que fonctionnait alors à Berlin un « Comité pour une République arménienne libre et indépendante », lequel patronnait, entre autres, un groupe folklorique arménien qui se produisit à Paris à l'été 1943. À cette occasion, un guitariste du nom de Vartan et un danseur nommé Georges se sont rendus au restaurant arménien Raffi, 8, rue de Maubeuge, tenu par Micha Aznavourian, le père de Charles Aznavour, qui était en contact avec la section arménienne. Une fois que la salle, pleine d'officiers allemands, se fut vidée, ils firent savoir au patron qu'ils avaient l'intention de déserter de la « Légion arménienne » incorporée à l'armée Vlassov [10]. Le rapport de Davidian insiste sur la nature politique et ouverte de leur démarche, comme l'indique ce passage sur la lutte armée :

« À ce propos, je vous signale qu'à notre assemblée des représentants de zone Sud, nous avons passé la consigne à toutes nos unités combattantes de s'abstenir de tout acte de violence et de terrorisme individuel, surtout comportant un caractère politique anti-dachnak. Nos coups devraient être réservés exclusivement aux collaborateurs invétérés. Cette consigne évidemment découle non seulement du fait que nous ne sommes pas une organisation terroriste, mais aussi de notre désir de réaliser l'unité complète de notre immigration sous la bannière sacrée de la lutte contre les envahisseurs nazis et la pleine satisfaction de ses aspirations nationales [11]. »

C'est en septembre, à Paris, que les Roumains créent à leur tour un Front national, qui apparaît d'abord comme un moyen d'exprimer l'amitié entre la France et la Roumanie, ainsi qu'en témoigne son document fondateur ; le Front se présente comme

> « ... le continuateur d'une tradition mémorable d'amitié roumano-française et de patriotisme : celle des révolutionnaires [...] sur les barricades parisiennes de 1848, des " émigrés politiques " qui, vers 1850, diffusaient en France un journal au titre significatif, *la Roumanie de demain*, de la tradition des communards roumains [...], celle des patriotes roumains qui, pendant la Première Guerre mondiale, ont combattu sur la terre française pour la cause du peuple roumain [12]. »

La direction du Front roumain est composée essentiellement d'intellectuels dont certains, comme Eugène Ionesco, Stefan Lupescu ou Benjamin Fondane, ont déjà acquis leurs lettres de noblesse dans la littérature française, tout en conservant d'étroits liens affectifs avec leur patrie d'origine. Ces hommes n'étaient pas seulement des « compagnons de route ». En effet, écrit Mihail Sora, qui était lui-même lié au groupe des « Amis de la revue *Esprit* » d'Emmanuel Mounier, « l'antifascisme, militant ou seulement sentimental, fruit de l'intelligence lucide ou révolte instinctive contre les régimes déshumanisants, fut la véritable plate-forme qui rapprocha les intellectuels roumains, qu'ils fussent venus en France pour une période limitée ou définitivement fixés dans cette Alexandrie de la culture, Paris [13] ». Le Front roumain publia un journal clandestin intitulé *la Roumanie libre*.

L'évolution rapide de la situation sur le front de l'Est, où la Wehrmacht ne cesse de reculer, et aussi la progressive détérioration des relations entre Moscou et le gouvernement polonais en exil à Londres conduisent la section polonaise à s'intéresser de plus près aux problèmes de la Pologne future. Les communistes espèrent que celle-ci sera favorable à l'URSS, mais ils souhaitent aussi pouvoir dire leur mot, car l'expérience historique des rapports entre Staline et les communistes polonais provoque chez ces derniers une méfiance quasi viscérale. Certes, cette attitude n'est pas celle des mineurs du Nord ou des sidérurgistes de l'Est. Elle ne concerne que le petit groupe des dirigeants du PC polonais qui ont échoué en France à la suite de la dissolution de leur parti en 1937. Or ce sont eux qui rédigent journaux, analyses et rapports. L'historien Jan Zamojski relève, dans une récente étude sur la presse polonaise clandestine, l'apparition d'un nouveau mot d'ordre à l'été 1943 : « La bataille pour la France est aussi la bataille pour la Pologne. » Il l'accompagne de ce commentaire :

> « Cette phrase exprime aussi la ligne suivie par les communistes polonais, surtout depuis l'été 1943, évolution encore plus marquée après la création en URSS de l'Union des patriotes polonais et de la Première armée polonaise, et en Pologne du Conseil national du peuple. Elle allait dans le sens d'une autonomisation des objectifs polonais, d'une orientation sur ce qui se passait et allait se passer en Pologne même [14]. »

Ainsi, en cet été 1943, la création d'organisations frontistes par la plupart des sections nationales répond indéniablement aux nouvelles orientations du PCF et du mouvement communiste international. Elle s'inscrit aussi dans la droite ligne d'une vieille tradition de la France, qui a souvent accordé l'asile à des réfugiés politiques étrangers et leur a permis d'œuvrer depuis son territoire pour leur combat politique, qu'il soit de libération nationale ou de mutation démocratique. Cependant, cette démarche nouvelle ne va pas sans réactiver quelques vieux problèmes. En resserrant leurs liens avec leurs partis respectifs, les sections manifestent des préoccupations nouvelles. Le groupe germano-autrichien en est le meilleur exemple. Il inaugure un processus d'autonomisation continue par rapport au PCF et à la MOI, ce que rappelle Otto Niebergall, quand il écrit qu'«avec le comité "Allemagne libre" pour l'Ouest, il existait désormais une organisation de résistance allemande autonome en France [15]».

Cette évolution plaça rapidement le PCF dans une situation embarrassante. Il ne pouvait pas s'opposer à la solidarité de plus en plus marquée des immigrés avec leurs patries d'origine, dont la libération et l'indépendance étaient inscrites dans les objectifs de guerre des Alliés. En outre, il paraissait déjà probable que la libération de l'Europe de l'Est par l'Armée rouge ouvrirait une perspective très favorable au communisme dans ces pays. En revanche, l'intérêt immédiat du PCF était de faire participer le plus activement possible toutes les forces de la MOI dans le combat pour la libération de la France. D'où des tensions entre celle-ci et le PCF dès l'été 1943.

Dès lors, on mesure mieux les limites fonctionnelles de la MOI : elle a été de 1939 à 1943 la structure d'accueil de milliers de militants étrangers demeurés en souffrance sur le territoire français, elle a permis de les retrouver, de les regrouper provisoirement avant qu'ils ne regagnent leurs organisations «naturelles», capables de développer utilement leur politique propre à partir du champ français puis qu'ils retrouvent leur pays d'origine. La MOI est alors devenue, de manière beaucoup plus accentuée et formalisée, le lieu de contact entre ces partis reconstitués et le parti en charge du territoire français, le PCF. Ce processus a fonctionné pour tous les groupes de langue, à l'exception du groupe juif.

Dans l'effervescence généralisée de l'été 1943, alors que beaucoup croient à l'imminence d'un débarquement allié en France, la question de la lutte armée acquiert une tout autre signification. Elle ne vise plus seulement à harceler l'ennemi pour manifester de manière spectaculaire l'existence d'une résistance à l'oppression; elle se place désormais dans la perspective de l'insurrection nationale, prélude de la libération nationale. Avec, à la clef, le problème crucial du changement de régime et du contrôle des positions de pouvoir.

Dans l'immédiat, les groupes FTP-MOI poursuivent le combat. Si la chute du Deuxième détachement leur a porté un coup dur, ils ont, avec des effectifs réduits, multiplié leurs actions dans Paris. Avec 67 opérations menées de juillet à novembre 1943, ils se maintiennent au niveau très élevé du premier semestre, soit une moyenne de 15 par mois – une tous les deux jours. Et ces attentats sont souvent d'une efficacité supérieure, en particulier avec les déraillements et les attaques contre de très hautes personnalités allemandes.

À partir des communiqués officiels que Ljubomir Ilic a conservés et des archives que Boris Holban a réunies, ce dernier a pu dresser un bilan précis des effectifs en jeu et des actions. En août 1943, les FTP-MOI parisiens disposent d'un effectif général de 65 militants, dont 40 combattants qui effectuent 17 actions. En septembre, 66 militants dont 40 combattants effectuent 17 actions. En octobre, 51 militants dont 31 combattants effectuent 18 actions [16]. En outre, depuis la dissolution du Deuxième détachement et la quasi-disparition du Premier, toute l'activité repose sur trois groupes : le Troisième détachement (8 actions en août, 9 en septembre, 7 en octobre), le Quatrième détachement (6 actions en août, 4 en septembre, 2 en octobre) et l'Équipe spéciale (3 actions en août, 1 en septembre et 8 en octobre). Et ce alors que les combattants étaient déjà très éprouvés – certains, comme Boczor, combattaient sans interruption depuis deux ans, d'autres, comme Marcel Rayman, depuis plus d'un an – et qu'ils étaient traqués par la police parisienne; 11 opérations en quatre mois pour « Antoine », un Italien du Troisième détachement que nous n'avons pu identifier, 10 pour Leo Kneler et Marcel Rayman avec l'Équipe spéciale : on est loin, certes, du mot d'ordre rappelé dans le rapport d'activité de juillet, à savoir « au moins une action par semaine pour chaque équipe et pour chaque combattant [17] », et on est plus loin encore des reconstructions commémoratives qui font perdre de vue la réalité du combat clandestin.

La synthèse de septembre donne une idée de la densité et de l'importance des attentats : le même jour, le 3 septembre, déraillement sur la ligne Paris-Reims (4e dét.), exécution de deux feldgendarmes à Argenteuil, de deux soldats allemands porte d'Ivry, de sergents rue de la Harpe et de deux autres Allemands (sans précision de lieu) (3e dét.); le 8 septembre, grenadage d'un camion allemand à Saint-Ouen, et d'un autre à Stains (1er dét.); le 9 septembre, grenadage du siège du PPF rue Lamarcq, et, le 10, exécution d'un officier supérieur allemand (3e dét.); le 13 septembre, déraillement sur la ligne Paris-Troyes (4e dét.); le 17 septembre, exécution d'un Italien à Argenteuil (3e dét.); le 20 septembre, déraillement près de Nemours et le 23 près de Brie-Comte-Robert (4e dét.); le 25 septembre, grenadage d'un café fréquenté par des Allemands, rue du Chemin-Vert (3e dét.); le 28 septembre, l'Équipe spéciale exécute Julius Ritter à la sortie de son domicile, rue Pétrarque [18].

Les FTP-MOI parisiens disposent pourtant de forces réduites, amoindries dès le début de l'été par l'arrestation du responsable technique parisien, la dissolution du Deuxième détachement et l'affaiblissement sensible du Premier.

Alik Neuer, plus connu sous le faux nom de Peter Snauko, qui est aussi celui sous lequel il sera fusillé, avait remplacé Olaso (Emmanuel) dans le triangle de direction aux côtés d'Holban et de Milev (puis de Dawidowicz), après les arrestations de décembre 1942. Les conditions de son arrestation nous éclairent sur les liens qui se sont tissés avec les FTP français pour l'approvisionnement en armes. Selon un rapport de police du 3 juillet 1943 en effet, deux dirigeants des FTPF parisiens sont interpellés dans les environs de la porte Dorée. Chez l'un d'eux, on trouve un plan de la région d'Herblay, où devait avoir lieu une livraison d'armes et de matériel. Deux jours plus tard, la BS 2 est au rendez-vous et Peter Snauko est arrêté, ainsi qu'Hélène Glasz, « entrée en France en mai 1937, venant de Hongrie, juive, réfugiée politique [19] ». Les deux Français, Louis Wallé et Pierre Lamande, et Alik Neuer seront fusillés. La femme du premier, Georgette Wallé et Hélène Glasz seront déportées.

La dernière action du Deuxième détachement se situe le 19 juillet 1943 à Vanves, où une équipe jette une grenade sur un camion allemand. Le rapport mensuel interne des FTP-MOI confirme la dissolution : « Pour des raisons connues, de commun accord avec le CMIR [comité militaire interrégional des FTPF] et la direction de la MOI, le Deuxième détachement a suspendu son travail en tant que détachement. Son effectif, dont le nombre était déjà assez restreint, a été versé comme renfort dans le détachement des dérailleurs et pour le travail en province [20]. »

Simultanément, le Premier détachement est lui aussi durement touché. Au moment même où les Brigades spéciales achèvent leur coup de filet sur le Deuxième détachement, le chef du Premier détachement, Clisci, est tué au cours d'une action. Le 2 juillet au matin, une équipe de ce détachement doit attaquer un autobus transportant des soldats allemands qui se rendent à l'hôpital Beaujon. L'opération est confiée à de jeunes combattants qui viennent de s'engager et, en tant que responsable du détachement, Clisci veut vérifier lui-même leur comportement au combat. Il se rend donc sur place pour superviser l'opération et s'aperçoit alors que le chef d'équipe, qui devait mener l'attaque, n'est pas au rendez-vous. Clicsi décide sur l'instant de prendre la direction des opérations. Tout se passe bien. À 9 heures 15, l'autobus arrive.

« Robert », de son vrai nom Alexandre Konstantinian, matricule 10307, lance sa grenade et se retire.

Le repli s'effectue comme prévu vers la porte de Clichy, jusqu'au moment où Clisci, qui assure la deuxième défense, se voit barrer la route par un passant. Courte bagarre, il se dégage et s'enfuit, mais il a perdu du temps. Les Allemands, furieux, sont à ses trousses et le repèrent. Ils tirent et le blessent à la cuisse. Ses camarades veulent l'aider à s'enfuir, mais il leur ordonne de poursuivre leur retraite, en prétendant qu'il connaît bien le quartier. En réalité, il est là en terrain inconnu et se cache dans la première cave venue, dans un immeuble de la rue Martre, où il reste plusieurs heures. Mais finalement un locataire le dénonce aux Allemands qui quadrillent le quartier. La maison est bientôt encerclée. Du soupirail de sa cave, Clisci vide son chargeur sur les Allemands. Il garde pour lui la dernière cartouche [21].

La disparition de Clisci semble avoir totalement désorganisé l'activité du Premier détachement dont le rapport interne des FTP-MOI dresse en août un bilan très sévère :

> « Le commissaire du Premier détachement ainsi que son nouveau responsable militaire se sont montrés incapables d'animer et d'entraîner dans le travail leur détachement. Pour mettre fin à cette situation, le responsable militaire a été renvoyé dans son immigration, et les deux équipes de ce détachement sont provisoirement passées sous la direction du comité de secteur, jusqu'au moment où, sur la base des actions réalisées, une nouvelle direction sera constituée [22]. »

À partir de juillet 1943, les actions sont réalisées par les Troisième et Quatrième détachements et par l'Équipe spéciale. Le Troisième détachement, composé en majorités d'Italiens et formé de trois équipes – qui ne seront plus que deux en octobre – a à son actif 28 des 65 opérations répertoriées de juillet à octobre 1943, à raison de six ou sept par mois.

Le Quatrième détachement est dirigé par Boczor. La plupart de ses opérations se situent sur des lignes du réseau Est, voies privilégiées des transports allemands, Paris-Troyes (6 actions), Paris-Châlons-sur-Marne et Paris-Reims. De juillet à octobre, ce détachement aura à son actif le déraillement de 3 trains de permissionnaires allemands, 6 trains de marchandises partant pour le Reich, un train de matériel de guerre et 2 trains « boches » (les rapports ne sont pas plus précis). La méthode habituelle reste le déboulonnage des rails, méthode dangereuse pour les combattants, qui risquent toujours de se faire surprendre en plein travail par une patrouille allemande. Néanmoins, leur expérience de saboteurs leur permet de réduire considérablement le temps des opérations. Ainsi le 3 août 1943 où, en un temps record, les rails sont déboulonnés sur 15 traverses, près de la Ferté-Milon. Parfois, le détachement travaille à l'explosif, comme le 28 juillet où le sabotage est effectué avec la participation de Boris Holban. Néanmoins, le manque d'explosifs impose le plus souvent la première méthode.

Le troisième groupe en action à l'été 1943 est l'Équipe spéciale. Nous retiendrons deux actions spectaculaires, aux résultats inverses, qui illustrent l'une et l'autre les objectifs qu'elle privilégie et les méthodes qu'elle emploie.

La première opération d'envergure confiée à l'équipe fut l'exécution du général von Schaumburg, commandant du Grand Paris. Sa préparation a duré plusieurs mois. Tout avait commencé en mars 1943 quand, se promenant au Bois de Boulogne, Cristina Boïco, la responsable du service de renseignements, avait aperçu un officier allemand à cheval, escorté de deux cyclistes armés. Ce jour-là elle eut juste le temps de repérer approximativement les lieux. Elle revint le lendemain à la même heure : ils étaient encore là. Les jours suivants, l'un de ses agents, Jean-Pierre Brover, fut chargé de croiser dans les environs à la même heure, avec l'ordre impératif de ne pas s'arrêter. Il confirma la présence de ce promeneur très galonné et donc la régularité de sa promenade au Bois [23]. Une deuxième phase de l'enquête, en remontant de proche en proche, permit de repérer la maison de l'officier, une luxueuse villa de l'avenue Raphaël, dans le 16e arrondissement. Mais les lieux étant très protégés, toute action y était impossible. À la vue de ce dispositif et des fanions qu'arborait la voiture qui s'y trouvait, le service de renseignements conclut qu'il s'agissait du général commandant du Grand Paris, dont le nom apparaissait au bas de tous les avis d'exécution de résistants. Dans une troisième étape, la direction décida de piéger à l'explosif un petit kiosque chinois dont le général avait l'habitude de faire le tour avant de reprendre son chemin en sens inverse dans le Bois. L'idée était de placer une forte charge de dynamite sous l'édicule et de la faire exploser à distance lorsque le général arriverait à sa hauteur. C'est Boczor qui fut chargé, avec deux camarades, de cette opération. En dépit du couvre-feu et sous couvert de la nuit, il accomplit l'exploit de camoufler la charge. Tout était prêt. Une dernière inspection pour vérifier que von Schaumburg suivait toujours bien le même itinéraire. Amère déception : il en avait changé. Après des semaines de préparatifs, tout était à refaire.

Les FTP décident alors de changer leurs plans. Le service de renseignements a rapporté qu'après sa promenade von Schaumburg rentre avenue Raphaël, descend de cheval dans la cour où sa voiture de fonction vient le prendre pour l'emmener à ses bureaux de l'hôtel Meurice. La surveillance tourne alors autour de la voiture qui, pendant des jours, est suivie de rue en rue, de coin en coin. Il apparaît rapidement qu'elle observe imperturbablement le même itinéraire et respecte les mêmes horaires. Il est donc décidé de l'attaquer à un endroit propice, au coin de la rue Nicolo et de l'avenue Paul-Doumer. C'est l'Équipe spéciale, composée de Kneler, Fontano, Rayman et du tout jeune Raymond Kojitski (matricule 10161), qui en est chargée pour le 28 juillet.

Ce matin-là, à 9 heures 30, les combattants sont en place à l'endroit fixé. La voiture arrive et ralentit comme prévu. Leo Kneler lance sa grenade. Une forte explosion, et toute l'équipe se replie sans demander son reste dans ces quartiers très militarisés à forte présence allemande. Le rapport mensuel de juillet 1943 des FTP-MOI rend compte de l'action en ces termes :

> « À 9 h 30 du matin, au coin de la rue Paul-Doumer et de la rue Nicolo, Paris 16e, notre équipe d'élite, quatre camarades armés de grenades et de pistolets, a attaqué à la grenade la voiture décapotée du général du Grand Paris. Dans la voiture, il y avait le général, son aide de camp et son chauffeur [...] L'explosion a eu lieu à l'intérieur de la voiture, [...] ses occupants ont été déchiquetés [24]. »

En réalité, si c'est bien la voiture du commandant du Grand Paris qui a été attaquée, il n'était pas dedans. En effet, dès 1965, le journaliste Pierre Bourget a montré que von Schaumburg avait à cette date quitté Paris ; il avait été remplacé, depuis le 1er mai 1943, par le général von Boineburg-Lengsfeld qui se souvient : « En effet, un attentat fut commis ce jour-là contre ma voiture, à l'angle de l'avenue Paul-Doumer et de la rue Nicolo à Paris. Ce n'était pas moi qui me trouvais dans l'auto, mais le lieutenant-colonel Moritz von Ralibor und Corvey, de mon état-major [25]. » Ce dernier confirme :

> « Effectivement, un matin de juillet 1943, entre 9 heures et 10 heures, alors que je me rendais au Meurice dans la voiture de service, assis à côté de mon chauffeur tandis que mon fox-terrier occupait la banquette arrière, j'ai entendu le bruit d'une grosse explosion derrière la voiture. Nous avons aussitôt stoppé. [...] Je présume que nous allions trop vite et que l'auteur de l'attentat avait mal calculé son coup. [...] Après l'attentat, je donnai l'ordre de changer notre itinéraire pour éviter le renouvellement de pareils incidents [26]. »

Pour résumer, le facteur chance, toujours décisif dans ces opérations, avait été favorable à l'ennemi. Néanmoins, il s'agissait pour les Allemands d'un avertissement sans frais et pour les résistants d'une expérience qui leur serait utile quelques semaines plus tard dans une opération du même ordre, mais réussie celle-là, contre le docteur Ritter.

C'est en mai 1943 que circulant dans le quartier des Invalides, Cristina Boïco découvre l'objectif par hasard; elle constate un important remue-ménage autour de la Maison de la Chimie : la rue Saint-Dominique est interdite aux voitures, l'un des trottoirs l'est aux piétons; soudain, une grosse Mercedes officielle surgit, passe les barrages et pénètre dans la cour de la Maison de la Chimie. L'immatriculation « ZF 10 » (*Zivil Fahrzeuge*) et les fanions à croix gammée sur les ailes indiquent assez l'importance du passager. À force de déambuler dans le quartier sans se faire remarquer, Cristina réussit à repérer à nouveau la voiture, ses horaires, ses itinéraires. Peu à peu, semaine après semaine, de coin de rue en coin de rue, elle remonte à l'adresse du personnage transporté, qui est vêtu tantôt en civil, tantôt en militaire : le 18, rue Pétrarque, petite rue tranquille derrière le Trocadéro [27]. Prévenu, Holban décide de vérifier lui-même l'objectif qu'est devenu cet homme dont, par ailleurs, il ne sait rien, ni le nom ni les fonctions exactes.

« Je me rends sur place. Pas de boutiques, pas de circulation, l'endroit est idéal pour une attaque surprise. Je décide que l'Équipe spéciale, constituée de Rayman, Alfonso et Fontano, sera chargée de l'attaque et mets au point un plan d'attaque avec Marcel Rayman. L'homme est d'une grande ponctualité. Tous les matins à 8 heures 30, la voiture à fanion se présente devant son domicile où elle ne stationne que quelques minutes. Il faudra frapper au moment précis où l'homme monte en voiture pour ne pas lui laisser la moindre possibilité de réagir, soit en rentrant dans son domicile, soit en profitant du départ de la voiture. Nous chronométrons le temps nécessaire pour aller du coin de la première rue à son domicile, où il faut arriver au moment précis où il sort de chez lui. Le scénario est prêt : Rayman doit guetter la sortie de l'homme, se porter à sa hauteur au moment où il entre dans la voiture, lui tirer dessus et, sans s'arrêter, continuer son chemin sans même tourner la tête. Alfonso doit le suivre à quelques pas et achever le travail si nécessaire. Fontano se tiendra sur l'autre trottoir et assurera la défense. Les itinéraires de replis sont établis. Tout a été calculé à la seconde [28]. »

L'opération a lieu le 28 septembre 1943, sous l'autorité de Manouchian, qui a remplacé Holban depuis plus d'un mois. Seule modification au plan initial : Leo Kneler remplace Fontano. Alfonso tire le premier ; les balles sont amorties par les vitres de la voiture, mais l'homme est gravement blessé ; il tente néanmoins de sortir du véhicule par la porte opposée et se trouve nez à nez avec Rayman qui l'achève de trois balles. Le rapport mensuel des FTP-MOI en rend compte en ces termes :

« Le 28 septembre, à 9 heures du matin, dans la rue Pétrarque à Paris, trois partisans armés de pistolets ont abattu dans sa voiture le Dr. Ritter représentant en France le Gauleiter Sauckel. Cet acte a été accompli pour venger tous les prisonniers français et déportés en Allemagne et tous les réfractaires qui ne veulent pas aller travailler en Allemagne. Nous laissons l'état-major apprécier la portée politique de cette action. Nous demandons les félicitations pour l'équipe [29]. »

Les combattants ignoraient l'identité et les fonctions exactes du personnage, si ce n'est qu'elles étaient importantes ; mais la chance leur a souri, puisqu'il s'agissait du generalbevollmächtigter Ritter, ayant rang de général SS, responsable de l'envoi des jeunes Français pour le Service du travail obligatoire en Allemagne, sous l'autorité directe du gauleiter Sauckel, et ami personnel du Führer. La presse de collaboration se fit largement l'écho de cet « acte abominable », avec commentaires appropriés et photos en première page, ce qui donnait d'autant plus d'éclat à l'opération, que venaient confirmer les obsèques officielles en l'église de la Madeleine.

Si l'été 1943 est marqué par une amélioration de la « qualité » des opérations, il enregistre également un renouvellement de leur direction, qui ne relève pas d'un simple changement de personnes. Sans doute à la suite d'une arrestation, Boris Holban se trouve, en juin 1943, coupé du comité militaire interrégional des FTPF. Début juillet, il retrouve le contact avec un responsable français, en l'occurrence Henri Rol-Tanguy à qui il a eu affaire au moment de la création des FTP-MOI, début 1942. Les souvenirs de Boris Holban fournissent une piste précieuse pour expliquer ce remplacement :

> « Rol m'annonce qu'il va falloir modifier notre tactique et intensifier l'action. Nous devrons, à l'avenir, élargir le choix de nos objectifs, renoncer à nos équipes de trois et à nos unités spécialisées dans certaines opérations, et engager un plus grand nombre de combattants dans les actions directes. Pour justifier le bien-fondé de ses directives, Rol cite en exemple les formations FTPF de Paris qui engagent avec succès jusqu'à 10 ou 15 combattants en même temps dans l'attaque de détachements allemands; les uns mènent l'assaut tandis que les autres assurent une défense renforcée sur les parcours de repli. Je m'oppose immédiatement et catégoriquement à ces directives que je considère comme très dangereuses pour nos combattants en raison de notre faible nombre

(35 combattants effectifs en juillet) et des règles d'or de notre type de combat : surprise, repli immédiat, refus des engagements frontaux. Début août, nouvelle rencontre. Comme je confirme mon désaccord, Rol m'annonce brusquement que je suis démis de mes fonctions sur le champ. Je dois lui donner le contact avec mon commissaire politique, Dawidowicz [30]. »

Les FTP-MOI poursuivent leur action avec une direction à peu près identique : Dawidowicz reste responsable politique, Lissner responsable aux cadres, Secondo responsable technique. Holban est remplacé par Missak Manouchian comme responsable militaire.

L'enfance de Manouchian a été marquée par les massacres subis par son peuple. Élevé dans le souvenir de celui de 1894-1896, qui fit déjà plus de 200 000 morts, il a neuf ans quand, en 1915, il perd ses parents, tués dans le génocide perpétré par les armées turques : 1,5 million d'Arméniens ont alors disparu sur une population évaluée à 2,3 millions. Après quelques années passées avec son frère dans un orphelinat en Syrie, il rejoint en 1925 la France, où se trouvent déjà nombre de ses compatriotes, et entre comme tourneur aux usines Citroën. Son engagement prend d'abord une dimension culturelle. À son arrivée en France, il n'avait guère de bagages, sinon, déjà, quelques cahiers de poèmes. Avec des amis, au début des années 30, il crée successivement deux revues littéraires, *Tchank (l'Effort)*, puis *Machagouyt (Culture)*.

C'est en 1934 qu'il adhère au PCF. Membre du groupe communiste arménien, il est rédacteur en chef du journal *Zangou* puis, en 1938-1939, secrétaire de l'Union populaire arménienne qui regroupe des Arméniens de gauche [31]. Bien que convaincu du bien-fondé de ce choix, il semble aux prises avec une contradiction existentielle, comme l'expriment ces lignes qui datent de juillet 1935 :

« [J'ai] soif de science, soif d'art, soif d'amour, soif de vie. Je suis éternellement mécontent de moi-même, comme quelqu'un qui perd le sens

República Española

Número de la libreta... 81948

Brigadas Internacionales

CARNET MILITAR PARA

Apellidos — Andrej

Nombre — Josef

LEER CON ATENCION

1) Se ruega a los camaradas que a cada cambio, su Unidad haga la inscripción correspondiente.
No se extienden duplicados de este Carnet.
Los portadores del Carnet no tienen derecho a hacer anotaciones.

— 1 —

FILIACION

Estatura ....
Pelo ....
Ojos ....
Cara ....
Barba ....
Nariz ....
SEÑAS PARTICULARES

(Firma del interesado)

Fecha de nacimiento ... 10 ... 3 ... 1911
Lugar de nacimiento ... Pologne (Josenaide)
Nacionalidad ....
Profesión ... Licencié en droit
Estado civil ... Marié
DOMICILIO: País ... France
Pueblo ... Paris 13
Calle ... núm. 15
Partido Político ....
Fecha de entrada en las B. I. ... 8 ...
Fecha de entrega de la libreta ....

— 2 —

(1) Passeport de Joseph Epstein aux Brigades internationales (*ci-dessus*).
(2) Derniers mots de Joseph Epstein à son petit garçon, quelques heures avant son exécution, sur la page de garde de la Bible que lui avait donnée l'aumônier de la prison de Fresnes (*ci-dessous*).

Papa du petit Georges Duffau

Joseph Andrej
11 Avril 1944

tombé courageusement au champ d'honneur

Andrej

TABLE DES LIVRES DE LA BIBLE

ANCIEN TESTAMENT

Le Pentateuque

	Chap.	Page
Genèse	50	1
Exode	40	41
Lévitique	27	75
Nombres	36	100
Deutéronome	34	135

Les Livres historiques

	Chap.	Page
Josué	24	167
Juges	21	187
Ruth	4	207
I Samuel	31	210
II Samuel	24	237
I Rois	22	259
II Rois	25	285
I Chroniques	29	310
II Chroniques	36	333
Esdras	10	362
Néhémie	13	370
Esther	10	382

Les Livres poétiques

	Chap.	Page
Job	42	388
Psaumes	150	414

Les Livres poétiques (suite)

	Chap.	Page
Proverbes	31	483
Ecclésiaste	12	510
Cantique des Cantiques	8	516

Les Prophètes

	Chap.	Page
Ésaïe	66	520
Jérémie	52	572
Lamentations de Jérémie	5	627
Ézéchiel	48	632
Daniel	12	679
Osée	14	692
Joël	3	699
Amos	9	702
Abdias	1	708
Jonas	4	709
Michée	7	711
Nahum	3	716
Habakuk	3	717
Sophonie	3	720
Aggée	2	722
Zacharie	14	724
Malachie	4	732

de l'odorat dans la constante respiration des mauvaises odeurs, ainsi ma sensibilité s'émousse au contact des petitesses de la vie quotidienne et des obligations multiples et inutiles qui jalonnent les jours. [...] Toute mon âme est au bout de mes lèvres, et je ne parviens pas à établir le contact avec ceux que j'aime. D'innombrables devoirs me bousculent et m'assaillent, si bien que je ne sais plus derrière lequel courir. [...] Je laisse tomber la poésie [32]. »

Lorsque la guerre éclate, il est arrêté, interné puis incorporé. Rentré à Paris après la défaite, il poursuit son militantisme dans les milieux arméniens. En juin 1941, il est arrêté à nouveau lors d'une grande rafle préventive opérée sur ordre des Allemands à la veille de l'attaque de l'Union soviétique. Interné au camp de Compiègne, il est libéré au bout de quelques semaines : on n'a pu retenir aucune charge précise contre lui.

Devenu responsable de la section arménienne, il est versé en février 1943 dans les FTP-MOI parisiens et affecté au Premier détachement. Il s'engage sans réserve dans le combat militaire, mais sa sensibilité rend difficiles ses rapports avec un encadrement dont les maîtres mots sont « efficacité » et « sécurité », et qui ne peut s'embarrasser des états d'âme. En juillet 1943, il remplace Alik Neuer, le commissaire technique de la direction tombé aux mains de la police, et devient commissaire militaire en août, prenant ainsi la suite d'Holban.

Le rapport de juillet 1943 des FTP-MOI de la région parisienne semble confirmer l'existence d'un débat sur la tactique militaire. Il précise en effet : « Partout où, du point de vue du nombre, l'effectif nous le permet, nous pouvons procéder à la constitution des groupes de combat de 8 pour des actions plus dures et plus importantes [33]. » Aussi une question est-elle inévitable : y a-t-il eu, pendant l'été 1943, divergence entre les FTPF et l'organisation immigrée sur l'attitude à adopter? Le témoignage d'Albert Ouzoulias, alors responsable national aux opérations des FTPF, semble le confirmer :

« Début 1943, le colonel Gilles, de son vrai nom Joseph Epstein, a été désigné, bien que Polonais, pour prendre la direction de tous les FTP de la région parisienne. Gilles a sous sa direction de nombreuses compagnies françaises qui comprennent des centaines de combattants et une compagnie d'élite : le groupe de la MOI commandé par Missak Manouchian. Gilles va à la fois élargir et développer l'organisation et porter les coups les plus durs à l'ennemi. Gilles a des connaissances techniques et générales d'une grande étendue, mais il n'est pas prisonnier des notions apprises à l'armée ; au contraire, il sait les modifier pour les adapter au combat de guérilla. La plupart des camarades restaient, pour les villes, figés dans la conception du groupe de trois : un tireur ou grenadier et deux autres combattants chargés de la protection. Dans une ville comme Paris, truffée de policiers de toutes sortes et de troupes allemandes, Joseph Epstein avance l'idée d'engager 15 à 20 combattants dans une opération. Devant cette idée neuve, au début, des chefs de détachements, et même Manouchian et ses camarades de la MOI, attachés au "groupe de trois", levèrent les bras au ciel. Le comité militaire de la région parisienne lui-même était un peu effrayé par ces conceptions nouvelles de son commissaire aux opération [34]. »

À en croire Ouzoulias, le débat fut tranché par la direction suprême des FTPF et les décisions imposées aux combattants :

« Sur le plan de l'organisation, la formule du groupe de trois s'imposait, mais pour la plupart des opérations, surtout en plein jour, les conceptions de Gilles étaient les seules valables. Le Comité militaire national dirigé par Charles Tillon me donna le feu vert pour les soutenir. [...] À l'époque, à la demande de Gilles, j'ai participé, dans un pavillon d'une localité de la banlieue nord, à une réunion du Comité militaire parisien pour aider Gilles à faire triompher son point de vue. [...] J'apportais tous le poids du Comité militaire national et non pas seulement celui du commissaire national aux opérations; je soulignais que, si nous voulions réaliser des opérations d'envergure avec le moins de pertes possible, il fallait passer au stade de l'engagement de groupes de 12, 15, 18, voire 24 hommes dans une opération. Sans avoir totalement persuadé mes camarades, leur accord fut cependant obtenu [35]. »

À la suite de cette réunion, Ouzoulias rapporte que fut décidée la première opération de ce type : l'attaque en plein jour d'un détachement allemand sur les Champs-Élysées. 12 combattants auraient participé à l'opération, qui se serait déroulée avec plein succès et sans aucune perte. « Au cours de la seconde réunion du comité militaire de la région parisienne, rapporte Ouzoulias, nous démontrâmes, avec Gilles, par cet exemple précis préparé ensemble, que, si nous avions engagé trois hommes dans une telle opération, ils auraient été à peu près sûrement sacrifiés [36]. »

Ce témoignage pose une quantité de questions. En premier lieu, à lire les rapports mensuels des FTP-MOI, rien ne permet de dire que cette tactique militaire ait eu le moindre début d'application; aucune source ne vient même confirmer la réalité de l'opération de grande ampleur dont il parle [37]. En second lieu, il fait intervenir un personnage, Epstein, que nous n'avons croisé que furtivement jusque-là et dont l'importance et même l'existence sont restées longtemps ignorées après-guerre.

Joseph Epstein est né en 1911 en Pologne, à Zamosc, dans une riche famille appparentée au grand écrivain yiddishophone I.L. Peretz. Communiste dès le lycée, chassé par la répression, il est passé en Tchécoslovaquie, d'où il a très vite été expulsé, et s'est retrouvé en France à la fin de

1931. Il s'installe à Tours, puis à Bordeaux, où il poursuit ses études de droit. En 1935, la mort de son père rompt beaucoup des liens qui retenaient un homme déjà orphelin de mère à la Pologne, où ne vit plus désormais que sa sœur, femme d'un militant communiste emprisonné. C'est à Bordeaux qu'il fait la connaissance de sa future femme, Paula, alors étudiante en pharmacie. Elle se souvient :

> « Les décisions majeures dans la vie d'un homme, il les prenait, me semble-t-il, en un clin d'œil. Il en a été ainsi de son premier engagement pour l'Espagne. Il m'a annoncé un jour : "Je pars demain pour l'Espagne." Aussitôt dit, aussitôt fait. Par idéal sans doute, mais autant par besoin d'action, d'une action militaire avant tout. Sa bibliothèque était remplie de livres traitant de l'art militaire. Déjà en Pologne, après son bac, il avait commencé des études à l'école de sous-officiers d'où il avait été renvoyé pour raisons politiques. Il repensait toujours à cet épisode de sa vie avec un grand sentiment de frustration [38]. »

Dès juillet 1936, il combat donc les franquistes à Irun. Blessé, il est rapatrié en France où il est affecté au Comité d'aide à la République espagnole. Dans ce cadre, il semble bien qu'il ait été l'un des trois responsables de la fameuse compagnie France-Navigation chargée de se procurer et de transporter des armes pour la République espagnole. Aux côtés de Michel Feintuch (Jean Jérôme), de Giulio Ceretti puis de Georges Gosnat, il aurait été responsable de l'achat des armes et du passage de la frontière franco-espagnole. Retourné outre-Pyrénées en janvier 1938, il participe aux derniers combats. Après la retraite, il est interné au camp de Gurs d'où il réussira à sortir grâce au soutien de personnalités bordelaises.

Quand la guerre éclate, il s'engage. Fait prisonnier en mai 1940, il s'évade d'Allemagne en novembre et parvient à Paris le 25 décembre. Immédiatement, il obtient le contact avec le PCF clandestin, par l'intermédiaire d'André Tollet. Dès ce moment, il dispose de vrais faux papiers d'identité française et est embauché comme représentant de commerce dans une entreprise de fabrication de meubles de bureau que codirige l'un de ses meilleurs amis, un communiste très clandestin, Daniel Béranger [39]. Or Béranger est de toute évidence en contact avec certains services soviétiques. Il a, en 1935, organisé une réunion entre les dirigeants des Jeunesses communistes soviétiques venus tout exprès à Paris et les responsables des jeunes trotskistes infiltrés dans la SFIO. En outre, il fréquente étroitement la famille Mercader : Ramon Mercader, l'un de ses meilleurs amis, qui sera en 1940 l'assassin de Trotsky à Mexico; Caridad, la mère de Ramon, grande aventurière de la politique et compagne de l'un des chefs de la police secrète stalinienne chargé de la traque des trotskystes dans le monde entier; Monserrat, la sœur de Ramon, secrétaire à la base des Brigades à Albacete [40].

Au début de 1941, Epstein fournit aux services soviétiques un rapport sur la situation politique française. Passionnant document qui dresse, à la veille de l'invasion de l'URSS, une vaste synthèse de l'état de la France sur les plans tant économique que social et politique [41]. Au début de 1943, son itinéraire bascule une dernière fois : il rejoint les FTPF. Conscient des risques qu'il court, il rédige un testament qu'il confie à son ami Béranger. Après des indications d'une précision toute juridique sur son état-civil, il conclut :

> « Ce testament est fait la veille de mon entrée dans l'organisation des Francs-Tireurs qui combattent les Allemands en France. Je me sers de faux papiers et il est possible que, si je suis tué ou fusillé, l'acte de décès sera dressé à ce nom. [....] Il est possible que par la suite, selon les nécessités, je me servirai d'autres papiers. [...] Fait de ma main le sept février mille neuf cent quarante-trois à Paris, Joseph Epstein [42]. »

Juriste jusqu'au bout, il rédige même un addendum à ce testament : « Ajoutés en deuxième page les mots " présents et à venir ", une rature en troisième page. J. Epstein. » Ce texte ainsi que d'autres papiers personnels – dont le cahier d'écolier sur lequel il a écrit, au brouillon, le rapport de mai 1941 – ont été enterrés dans le jardin de la mère de Béranger, à Villiers-Saint-Benoît, dans l'Yonne, à quatre kilomètres de l'endroit où sa femme Paula et son fils Georges se sont réfugiés.

Une fois ses affaires mises en ordre par ce document tout à fait exceptionnel dans le monde des résistants, Epstein s'enfonce dans la clandestinité. Responsable militaire des groupes FTPF de région parisienne, il sera pendant quatre mois le supérieur direct de Manouchian. Voilà donc l'homme – non pas un illuminé, mais au contraire un militant particulièrement lucide et compétent, très au fait des questions militaires – qui endosse la paternité de la nouvelle tactique ; elle pourrait se résumer comme suit : intensification de la lutte armée, engagement d'effectifs plus importants dans les actions. La démarche d'Epstein est-elle une initiative strictement personnelle ou la traduction pratique d'un changement stratégique d'une autre ampleur ?

Deux textes fondamentaux, diffusés au début de l'automne, fournissent les bases d'une stratégie qui fixe comme objectif prioritaire l'insurrection nationale. En septembre en effet, les instructeurs du PC dans les interrégions et dans les régions, ainsi que les communistes responsables des comités militaires régionaux et interrégionaux des FTP, reçoivent du parti un document exceptionnel et confidentiel, intitulé *Le Parti communiste dans la lutte. L'organisation des FTP. Document du Comité central*[43]. Ce texte d'une dizaine de pages dactylographiées retrace toute la conception communiste de la lutte armée et réfute certaines des objections majeures opposées à la nouvelle tactique. D'emblée, les enjeux sont définis :

« Compte tenu de l'entrée de la guerre dans une phase nouvelle et des événements qui s'approchent, le moment est venu où les FTP doivent, sous peine de ne pas pouvoir continuer à jouer le rôle qui leur est dévolu, passer à un stade plus élevé comme organisateurs de l'action de guerre, comme rassembleurs et organisateurs militaires des patriotes susceptibles de passer à l'action armée. Or les FTP sont arrivés à une période de crise de croissance : l'amélioration de la qualité de l'action et des hommes participant à cette action, là où elle a lieu, a pour contrepartie un arrêt presque général et souvent un recul du recrutement, une opposition à améliorer en qualité le mouvement des FTP. Cette opposition, manifestation certaine de l'attentisme, doit être décelée, démasquée et liquidée [44]. »

La critique se fait plus précise :

« Il faut en finir avec la conception fausse des FTP considérés comme un appendice paramilitaire du parti. Une telle conception restreint le recrutement des effectifs, des cadres, et l'organisation de l'action ; elle n'est, en définitive, qu'un recul politique devant les difficultés inhérentes à la création, malgré l'ennemi, d'une force armée de base pour la constitution d'une *nouvelle armée nationale* sur le territoire national. Certains procédés, s'ils pouvaient se prolonger, aboutiraient à réduire les FTP à n'être que des groupes sans importance. [...] Le moment est venu où il faut donner aux FTP les bases, le moule d'une organisation militaire de masse. La base d'une armée, c'est le nombre. Il faut entendre par organisation de masse pour les FTP le recrutement de patriotes sans distinction d'origine, de tendance et d'appartenance [45]. »

Enfin, le texte conclut en répondant par avance aux objections :

> « Mais, dira-t-on, des ennemis peuvent ainsi pénétrer dans les FTP, et quelles catastrophes n'aurons-nous pas ? La pire des catastrophes qui nous arrive en ce moment dans certaines régions, c'est de ne pas avoir de FTP, de ne pas combattre les Boches et les traîtres les armes à la main. [...] Là où tous les coups portés à l'ennemi créent un courant de masse en faveur du développement plus large de l'action, la provocation ne peut jouer qu'un rôle réduit, épisodique, facilement démasqué, et ses ruses sont ainsi cent fois moins dommageables pour tout le mouvement que la peur des masses, maladie la plus honteuse, a dit Staline, dont puisse être affligé un communiste. Car la sécurité du parti comme des FTP dépend de leur liaison avec les masses ; ceux qui se croient en sécurité parce qu'ils n'agissent pas favorisent au contraire la répression contre le parti [46]. »

Cette nouvelle orientation est reprise à son compte par la direction de la MOI elle-même, puisque le numéro de septembre 1943 du bulletin intérieur, *la Vie de la MOI*, contient une longue analyse de l'activité militaire :

> « Comme l'indique le document du comité central consacré à la lutte des FTP que tous nos militants ont reçu et doivent étudier, le développement des FTP est insuffisant. Les FTP sont restés un mouvement d'élite et la situation demande un mouvement de lutte armée de masse. [...] Les immigrés prennent part depuis le premier moment dans le mouvement héroïque des FTP. Ils le font par devoir national, parce qu'ils savent que la lutte contre les Boches en France affaiblit les ennemis de leurs pays respectifs. Ils le font aussi parce qu'ils savent que la lutte commune est le moyen le plus

efficace pour resserrer les liens de fraternité nécessaires entre les travailleurs immigrés et français. Ils doivent actuellement participer à cette tâche nouvelle en organisant un large recrutement pour les FTP. Or nous devons constater que, sur ce point, les déficiences de nos camarades de la MOI sont grandes. Dans la zone Nord, par exemple, dans une seule région les FTP de la MOI constituent un mouvement d'élite, mais qui montre de fortes tendances à la stagnation [47]. »

Les objectifs définis dans ces deux textes, comme la multiplication des fronts nationaux et de libération dans les immigrations à partir de l'été 1943, traduisent donc une réorientation stratégique fondée sur l'image du peuple en armes en vue de l'insurrection nationale qui doit être placée sous l'égide des FTP. Le temps est au dépassement de la guérilla urbaine, dans des actions armées de masse – sur le modèle des maquis – afin d'assurer au Parti communiste une position dominante dans la France libérée.

La grande traque III
L'hécatombe de novembre

« Au cours d'une précédente affaire, un militant identifié comme étant Rayman Marcel, né le 1er mai 1923 à Varsovie (Pologne), n'ayant pu être appréhendé en raison de sa très grande méfiance, avait été perdu de vue. L'ayant rencontré fortuitement au cours de nos surveillances journalières, selon les instructions reçues, nous l'avons pris en filature. Celles-ci nous ont amené à identifier un certain nombre d'étrangers dont l'activité en faveur du "MOI" ne faisait aucun doute. Les résultats de ces surveillances du 26 juillet 1943 au 15 novembre 1943 ont donné les résultats suivants [1]... »

La filature ayant abouti aux arrestations massives qui décimèrent les FTP-MOI parisiens à l'automne 1943, a duré cent jours. Telle est la principale information que nous livre le rapport de synthèse laissé par la BS 2. La nature de ce document nous interdit d'extrapoler sur les conditions exactes qui ont présidé au commencement de la filature, dans la mesure où nous ne disposons que de rares rapports de base ayant servi à l'élaboration de la synthèse, et qu'il n'est pas habituel de voir des policiers donner là de tels renseignements. Il est clair cependant, et confirmé par les instructions menées à la Libération contre les policiers concernés, que cette opération s'insère dans la série des trois filatures qui couvrent l'essentiel de l'année 1943. Rayman a effectivement été repéré dans la première, qui touchait spécialement les jeunes communistes juifs, comme l'a été son frère, Simon; tous deux étaient, en outre, bien connus de l'indicatrice dont l'aide fut alors décisive pour la police.

« 27 juillet 1943. Rayman Marcel rentre au 68, boulevard Soult à 10 heures 45... » Or le 68, boulevard Soult est le domicile de sa mère et de son frère Simon, qui vivent là dans l'illégalité sous la fausse identité de Rougemont. À en croire le rapport de police, c'est le 68, boulevard Soult qui était sous surveillance, et non Marcel Rayman. L'un des policiers engagés dans la filature révélera à la Libération, au cours de l'instruction : « Je précise que cet individu [Marcel Rayman] n'a pas été rencontré fortuitement sur la voie publique, mais n'avait pas été arrêté par ordre de Barrachin au cours de précédentes opérations, afin d'être repris en filature [2]. »

Ainsi, à partir de la fin du mois de juillet, l'un des combattants les plus importants est filé. Pour autant, cette première étape de la filature, qui s'étend sur près de six semaines, du 27 juillet au 4 septembre, n'apparaît guère productive. Outre Marcel et son frère Simon, les policiers ne repèrent que six personnes : André Terreau, Claire Szwarceug, Ladislas Fulop et René Coureur. Deux militants sont plus importants, mais les policiers l'ignorent. Le premier est Celestino Alfonso, membre de l'Équipe spéciale; repéré le 11 août, il est « logé » le jour même à Ivry. Le second est un homme que les policiers ne parviennent pas à identifier et qu'ils surnomment « Aumaire » : « Signalement : trente-cinq ans, 1,65 m, corpulence forte, cheveux bruns, casquette gris clair, visage rond fortement coloré, imberbe, nez écrasé, veste grise tachée, pantalon bleu de travail, souliers noirs, serviette en toile cirée noire. » Repéré deux fois, « Aumaire », très méfiant, échappe à chaque fois à la filature. Le signalement laisse peu de doutes sur l'identité de ce combattant : il s'agit du compagnon d'Alfonso dans l'Équipe spéciale, Leo Kneler, mais la BS 2 ne le sait et ne le saura jamais.

Rayman, Alfonso, Kneler : les principaux membres de l'Équipe spéciale sont donc repérés.

Vus « de l'extérieur », les frères Rayman et leurs amis ne ressemblent guère à des « terroristes ». Ils ont leurs habitudes, toujours dangereuses dans la clandestinité, déjeunent dans leurs bistrots attitrés, soit « Chez Bouboule », au 80, boulevard Diderot, soit « Aux Platanes », 39, avenue de la Porte-de-Pantin, et c'est souvent là que les policiers viendront retrouver le « contact ». Comme ils sont jeunes et que l'été est chaud, ils fréquentent beaucoup les piscines, celle de Pantin, comme le 10 août, ou celle des Tourelles, comme les 16, 20 et 28 août. Néanmoins, au bout de six semaines, la filature tourne en rond [3].

Tout en poursuivant la surveillance des frères Rayman, la BS 2 trouve et exploite une autre piste. En effet, à la date du 8 septembre, le rapport de police indique : « Au cours de nos surveillances journalières, nous rencontrons un individu que nous appelions dans une précédente affaire Goldberg Lajb, né le 14 février 1924 à Lodz (Pologne). Conformément à nos instructions, nous le prenons en filature. À 10 heures 30, Goldberg sort et se rend au square des Buttes-Chaumont. » Là encore, il est clair que Goldberg a été « logé » avant d'être filé. Encore une fois, l'absence des rapports de base qui ont servi à la rédaction de la synthèse empêche de comprendre les circonstances exactes de ce repérage. Quoi qu'il en soit, cette deuxième piste se révèle très fructueuse. À dix-huit ans, Goldberg a vu, pendant l'été 1942, rafler et déporter toute sa famille. Resté seul, il a cherché le contact avec la Résistance et a rejoint rapidement le Deuxième détachement; après la chute de ce dernier, il a été affecté en juillet 1943 au détachement des dérailleurs sous le pseudonyme de « Julien » [4].

Filé toute la journée du 8 septembre, Goldberg mène involontairement la police sur les traces de cinq combattants très actifs. Le plus important est Emeric Glasz. Né en 1902 à Budapest, il est arrivé en France en 1937. Marié, ouvrier mécanicien très qualifié, il s'engage en 1939 dans le 23e régiment de marche des volontaires étrangers. Entré dans les FTP-MOI en 1942, il est, sous le pseudonyme de « Robert » et la fausse identité française de Bognard, un responsable important du détachement des dérailleurs[5]. Il est accompagné de Moska Fingercweig, né en 1923 à Varsovie et dont la famille émigra à Paris en 1926. Orphelin de mère à l'âge de dix ans, avec un père ouvrier tailleur qui travaille dur, le petit Maurice a été élevé essentiellement par son frère aîné, Jacques, membre des Jeunesses communistes, auxquelles lui-même adhère en 1940. En juillet 1942, son père et son frère sont déportés. Il demande à combattre et intègre le Deuxième détachement sous le pseudonyme « Marius »[6].

Autre dérailleur : Michel Martiniuk, de son vrai nom Jonas Geduldig, pseudonyme « Jean », né à Wlodzimierz (Pologne) en 1918. À seize ans, il rejoint son frère aîné en Palestine où il travaille comme métallo. En 1937, passé en Espagne, il s'engage dans les Brigades. Affecté à l'unité d'artillerie Anna-Pauker, il est blessé mais s'en sort. Interné après la défaite républicaine à Gurs et à Argelès, il s'évade, gagne Paris et trouve le contact avec l'organisation. Dès le printemps 1942, il combat dans le Deuxième détachement. Ayant réussi à échapper à la chute de juillet 1943, il est affecté au détachement des dérailleurs[7].

Le dernier membre de cette solide équipe de combattants est Willy Schapiro. Né en 1910 en Pologne, il a suivi en Palestine l'immigration sioniste de gauche, mais cette expérience l'a déçu et il voit dès lors dans le communisme la solution du problème juif. Ayant pris contact avec le PC de Palestine, il est arrêté au bout de quatre mois, le 1er mai. Relâché en 1933, il est expulsé vers l'Europe où, de 1933 à 1938, il milite dans le PC autrichien illégal. Avec l'accord de ce parti, il gagne Paris en 1938, milite dans la section juive, en particulier comme responsable du syndicat clandestin de la fourrure. En 1943, il entre dans les FTP sous le pseudonyme de « Maurice »[8].

La catastrophe se précise le 20 septembre, quand Glasz, bien malgré lui, mène la police sur 'es traces de l'un des responsables les plus importants, Francis Boczor, le chef du Quatrième détachement. Pourtant prudent, Boczor est «logé» le jour même dans l'une de ses nombreuses planques, à l'hôtel des Deux-Avenues, au 9, rue Caillaux. La deuxième étape de la filature va alors prendre un nouvel élan.

À partir du 22 septembre, en suivant Boczor, la police aboutit à d'autres combattants du groupe des dérailleurs. Il y a d'abord Thomas Elek, né en 1925 à Budapest et arrivé en France avec ses parents en 1929. Son père, professeur, a quitté son pays, où il était persécuté pour ses idées politiques, et a choisi la France comme terre d'asile. Thomas fréquente le Quartier latin et entre en résistance [9]. Son copain Wolf Wajsbrot est encore plus jeune que lui, puisqu'il est né en Pologne en 1925. Venu en France avec ses parents, c'est un jeune apprenti mécanicien qui milite aux JC. Le 16 juillet 1942, toute sa famille est raflée et déportée; seul, âgé de dix-sept ans, Wolf décide de les venger. Il contacte la Résistance et entre au Deuxième détachement où il est très actif, avant d'être muté au détachement des dérailleurs sous le pseudonyme de «Marcel», après la chute de juin-juillet [10].

Après avoir repéré l'Équipe spéciale, la BS 2 a donc situé et logé l'essentiel du Quatrième détachement, à commencer par son chef. Cette surveillance permet à la police, au cours d'une semaine décisive, d'atteindre la direction. Nous sommes le 24 septembre:

> «Boczor sort à 9 heures, prend le métro à Tolbiac, descend à Jussieu et se rend à pied rue Lanneau au n° 1 *bis*, où il séjourne quelques minutes. Il prend le métro à Luxembourg et descend à Bourg-la-Reine; il attend 20 minutes à la sortie et à 9 heures 20 [*sic*] est rejoint par un homme qui n'est autre que le nommé Manoukian [*sic*] Missak, né le 1er septembre 1906 à Adyarman (Arménie). À pied, en passant par Montrouge, ils arrivent à la porte

d'Orléans, ils échangent des papiers puis se séparent. Manoukian fait quelques emplettes dans le quartier, et à 12 heures 30 pénètre rue de Plaisance nº 11. Il ne ressort pas de la soirée. »

La BS 2 a donc, dès le 24 septembre, localisé Manouchian, dont elle ignore encore qu'il est le responsable militaire des FTP-MOI parisiens. Quelques jours plus tard, l'encerclement de la direction se confirme. En suivant cette nouvelle piste, la BS 2 monte un échelon supplémentaire :

> « Le 28 septembre 1943. Manouchian sort de son domicile à 10 heures 10 et prend le métro à Alésia pour descendre à la gare du Nord; son train étant vraisemblablement parti, il déjeune à la terrasse d'un café voisin de la gare; à 12 heures 05, il prend le train et descend à 13 heures 10 à la gare de Mériel dans l'Oise. À la sortie de la gare, il rencontre un homme qui n'est autre que le nommé Estain Joseph, né le 16 octobre 1910 au Bouscat. Ils circulent ensemble, et, sur la route de L'Isle-Adam, ils pénètrent dans le café-restaurant Majestic, sis à cet endroit. Ils s'enfoncent dans les bois sous une pluie battante; nous sommes, pour ne pas éveiller leur méfiance, obligés de cesser la surveillance. »

Les policiers de la BS 2 sont en train d'assister au rendez-vous hebdomadaire entre Manouchian et son chef direct, responsable de l'ensemble des FTP de la région Ile-de-France, de son vrai nom Joseph Epstein. Certes, les deux hommes sont méfiants, et les policiers préfèrent couper la filature, mais la situation apparaît critique dès ce moment-là.

D'autant plus critique que, ce même 28 septembre au matin, les policiers en planque près du 68, boulevard Soult ont vu Marcel Rayman arriver chez sa mère à 10 heures 40. Il revient sans aucun doute de l'attentat qui, à 9 heures, rue Pétrarque, a coûté la vie au docteur Ritter, abattu par l'Équipe spéciale. Les policiers le savent-ils? Rien, dans le rapport, ne permet de répondre à cette question, mais il faut croire que les chefs de la BS 2 ont une idée sur la question, car, si l'on se fie au seul rapport de synthèse, Rayman et ses amis ne seront plus filés jusqu'au 16 novembre, date de leur arrestation. Peut-être la police a-t-elle craint que, se sentant serrés de trop près, ces derniers ne s'évanouissent dans la nature. Ayant logé les combattants repérés en juillet-août, excepté Leo Kneler, ils avaient exploité cette piste jusqu'à son terme.

La filature entre maintenant dans sa dernière étape. La BS 2 fait porter son effort sur le détachement des dérailleurs. Le 18 octobre, partant de Boczor, elle repère un important responsable, qui lui échappe depuis longtemps :

> « Boczor sort de son domicile à 7 heures 45, se rend à Montrouge où, à l'angle des rues Pasteur et Fontenay, il rencontre un individu que nous appellerons "Lerouge". Signalement : trente-huit ans, tête nue, cheveux châtains, rejetés en arrière, légèrement frisés, figure ronde, visage rasé, teint basané, complet bleu, gabardine beige. Ils se séparent devant la mairie de Montrouge.
>
> « Lerouge se rend à l'entrée du cimetière de Bagneux où à 9 heures il rencontre un individu qui a été identifié comme Davidovitch Joseph, né le 5 février 1908 à Szozcycow (Pologne) [Sochaczew]. Après avoir discuté longuement, ils se séparent à 10 heures 15 rond-point de Madrid à Malakoff. Davidovitch part à pied, prend l'autobus 89, descend à l'arrêt de la rue de Sèvres et pénètre à 11 heures 15, 2, rue de la Fontaine à Clamart. »

Après avoir « logé » Manouchian, responsable militaire, la BS 2 a repéré et « logé » Dawidowicz, le responsable politique. Le commissaire Barrachin a donc retrouvé le « Dupont » de la filature du Deuxième détachement qui avait brusquement disparu après le 26 mai sans laisser de traces. Quant à « Lerouge », il s'agit très vraisemblablement de Secondo, le troisième membre du triangle de direction et son responsable technique.

Trois jours plus tard, le 21 octobre, les policiers cernent le détachement des dérailleurs en pleine opération :

> « Boczor sort à 7 heures 20 du 85, rue Turbigo, prend le métro à République et descend Porte d'Ivry. À pied, il se rend à l'angle du boulevard Masséna et de la rue de Patay où il rencontre à 8 heures Stanzani. [...] Stanzani se rend 41, avenue de Choisy où il pénètre à 10 heures. Il reparaît à 10 heures 45 portant un panier en osier; il prend le métro à la Porte de Choisy et à 11 heures 15 sort à Gare-de-l'Est. À 11 heures 20, il s'installe sur un banc dans le hall. À ce moment, nous apercevons Boczor qui circule, puis Goldberg, Martiniuk, Fingercweig et Elek qui arrivent successivement. Goldberg porte sur le dos un sac de camping paraissant lourdement chargé. Fingercweig porte une musette bourrée. Elek un sac de camping. Nous apercevons également Wajsbrot qui circule dans le hall avec une musette pleine sur le dos.
>
> « Goldberg, Fingercweig, Martiniuk, Elek, prennent le train de 11 heures 45 pour Troyes par équipes de deux, Boczor paraît surveiller l'opération. Wajsbrot et Stanzani ne prennent pas le train de 11 heures 45.
>
> « Nous arrivons à Troyes à 14 heures 45. Tous descendent et sortent de la gare par équipes de deux. Martiniuk, Goldberg et Elek se rejoignent devant la brasserie du Lion de Belfort, où ils pénètrent. Fingercweig se rend dans une rue voisine où il est rejoint par Goldberg qui le quitte aussitôt pour rejoindre ses compagnons au Lion de Belfort où ils déjeunent. À 15 heures 20, Fingerc-

weig rejoint les autres à la brasserie. À 16 heures 20, ils sortent tous et prennent la route de Dijon, marchant par équipes de deux, séparées d'une centaine de mètres. Ils traversent Saint-Julien-les-Villas et passent la Seine, Goldberg prenant la direction de la troupe. À 18 heures 15, nous les perdons de vue à la sortie de Saint-Julien-les-Villas à un endroit où se trouve une villa portant le n° 2, après avoir passé un pont de bois à proximité d'un barrage.

« Le 22 octobre vers 6 heures du matin, nous apercevons Goldberg et ses camarades arriver deux par deux. Le sac de camping de Goldberg paraît moins chargé; de plus, Fingercweig porte en travers de sa musette un objet cylindrique de quarante centimètres de long. Nous apprenons par la suite qu'un attentat a eu lieu dans la nuit à Chaumont. À 7 heures 30, Goldberg et ses camarades reprennent le train et arrivent à Paris à 10 heures. Ils se retrouvent devant la gare de l'Est, consomment dans un tabac à l'angle du Faubourg-Saint-Martin et de la rue du Château-d'Eau. À 10 heures 30, Elek se sépare de ses camarades et rentre à son domicile à 11 heures 40 [11]. »

Quelques jours plus tard, un important sabotage ferroviaire est revendiqué dans le communiqué des FTP-MOI dans les termes suivants :

« Quatrième détachement. Dans la nuit du 25 au 26 octobre, déraillement sur la ligne Paris-Troyes, près de Mormant, six partisans armés de pistolets et d'outillages nécessaires ont fait dérailler un train de marchandises express allemand. D'après nos propres renseignements, le train est passé par-dessus le viaduc et s'est entassé dans le ravin. La locomotive et tous les wagons sont détruits avec leur contenu, des boîtes de sardines, du riz, du blé, différentes conserves et aliments nécessaires à l'armée hitlérienne. Toute la population de la région ne parle que de ce déraillement. À cette belle action ont participé les matricules 10020, 10601, 10351, 10152, 10207, 10257. Trois camarades ne sont pas rentrés de cette action. Nous supposons qu'ils ont rencontré une patrouille allemande sur le chemin du retrait et qu'ils sont tombés dans l'engagement de combat avec elle. C'est la première fois qu'il arrive une chute dans des actions de déraillement [12]. »

Après le déraillement, au lieu de quitter immédiatement les lieux, trois des combattants, Amedeo Usseglio, Léon Goldberg et Willy Schapiro auraient circulé le matin dans Mormant. Alertée par le sabotage, la police envoie sur place le commissaire Bozon, de Melun, et une équipe d'inspecteurs qui croisent les combattants. Ceux-ci semblent suspects mais ne sont pas arrêtés. Après enquête sur les lieux de l'attentat, les policiers reviennent à Mormant et rencontrent à nouveau les combattants qui, cette fois-ci, sont interpellés. On découvre sur eux des armes et dans leurs sacs des outils de sabotage. Ils sont arrêtés, bientôt transférés à la BS 2 qui reconnaît immédiatement deux des « terroristes » filés, Goldberg et Schapiro [13]. Le coup est dur pour l'organisation militaire, dont l'encerclement se confirme chaque jour un peu plus.

Ce revers coïncide avec la décision de la direction des Renseignements généraux d'intervenir directement tout en essayant de ne pas casser la filature. Ce même 26 octobre, elle fait arrêter Joseph Dawidowicz :

> « L'intéressé, connu par nos services sous le surnom de Dupont, avait fait l'objet de nombreuses surveillances pour activité terroriste. Très méfiant, il avait réussi à échapper à de précédentes arrestations. Dernièrement, l'ayant retrouvé au cours

d'un rendez-vous, nous avons recommencé notre filature. Ce matin, 26 octobre, il est sorti de son domicile 2, rue de la Fontaine à Clamart à 7 heures 15 et a pris l'autobus 89 jusqu'aux Petits-Ménages, où il est monté dans le métro qui l'a amené à la gare Saint-Lazare. Par le train, il est arrivé à 9 heures à Conflans-Sainte-Honorine où un homme l'attendait à l'intérieur de la gare. Ensemble, ils ont circulé sur la route de Paris et se sont séparés à 11 heures 30 dans le petit village de La Frette. Dupont, depuis un certain temps, se montrait extrêmement méfiant et devenait impossible à suivre. En exécution de vos instructions, nous avons procédé à son arrestation qui a eu lieu à 12 heures à la gare de Conflans, où Dupont s'apprêtait à reprendre le train pour Paris. »

À ce moment précis, les policiers ignorent encore l'importance de leur prise. Dawidowicz est commissaire politique de la région parisienne, responsable aux effectifs; il coordonne en outre le travail politique et dispose de liaisons avec la direction de la MOI et avec celle des FTPF. Il en est aussi le trésorier. Fouillé, il est trouvé porteur d'une fausse carte d'identité française au nom de Charles Lang, d'une somme de 33 000 francs, qu'on doit rapporter, pour montrer son importance, aux 135 629 francs que l'organisation a dépensés pendant tout le mois de septembre [14]. Il a également sur lui une quittance de loyer à Choisy-le-Roi, mais la perquisition qui suivra ne sera guère fructueuse : « aucun objet suspect, aucun document subversif. » En revanche, la visite domiciliaire à sa planque du 2, rue de la Fontaine à Clamart, repérée le 18 octobre, donne des résultats d'une autre importance : trois ordres du jour des FTP, une note adressée au comité militaire régional, une note au comité militaire interrégional, deux comptes rendus d'activité du 1er au 20 août 1943, un rapport financier pour septembre 1943, et surtout deux listes d'effectifs et un état numérique des divers détachements [15].

Qui plus est, Dawidowicz parle. L'équipe de Barrachin peut ainsi résoudre les seules questions, essentielles, qui restaient en suspens, à savoir qui est qui, et qui fait quoi. Elle peut enfin mettre en ordre son organigramme des FTP-MOI, comme nous l'a confirmé un responsable des RG qui a conservé le document[16].

Au cours des vingt jours qui séparent la chute de Dawidowicz des arrestations massives de la mi-novembre, l'étau se resserre. Les militants, inquiets, sont de plus en plus sur leurs gardes, comme le dénommé « Lerouge », repéré le 28 octobre à 8 heures au rendez-vous fixé par Dawidowicz, rue Cuvier, ce qui confirmerait que ce dernier a parlé au premier interrogatoire policier.

> « Lerouge attend jusqu'à 8 heures 30 et prend le métro à Jussieu. À Denfert-Rochereau, il prend la ligne de Sceaux et sort à Laplace. Par Arcueil et Gentilly, il se rend rue Barbès à Montrouge, où à 9 heures 45 il rencontre Stanzani. Tous deux se promènent en discutant; à 10 heures 10, Boczor les rejoint. Le trio se rend à la porte d'Orléans où Stanzani quitte ses camarades à 10 heures 20. Lerouge et Boczor gagnent la place d'Italie où ils se séparent à 10 heures 55. Boczor se dirige vers la porte de Choisy. Lerouge descend en courant dans le métro et ressort vraisemblablement car il n'est pas vu sur les quais. Les recherches effectuées dans les environs restent vaines. »

Il est probable que, dès ce moment, des responsables se sont inquiétés de la disparition de Dawidowicz et ont donné l'alerte à l'échelon supérieur. Craignant donc de perdre le fruit de plusieurs mois de filature, la BS 2 allège sensiblement les surveillances à partir du 28 octobre.

Cependant, le responsable national aux cadres, Peter Mod, reste très inquiet. Depuis plusieurs semaines, ses correspondants du service des cadres signalent que les combattants sentent une présence policière de plus en plus serrée. Début octobre, des informations lui sont parvenues, selon lesquelles quelques militants arméniens seraient un peu trop bavards dans des lieux publics et auraient tendance à en prendre à leur aise avec la sécurité, en particulier en se réunissant régulièrement les uns chez les autres. Au nom de la direction de la MOI, il prend donc rendez-vous avec Manouchian. « J'ai parlé avec Manouchian au nom de la direction et je l'ai menacé de les laisser tomber s'ils continuaient de la même façon légère. J'ai été particulièrement dur. Je lui ai dit que, s'ils continuaient, ils allaient avoir le même sort que les Yougoslaves de la zone Nord qui n'avaient plus le droit de travailler avec le PC à cause de leurs discussions internes. [17] » En outre, une rumeur se fait de plus en plus insistante sur l'existence d'un traître, comme en témoigne Henriette Béranger qui a hébergé Joseph Epstein :

> « Quelques jours avant qu'il ne disparaisse, il est venu coucher chez nous. Il était nerveux et semblait inquiet. Il a laissé entendre que la police était sur ses traces et a parlé d'un traître. Pour la première fois depuis des mois qu'il venait une ou deux fois par semaine, je l'ai vu sortir un revolver de sa veste avant de se coucher [18]. »

C'est dans ce climat très tendu que la BS 2 accentue sa surveillance sur Manouchian, filé le 5 novembre, jour où on l'aperçoit en compagnie d'Alfonso. Par Dawidowicz, les policiers savent que Manouchian rencontre son supérieur tous les mardis. Ils sont donc au rendez-vous le 9 novembre :

> « Manouchian sort de chez lui à 7 heures 15, prend le métro à Pernety et descend à la Gare-de-Lyon. Il prend le train à 8 heures 02 et descend à Brunoy à 8 heures 45. À la sortie de la gare, il retrouve Estain ; ils se rendent à Épinay-sous-Sénart, puis font demi-tour et se rendent dans un café situé devant la gare de Brunoy où ils demeurent 50 minutes. Ils se séparent à 11 heures 30, Manou-

chian prend le train en direction de Paris. Estain se rend chez un coiffeur, 5, place de la Mairie, puis en sort 1/4 d'heure plus tard. Il prend alors le train et descend à Combs-la-Ville à 12 heures 30; il stationne quelque temps devant la gare puis reprend le train à 13 heures 21; il arrive à Paris à 13 heures 55 et retourne à son domicile. Il ne ressort pas de la soirée. »

Ce même 9 novembre, après une longue traque engagée dès la deuxième filature, entre avril et juillet, la BS 2 réussit à arrêter Solange, de son vrai nom Paulette Berger-Lewin, agent de liaison de la direction MOI en Ile-de-France. Au même moment, Cristina Boïco rencontre Manouchian. Elle se souvient :

« C'était en novembre, quelques jours avant son arrestation. Ce fut ma dernière rencontre avec lui. Près d'une gare. Je ne sais plus laquelle. Mais nous marchions dans des rues longues, où il y avait trop de monde. Je n'aimais pas ça. Lui-même avait le sentiment qu'il était encerclé, qu'il allait tomber. Je lui ai offert une planque, au cas où. Par mes contacts à la Sorbonne, je touchais un secteur qui n'avait rien à voir avec la MOI. Il a refusé, me disant qu'il n'avait pas de problème pour son logement. Je l'ai quitté très inquiète, en raison de sa propre inquiétude [19]. »

Les témoignages convergent donc pour indiquer qu'en ce début du mois de novembre 1943, tous les signaux d'alerte sont allumés. Les combattants se savent gravement menacés, même s'ils ne savent pas encore d'où et quand viendront les coups. Ils n'en poursuivent pas moins leurs actions, ce qui va permettre à la BS 2 de trouver la piste du chaînon manquant : le Troisième détachement.

Le 12 novembre, à 7 heures du matin, sept combattants de cette unité ont en effet attaqué un garage à vélos à Vincennes. Tenant le patron en respect, ils se sont emparés de cinq bicyclettes. Peut-être s'agissait-il de préparer une action prévue l'après-midi. En effet, le même jour à 13 heures 30, six de ces sept hommes se retrouvent rue Lafayette. Deux d'entre eux, Rino Della Negra et Robert Witchitz, doivent attaquer un convoyeur de fonds allemand; les cinq autres sont en protection. Cependant, première surprise, le convoyeur est accompagné d'un autre militaire allemand, et ils sont sur leurs gardes. Witchitz et Della Negra ouvrent le feu : l'un des ennemis, Bergoff, est tué sur le coup et l'autre s'enfuit avec les deux sacoches. Deuxième surprise : une fusillade s'engage avec la police et la feldgendarmerie, qui sont en force sur les lieux. Della Negra est grièvement blessé et arrêté. Après avoir vidé son chargeur, Witchitz s'enfuit, blessé. Devant l'afflux de forces de police, les combattants chargés de la protection ne peuvent intervenir. Witchitz s'est réfugié dans une cave, au 21, rue de Provence. Dénoncé, il est capturé. Le même jour, la police arrête à leur domicile deux des combattants chargés de la défense, Antoine Salvadori et Cesare Luccarini, puis deux autres le lendemain, Georges Cloarec et Spartaco Fontano, bientôt suivis de Roger Rouxel. Au total, sept combattants du Troisième détachement, qui en comptait douze, sont mis hors de combat [20].

En fait, la BS 2 a trouvé la trace de cette action dans les papiers saisis chez Dawidowicz qui a fourni aux policiers des renseignements complémentaires. Tout laisse à penser que l'arrestation de ce dernier a constitué la première étape de la phase finale de la traque. Le 16 novembre, un vaste coup de filet est donc lancé. Les premiers à tomber sont Manouchian et Epstein, dont la police sait qu'ils doivent se rencontrer comme chaque mardi, ce qui explique le choix de la date. Le commissaire Barrachin en personne est sur le terrain avec quatre inspecteurs. Ils

LA GRANDE TRAQUE III : RECONSTITUTION DE LA FILATURE*

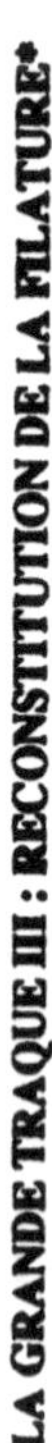

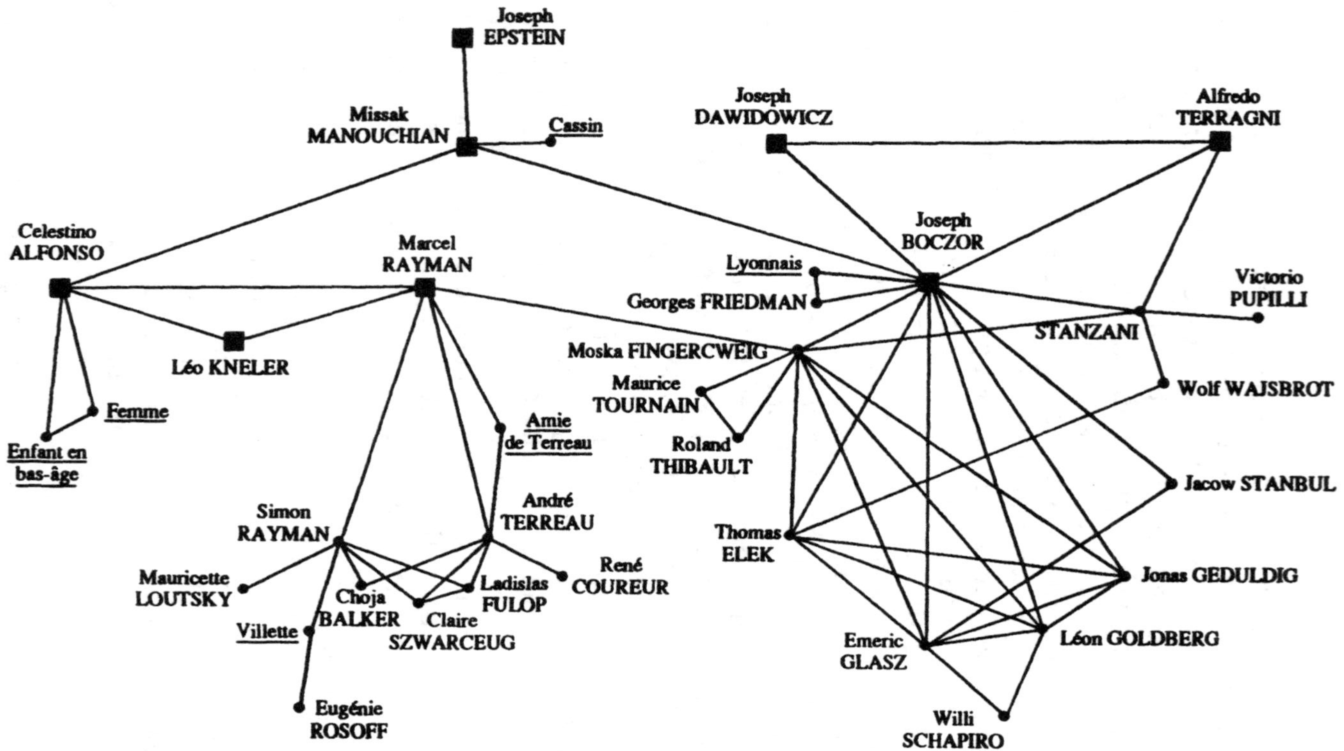

* Légende Cf. Graphique Grande Traque I, p. 200.

suivent Manouchian qui prend le train à la gare de Lyon et descend à Évry-Petit-Bourg. À la sortie de la gare, Manouchian aperçoit Epstein qui se met à marcher en direction de la Seine. Il le suit à une cinquantaine de mètres. Après avoir traversé une passerelle sur la Seine, Epstein, qui s'est déjà retourné à plusieurs reprises, convaincu d'être filé, descend sur la berge, très grasse et détrempée, et accélère le pas. Manouchian, qui s'est sans doute aussi aperçu de la filature, hésite, puis continue sa route. Poursuivi par deux inspecteurs et Barrachin, échelonnés tous les 80 mètres environ, Epstein conserve son avance et arrive dans une allée au sol plus dur. Se retournant, il aperçoit les policiers et se met à courir. L'inspecteur Chouffot tire à plusieurs reprises avant de le neutraliser. Rejoint par les trois policiers, Epstein leur oppose une forte résistance. Finalement, menotté dans le dos, il tente à nouveau de s'échapper mais sans succès. De son côté, Manouchian a été rattrapé par deux inspecteurs. Il tient dans la poche droite de son manteau un 6,35 chargé avec une balle dans le canon mais décide de se rendre à la deuxième sommation [21]. Il est 10 heures du matin.

Un peu plus tard, à 13 heures 30, une autre équipe arrête Marcel Rayman rue du Docteur-Brousse, en compagnie d'Olga Bancic et de Josef Svec avec lesquels il avait rendez-vous. On trouve sur lui une série de faux papiers au nom de Michel Rougemont, mais aussi une feuille relative à une surveillance sur le commissaire David, le chef de la BS1, sans doute l'un des prochains objectifs de l'Équipe spéciale. La suite des arrestations s'étale jusqu'au début de décembre.

Sur 35 militants repérés au cours de la filature, cinq seulement échappent à l'arrestation. Au total, selon le rapport de synthèse de la police sur cette affaire, 68 personnes ont été arrêtées [22]. En tête de celles-ci, le responsable FTP interrégional (Epstein), le responsable militaire régional des FTP-MOI (Manouchian) et le responsable politique régional FTP-MOI (Dawidowicz). Ont échappé le troisième membre de la direction (« Secondo »-Terragni), le remplaçant de Dawidowicz après son arrestation (Gino), le responsable aux cadres (Lissner) – que la police a laissé volontairement en liberté pour garder prise à un haut niveau sur l'organisation –, le responsable du service technique (Patriciu), et la responsable du service de renseignements (Cristina Boïco), qui a décidé de mettre son service en sommeil depuis quelque temps, le stock d'objectifs disponibles lui laissant cette possibilité.

Après les arrestations de Marcel Rayman, d'Alfonso et de Fontano, l'Équipe spéciale n'existe plus. Seul Kneler a échappé à la rafle. Le détachement des dérailleurs est entièrement capturé. Il en est de même pour l'essentiel du détachement italien, à l'exception de son chef, Arturo Martinelli, qui passe au travers des mailles. Seuls subsistent le service de renseignements, plusieurs agents de liaison et quelques éléments du Premier détachement. Parmi les 68 militants arrêtés, le rapport de synthèse de la BS 2 distingue 33 « aryens », dont 19 étrangers (11 Italiens et 3 Arméniens, etc.), et 34 Juifs, dont 30 étrangers. La présence des femmes est à signaler, puisque sur les 68 arrêtés, on en compte 21.

Mais la chute s'étend aussi aux FTPF à partir d'Epstein, ou, plus exactement, d'Estain, puisque tel est le nom qu'il porte sur sa carte d'identité : « Nous mettons à votre disposition le nommé ESTAIN Joseph, André, né le 16 octobre 1910 à Le Bouscat (Gironde), fils de Louis et de Duffau Marie-Louise », lit-on sur le procès-verbal d'arrestation [23]. Si elle ignore sa véritable identité, la BS 2 sait cependant qu'elle tient le responsable militaire inter-régional FTPF, qui est en contact régulier avec Ouzoulias et ce dernier avec Tillon. S'il parle, le comité militaire national est directement menacé. Les témoignages fournis à la Libération par les rares militants survivants et par les policiers résistants convergent : Epstein a été littérale-ment « massacré » par les inspecteurs des BS, mais n'a pas lâché un nom. Il n'a même pas livré sa véritable identité.

En revanche, les documents parlent et les perquisitions

sont fructueuses, qu'il s'agisse des rapports sur les effectifs et sur les opérations réalisées, de projets d'attentats contre des objectifs militaires, des collaborateurs et, comme pour Rayman, contre le chef de la BS 1, David, d'une série de feuilles annotées, avec sans doute des rendez-vous passés et à venir. Les policiers disposent surtout de sept petits carnets de papiers à cigarettes qu'ils ont trouvés sur Epstein et dont celui-ci n'a pas eu le temps de se débarrasser. Ils sont couverts d'une écriture microscopique que les policiers ont tôt fait de décrypter. Apparaît une première piste : un rendez-vous fixé au 18 novembre à 9 heures 30 dans une petite gare de Seine-et-Oise. Ponctuels au rendez-vous, les inspecteurs de la BS 2 y cueillent Roland C., un responsable important qui, en lâchant plusieurs de ses rendez-vous, lance la police sur la branche française. Il entraîne du même coup 14 arrestations qui ouvrent une période dramatique pour la direction parisienne des FTPF – elle sera à nouveau démantelée en janvier puis en mars 1944 [24].

Autre piste, autres chutes. L'après-midi même du 18 novembre, à 14 heures, au pont de Sèvres, Roland C. a rendez-vous avec Paul Q. qui, lui aussi fort bavard, met les policiers sur les traces du « groupe spécial » du PCF en région parisienne. Ce groupe, dirigé par René Roeckel (pseudonyme Rajac), est composé de deux équipes groupant au total plus de 15 militants qui ont pour tâches principales d'exécuter les « traîtres » – traîtres au parti ou collaborateurs – et de mener des attaques à main armée pour récupérer de l'argent, des tickets d'alimentation, des voitures, etc. Ils sont peu regardants sur les moyens. À l'issue d'une filature qui dure du 23 novembre au 10 décembre 1943, le « groupe spécial » est démantelé. Certains de ses membres, très décidés, vendront chèrement leur vie, et leur arrestation donnera lieu à de véritables batailles rangées. Jean Debrais, l'un des plus anciens Francs-tireurs parisiens puisqu'il était dans la lutte armée depuis l'été 1941, est abattu par la police le 14 décembre 1943, et Vachette le 11 janvier 1944.

Des documents qui parlent; des arrestations; la torture

ou la peur; un nom, une planque, un rendez-vous; la filature; les arrestations toujours, et toujours les tortures; d'autres noms, d'autres rendez-vous; la BS 2 au travail. Au total, 40 militants français sont tombés. 29 sont condamnés à mort et fusillés au Mont-Valérien, en trois fois, les 24 mars, 11 et 25 avril. C'est avec eux qu'a été jugé Joseph Epstein. Il se battra jusqu'au dernier jour. Il n'a jamais donné même son nom à ses tortionnaires. Il a eu le visage complètement déformé d'avoir été enserré dans un masque de torture[25]. Il parvient à communiquer par la tuyauterie avec son voisin, un gaulliste enfermé comme lui dans le quartier allemand de Fresnes mais qui dispose de contacts plus aisés avec l'extérieur. Ce dernier fait parvenir le message suivant :

> « [...] À Fresnes un colis avec chaussures ou chaussons dans la semelle desquelles il faudra *adroitement* cacher une lame de scie. Faire en sorte que la semelle paraisse usagée l'opération terminée. Lame de scie à métaux d'orfèvre de préférence. Même demande à Daniel [Béranger] de la part de Joseph [Epstein]. *Faire vite*, question de vie ou de mort. Porter les colis à Fresnes et insister pour voir les détenus[26]. »

Effectivement, Henriette Béranger viendra une première fois à la prison de Fresnes et pourra transmettre une scie à Epstein. Mais celle-ci est trop petite. Et quand la jeune femme reviendra avec une scie plus solide, elle verra passer un fourgon. Nous sommes le 11 avril, jour de l'exécution. Il sera enterré sous le nom de Joseph Andrej, celui porté sur son passeport quand il s'en est allé combattre dans les Brigades internationales.

On ne disposait pas jusqu'à présent de témoignage sur la vie de ces hommes et de ces femmes, entre le moment de leur arrestation et celui de leur jugement ou de leur déportation. C'est dire l'importance du témoignage qu'a bien voulu nous donner Simon Rayman, le frère de Marcel. Alors âgé de seize ans, il a été arrêté le 17 novembre 1943 à 8 heures 30 du matin, à quelques centaines de mètres de sa « planque » du 68 boulevard Soult, où il habitait avec sa mère. Les policiers l'ont ramené boulevard Soult. Après la perquisition d'usage, il a été emmené avec sa mère à la préfecture, où ils ont immédiatement été séparés. Simon s'est retrouvé dans la salle 23, sur un banc, avec une vingtaine d'hommes et de femmes qu'il ne connaissait pas et gardés par 10 policiers armés de mitraillettes.

« Le premier jour, personne ne s'adressait la parole. Dès que je suis entré dans cette salle 23, j'ai été frappé par la silhouette d'un homme de taille moyenne qui restait figé, des heures durant, devant la fenêtre couverte pourtant d'un papier bleu et opaque. Il se retournait de temps en temps, quand les policiers ramenaient un détenu après un interrogatoire. J'ai su, par la suite, que cet homme était Manouchian.

« Un groupe de trois hommes et de deux femmes discutaient beaucoup entre eux. J'appris rapidement qu'il s'agissait de la famille d'Alfonso, ses parents, sa femme et son beau-frère. Ils furent relâchés après 24 heures.

« Au deuxième jour, on est venu me chercher pour mon premier interrogatoire : "Tes rendez-vous ? Avec qui ? Où ? " Ils étaient trois à me frapper. Gifles, coups de poing, et de temps en temps des coups de nerf de bœuf. J'ai lâché un rendez-vous fictif. "Gare à toi si tu nous racontes des blagues ! " ai-je entendu, comme on me ramenait. Dans le couloir, comme je passais devant une des pièces, une porte ouverte : c'était Marcel [Rayman], de dos, assis sur un tabouret, la tête un peu penchée vers l'avant, les mains et les pieds enchaînés.

« On m'a fait une place sur un banc, mais je ne

pouvais pas rester allongé. Je me tenais debout contre le mur. Alfonso vient vers moi : " Je sais que tu es le frère de Marcel. Ils t'ont bien amoché. Courage. " Le même jour, les policiers ont ramené une jeune femme. Elle marchait à peine. Des heures durant, on l'entendait sangloter, entourée de plusieurs camarades. J'ai appris par la suite qu'il s'agissait d'Olga Bancic. J'ai vu Alfonso revenir pieds et poings liés. Le soir, après le changement de garde, je me suis approché de lui : " Écoute ! m'a-t-il dit. Pour moi c'est foutu. Nous sommes trahis par Albert, notre commissaire politique [Dawidowicz]. " Le lendemain, j'ai eu droit à un nouvel interrogatoire. " Tu t'es foutu de notre gueule ! Il n'y avait personne à ton rendez-vous. " Cette fois-là, j'ai perdu connaissance à plusieurs reprises.

« Après une semaine, nous étions plus de 30 à être conduits au dépôt, pour l'identité judiciaire. J'ai vu mon frère, très pâle, mais dont les yeux me souriaient. Pendant les formalités, il s'est approché de moi : " Sache, me dit-il en me touchant la main, que pour moi c'est terminé. Il ne faut pas le dire à maman. " Notre mère nous observait, et Marcel se mit à rire en se tournant vers elle. " Je ne suis pas surpris, continua-t-il. Je m'y attendais. Ce sont des gens qu'il fallait tuer, il n'y avait pas à qui parler. " Marcel aimait discuter. Il croyait toujours pouvoir convaincre, et ne se lassait jamais. Je me souviens qu'il a complètement changé d'attitude le jour où notre père a été raflé, en août 1941. Il a cessé alors d'être " pacifiste ", comme il aimait à se définir jusque-là. Nous nous rapprochons de maman assise sur une chaise, au bout du couloir. L'agent laisse faire. Nous l'embrassons. " Avez-vous à manger ? demande-t-elle. Vous a-t-on fait du mal ? Vous n'avez pas de vêtements chauds, et il fera bientôt froid... " Nous la rassurons du mieux que nous le pouvons. C'est Marcel le plus gai. Comment peut-il? On rassemble les hommes pour les ramener. "On nous déportera, n'est-ce pas? Peut-être ensemble?" nous glisse la mère. C'est la dernière fois que Marcel et moi avons vu maman. C'est la dernière fois que Marcel et moi, nous nous sommes dit au revoir.

« Fresnes fut mon étape suivante. Je partageais la cellule avec Fingercweig et Schapiro, dans la section des condamnés à mort. Il y avait de brefs moments de tristesse, mais l'humour de Fingercweig nous faisait passer des heures de rigolade. Notre amusement préféré consistait à appeler sans cesse, chacun à son tour, les infirmiers allemands pour se plaindre de la nourriture et de toutes sortes de maux. Ils étaient patients et même *korrect*.

« Les mots " exécution " ou " mort " ne furent jamais prononcés, autant que je me souvienne. Le matin, nous évitions de nous raconter nos rêves, et de dire les cris et les gémissements que nous avions entendus de l'un ou de l'autre. Combien de fois n'avons-nous pas entendu *la Marseillaise*! Tout le monde savait ce que cela signifiait pour le résistant sorti de sa cellule.

« Un matin de janvier, deux gardiens sont venus me prévenir de me tenir prêt dans la demi-heure, avec mes affaires. Je n'oublierai jamais la tristesse qui se lisait sur les visages de mes camarades. Nous étions tout un groupe, dont Terreau, Coureur, Fulop, mes camarades du quartier, à rejoindre le camp de Compiègne. Le 19 janvier, nous étions déportés. [27] »

Le procès s'ouvre le 15 février 1944 devant la cour martiale du tribunal allemand auprès du commandant du Grand Paris. C'est bien la seule chose qu'il soit possible d'affirmer avec certitude, tant les échos qu'en a donné la presse sont quelquefois contradictoires, souvent imprécis et toujours partiaux. Deux exemples suffiront à le montrer. Dans les journaux, les dates varient, même si le récit se veut précis jusqu'à l'heure des interventions. Plus encore, reprenant la dépêche de l'Office français d'information (OFI), agence de presse officielle de Vichy, la plupart annoncent que « 70 individus accusés d'attentats terroristes déférés à la cour martiale auprès du commandant du Grand Paris viennent d'être jugés par cette juridiction. Les moins compromis ont été condamnés à des peines d'emprisonnement ou des travaux forcés suivant la gravité de leur cas. Pour les 24 autres le jugement va être rendu sous peu » (dépêche OFI, 18 février 1944). Sans doute s'agit-il de l'ensemble des résistants arrêtés dans l'affaire. Mais, comme on l'a vu, la plupart des hommes sont déjà déportés, ainsi Simon Rayman, qui a quitté le camp de Compiègne pour celui de Buchenwald le 19 janvier; plus symbolique et dramatique encore, la plupart des femmes juives ont déjà été déportées et gazées, comme Chana Rayman, sa mère, partie par le convoi 67 du 3 février.

Restent les 24 qui ont comparu effectivement devant la cour martiale allemande. Pour l'essentiel, ils constituent le noyau dur, les combattants *stricto sensu* des FTP-MOI parisiens. Ils sont accusés

> « ... du fait qu'ils sont suffisamment suspects de s'être livrés en France, au cours des années 1942 et 1943, à des actions contre l'armée allemande sans s'être rendus reconnaissables par leurs insignes réglementaires comme appartenant à la force armée ennemie, ainsi que le prescrivent les règlements du droit des gens, et d'avoir détenu des armes et autres moyens de lutte armés, dans l'intention de s'en servir au détriment de la force armée allemande et d'effectuer des attentats contre des membres de l'armée allemande ».

Le procureur aurait prononcé un réquisitoire des plus courts: un quart d'heure pour 24 accusés et la mort demandée pour 23, le vingt-quatrième devant être renvoyé devant une autre juridiction – ce dernier semble avoir été mêlé au procès par erreur. La parole est ensuite à la « défense » commise d'office qui, très brièvement, se contente de constater les « aveux » des accusés. Ne disposant, on l'a vu, que des relations parues dans les journaux autorisés, nous ne pouvons relater avec la fiabilité indispensable les interventions des accusés [28].

En fait, les propagandes allemande, et plus encore, semble-t-il, française, s'intéressent, davantage qu'au procès proprement dit, aux « leçons » à en tirer. Le verdict rapporté par la presse en donne la teneur :

> « L'audience qui s'est déroulée devant vous, aurait déclaré le colonel-président à l'appui du verdict, n'est malheureusement pas une exception. Au cours des débats, on a pu se faire une idée de ce qui est entrepris contre l'Allemagne et aussi contre les Français luttant dans l'armée européenne. Il est clair que les Juifs qui ont entraîné la France dans la guerre n'ont pas renoncé à leur activité et la considèrent comme un terrain propice à leur propagande. Le bolchevisme et ses alliés s'efforcent d'augmenter les malheurs de la France sous le prétexte de lutter contre l'armée allemande. Dans la plupart des cas, ce sont des Juifs ou des communistes qui sont à la tête de ces organisations terroristes, travaillant à la solde de l'Angleterre et de l'URSS. C'est de là que vient l'argent, les armes et les explosifs étant le plus souvent d'origine anglaise. [...] Le procès actuel a mis en lumière l'activité d'étrangers et de Juifs abusant de l'hospitalité française pour créer le désordre dans le pays qui les a recueillis. Ces Juifs et ces étrangers, quoi qu'ils en disent, n'ont pas de patrie. Ils veulent l'avènement du communisme international et enlever aux nations leur raison de vivre. [...] Le jugement peut paraître dur, mais, alors que nous vivons de grandes décisions, les juges doivent être sévères, pour donner des exemples ; chacun doit

être mis sur ses gardes; l'occupation n'est pas à prendre à la légère; il ne s'agit pas seulement du sort de l'Allemagne, mais d'un combat de l'Europe pour sa culture deux fois millénaire. »

Le 21 février, les 22 hommes sont exécutés au Mont-Valérien, y compris Rouxel qui avait moins de dix-huit ans au moment des faits [29], tandis que la seule femme, Olga Bancic, responsable du dépôt d'armements, est envoyée en Allemagne où, bien que mère d'une petite fille, elle est décapitée à la hache à Stuttgart le 10 mai 1944, jour de ses trente-deux ans.

Le procès des 23 est donc prétexte à une gigantesque opération de propagande de la part des Allemands et de Vichy. Pour Vichy, elle s'inscrit dans le combat contre les « menées terroristes » que dirige avec zèle Joseph Darnand, le nouveau « secrétaire général au maintien de l'ordre ». Parmi d'autres faits, cette nomination illustre le durcissement du régime, qui s'ouvre aux collaborationnistes les plus convaincus. L'offensive se fait aussi par voie de presse, comme en témoignent les consignes de censure transmises aux journaux avec obligation d'insérer. À titre d'exemple, le 20 février 1944, les services de censure transmettent la consigne suivante (n° 1460):

> « Les journaux publieront obligatoirement: 1/ les dépêches sur la répression du terrorisme et du banditisme (on s'inspirera obligatoirement de la présentation suivante: titre: "la répression du banditisme et du terrorisme". En tête sur deux colonnes, la dépêche: "la Milice française de Lyon met hors d'état de nuire deux bandes de terroristes dangereux. M. Joseph Darnand a dirigé lui-même la seconde opération". Sur deux colonnes, au-dessous de la précédente, la dépêche: "les 17 terroristes arrêtés à Vancia et à Écully ont

été déférés devant la cour martiale. Dix d'entre eux ont été immédiatement passés par les armes ". Sur deux colonnes sous la précédente, la dépêche : " M. Joseph Darnand, de retour d'une inspection des forces du maintien de l'ordre en Haute-Savoie, est rentré à Vichy " [30]. »

Pour ce qui concerne le procès, l'Office français d'information a transmis à partir du 18 février le texte des articles à passer en première page. Beaucoup se contentent de cette publication, par exemple *le Petit Marseillais* ou *Marseille-Matin*. Les journaux parisiens, eux, en rajoutent, comme *Paris-Soir* (édition parisienne), qui titre, le 21 février : « Le Mouvement ouvrier immigré était dirigé par des Juifs qui prenaient leurs ordres à Moscou » et sous-titre : « Manouchian, l'homme aux 150 assassinats ». Le lendemain, on lit dans le même journal :

> « On entend maintenant sans surprise l'odieuse monotonie, l'effrayante énumération des crimes de la bande. À une ou deux exceptions près, on ne lit aucune émotion sur ces visages de brutes; on note les regards haineux et sournois des Juifs. [...] Alfonso a le visage classique du terroriste : teint olivâtre, cheveux corbeau, œil vif et mauvais. [...] Le Hongrois Boczor, visqueux individu au visage de chouette, le plus réussi peut être de cette horrible galerie de terroristes. »

Dans *l'Œuvre* de Marcel Déat, René Benedetti, l'un des rares journalistes à signer ses articles, tire les enseignements politiques du procès :

> « Il est regrettable qu'un tel procès ne puisse se dérouler en place publique. Nombre de Français candides constateraient combien ils sont trompés, combien aussi ils sont menacés dans leur vie et dans leurs biens par ceux dont ils attendent la " délivrance ". Ils verraient se dresser, s'étendre sur

> Paris, sur la France, l'ombre monstrueuse du bolchevik derrière les tueurs de la " résistance ", de la " libération ". »

On le constate, l'opération de propagande ne s'embarrasse guère de nuances, d'autant qu'à la campagne de presse s'ajoutent une brochure illustrée, *l'Armée du crime*, diffusée massivement dans toute la France, et surtout une gigantesque affiche où, sur fond rouge, se détachent en médaillon le visage de quelques-uns des accusés. L'«affiche rouge» a été placardée par milliers entre le 10 et le 15 février. «Libérateurs?» lit-on en haut; «La libération par l'armée du crime», répond la phrase du bas. À chaque photo sont associés un nom et le nombre d'attentats. Cette campagne vise de toute évidence à déstabiliser la Résistance française: l'occupant tente de jouer les cartes traditionnelles de l'anti-bolchevisme, de l'antisémitisme et de la xénophobie pour dresser une opinion publique de plus en plus «résistante» contre les résistants. À quelques mois du débarquement, la manœuvre peut être efficace.

Les communistes y répondent très rapidement par une campagne extrêmement vigoureuse qui suit plusieurs canaux. D'abord, dès le 3 mars, *l'Humanité* clandestine retourne avec habileté la campagne des Allemands à son profit, en lançant, par référence aux 23, le slogan, devenu fameux, du «parti des fusillés». Puis le comité central du PCF adresse au président du Conseil national de la Résistance, Georges Bidault, une longue lettre où il dénonce la campagne de division et de xénophobie lancée contre la Résistance. Enfin, il édite un tract circonstancié, intitulé *la Vérité sur un procès. Contre les assassins nazis et les traîtres à leur service. Pour la libération de la France, union de tous les patriotes français et immigrés*, hymne à la gloire de tous les combattants de la libération nationale [31].

De leur côté, *les Lettres françaises* clandestines, dans leur numéro de mars 1943 publient dans la rubrique «Choses vues» le billet suivant:

« L'AFFICHE

« Très haute et dramatique avec ses dix médaillons sur un fond rouge sang. C'est l'affiche "Des libérateurs?" qui représente des "terroristes" juifs : un Hongrois, un Espagnol, un Arménien, un Italien, des Polonais. La foule se presse, silencieuse. Au-dessus de chacun de leurs portraits – et pour nous faire horreur sans doute –, on a noté leurs exploits. L'un d'eux a eu à son actif 56 déraillements, 150 morts et 1 000 blessés.

« – Beau tableau de chasse, dit quelqu'un.

« Une femme confie à son compagnon : "Ils ne sont pas parvenus à leur faire de sales gueules."

« Et c'était vrai. Malgré les passages à tabac, malgré la réclusion et la faim. Les passants contemplent longuement ces visages énergiques aux larges fronts. Longuement et gravement, comme on salue des amis morts. Dans les yeux, aucune curiosité malsaine, mais de l'admiration, de la sympathie, comme s'ils étaient des nôtres. Et, en fait, ils étaient des nôtres puisqu'ils luttaient parmi des milliers des nôtres pour notre patrie, parce qu'elle est aussi la patrie de la liberté. Sur l'une des affiches, la nuit, quelqu'un a écrit au charbon en lettres capitales ce seul mot : MARTYRS. C'est l'hommage de Paris à ceux qui se sont battus pour la liberté [32]. »

En mars 1944, *la Vie de la MOI* consacre quatre pages à cette affaire, reprenant pour l'essentiel le tract du PCF et appelant ses militants à accentuer le recrutement et la lutte contre l'occupant. Le numéro d'avril de ce même journal semble conclure l'affaire sur un constat d'échec de l'occupant :

« L'échec de la campagne de xénophobie. On peut dire que le procès spectaculaire organisé contre les FTP immigrés a donné des résultats opposés aux buts que les nazis se sont assignés.

> Beaucoup de Français qui se laissaient entraîner
> auparavant par des campagnes de xénophobie ont
> maintenant compris que les travailleurs immigrés
> sont leurs frères de lutte [33]. »

En mars 1944, le Mouvement national contre le racisme, créé par la section juive, publie un tract censé représenter la position des Français patriotes à l'égard des immigrés résistants. Intitulé *la France aime, admire, vénère tous les combattants de la Libération*, ce texte explique : « Les Français sont fiers de voir que, malgré Vichy, malgré Laval, Henriot et Darnand, des étrangers, reconnaissants à la France de les avoir recueillis alors qu'elle était libre, manifestent JUSQU'AU SACRIFICE leur attachement à leur patrie d'adoption. » La tonalité reste celle de toute la résistance : « Cet Italien, ce Polonais, cet Espagnol, cet Arménien, ce Hongrois, juif ou non, [...] ont droit à notre respect et à notre reconnaissance [34]. »

Le tract publié en mars 1944 par l'organisation de masse de la section juive, l'UJRE, et intitulé *Pourquoi ils luttent, pourquoi ils meurent?* revendique l'identité juive de nombreux combattants :

> « Sur les murs de toutes les villes et de tous les
> villages de France, des affiches s'étalent avec des
> photos de dix travailleurs immigrés qui, les armes
> à la main, menaient la vie dure aux ennemis mor-
> tels de notre pays. Sept parmi eux étaient des Juifs.
> Tous, après avoir été torturés inhumainement, ont
> été condamnés à mort et passés par les armes. Leur
> dernier cri fut : "Vive la France libérée des
> Boches." Et ce sont ces hommes qu'une propa-
> gande immonde appelle "l'armée du crime". [...]
> « Oui, des Juifs, français et immigrés, partici-
> paient côte à côte avec tout le peuple français à la
> lutte libératrice de la France. Ils ne veulent même
> pas le nier. Au contraire, ils en sont fiers, ils s'en
> font gloire [...] ils font leur devoir, tout leur devoir.

Ma chère petite Maman,

Quand tu liras cette lettre je suis sûr qu'elle te fera une peine extrème, mais je serais mort depuis un certain temps et tu seras consolée par mon frère qui vivras heureux avec tu et te donneras toute la joie que j'aurais voulu te donner.. Excuse moi de ne pas t'écrire plus longuement, mais, nous sommes tous tellement joyeux que cela m'est impossible quand je pense à la peine que tu auras... Je ne puis te dire qu'une chose c'est que je t'aime plus que tout au monde et que j'aurais voulu vivre rien que pour toi. Je t'aime je t'embrasse mais les mots ~~toujours~~ ne peuvent dépeindre ce que je ressens... Ton Marcel qui t'adore et qui pensera à toi à la dernière minute. Je t'adore et vive la vie. Marcel

Mon cher Simon, Je compte sur toi pour faire tout ce que je ne puis faire moi-même. Je t'embrasse, je t'adore je suis content, vis heureux unds. Maman heureuse

comme j'aurais voulu le faire si
j'avais ~~vécu~~ vécu. Vive la vie belle
et joyeuse comme vous l'avez tous
Prévenez tous mes amis et mes camarades que je les aime tous. Ne faites pas
attention si ma lettre est folle mais
je ne peux pas rester sérieux.

Marcel

J'aime tout le monde
et vive la vie

Que tout les monde
vive heureux

Marcel

Maman et Simon je vous aime
et voudrais vous revoir.

Marcel

Dernière lettre de Marcel Rayman à sa mère et à son frère (21 février 1944).

Français, ils servent, à l'exemple de l'immense majorité de leurs concitoyens; immigrés, ils paient leur dette de reconnaissance.

« Ils sont venus en France, ces Juifs immigrés, de tous les coins de l'Europe orientale et centrale. Traqués et pourchassés dans leur pays, ils savaient qu'il existait un pays, une terre séculaire d'asile et d'hospitalité, la France, sur ce vieux continent rongé par la haine hitlérienne. Ils s'y sont réfugiés, et, pour la première fois de leur vie peut-être, ils ont respiré un air de liberté et de dignité humaine. Ils se sont épris de la France. Ils lui ont voué un véritable culte, un amour sans limite. [...]

« Mais il existe une autre raison qui appelle les Juifs dans les rangs de la résistance et qui fait de la jeunesse juive des soldats intrépides de l'armée sans uniforme. Il n'y a pas au monde un autre peuple qui ait tant souffert, qui ait vu tant de son sang versé par les bandits hitlériens. Plus de deux millions de Juifs ont été assassinés avec une cruauté, avec une férocité qui n'ont point d'égales dans l'histoire humaine. [...] Ces Juifs assassinés n'étaient pas des combattants, mais des civils sans aucune défense, des femmes, des enfants, des vieillards. Leur mort a été aussi atroce que raffinée; ils furent en majeure partie asphyxiés dans des chambres à gaz, brûlés vifs dans des synagogues ou enterrés vivants. [...]

« Le sang des combattants juifs, abondamment versé sur le sol de France, s'y mêle tous les jours au sang généreux des meilleurs fils du peuple français. De cette communauté de sacrifice, de cette communauté de lutte de tous les opprimés contre l'oppresseur féroce de tous les peuples et de tous les hommes libres, sortira demain un pays rénové, un pays qui redeviendra la terre de liberté rayonnant dans le monde, un pays qui assurera des droits égaux à tous ses enfants, un pays dont on dira de nouveau demain comme on disait hier : " Chaque

homme a deux patries, la sienne et la France. "
[...] 35 »

Ce même rapport à la France ressort des dernières lettres écrites par les 23 avant l'exécution. Certains n'en ont pas écrit, soit qu'ils n'aient plus eu personne à qui en envoyer, soit qu'ils aient été condamnés sous une fausse identité. Mais 15 d'entre eux ont voulu laisser une dernière trace de leur combat, et presque tous ont tenu à affirmer cette reconnaissance à l'égard du pays d'accueil. Manouchian : « Je m'étais engagé dans l'armée de libération en soldat volontaire. [...] Je meurs en soldat régulier de l'armée française de libération 36. » Alfonso : « Je ne regrette pas mon passé. Ce serait à recommencer, je serais encore le premier. [...] Je meurs pour la France. » Fontano : « Ma mort n'est pas un cas extraordinaire, il faut qu'elle n'étonne personne et il faut que personne ne me plaigne car il en meurt tellement sur les fronts et dans les bombardements qu'il n'est pas étonnant que moi, un soldat, je tombe aussi. » Witchitz écrit la même chose. Cloarec, un Français : « J'ai fait mon devoir de soldat. » Rino Della Negra, Italien de la deuxième génération venu du Pas-de-Calais : « Faites comme si j'étais au front. » Luccarini, autre Italien de la deuxième génération venu du Pas-de-Calais : « Surtout, fais courage à mon père car moi je serai mort pour la France. » Rouxel, un Français : « Chers maman et papa, je meurs pour ma patrie. J'ai fait mon devoir de Français. Je meurs en Français, courageusement et la tête haute. » Schapiro : « Les derniers jours après ma condamnation, j'ai été avec deux jeunes Français ensemble, et j'ai appris à aimer la France davantage. Quel bon esprit ! » Seul Grzywacz fait explicitement référence à son identité juive : « J'ai conservé mon sang-froid jusqu'à la dernière minute, comme cela convient à un ouvrier juif. »

Mais l'angoisse de la déportation, la question du retour sont présentes dans bien des lettres : « Si vous revenez (je l'espère), écrit Léon Goldberg à ses parents, ne me pleurez pas... Enfin, vous aurez deux fils qui deviendront des hommes. » (Ils n'ont jamais pu lire cette lettre, car ils ne sont pas revenus.) « Si mes parents et mes deux frères ont le bonheur de revenir vivants [...], vous pourrez leur dire que je suis mort en brave et en pensant à eux », écrit Maurice Fingercweig; seul l'un de ses frères est revenu. Marcel Rayman écrit à sa mère : « Ma chère maman, quand tu liras cette lettre, je suis sûr qu'elle te fera une peine extrême, [...] et je serai mort depuis un certain temps, mais tu seras consolée par mon frère. » « Vous remettrez les quelques mots suivants à Maman et à Simon s'ils reviennent un jour comme je l'espère », précise-t-il à son oncle et à sa tante auxquels il transmet cette dernière lettre.

Voici enfin dans sa forme originelle, telle qu'elle a été reproduite par sa femme Mélinée, celle que Missak Manouchian écrit de Fresnes le 21 février 1944 :

« Ma chère Mélinée, ma petite orpheline bien-aimée, Dans quelques heures je ne serai plus de ce monde. On va être fusillé cet après-midi à 15 heures. Cela m'arrive comme un accident dans ma vie, je n'y crois pas mais pourtant je sais que je ne te verrai plus jamais. Que puis-je t'écrire, tout est confus en moi et bien claire en même temps. Je m'étais engagé dans l'armée de la libération en soldat volontaire et je meurs à deux doigts de la victoire et de but. Bonheur! à ceux qui vont nous survivre et goutter la douceur de la liberté et de la Paix de demain. J'en suis sûre que le peuple français et tous les combattants de la liberté sauront honorer notre mémoir dignement. Au moment de mourir, je proclame que je n'ai aucune haine contre le peuple allemand et contre qui que ce soit. Chacun aura ce qu'il méritera comme châtiment et comme récompense. Le peuple Allemand et tous les autres peuples vivront en paix et en fraternité après la guerre qui ne durera plus longtemps. Bonheur! à tous! – ... J'ai un regret profond de ne t'avoir pas rendue heureuse. J'aurais bien voulu

avoir un enfant de toi comme tu le voulais toujours. Je te prie donc de te marier après la guerre
sans faute et d'avoir un enfant pour mon honheur
et pour accomplir ma dernière volonté. Marie-toi
avec quelqu'un qui puisse te rendre heureuse.
Tous mes biens et toutes mes affaires je lègue à toi
et à ta sœur et à mes neveux. Après la guerre tu
pourra faire valoir ton droit de pension de guerre
en temps que ma femme, car je meurs en soldat
régulier de l'Armée française de la Libération.

« Avec l'aide des amis qui voudront bien
m'honorer, tu feras éditer mes poèmes et mes écris
qui valent d'être lus. Tu apportera mes souvenirs si
possible à mes parents en Arménie. Je mourrai
avec mes vingt-trois camarades toute à l'heure avec
le courage et la sérénité d'un homme qui a la
conscience bien tranquille, car personnellement je
n'ai fait mal à personne et si je l'ai fai, je l'ai fai
sans haine. Aujourd'hui il y a du soleil. C'est en
regardant au soleil et à la belle nature que j'ai tant
aimé que je dirai Adieu! à la vie et à vous tous ma
bien chère femme et mes biens chers amis. Je par-
donne à tous ceux qui m'ont fait du mal ou qui ont
voulu me faire du mal sauf à celui qui nous a trahis pour racheter sa peau et ceux qui nous ont
vendu. Je t'embrasse bien bien fort ainsi que ta
sœur et tous les amis qui me connaisse de loin ou
de près. Je vous serre tous sur mon cœur. Adieu.
Ton ami ton camarade ton mari. »

CHAPITRE XV

L'affaire Dawidowicz

3 décembre 1943 : les poignets ensanglantés, la manche de son imperméable trouée d'une balle, Joseph Dawidowicz frappe à la porte de Sarah Rozencwaig, passage des Fours-à-Chaux, dans le 19e arrondissement. Pendant plusieurs années, il a été son responsable direct. Ne se méfiant aucunement, elle accepte de l'héberger et transmet l'information à Guitel Rappoport. Cette dernière, responsable parisienne de la section juive, la fait parvenir à la direction de la MOI et gardera ce contact avec Dawidowicz[1].

La découverte d'une trahison au cœur de leur dispositif a posé et continue de poser aux communistes de graves problèmes. En effet, le PCF n'a pas pour tradition, moins encore dans la clandestinité, d'être clément avec les traîtres, ou qualifiés tels. Ainsi, sous l'Occupation, les communiqués ne sont pas rares qui annoncent l'exécution de traîtres; mais il semble qu'il soit fait souvent la distinction entre trahison politique et trahison policière. Dans le premier cas, révéler l'identité de l'accusé ne pose aux communistes aucun problème, comme le prouvent les « listes noires » qu'ils diffusent. Le PCF n'hésite pas à stigmatiser publiquement des personnes qu'il ne considère plus dignes d'être dans ses rangs.

En revanche, la trahison de caractère policier est immédiatement cachée, devient secret de parti. L'identité même du « fautif » est occultée. Le parti ne peut admettre que certains de ses militants aient « failli » sans raison politique, uniquement sous la pression physique ou psychologique des policiers.

Des dizaines d'années durant, Joseph Dawidowicz a quasiment disparu de l'historiographie communiste. David Diamant écrit ainsi en 1971 : « Nous avons bien connu Joseph D. avant la guerre et pendant la Résistance. Nous ne donnons pas son nom complet pour éviter de le confondre avec le nom de purs héros de la Résistance [2]. » Jacques Ravine est encore moins explicite, puisqu'il ne donne même pas les initiales : « Les arrestations reprennent parmi les détachements des partisans et il s'avère qu'on les doit à l'existence d'un provocateur. C'est que la Gestapo, profitant de la lâcheté d'un FTP juif, a réussi à se servir de lui comme d'un instrument contre ses camarades. Le traître a eu la punition qu'il méritait [3]. »

Cette réticence à parler du « traître » s'explique aussi, sans doute, par les hésitations mêmes de la direction de la MOI à admettre que Dawidowicz ait pu trahir. Plusieurs témoignages le confirment. Hela Munk, l'agent de liaison de Gronowski avec la direction du PCF, se souvient d'avoir transmis, en novembre 1943, un pli personnel de Duclos à Gronowski; quelques jours plus tard, ce dernier lui dit que la direction fait savoir qu'un militant juif, arrêté par la police, a parlé. Avant même la réapparition de Dawidowicz, en effet, un policier résistant aurait fait passer cette information.

Tout montre que la direction de la MOI est restée dans un premier temps très prudente, comme le confirmera Édouard Kowalski, numéro 3 de la MOI, à Adam Rayski, quand il le rencontrera à la gare de La Roche-Migennes en janvier 1944. Lui relatant toute l'affaire, il soulignera les doutes qu'ils avaient éprouvés, lui et Gronowski, sur l'identité du coupable, voire sur la fiabilité de l'information. Peter Mod, alors responsable national aux cadres, et donc concerné au premier chef par une affaire de trahison, est lui aussi très net : « Gronowski avait une confiance absolue en Dawidowicz. Il était sûr de lui, sûr qu'il ne parlerait jamais [4]. » Cette réaction s'explique assez aisément : Gronowski, qui avait habité le 19ᵉ arrondissement, connaissait très bien Dawidowicz, un militant très actif de cet arrondissement. D'ailleurs, s'il le condamne sans rémission vingt-cinq ans plus tard, David Diamant cherche néanmoins à expliquer son comportement : « Il était courageux et eut de l'assurance tant qu'il se trouva entouré de camarades, ressentant leur affection fraternelle et leur esprit de sacrifice. Une fois dans les mains de la Gestapo, il aurait perdu cette assurance, se serait senti isolé, faible, abandonné, et aurait finalement craqué [5]. »

Quel que soit le mouvement de résistance, l'évasion d'un militant était considérée *a priori* avec suspicion. La vérification se devait d'être plus stricte encore après réception d'une information sur une éventuelle trahison, et plus encore après une étonnante évasion. C'est à Boris Holban qu'est confiée cette mission. Depuis qu'il a changé d'attribution, il revient chaque mois au rapport. Fin novembre, il rentre donc à Paris et rencontre Kaminski. Ce dernier lui annonce alors qu'il est rétabli dans ses fonctions de responsable militaire avec en outre la charge de toute la zone Nord, et qu'il doit attendre un nouveau contact avec le CMN en la personne du « colonel Baudouin » – René Camphin. Mais surtout Kaminski lui révèle qu'un gigantesque coup de filet vient de s'abattre sur les FTP-MOI parisiens qui sont pratiquement démantelés et dont toute la direction est tombée.

Dans un premier temps, le service de renseignements, épargné par la chute de novembre, est chargé de surveiller la planque de Dawidowicz. Il constate l'absence de toute présence policière, française ou allemande, à proximité. « Cette absence, raconte Cristina Boïco, était un fait troublant qui entretenait le doute : la police ne craignait-elle pas que Dawidowicz lui échappât ? Avait-elle donc une telle confiance en lui ? Je faisais part de mes doutes [6]. » Un éclaircissement s'imposait.

> « Je vois Hervé [Kaminski], relate Holban, qui me transmet les consignes de la direction. Il est convaincu de la trahison de Dawidowicz. Le plus

simple serait donc de l'éliminer immédiatement. Cependant, cela ne permettrait pas d'élucider la grande chute. C'est évidemment un jeu dangereux et inégal à jouer avec la police, mais il est vital de savoir ce qu'elle a découvert sur nous et quels sont ses plans. La direction souhaite donc organiser une rencontre avec le traître. Hervé me demande de l'amener dans une maison que nous indiquera Fernand [Mazzetti], et de l'interroger. Ses déclarations devront être consignées.

« En attendant, nous adoptons les mesures de sécurité maximales. Je vais couper toute liaison directe avec Hervé et n'aurais à faire qu'avec son adjoint, " Fernand "-Marino Mazzetti. Je couperai aussi tout contact direct avec Camphin ainsi qu'avec tous les rescapés de la chute. Sauf avec un, Secondo [7]. »

Holban précise dans quelles conditions il a pu se convaincre de la culpabilité de Dawidowicz :

« Dawidowicz réclame un jeu complet de pièces d'identité. Il commet alors sa première faute : il nous fait parvenir une photo retouchée en atelier alors qu'il aurait pu utiliser un appareil Photomaton qui ne laisse aucune trace, ce qui s'imposait pour qui venait, soi-disant, de s'évader. La seconde faute suit de peu : contrairement à nos directives et alors qu'il est en principe dépourvu de papiers d'identité, il est sorti de sa planque un matin et n'est rentré que l'après-midi. Notre service de renseignements le met alors sous surveillance. Les résultats ne se font pas attendre. Dawidowicz sort et téléphone. Désormais, les choses sont claires. Nous accélérons nos préparatifs.

« Avec Secondo, je sélectionne une équipe de quatre combattants de toute confiance, venus du Nord-Pas-de-Calais, qui sont informés du but et des risques de l'action envisagée et doivent pouvoir se défendre jusqu'à la mort en cas d'affrontement avec la police. [...] Fernand me donne l'adresse du lieu de la rencontre. Dès le lendemain, nous allons repérer l'endroit: c'est un pavillon spacieux, entouré d'un assez grand jardin, situé dans un quartier calme de Bourg-la-Reine; il a été évacué de ses occupants habituels et a été pourvu d'une réserve de nourriture. Alors que Secondo rentre du Nord, ses préparatifs terminés, j'obtiens la clef de la maison, et nous allons la visiter tous les deux. Si jamais Dawidowicz était "accompagné", nous devons en effet prévoir un affrontement avec la police, jusques et y compris fuite ou défense désespérée.

«Nous arrêtons l'action pour le 28 décembre à 20 heures. Les quatre combattants, deux Italiens et deux Polonais, arrivent le 27 au soir à Paris. Nous les conduisons à la maison de Bourg-la-Reine avec ordre formel de ne pas sortir et de ne pas se montrer aux fenêtres [8]. »

Le 28 décembre selon Holban, le 30 selon Cristina Boïco, se joua l'acte final de cette affaire. C'est vers 4 heures de l'après-midi que cette dernière se rendit passage des Fours-à-Chaux, où Dawidowicz s'était réfugié après son évasion. Il commençait à s'impatienter, ne voyant venir aucun émissaire de la direction.

La veille, Cristina Boïco avait eu rendez-vous avec Mazzetti, qui supervisait l'enquête. Il lui avait précisé les termes et les conditions de sa mission: conduire Albert (Dawidowicz) à un rendez-vous avec un responsable de la MOI. Démarche délicate et décisive nécessitant un extrême doigté. Elle avait une arme dont elle devait se servir en cas d'intervention de la police. Le premier visé: Dawidowicz. Pourquoi était-elle seule dans cette mission? Pourquoi ne pas prévoir de groupe de protection? L'explication fournie par Mazzetti est simple: faire accompagner Cristina Boïco, même discrètement, par une équipe, c'était le meilleur moyen d'éveiller les soupçons de Dawidowicz. Avant de la quitter, une rue plus loin, Mazzetti lui avait présenté la jeune femme (Sarah Rosencwaig) chez qui l'« évadé » se cachait.

« En me voyant arriver, relate Cristina Boïco, Dawidowicz n'a pas dissimulé sa joie, mitigée par sa déception de ne pas voir son agent de liaison Lucienne (Anka Richtiger). » Mais lorsqu'elle lui remit sa carte d'identité « délivrée par la préfecture de Paris », ce fut l'euphorie : ce type de carte étant réservé aux cadres, il se sentit tout à fait rassuré.

Les difficultés commencent quand Cristina Boïco lui annonce que la rencontre aura lieu le soir même, qu'ils doivent partir vite, pour pouvoir rentrer avant le couvre-feu, et que la rencontre se déroulera dans une maison, pour des raisons de sécurité. Il insiste alors pour que le rendez-vous soit reporté au lendemain; manifestement, il cherche à gagner du temps. Pour en informer quelqu'un? Tel est le sentiment de Cristina Boïco, qui doit insister sans en avoir l'air.

> « Je devais faire à tout prix abstraction de la réalité, de toute manière dramatique, raconte-t-elle. L'homme que je devais conduire n'était pas celui que je haïssais depuis que nous avions reçu la nouvelle de sa trahison. Nous vivions dans l'incertitude. Non, plutôt dans la certitude qu'à chaque coin de rue les policiers nous attendaient. Avais-je les dispositions d'un acteur qui parvient à s'identifier à son rôle? Je me suis bien mis dans la tête que c'était le camarade Albert, celui d'avant son arrestation, que j'avais à accompagner à un rendez-vous important. »

Par le métro jusqu'à la Porte d'Orléans, de là à pied jusqu'à la station Cité-Universitaire pour prendre le train en direction de Bourg-la-Reine, au total un trajet d'une heure et demie environ. Très peu de propos échangés. Ils ont décidé, tout en donnant l'impression d'être un couple, de ne pas trop parler. Dawidowicz reste serein. Était-il vraiment rassuré ou, lui aussi, jouait-il un rôle? Cristina

Boïco s'interrogeait. À la station Porte-d'Orléans, il y a un moment de panique : Dawidowicz a disparu dans la foule se dirigeant vers la sortie. Elle le retrouve quelques instants plus tard, se dirigeant vers l'escalier.

Dans le train, après avoir « vérifié » l'aspect des voyageurs, peu nombreux, Cristina Boïco conclut qu'ils ne sont pas filés. Détendue, elle repense au comportement qu'a eu Dawidowicz avant de quitter sa planque. Il n'a pas arrêté de parler et de se vanter de son évasion. Pas une question, en revanche, sur le sort des camarades, s'il y avait eu des arrestations après sa capture, etc. Appuyé contre la cheminée dans le fond de la pièce, il se retournait souvent, machinalement, pour se regarder dans la glace, se passant, à chaque fois, la main dans les cheveux.

> « C'est le seul signe de nervosité que j'ai noté chez lui, se souvient-elle. Et moi qui savais que cet homme vivait très probablement ses dernières heures ! »

Au moment où il entre dans le pavillon, Dawidowicz marque un mouvement de recul devant la présence de plusieurs hommes. Très rapidement, on lui demande de relater les conditions de son arrestation à Conflans-Sainte-Honorine (*cf.* procès-verbal d'arrestation, p. 339). Le récit de sa prétendue évasion était des moins crédibles. Il raconte ainsi qu'à la préfecture de Police il a été traité comme un trafiquant de marché noir et interné à Fresnes. C'est à l'occasion d'un transfert à Paris pour se voir notifier son inculpation qu'il se serait échappé, profitant d'une panne du car de police. Mais son histoire ne peut tenir. Après quelque temps, il craque et se met à parler, comme le précise Holban :

> « Après son arrestation, il a été torturé à la préfecture et n'a pu résister. La police lui a demandé d'indiquer ses rendez-vous et le signalement de chacun de ses contacts, ce qu'il a fait. Ils n'ont arrêté personne, mais ont renforcé les filatures.

Puis il a donné son adresse et, dans sa planque, les policiers ont trouvé des rapports d'activité et l'état des effectifs. Ils ont ainsi pu situer chacun, et il leur a indiqué à qui correspondaient certains matricules qu'il connaissait. Un jour, la police française l'a remis à la Gestapo, qui s'est mise à le torturer. Il n'a pas supporté et a donné aux Allemands une action qu'il savait être en préparation contre un transporteur de fonds allemand – il s'agit évidemment de l'action du 12 novembre, rue Lafayette. La police a renforcé la protection de ce transporteur pour prendre les combattants en flagrant délit. Après les arrestations, il n'a été confronté avec personne : on se contentait de le placer derrière une porte de la salle d'interrogatoire et, par un judas, de reconnaître le combattant qui n'était pas torturé mais interrogé de manière banale, administrative. Il devait ensuite préciser aux policiers le rôle exact de chaque combattant.

« Puis les policiers se sont mis en tête de lui montrer que toutes nos organisations étaient cernées et allaient tomber. Un matin, il a été mis dans une voiture et amené devant un immeuble; au bout de quelques minutes, un homme en est sorti, qu'il connaissait bien; c'était Abraham Lissner, qui était sous surveillance mais qu'on n'arrêtait pas pour mieux remonter au sein de l'organisation. Un autre jour, toujours en voiture, on lui fit parcourir pendant des heures à vitesse réduite les boulevards extérieurs où les résistants pourchassés, qui fuyaient le centre de Paris, prenaient leurs rendez-vous. C'est ainsi qu'Anka Richtiger – Lucienne – fut repérée en dépit de ses cheveux teints et reprise en filature.

« Fin novembre, après avoir rendu de grands services à la police, on lui proposa de simuler une tentative d'évasion pour qu'il puisse reprendre contact avec la direction de la MOI et remettre la police sur les traces de la direction du parti. On lui promit qu'après cette "mission" il serait libéré ainsi que sa femme et pourrait partir dans le pays de son choix. Il accepta pendant que sa femme était gardée en otage. Le 3 décembre, après avoir reçu les instructions nécessaires, on le fit sortir de prison sur un brancard pour que même les gardiens croient à un véritable transfert vers l'hôpital. Arrivés en banlieue, les policiers ont voulu le blesser au bras pour rendre l'évasion plus héroïque et donc plus authentique, mais il refusa. Ils lui ont alors tiré une balle dans la manche et lui ont arraché de force une menotte pour qu'il saigne. Puis ils l'ont ramené à Paris, lui ont fourni des papiers d'identité et un moyen de joindre un policier responsable. »

Dans le procès-verbal d'interrogatoire, se souvient Cristina Boïco, il était même indiqué le numéro de téléphone de son correspondant allemand, ainsi que son nom, un certain Gunter [9].

Holban conclut : « Après avoir noté tout son récit, nous lui demandons ce que la police sait sur nous. Il répond que la cible des policiers est Gronowski, par qui les policiers voudraient bien remonter jusqu'à la direction du parti. L'interrogatoire a duré quelques heures. Désormais, tout est clair. Il est exécuté [10]. »

CHAPITRE XVI

Le dénouement

Au vu des documents que nous avons pu réunir – archives de police et archives judiciaires, rapports internes à l'organisation et témoignages –, plusieurs interprétations sont sans doute possibles, qui permettent d'expliquer la chute des FTP-MOI de la région parisienne, mais d'autres ne nous paraissent désormais guère recevables[1].

Pour s'en tenir aux seules polémiques de fait, les procès-verbaux d'arrestations répondent sans contestation possible aux interrogations. À tel auteur qui a écrit : « Dès les derniers jours de septembre 1943, ils se retrouvèrent sans ordres, sans armes, sans cartouches et sans cartes de pain. Les partisans étrangers de la région parisienne devenaient des clochards. [...] Je ne puis que constater qu'ils ont été abandonnés[2] », on signalera que dans l'une des planques de Rayman, au 296, rue de Belleville, les policiers ont retrouvé six grenades Mills et six détonateurs, cinq pistolets automatiques avec chargeurs armés et un lot de cartouches de 7,65 ; dans celle de Boczor, 1*bis* rue Lanneau, il s'agissait d'une mitraillette Mauser, d'un 7,65, d'une bombe, de 25 distributeurs de détonateurs, de six détonateurs électriques, de deux tubes explosifs, de huit allumeurs à traction, d'un rouleau de cordon bickford, etc. Encore le dépôt d'armes dont Olga Bancic avait la responsabilité ne fut-il pas découvert. En outre, plusieurs combattants ont été arrêtés avec leurs armes sur eux, tels Manouchian, Usseglio, Schapiro, Della Negra, Fontano et Wajsbrot. Si les FTP-MOI ne disposaient pas d'un armement puissant et sophistiqué, ils n'en bénéficiaient donc pas moins, à la date de leur chute, d'une réelle puissance de feu.

Certains ont également soutenu qu'ils s'étaient vu couper leurs ressources financières[3]. Or les rapports mensuels internes de l'été 1943 n'indiquent aucune coupe d'importance dans des recettes qui avoisinent 150 000 francs (pour les quatre cinquièmes en provenance du comité militaire interrégional des FTPF). La somme prise avec Dawidowicz le 26 octobre est certes élevée – 33 000 francs –, mais ne représentait cependant que 20 % du budget. On ne pourrait en outre y voir la cause de l'action du 12 novembre contre deux convoyeurs de fonds, dans la mesure où cette action fut décidée avant le 26 octobre, ce qui explique que la police ait été au rendez-vous. Enfin, chez la plupart des militants, on a trouvé des cartes de ravitaillement. Tous les arguments susceptibles d'entretenir l'hypothèse d'un abandon des combattants par la direction du PCF se révèlent ainsi sans fondement. Quant à l'hypothèse avancée par certains, selon laquelle c'est la direction communiste elle-même qui aurait livré les combattants, elle se révèle totalement fantaisiste.

Il nous faut donc revenir au fond de l'affaire. Quatre séries de causes nous semblent au total expliquer la chute : l'acharnement de la répression, la trahison de Dawidowicz, les choix stratégiques qui ont commandé à la poursuite de l'action et, dans une mesure certaine, les imprudences des combattants.

Il est indéniable que les FTP-MOI parisiens se sont trouvés confrontés à une BS 2 particulièrement efficace. Ils disposaient alors d'environ 30 combattants opérationnels et de 20 militants pas encore engagés dans les actions proprement dites (membres de la direction, des services annexes, agents de liaison). Or la BS 2, qui concentrait une grande part de ses effectifs sur l'affaire, pouvait mobiliser une centaine d'inspecteurs et commissaires. D'autre part, elle avait affiné ses méthodes. Rappelons qu'elle prit son temps, puisque la dernière filature dura près de quatre mois, et qu'elle se montra extrêmement prudente, craignant à tout moment que les contacts ne soient rompus. L'une des principales leçons de notre investigation aura été qu'il est impossible d'isoler le coup de filet de novembre 1943 de la filature engagée dès le mois de juillet précédent, et plus généralement des trois filatures que la BS 2 a enchaînées depuis le début de l'année.

On mesure aussi les limites qu'il faut fixer aux conséquences de la trahison de Dawidowicz. Arrêté alors même que toute la direction était déjà repérée, il ne pouvait être à l'origine de la chute. En revanche, son appui fut indispensable pour mettre au point l'organigramme précis des FTP-MOI et pour définir les responsabilités et l'identité de ceux qu'il connaissait, pour savoir qui surveiller en priorité. Il resterait à expliquer les raisons de son arrestation anticipée. L'absence de tout document ou de tout témoignage nous limite aux hypothèses, voire aux spéculations. Peut-être commençait-il à être trop méfiant, comme le laisse entendre le rapport de filature? Mais ce fut le cas de certains autres, qu'on se garda d'arrêter. La police n'avait-elle pas plutôt décidé d'entrer dans la phase finale de son enquête en commençant par une arrestation d'importance au vu des rendez-vous, sans pouvoir imaginer pour autant que la victime parlerait comme elle l'a fait? De même que la mort du commissaire Tissot avait arrêté la deuxième filature, de même l'exécution de Ritter, et plus encore dans la mesure où il s'agissait d'un haut dignitaire nazi, aurait imposé d'accélérer la fin des opérations, sans compter que les résistants traqués se montraient de plus en plus méfiants.

Certes, ces derniers ne sont pas restés inactifs pour contrer cet encerclement policier. À de nombreuses reprises, les policiers ont dû interrompre la filature. Nous avons vu comment « Lerouge » échappa à ses fileurs le 28 octobre. Mais le 2 novembre, Boczor et Fingercwaig en faisaient de même en entrant dans un immeuble à double issue. Le 28 septembre, les fileurs devaient abandonner Epstein et Manouchian réunis pour leur rendez-vous hebdomadaire, mais devenus trop méfiants. On pourrait multiplier les exemples. Cependant, face au travail systématique des policiers, les combattants pouvaient-ils opposer une stricte application des mesures de vigilance? Ce ne fut pas le cas. Voilà un facteur d'explication supplémentaire à la chute.

Le relâchement des mesures de sécurité peut aisément s'expliquer. Comment ne pas le concevoir, quand on sait les liens familiaux et amicaux unissant la plupart des militants engagés dans des secteurs divers entre lesquels le cloisonnement devait être total? La plupart de ces jeunes de vingt ans avaient besoin de respirer, de vivre « normalement » après les moments de risque exceptionnel et d'émotion si intense qu'ils connaissaient lors des actions. Il est probable que certains se sont senti grisés, ou savaient qu'ils jouaient leur vie à tout moment sans grand espoir de s'en tirer quoi qu'il arrive. Un exemple le montre, qui nous permettra de mieux comprendre la psychologie du combattant. Responsable de la lutte armée dans le Nord-Pas-de-Calais depuis l'été 1941, Charles Debarge était recherché par toutes les polices; après leur avoir échappé de peu à quatre reprises, il note dans son journal personnel, à la date du 7 septembre 1942 :

> « La situation devient de plus en plus grave et très menaçante. Que d'assauts en un mois! Mon cœur a reçu bien des chocs. Et en plus, la police possède un signalement très précis. À tout instant, je peux être reconnu et pourchassé. N'importe quel policier peut me tirer dans le dos sans sommation. Nous n'avons pas le droit d'abandonner [...]. Tout pour la victoire! »

Le 20 septembre 1942, Charles Debarge était criblé de balles par une équipe de la Gestapo et mourait à l'hôpital trois jours plus tard.

En règle générale, la volonté de combattre l'occupant, de se venger de lui, l'emportait sur toute autre préoccupation. À d'autres moments au contraire, moments de crise, le doute prenait le dessus. Il faut comprendre ces difficiles dialogues intérieurs qui font aussi le combattant.

Il nous reste à présenter les causes plus directement politiques, qui relèvent d'une stratégie ou d'une tactique plutôt que des comportements individuels. Les documents écrits nous ont permis d'en comprendre les tenants et aboutissants.

Pourquoi le parti et la MOI ont-ils demandé que les actions s'intensifient au moment où les rangs de la MOI venaient de subir de lourdes pertes et ne disposaient que d'effectifs militaires réduits? Pourquoi ont-ils laissé les combattants sur le terrain parisien, alors que dès octobre ils savaient qu'ils étaient menacés d'encerclement?

Depuis juin 1943, date de création du Conseil national de la Résistance sous la direction de Jean Moulin, les grandes manœuvres politique en vue de la Libération sont engagées entre les deux principales forces en présence : de Gaulle et les communistes. La lutte politique est acharnée autour du remplacement de Jean Moulin à la tête du CNR en septembre 1943, puis autour de la création du Comité parisien de libération en octobre-novembre, et enfin des négociations, provisoirement en échec, pour l'entrée des communistes dans le nouveau gouvernement du général de Gaulle à Alger en novembre. Dans cette période politique cruciale, le PCF a usé de son image d'organisation de résistance la plus dynamique, la plus héroïque, la plus exigeante dans son patriotisme.

Pour affirmer cette image, il avait un besoin vital d'actions spectaculaires en plein cœur de la capitale. Cela expliquerait à la fois pourquoi la direction militaire française a demandé dès l'été aux immigrés d'intensifier leur action, et aussi pourquoi il était exclu de les retirer du combat en dépit des risques encourus. Mais rien ne prouve que Manouchian, tout en sachant son groupe en situation périlleuse, ait demandé à la direction militaire et/ou de la MOI de le muter en province. Ces combattants se considéraient comme des soldats et avaient accepté depuis longtemps les risques inhérents à ce type de guérilla urbaine.

Mais, dira-t-on, même si les FTP-MOI n'ont pas demandé eux-mêmes leur retrait, pourquoi, pour des raisons de pure efficacité, ne pas les avoir retirés d'autorité, même provisoirement, pour les remplacer par d'autres groupes français? Il apparaît que si le PCF avait compté sur les FTP-MOI, c'est qu'il ne disposait à Paris d'aucun groupe français hormis le « groupe spécial», arrêté fin 1943 à la suite de la chute d'Epstein et qui d'ailleurs n'avait pas pour fonction d'attaquer l'occupant.

C'est là un état de fait : le parti communiste semble avoir eu le plus grand mal à trouver en région parisienne des militants français suffisamment décidés pour s'engager dans la lutte armée contre l'occupant en milieu urbain. Il est symptomatique de constater que jusque dans la direction des FTPF d'Ile-de-France se trouvent alors deux Juifs polonais, Joseph Epstein et Louis Schapiro, ce dernier étant arrêté le 11 janvier 1944 après une violente fusillade au cours de laquelle un inspecteur des BS fut tué.

Cela est confirmé par les chiffres publiés à l'époque même dans *l'Humanité* clandestine et *France d'abord*, le journal des FTPF, qui se font régulièrement l'écho des attentats. Ils en relèvent, en région parisienne, près de 40 pour les six mois qui courent de juin à novembre 1943, et pratiquement aucun pour les six mois qui suivent. Preuve qu'après la chute des FTP-MOI et du «groupe spécial», le parti ne dispose plus que d'un groupe armé très affaibli en région parisienne.

Quelles conclusions tirer sur la position prise par les directions du PCF et de la MOI? Certains parleront de sacrifice, au sens où la mort était certainement au rendez-vous et où l'enjeu stratégique imposait de conserver les militants sur place. D'autres diront que ces directions ont mis en balance, comme constamment dans cette guerre, l'enjeu stratégique d'une part et le danger d'autre part; tant qu'elles considéraient que l'enjeu était plus important que le danger encouru, un danger en l'occurrence sous-estimé, elles laissaient les militants à leur poste. Dans l'un et l'autre cas, on trouve des choix du même ordre parmi les autres organisations de résistance ou les armées alliées. Quant à porter des jugements de valeur, tel n'est pas notre rôle d'historiens.

Quoi qu'il en soit, en fonction de ces chutes catastrophiques et des perspectives politiques, le temps n'était plus à la guérilla urbaine de commando, et c'est aussi le sens des nouveaux mots d'ordre en vigueur [5].

CHAPITRE XVII

Vers la libération

La situation de la MOI parisienne à la fin de 1943 est paradoxale. Frappée au cœur de son dispositif politique et militaire par les chutes de juillet et de novembre, elle voit sa force d'intervention réduite, singulièrement dans la capitale, tandis qu'à l'inverse la stratégie de large alliance que les sections développent depuis quelques mois porte ses fruits dans les immigrations respectives, et que son combat est accueilli et reconnu par une proportion croissante de la population. Les réactions à la campagne de propagande orchestrée par le gouvernement de Vichy et par l'occupant autour de l' « affiche rouge » seront là pour le confirmer.

La libération qu'on sait désormais prochaine pose cependant avec plus d'acuité qu'auparavant la question de la place des immigrés et de leurs organisations dans la stratégie du PCF, comme en témoigne un texte capital de novembre 1943, long supplément consacré au travail de la MOI, publié dans *la Vie du Parti*, l'organe interne destiné aux cadres de l'appareil[1]. S'il situe le combat des immigrés dans une perspective très intégrationniste en soulignant les liens privilégiés que ceux-ci entretiennent avec la France, leur « deuxième patrie », engagés dans un combat par « sentiment de solidarité internationale », il développe une argumentation critique autour des deux mots clés d'«attentisme» et d'«autonomie». On sait l'emploi récurrent du premier dans le discours communiste de la dernière année de guerre, quand il s'agit de qualifier toute autre attitude que celle qu'il préconise dans la perspective de l'insurrection nationale; il a donc une très forte charge symbolique et une valeur générique. On sait aussi combien le second reflète la contradiction qui a constamment et nécessairement existé, dès lors que les travailleurs immigrés en France ont été organisés dans une structure spécifique sous l'égide du Parti communiste. Que les immigrés tournent leurs regards vers leur pays d'origine est un sentiment naturel, dit en substance ce texte,

> «mais si nous n'y prenons garde, il peut être la cause d'un détachement de la lutte en France et d'attentisme ou de passivité.[...] Il est donc nécessaire d'expliquer aux travailleurs immigrés que l'ennemi du peuple français est le même que celui du peuple italien, polonais, tchécoslovaque, yougoslave, etc. [...]. Ainsi, nous aidons à lier le sentiment national de l'immigré au devoir de solidarité internationale de tous les ennemis du fascisme et l'empêchons de se réfugier dans une sorte d'autonomie qui ne pourrait, à l'heure actuelle, que se traduire par un attentisme dangereux.»

La critique devient explicite, et les enjeux s'éclaircissent, dans un paragraphe intitulé «Contre toute tendance d'autonomisme»:

> «La direction d'un groupe de langue nous adresse la question suivante: "N'est-il pas nécessaire qu'à la suite de la dissolution de l'IC [Internationale communiste], le PCF change ses formes de liaison et de contrôle des groupes de langue?" Et ces camarades voudraient se réfugier dans une sorte d'autonomie en créant sur le territoire de

notre pays une série de partis communistes. Ces camarades oublient que le PCF est, sur le territoire de la France, "le parti du peuple, des déshérités, des opprimés ". »

Cette réaffirmation d'un pouvoir de tutelle se traduit sur le plan organisationnel. Les contraintes de l'illégalité, explique le même texte, ont interdit que le militant immigré maintienne un lien avec une organisation française en sus du lien qui le rattache à son groupe de langue. C'est en 1937, rappelons-le, que fut réaffirmé, tant bien que mal, le principe de voir tout militant immigré participer aux activités des structures de base du PCF, la cellule de son quartier. Pour pallier cette coupure qu'a imposée la clandestinité, précise-t-on, le comité central a décidé qu'un instructeur serait désigné dans chaque région et chargé, sous la tutelle de la commission centrale de la MOI pour les directives nationales et sous le contrôle du responsable du parti à l'échelon régional, d'assurer le contact entre les différents groupes de langue, et entre ceux-ci et le PCF.

La commission centrale de la MOI met moins en valeur cet aspect, mais elle est touchée par une autre contradiction en se voulant une structure unifiante plaçant au second plan les problèmes des pays respectifs au profit d'un combat et d'intérêts communs. Aussi *la Vie de la MOI* met-elle davantage l'accent sur les insuffisances de la mobilisation des immigrés dans des organisations de large recrutement. Son numéro de janvier titre sur « le rassemblement des immigrés pour la lutte antifasciste [2] ». Sans doute les communistes espagnols et italiens sont-ils les premiers visés.

Si ce bulletin intérieur relève la création en zone Nord d'un comité de libération regroupant les Italiens antifascistes, il n'en appelle pas moins, en effet, à lutter contre le sectarisme : « Des éléments qui sabotent la réalisation de l'unité doivent être écartés de tous les postes de responsabilité. » En janvier 1944, la section italienne publie un nouveau périodique, *Italia libera,* « organe du comité d'action des Italiens en France pour la libération nationale », imprimé en français et en italien, mais où la conjoncture italienne domine très largement. On retrouve là une tendance déjà relevée dans les organisations communistes italiennes, qui ne prennent pas en compte le processus d'intégration dans la société française, largement engagé par la majorité des immigrés économiques auxquels elles sont censées s'adresser.

La critique se fait plus sévère encore quand il s'agit des communistes espagnols. Elle adopte deux formes, d'une part en signalant la faible mobilisation de l'immigration économique, d'autre part en posant à nouveau la question de l'autonomie du PC espagnol.

> « Il faut constater, lit-on dans le numéro de janvier 1944 de *la Vie de la MOI*, que l'apport des immigrés espagnols économiques à la libération de la France est plus faible que celui des autres immigrés. [...] Il faut chercher les causes de cette carence dans les éléments d'avant-garde qui n'ont pas toujours été à la hauteur de leur tâche pour entraîner à la lutte leurs compatriotes, comme l'ont fait les éléments les plus évolués des autres immigrations. » En outre, « le PCE pose à ses militants comme tâche primordiale le retour dans le pays afin de lutter pour le renversement de la dictature de Franco et la reconquête de l'Espagne. »

Au fond, deux logiques contradictoires s'affrontent : la MOI mobilise les immigrés dans la perspective de la libération du territoire français, alors que le PCE regarde d'abord au-delà des Pyrénées, comme le montre et le montrera son activité dans le Sud-Ouest, où il regroupe l'essentiel de ses forces sous la tutelle de l'Union nationale espagnole (UNE). On en trouve confirmation dans les journaux qu'il publie clandestinement, qu'il s'agisse de

Mundo obrero, l'organe central du PCE, de *Treball,* celui du Parti socialiste unifié catalan (PSUC), de *Gudari,* « organe de Euzko-Gudari-Patza, fédération des gudaris d'Euzkadi résidant en France », ou encore de *Reconquista de España,* « organe de l'Union nationale de tous les Espagnols », dont le premier numéro est paru en mars 1942. Il faudra attendre avril 1944, sans doute à la suite de la critique de la MOI, pour que sorte le premier numéro de *la Voz de Madrid,* « organe des immigrés économiques espagnols en France ».

Trois autres cas – la question polonaise, la nouvelle organisation des réfugiés allemands et la section juive – sont l'objet d'une attention toute particulière, dans la mesure où ils définissent des enjeux stratégiques majeurs.

La question polonaise a une double dimension, extérieure et intérieure. En effet, l'avancée de l'Armée rouge et bientôt la constitution du gouvernement provisoire de Lublin fragilisent la position du gouvernement polonais en exil à Londres, comme, *de facto,* celle des organisations qui en relèvent sur le territoire français. Dès son numéro de décembre 1943, *la Vie de la MOI* critique sévèrement et le gouvernement en exil et le POWN – *Polska Organizacja Walki o Niepodleglosc,* Organisation polonaise de lutte pour l'indépendance. Implanté aussi dans la région parisienne, la Lorraine et le Sud, le POWN compte alors ses principaux bastions dans le Nord minier, avec plusieurs milliers de membres. Il obtient dans cette année cruciale une double légitimation : d'une part Londres lui confie, en 1944, le repérage des bases de V1 et de V2; d'autre part son chef, Kawalkowski, rencontre au printemps Georges Bidault, le successeur de Jean Moulin à la tête du Conseil national de la Résistance et, le 2 juin 1944, le colonel Zdrojewski signe avec Chaban-Delmas un accord prévoyant la fusion dans les FFI avec reconnaissance d'un commandement propre [3]. Cependant, le POWN souffre de deux handicaps : d'une part l'évolution de la situation internationale lui est de moins en moins favorable, et d'autre part il a longtemps privilégié la seule question polonaise, comme son sigle même l'indique, alors que son concurrent communiste, le PKWN (*Polski Komitet Wyzwolenia Narodowego*, Comité polonais de libération nationale), met davantage en avant le combat pour la libération de la France et les problèmes spécifiques des immigrés. La MOI et le PKWN reprennent régulièrement cette antienne, en espérant régler avec le CNR, et à leur avantage, les questions de représentativité et de légitimité. La MOI se plaint à Pierre Villon, président du Front national et membre communiste du bureau du CNR, de l'attitude du président du CNR :

> « En dehors de nos comités, il n'existe rien sur le territoire français, sauf un groupement polonais dépendant du gouvernement polonais de Londres. C'est une sorte d'organisation militaire groupant certains éléments amenés en France en 1939-1940, dont l'influence sur l'ancienne immigration économique semble être très faible. Cependant, ses dirigeants entretiennent des relations avec certains milieux de la Résistance française et y ont trouvé des appuis, des oreilles complaisantes au bureau permanent du CNR même. [...] Pour ma part, j'attribue partiellement à ces intrigues les réticences manifestées récemment à notre égard par le président du CNR et quelques autres de ses membres [4]. »

Comme nous le verrons, cette attaque s'insère dans une offensive de grande ampleur qui ne sera pas couronnée de succès.

La MOI est beaucoup plus discrète sur l'activité des communistes allemands, tant il est vrai qu'elle ne dispose pas d'une section spécifique dans cette immigration. Les liens n'en sont pas moins étroits, avec le TA (Travail allemand) ou les animateurs du *Komität Freies Deutschland im Westen* (KFDW, CALPO dans la traduction française). Ce comité s'était installé à Lyon avant de rejoindre Paris. Depuis la toute fin de 1943, Otto Niebergall, dont nous avons vu dans quelles conditions rocambolesques il réussit à échapper à l'arrestation en avril (*cf.* p. 247), est épaulé par Harald et Edith Hauser qui ont été rappelés de zone Sud. Lui devient bientôt le secrétaire général du KFDW et le principal rédacteur du journal *Volk und Vaterland.* Elle assure la liaison entre Niebergall, le TA – que la Gestapo a pratiquement démantelé en 1943 – et la commission centrale de la MOI[5]. C'est à Peter Gingold que revient la responsabilité de la propagande. Il est l'un des principaux responsables du TA quand, le 3 février 1943, il est arrêté à Dijon. Torturé plusieurs semaines durant, il profite de son rapatriement à Paris pour échafauder un plan d'évasion. Il raconte ainsi qu'il a réussi à convaincre ses geôliers qu'il était prêt à livrer ses camarades et à leur signaler l'immeuble où ceux-ci sont censés se réunir régulièrement. Le 21 avril au matin, il se dirige vers l'adresse indiquée, accompagné à bonne distance d'agents de la Gestapo, mais soudain il s'engouffre sous le porche du 11, boulevard Saint-Martin, referme la porte derrière lui, se précipite vers le fond de la cour qui donne sur la rue Meslay, et de là disparaît dans les petites rues du quartier du Temple. Autant dire qu'il a été mis « au vert » plusieurs mois, le temps que ses camarades s'assurent de la véracité de son récit[6].

La défaite allemande qui se dessine offre des possibilités nouvelles au KFDW, qui multiplie les contacts dans tous les secteurs, jusqu'au lieutenant-colonel Caesar von Hofacker. Otto Niebergall raconte dans quelles conditions :

> « Une camarade hongroise nommée Annette entretenait depuis longtemps, au profit de la MOI, une relation avec le soldat allemand Paul Gräfe et avec l'adjudant Mathias Klein, qui étaient tous

deux des sociaux-démocrates de Cologne. Gräfe faisait office de chauffeur du baron von Hofacker. Il raconta à Annette que son chef n'éprouvait aucune sympathie pour Hitler[7]. »

Une rencontre est donc organisée, et Annette en transmet le résultat à Gronowski, qui prévient Niebergall à la fin de 1943. À l'entrevue décisive participe également un général. Von Hofacker accepte d'adhérer au comité. Mais après l'attentat manqué contre Hitler perpétré le 20 juillet 1944 par von Staufenberg, qui n'est autre que son cousin, il est arrêté pour avoir participé au « complot » à Paris même, en opérant une série d'arrestations parmi les nazis convaincus. Il sera exécuté à la prison de Brandebourg.

Le KFDW cherche avant tout des résultats politiques, dans la perspective de l'après-guerre. C'est dans ce même esprit qu'Otto Niebergall engage des négociations avec Alger et le Comité français de libération nationale (CFLN) dont il obtient, en avril 1944, la reconnaissance comme une organisation de résistance. Mais les rapports sont tendus et, sans même évoquer la question communiste, il semble que les dirigeants français soient fort réticents à l'idée de donner quelque responsabilité que ce soit à des Allemands, même antinazis. On en trouvera le dernier avatar dans l'accueil fait à la tentative du KPD et du KFDW de mettre sur pied un régiment autonome de corps francs[8].

La direction nationale de la section juive avait quitté Paris pour Lyon après les chutes de l'été 1943. Ce déplacement avait une dimension politique, puisque la population juive était alors dispersée en zone Sud pour échapper aux persécutions, et que s'y trouvaient depuis l'exode les dirigeants de toutes les autres composantes de la communauté, « élites », œuvres sociales, Consistoire central et courants politiques divers. La direction de la section se compose alors de Jacques Ravine, jusque-là responsable de la zone Sud, Adamicz (Braun), Roger Aronson, ainsi qu'Adam Rayski et Sophie Schwartz, repliés de Paris en septembre et octobre, auxquels il faut ajouter les dirigeants de l'Union des jeunes Juifs et du Mouvement national contre le racisme. Les ramifications sont multiples dans les principaux centres urbains de zone Sud, où les mititants disposent d'un important matériel d'impression et de moyens de diffusion. Grâce à un réseau serré d'organisations-relais et grâce à une intervention multiforme, leur implantation dans la population juive dépasse largement la sphère d'influence communiste.

Cette situation pousse la direction à accélérer la mise en place de l'Union des Juifs pour la résistance et l'entraide (UJRE), qui vise un très large recrutement parmi tous les Juifs, français comme immigrés. Le premier numéro de son journal, *Droit et Liberté*, sort en janvier 1944. Un rapport de décembre 1943, signé « Marcel » [Adam Rayski], en définit les enjeux sans ambages : « Vers le début de décembre, l'Union pour l'entraide et la résistance a commencé à vivre. Elle a premièrement englobé toutes nos formations de masses existantes, et ensuite des éléments du parti et sans-parti aptes à élargir notre influence parmi les Juifs français[9]. »

Ce rapport nous fournit des informations de première importance sur l'état d'esprit de la direction, sur son analyse de la situation et sur les conclusions qu'elle en tire pour l'action. S'il pèche par optimisme en avançant que la plupart des Juifs sont alors camouflés, il met cependant le doigt sur un phénomène bien réel, la conscience de plus en plus répandue du danger de mort et donc la volonté de plus en plus fréquente de passer dans la clandestinité. On en trouve le reflet dans l'attitude des dirigeants des œuvres et des partis, qui se montrent de plus en plus réticents vis-à-vis de l'Union générale des israélites de France (UGIF), cette structure légale unifiée imposée par l'occupant et par Vichy dès la fin de 1941. La contradiction est devenue insoutenable pour ceux qui aident les internés. Directeur d'une grande organisation d'aide à l'enfance, l'OSE, Joseph Weil écrira, passé la guerre, après avoir assisté, impuissant, à la déportation de familles entières des camps contrôlés par Vichy en zone Sud vers Drancy et Auschwitz : « Il n'existe pas de vide autour de l'action sociale, sa raison d'être naît d'une insuffisance ou d'une injustice sociale. Il fallait aider les internés à vivre; mais il aurait surtout fallu les libérer [10]. »

La rupture, qui s'était accélérée, avec les structures légales favorisa sensiblement le rapprochement entre la résistance communiste juive et les autres composantes du judaïsme immigré. Ces négociations engagées à Grenoble avaient débouché, dès juin-juillet 1943, sur la création d'un Comité uni de défense juive, qui s'était fixé pour objectif la défense des Juifs de France et la résistance aux déportations. La précocité de cette structure unitaire illustre le fossé entre les Juifs originaires d'Europe de l'Est et les Juifs français. Qu'ils fussent de droite ou de gauche, croyants ou non, les premiers s'identifiaient par l'appartenance à un peuple, donc à une culture et à une langue. Or les traditions historiques et juridiques de la France ne laissaient pas de place aux minorités nationales.

La logique unitaire et la prise de conscience des objectifs nazis permirent de surmonter cette fracture majeure. Une vague d'arrestations toucha ainsi les principales personnalités du judaïsme français, dont Helbronner, le président du Consistoire central, Raymond-Raoul Lambert, le directeur général de l'UGIF-zone Sud, et des notables parisiens de l'UGIF-zone Nord. Des contacts s'étaient très vite établis entre le Comité uni de défense juive et le Consistoire central. Ils débouchèrent, en janvier 1944, sur la fondation du CRIF, ou Conseil représentatif des israélites de France [11]. On doit mesurer la signification d'une telle institution aux yeux du Consistoire central, pour qui l'apolitisme communautaire et la reconnaissance du seul lien religieux répondaient à la tradition assimilationniste et émancipatrice de la France depuis la Révolution française. Les débats qui ont amené la signature de la « charte » en portent d'ailleurs la trace, puisque seuls les problèmes de l'après-guerre y sont posés, et qu'il n'est pas question que le CRIF prenne la tête de la résistance juive.

Mais devant un événement – l'extermination – ressenti déjà comme unique dans l'histoire du peuple juif, il s'agit là d'une réaction unitaire qui, si elle ne doit nullement cacher les luttes d'influence et les opérations tactiques qui l'accompagnent, est d'une importance toute particulière, et ses répercussions furent grandes dans toutes les composantes de la communauté [12].

Cette prégnance des enjeux politiques de l'immédiat après-guerre se retrouve dans la nouvelle structure que la MOI constitue au début de 1944. Un Comité d'action des immigrés (CADI) avait été créé dans les prodromes du Front populaire, quand était en discussion un projet de « statut juridique » pour les immigrés. En mars ou avril 1944, ce CADI est réactivé par la MOI. À sa première réunion clandestine participent les « comités d'unité » italien, polonais, espagnol et tchécoslovaque, ainsi que le Comité uni de défense des Juifs de la capitale. Cette initiative a plusieurs objectifs. Elle vise en premier lieu à revendiquer à nouveau un statut fixant et garantissant les droits des immigrés. Aux arguments traditionnels de l'avant-guerre s'ajoute le prix du sang. Faire valoir ces droits devant le CNR est le gage qu'ils seront pris en compte après la libération. En deuxième lieu, la reconnaissance de la contribution des étrangers à la Résistance française vaut, aux yeux du CADI, *a priori* du régime qu'il souhaite voir instaurer dans leurs pays d'origine. Enfin, il s'agit de renforcer la présence communiste au sein du CNR, en obtenant la reconnaissance du CADI comme l'une de ses composantes. Dans son numéro 10 de juin 1944, *la Vie de la MOI* explique ainsi que ce comité doit contrôler tous les partis et mouvements organisant les immigrés.

Dans cette offensive politique de grande envergure, le PCF peut également compter sur la structure mise sur pied au sein du Mouvement de libération nationale (MLN) pour organiser les immigrés, le Comité d'action des résistances étrangères (CARE). Les archives nous révèlent en effet que son responsable, un certain « Dominique », de son vrai nom Szekeres, était un « sous-marin du parti ». Les papiers qu'il a laissés illustrent parfaitement un processus mal connu, dont les résultats ont nourri pourtant de nombreuses polémiques. Dans la biographie qu'il a établie pour le PCF au printemps de 1944, Dominique-Szekeres explique ainsi :

> « J'ai trente ans, je suis originaire d'une famille de propriétaires terriens. Après avoir fini mes années de Gymnase [lycée] j'ai fait des études littéraires et philosophiques, dont je m'occupe encore à présent. Je parle quatre langues : le hongrois, le français, l'allemand et le tchèque. [...] Il y a treize ans que je participe à des mouvements ou à des institutions influencées ou dirigées par le parti [13]. »

Appartenant à la minorité hongroise de Tchécoslovaquie, c'est là qu'il a commencé à militer. Il fait de brefs séjours à Paris, qu'il rejoint finalement après l'entrée des troupes allemandes dans les Sudètes. Engagé volontaire dans l'armée tchécoslovaque constituée en France, il est démobilisé après la débâcle et s'installe à Lyon. La suite de son récit, pour peu qu'on le croise avec d'autres sources, illustre le profil dominant du « sous-marin » : bien plus souvent que de communistes, qui sont infiltrés, sur commande, dans des mouvements de résistance à dominante gaulliste ou socialiste, il s'agit de militants qui, à l'origine, ne trouvent pas d'autres contacts pour agir. Forts de leur expérience, ils prennent éventuellement des postes de responsabilité, qu'il n'est bien sûr pas question de quitter quand la liaison est faite avec le PCF, celui-ci poussant, au contraire, à la promotion politique dans ledit mouvement.

> « Coupé de mes relations extérieures, poursuit Szekeres, j'ai vécu dans un milieu de littérateurs et de journalistes français résistants dont plus tard

sont sorties quelques personnalités de premier plan du mouvement gaulliste. C'est par ce milieu que j'ai fait connaissance, au cours de 1942, d'un camarade qui jouait un rôle important dans les Mouvements unis de résistance (devenus le MLN). Il m'a fait travailler dans divers bulletins d'information, en dernier lieu dans le CID qui est devenu depuis un organisme d'information placé sous la présidence du président du Conseil national de la Résistance. Revenu à Paris en septembre 1943, j'ai accepté, en mars 1944, de devenir le chef du CARE, service créé à l'intérieur du MLN pour s'occuper tout spécialement des relations entre les étrangers et le mouvement de résistance français. C'est au cours des prises de contact concernant ce travail que j'ai pu renouer des liaisons avec des camarades qui peuvent faire régulariser ma situation par rapport au parti [14]. »

Szekeres avait effectivement renoué le contact avec le parti par l'intermédiaire de communistes engagés dans le MLN, et ses liaisons avec le PCF passèrent par « Chardon » – Pierre Hervé. Il se mit à la disposition de la MOI, dont le responsable national aux cadres, Peter Mod, lui demanda de devenir, en outre, le secrétaire général du CADI, permettant ainsi de pénétrer la résistance immigrée dans les principaux mouvements non communistes, et de disposer de divers services, tels que des informations politiques, des rentrées financières mensuelles et, le cas échéant, des faux papiers. Le CADI disposait donc d'atouts de poids dans son offensive auprès du CNR, mais, dans un texte de juillet 1944, ce dernier y mit un terme, tout en se gardant de « toute position étroitement nationaliste ». Fin de non-recevoir aux revendications du CADI, le texte traduit également une vision très intégrationniste :

« 1. Le CNR n'entend pas intervenir dans les positions politiques prises pour ce qui concerne leur nationalité respective par les mouvements de résistance étrangère. Il ne fait entre tous aucune discrimination pour des motifs d'ordre politique ne concernant pas la France.

2. L'activité des mouvements étrangers sur le territoire français doit s'interdire toute attitude susceptible de compromettre l'unité de la Résistance française ou d'en limiter l'efficacité ou de gêner les relations extérieures du gouvernement provisoire de la République avec l'une quelconque des nations alliées.

3. Sur le territoire français, le gouvernement provisoire de la République française et, agissant sous son autorité, le CNR ont seuls qualité pour exercer l'autorité politique. Les organisations étrangères reconnaissent cette autorité.

4. Dans la lutte commune, les mouvements étrangers devront être soumis sur la base régionale au commandement des FFI.

5. Dans chaque département, l'autorité politique appartient aux comités départementaux de la Libération.

6. Les autorités françaises, militaires et civiles, n'ont pas à s'immiscer dans la structure propre des divers mouvements étrangers ni dans leurs règles particulières d'organisation.

7. Les missions confiées aux groupements étrangers ne seront que des missions d'ordre intérieur français.

8. Pour l'application concrète de la collaboration envisagée, les organes régionaux des FFI ont qualité pour conclure toute action conforme aux règles précitées. En cas de conflit ou de concurrence entre organisations étrangères de la même nationalité, les CDL et le commandement FFI, tout en épuisant les possibilités de conciliation, n'ont à apprécier que l'importance et l'efficacité du concours qui leur est apporté [15]. »

Le CADI répond qu'il s'adresse quant à lui par priorité

aux immigrés désireux de s'installer en France et de combattre pour elle. L'allusion est à peine voilée au POWN polonais, et à son slogan « Tout pour la Pologne! Rien que pour la Pologne! ». En parallèle, les différentes composantes du CADI envoient au CNR des mémoires lui demandant une reconnaissance à titre individuel. Mais ces efforts seront vains. La tentative de la MOI a échoué. Dans les grandes manœuvres politiques qui ont précédé la Libération, elle n'a donc pas pu remplir les objectifs de légitimation qu'elle s'était fixés, mais la stratégie de large alliance de ses sections a porté ses fruits, et leur audience s'accroît sensiblement dans la population immigrée.

CHAPITRE XVIII

De l'euphorie à l'oubli

Trois facteurs déterminent l'action militaire de la résistance immigrée à Paris dans les mois qui précèdent l'insurrection. La chute de novembre, qui a démantelé les groupes armés, impose une restructuration et une recomposition. Celles-ci se font pourtant dans un climat plutôt euphorique, qui touche les combattants comme la population. Les victoires alliées et la perspective d'une prochaine libération s'accompagnent en effet d'une évolution sensible de l'opinion et donnent un nouveau souffle aux mouvements de résistance galvanisés par ces perspectives.

« En réorganisation. Le travail est assuré par un camarade commissaire aux effectifs et un responsable militaire. Un troisième camarade, sans faire partie de la direction, a comme tâche de reconstituer sur de nouvelles bases un atelier et un appareil technique. » Ainsi commence le rapport de décembre 1943 consacré à l'activité militaire en zone Nord. La lecture des rapports internes dont nous disposons (jusqu'en avril 1944) confirme les difficultés et la lenteur de la reconstitution de l'appareil militaire en région parisienne. Celui de janvier parle d'une équipe de trois hommes. Sur les 237 combattants recensés en zone Nord en mars, se trouvent 67 permanents; on en compterait 16 à Paris, dont trois équipes de quatre, disposant de huit pistolets et de maigres munitions. Le dernier bilan connu parle de 27 combattants à Paris et en proche banlieue[1]. Les communiqués militaires sont éloquents, puisque seules quelques actions ont été répertoriées de décembre 1943 à avril 1944; deux le sont en mai et dix en juin, toutes en banlieue[2].

Le nouvel organigramme mis en place après la chute de novembre tient compte de ces contraintes. Boris Holban devient le responsable militaire de toute la zone Nord. En charge des effectifs pour la zone Nord, Cristina Boïco doit, dans chaque région sous sa tutelle, dresser un état régulier des effectifs engagés et des actions effectuées ou en projet. On retrouve à la tête des régions plusieurs des militants « mis au vert » en 1943, avant ou après les chutes, comme Boris Milev dans le Nord puis dans l'Est, Gilbert-Weissberg et Abraham Lissner dans le Nord. D'autres se sont repliés par leurs propres moyens en zone Sud. L'essentiel de l'action militaire s'effectue donc en province.

C'est de zone Sud que vient Ljubomir Ilic au début de 1944. Nous avons eu l'occasion d'évoquer l'itinéraire de ce Yougoslave, ancien d'Espagne, interné après la retraite des armées républicaines. En septembre 1943, il a réussi, avec une quarantaine de ses codétenus, une évasion spectaculaire de la prison de Castres. Son expérience militaire et sa stature politique ont amené la commission centrale de la MOI à le placer immédiatement à la tête des FTP-MOI de zone Sud. Outre la réorganisation des directions, Ilic-commandant Brunetto se fixe comme tâche prioritaire la formation militaire. Rapidement, il est appelé à Paris pour prendre la direction des FTP-MOI de toute la France et les représenter au sein du Comité militaire national des FTPF que dirige Charles Tillon. Après la nomination de Gronowski au comité central du PCF, la reconnaissance du rôle joué par les immigrés dans la résistance armée est spectaculaire.

Cette restructuration s'accompagne d'une redéfinition des objectifs militaires. L'insurrection est à l'ordre du jour, et l'une des tâches primordiales consiste, comme l'indique le rapport d'activité de zone Nord de mars 1944, à préparer des « têtes de ponts », en privilégiant les régions où la présence des immigrés, donc du milieu d'implantation naturel, est forte :

> « Les événements décisifs qui s'annoncent demandent la constitution dans différentes régions de France de points d'appui militaires où, à un moment donné, encadrés par les FTPF, les détachements de patriotes pourraient constituer l'élément militaire nécessaire pour déclencher contre l'envahisseur une véritable lutte de guérilla. En tant que FTP-MOI, nous avons porté nos efforts dans ce but vers les régions qui englobent une masse compacte d'immigrés où les conditions topographiques et la solidarité de la population permettent une telle installation [3]. »

La même volonté d'élargir les bases du recrutement dans la perspective de combats qu'on veut du peuple en armes se retrouve dans une lettre qu'un dirigeant communiste envoie à Gronowski le 19 juin 1944. Il y fait l'éloge des cours de formation militaire qu'Ilic a donnés en zone Sud, et qui ont été publiés en brochure intitulée *Comment combattre* :

> « Je te dirai franchement que je suis plein de honte et de regret de voir [...] qu'un matériel de si haute valeur est simplement dactylographié, et probablement dans un nombre restreint d'exemplaires. [...] Il est clair qu'au moment où le parti et le pays tout entiers tendent leurs forces en vue de l'insurrection et de la grève nationale, nos cours par correspondance ne peuvent pas suivre le même

train-train. [Il propose donc une édition imprimée qu'on] éditerait et diffuserait dans un nombre au moins égal à celui du nombre de groupes de trois du parti, et que nous pouvons atteindre en ce moment, de même que pour les groupes de base des organisations patriotiques sœurs, comme celles du FN, des FTP, des milices patriotiques, des comités populaires, etc. De sorte que nos " écoles par correspondance " cesseraient pour un moment d'être une école d'" élites " prolétariennes, et deviendraient une école " universelle ". [...] Je crois que ce serait la meilleure manière, pour nos services d'éducation, de contribuer à la réalisation des tâches assignées par vous à vos militants, en rapport avec le débarquement des Alliés, et plus particulièrement de ces deux mots d'ordre : " chaque groupe de trois forme son groupe FTP "; " chaque patriote immigré organisé, chef d'un groupe de la milice " [...]. »

Ces « milices patriotiques » sont la concrétisation de la théorie du peuple en armes. Dans des *Directives pour l'organisation des milices patriotiques*, le PCF définit ainsi les rapports entre les FTP et la nouvelle formation : « L'insurrection nationale ne peut en aucun cas être considérée sous l'angle de la participation exclusive des Forces Françaises de l'Intérieur à la lutte libératrice aux côtés des Alliés. [Elle] ne peut se concevoir sans la large participation des masses contre l'envahisseur. »

Moyen de disposer de structures d'encadrement et de relais d'implantation, la milice patriotique impose aussi au combat un changement de nature, quelle que soit l'importance réelle de son recrutement. Organisée sur une base territoriale (localité, quartier, usine), elle amène à dépasser la coupure traditionnelle entre unités françaises et immigrées. Comme le souligne *la Vie de la MOI*, dans son numéro 10 de juin 1944, le temps est à l'élargissement des effectifs. Il n'est manifestement plus aux détachements militaires cloisonnés. En appelant à rétablir des liens étroits entre les organisations militaires et politiques, la direction de la MOI semble revenir sur des positions un temps abandonnées : « Jusqu'à maintenant, les organisations du parti se contentaient de passer des camarades aux FTP [...] et ne maintenaient que rarement la liaison avec leurs camarades passés aux FTP. [Elles] doi[vent] participer à la recherche des armes, des objectifs, et fournir les renseignements nécessaires. » En reproduisant dans le même numéro un texte du Comité polonais de libération nationale appelant les Polonais du Nord à s'organiser en milices patriotiques et à déclencher des grèves dans les mines, la MOI préconise des formes d'actions reléguées depuis plusieurs années au second plan.

Cet élargissement de la lutte trouve aussi son expression dans la formation de maquis, où, dans le Nord et l'Est spécialement, mais jusque dans la région parisienne, les prisonniers de guerre soviétiques et de certains déserteurs de l'armée de Vlassov – du nom du général qui a accepté d'en prendre la tête – forment l'essentiel des troupes étrangères. L'encadrement de ces Soviétiques est un problème ancien, puisque l'arrivée des premiers requis ou prisonniers soviétiques a été annoncée par les Allemands aux compagnies houillères du Nord en avril 1942[4]. La décision de pallier ainsi le déclin continu de la production houillère dans les pays occupés d'Europe de l'Ouest a été prise à Berlin par le Planungsamt. Toutes les autorités administratives françaises signalent très rapidement la faible productivité et le fort absentéisme de ces nouveaux travailleurs. Elles constatent aussi le taux élevé d'évasions, l'aide apportée par la population et leur engagement dans les mouvements de résistance. Au PCF, seuls les russophones de la MOI peuvent être d'une quelconque utilité dans ce travail. C'est déjà la tâche qu'a dû assumer Holban à l'automne 1943. Mais les problèmes restent longtemps d'actualité, puisque le rapport des FTP-MOI zone Nord d'avril 1944 signale que « l'envoi des PGS [prisonniers de guerre soviétiques] vers différentes destinations (maquis) demande des camarades pour les encadrer, au moins comme courageux intermédiaires entre eux et la population. Nous demandons à l'organisation du parti de faire tout pour nous en fournir, car les camarades que nous avons à la disposition pour ce but sont très peu nombreux [5] ».

Les difficultés sont d'un autre ordre quand il s'agit des prisonniers soviétiques qui ont été formés en unités militaires. Ces « vlassoviens » arrivent en zone Sud à partir de l'été 1943; la récupération des déserteurs laisse perplexe plus d'un résistant. Dans un document publié en avril 1944, le MNCR souligne, par exemple, que des massacres de Juifs ont été perpétrés en Pologne du Sud par des unités d'anciens prisonniers azéris. Il conclut : « Toute tentative d'éducation de ces brutes serait vouée à un échec certain. Ces sauvages qui séjournent en France sont restés insensibles à vingt-cinq ans d'éducation soviétique. Leur lancer des appels de raison n'aboutirait à rien. Ils sont méprisables et méprisés par tous, même par les soldats allemands [6]. »

Un grave incident vient confirmer ces appréhensions. Le responsable d'un maquis de prisonniers soviétiques évadés récupérés dans l'Est, Jean-Claude Szyfman, un ancien du Deuxième détachement, est informé par le maire d'un village qu'un acte de vandalisme a été commis par des partisans. Il en situe rapidement l'origine et, devant tout le maquis réuni, condamne à mort et fait exécuter les deux auteurs du délit. Apprenant la chose, la direction de la MOI convoque Szyfman à Paris, où il explique l'absence totale de conscience politique de ses hommes et la nature de leur activité, qui s'apparente plus au banditisme qu'à la lutte de partisans. On est loin de l'image idéalisée du soldat de l'Armée rouge. Quoi qu'ils en pensent, les supérieurs de Szyfman le démettent de ses fonctions [7].

La récupération et l'encadrement des prisonniers soviétiques dans des maquis sont effectivement l'une des priorités de l'heure. Elle est le fait de cadres, puis est prise en charge par la section arménienne, enfin par l'Union des patriotes russes. Celle-ci crée même un Comité central des prisonniers de guerre soviétiques, où siègent quelques vlassoviens. Les déserteurs devront prêter un serment des plus clairs : « Moi, patriote de l'Union soviétique, entrant dans les rangs des partisans, je deviens un combattant du front antihitlérien. Ce nom, je le porterai avec honneur, comme un véritable citoyen de l'URSS. [...] En accomplissant mon devoir à ma patrie soviétique, je m'engage également à rester honnête et fidèle envers le peuple français sur le territoire duquel je défends les intérêts de ma patrie [8]. »

Affaiblissement sensible du potentiel combattant dans la branche militaire et euphorie de la libération qui s'annonce, réorganisation qui donne priorité à la province et à l'action des maquis jusque dans la proche banlieue, milices patriotiques dans la capitale : des contraintes et des choix se sont combinés pour définir la stratégie et l'activité militaires de la MOI au premier semestre 1944, et se retrouvent dans les combats de la libération de Paris.

Sans oublier la fièvre insurrectionnelle sans laquelle rien n'est compréhensible des événements d'août 1944, on peut, sinon mesurer la contribution des groupes immigrés, du moins en présenter les modalités. En tant que tels, ils reçoivent deux objectifs : le contrôle des entrées et des sorties de la capitale d'une part, et l'occupation des ambassades d'autre part. Effectivement, ils ont pleine liberté à l'extérieur de Paris, à partir des maquis qu'ils contrôlent ou aux portes de la capitale (c'est d'ailleurs au cours d'un contrôle allemand des entrées et des sorties que Secondo, l'un des principaux responsables militaires, sera abattu).

La libération des ambassades, des consulats et autres bâtiments administratifs constitue un objectif prioritaire à Paris même. Elle a une importance symbolique et politique. Les acteurs eux-mêmes lui donnent sa portée militaire, qui contredit un mythe forgé après coup : « L'occupation des ambassades ? témoigne Cristina Boïco.

On en a fait un exploit! Soyons sérieux. C'était un objectif politique, oui, mais pas un exploit militaire [9]. »

Il ne faudrait pas pour autant réduire la contribution de la MOI à la seule libération des ambassades. Qu'ils soient dans des milices patriotiques ou, plus souvent et directement, dans les structures FFI, les immigrés participent aux combats de la libération de Paris. Les « guérilleros » espagnols sont nombreux dans les opérations militaires du quartier de l'Opéra ou place de la Concorde, les Italiens, regroupés en formation Garibaldi depuis plusieurs mois, participent au premier rang dans les combats de Paris, autour de l'École militaire, ou de banlieue, à Montreuil et plus encore à Drancy et à La Courneuve [10], tandis que de nombreux détachements de la milice patriotique juive étaient en action aux environs de l'Hôtel de Ville et place de la République. Mais, comme nous l'avons vu dans la naissance des milices patriotiques, ils ont lutté dans des structures françaises, aux côtés de leurs camarades français. Lié à la stratégie insurrectionnelle choisie par Rol-Tanguy, chef des FFI d'Ile-de-France, ce changement est aussi d'une importance psychologique majeure. Ces immigrés se battaient jusque-là en France et pour la France. Ils le font dès lors *avec* la France. Ils *sont* la France.

La guerre ne s'arrête pas avec la libération de la capitale, et très rapidement se forme à Reuilly ce qui aurait dû constituer le 1er Régiment de Paris, lequel n'a jamais pris corps. On trouve à sa tête deux responsables militaires : Boris Holban puis Iarosz Kleszczelski, un ancien du Deuxième détachement. Le bataillon constitué et dirigé par la MOI se compose d'Italiens (en majorité d'anciens prisonniers de guerre), de la compagnie Rayman où se retrouvent de jeunes Juifs, d'Espagnols au nombre d'une vingtaine, de Hongrois et d'une compagnie comptant une centaine de prisonniers soviétiques. Après quelques semaines, ils sont transférés à Coulommiers, à l'est de

Paris, où ne se trouvent déjà plus les Espagnols. Là, le bataillon MOI dit 51/22, est dirigé par Iarosz Kleszczelski, après le départ d'Holban pour les services du ministère de tutelle. La compagnie Rayman, sous les ordres de Jacques Tancerman, compte jusqu'à 150 jeunes, qui ont pour la plupart entre dix-sept et dix-huit ans. Les autorités du nouvel État français avaient deux raisons de se passer d'un tel soutien, pourtant enthousiaste : elles se méfiaient des recrues issues de la Résistance en général, et l'existence d'unités fondées sur des critères de nationalité suscita la plus vive opposition dans l'état-major. Ces jeunes gens sont donc restés dans leur cantonnement à Coulommiers, jusqu'à la dissolution officielle du bataillon [11].

La Libération acquise, le PCF, au faîte de sa puissance, ne tarde pas à redéfinir sa doctrine sur la place et les objectifs des organisations immigrées. Désormais, son discours se situe totalement dans la tradition jacobine et intégrationniste. Par leur participation à la Résistance, les immigrés ont acquis un droit de cité en payant le prix du sang. S'ils veulent en bénéficier, ils doivent accepter une intégration accélérée. Le maintien d'organisations spécifiques, alors que les grandes organisations politiques, syndicales et professionnelles françaises leur sont ouvertes, équivaudrait à un isolement sectaire et irait à l'encontre du processus d'unification de la nation française.
Ces thèses sont explicitées par Louis Gronowski luimême dans une série d'articles publiés à la fin de juillet 1945 dans *la Presse nouvelle*, le quotidien communiste en langue yiddish. Elles sont aussitôt reprises dans les organes des autres immigrations d'obédience communiste. Les actes ne tardent pas à suivre. Le départ de la commission centrale de la MOI du siège du Comité central, au 44 rue Le Pelletier, pour un petit bureau perdu dans le quartier des Halles acquiert valeur de symbole.
Mais simultanément une autre option est offerte aux

cadres de la MOI : le retour au pays d'origine libéré de l'occupation nazie. C'est le cas en particulier de l'Europe orientale, où la présence de l'Armée rouge fournit aux partis communistes un soutien essentiel pour la prise de contrôle des leviers du pouvoir. Dans les faits, les partis polonais, tchécoslovaque, roumain, hongrois, bulgare et de la zone allemande occupée par l'URSS réclament d'urgence qu'on leur envoie des cadres. Ils ne sont encore, pour la plupart, que des groupes ultraminoritaires et souhaitent bénéficier de leurs militants qui se sont aguerris dans la Résistance française.

Le militant sollicité reste certes libre de son choix. Le retour au pays peut répondre chez lui à deux types de décisions qui ne sont pas nécessairement incompatibles : d'une part, la construction du socialisme est un enjeu exaltant pour ces militants qui, souvent, n'ont émigré que pour fuir les persécutions et la répression; d'autre part, le discours ultranationaliste du PCF et son silence sur la contribution des immigrés à la libération de la France ne les incitent pas à y demeurer.

Au total, peu de militants de base suivront ce chemin, à l'inverse de la plupart des cadres confirmés. Gronowski, Kaminski, Kowalski, Rayski, retourneront en Pologne, Ilic en Yougoslavie, London et Stefka en Tchécoslovaquie, Niebergall, Gingold, Hauser en zone allemande d'occupation soviétique, Holban, Boïco, Philip Lefort, Patriciu en Roumanie. Après les premiers départs nombreux dans le courant même de la guerre, en 1943 et 1944, des Italiens font de même, tel Mazzetti. Ces départs contribuent fortement à affaiblir une MOI en cours de marginalisation.

Ce délicat problème d'affectation est géré par la section d'organisation du PCF, sous la tutelle directe de Jacques Duclos. Cette tâche devient primordiale et participe de la profonde mutation que connaît la MOI au sortir de la guerre. Dans une perspective résolument intégratrice, le parti français décide en effet, d'une part de placer à la tête de cette structure un appareil de permanents français ou naturalisés menés par l'un des responsables de la section d'organisation, d'autre part d'exiger des communistes immigrés qu'ils adhèrent et militent dans les structures de base françaises, au PC comme à la CGT. La commission centrale de la MOI disparaît bientôt et ne subsistent plus, dans certains cas, que des organisations de masse et quelques journaux. La section juive, apparaissant toujours sous l'appellation de l'UJRE (Union des Juifs pour la résistance et l'entraide), sortie de la MOI en 1947, se voit rattachée directement au Comité central du PCF. Sans nier la dimension politique d'une telle évolution, on aurait tort de négliger qu'elle converge avec la politique française traditionnelle et la volonté d'une large fraction des immigrés pour qui, en fin de compte, le parti français et la MOI ont été un vecteur privilégié d'intégration [12].

Fruit de l'immédiat après-guerre, cette mutation intervient au premier chef dans le processus d'occultation de la mémoire MOI, qui durera près de quarante ans. Néanmoins, il s'est accéléré sous l'effet de deux agents de nature différente : le gouvernement français et le mouvement communiste international.

Dans le climat de guerre froide qui régit dès l'automne 1947 la vie politique et sociale française, le gouvernement de « troisième force », appuyé en cela par le RPF gaulliste, s'engage dans une sévère répression anticommuniste. Les militants étrangers étant les plus vulnérables aux rigueurs de la loi, ils sont les premiers à en subir les effets. De nombreux militants italiens ayant participé activement à la grande grève des mineurs de 1948, en particulier dans le Nord et l'Est, le gouvernement décide par exemple de dissoudre la puissante organisation des immigrés italiens, Italia libera, dont les archives sont saisies et remises à la justice. Deux de ses leaders sont expulsés vers l'Italie, l'un en 1948, l'autre en 1952 [13].

Dissoute, Italia libera tente d'intervenir sous couverture syndicale de la CGT, avec Carlo Fabro à sa tête. Lui qui a été l'un des dirigeants de la manifestation des Italiens antifascistes devant le consulat d'Italie à Paris le 1er août 1943, travaille déjà depuis 1946 au sein de la CGT, officiellement comme collaborateur technique du bureau confédéral, en réalité comme responsable de toute l'organisation cégétiste en direction de l'immigration italienne. Recherché par toutes les polices de France dès 1948, il est à nouveau clandestin, avant d'être arrêté à Metz en février 1951 et expulsé vers son pays d'origine, bien qu'il soit décoré de la croix de guerre avec étoiles d'argent et de la médaille de la Résistance [14]. La même menace touche les Espagnols, qui risquent bien plus puisque leur pays est toujours sous la botte de Franco.

Au début de septembre 1950, le président du Conseil René Pleven annonce qu'il « emploiera tous les moyens que donnent les lois pour mettre à la raison les cinquièmes colonnes » et, le 8, une vaste opération est déclenchée contre les militants étrangers. Ce sont au total 404 d'entre eux qui sont finalement incarcérés, dont 288 sont expulsés vers Berlin-Est. Parmi ces derniers, on compte 177 Espagnols, 59 Polonais et 14 Soviétiques [15]. Cette grande rafle a été précédée de l'interdiction de plusieurs journaux des communistes espagnols, et le PCE et le PSUC sont eux-mêmes dissous par un décret du 7 septembre 1950. En septembre 1952, le gouvernement dissout la Fédération des Espagnols qui résident en France, et son organe, *la Voz de España*. Simultanément, les procédures de naturalisation se font de plus en plus contraignantes. Elles constituent désormais un obstacle insurmontable pour les militants étrangers fichés, la plupart du temps des anciens de la MOI.

Dans ce climat de guerre froide et de répression, plus d'un est incité à se taire pour obtenir la naturalisation ou, simplement, éviter l'expulsion. Beaucoup laissent donc dans l'ombre de leur mémoire un passé résistant, devenu, pour l'heure, un handicap.

Tout en sortant grandement renforcé des épreuves de la guerre, le dispositif communiste doit assumer trois séries de modifications qui les ont accompagnées. Il connaît, d'abord, un traumatisme idéologique engendré par les deux pactes germano-soviétiques de 1939, lesquels ont profondément troublé des militants pour qui le nazisme représentait le « mal absolu ». Il doit ensuite réadapter ses principes organisationnels, puisque la guerre, l'Occupation et la dissolution de l'Internationale communiste ont donné, par la force des choses, une autonomie plus forte à chacun des partis communistes et que les formidables conquêtes politiques du communisme à la libération sont placées sous le double signe d'une grande liberté d'action dans la lutte de libération nationale et du renouvellement très important des adhérents et des cadres des différents partis. Enfin, le choc est d'ordre humain, à la mesure des sacrifices consentis pour redresser des situations compromises aussi par l'incurie de Staline. Il fallait au plus vite redéfinir les rapports de Moscou avec les partis d'Europe de l'Est dans la perspective d'une satellisation des nouveaux États, et aussi avec les autres partis communistes pour préserver leur spécificité en dépit de la croissance exponentielle de leurs effectifs sur des bases de recrutement très larges.

Engagé très rapidement, le mouvement de reprise en main s'accélère dès l'automne 1947 avec la création du Kominform et la mise en œuvre d'une politique de guerre froide, puis en juin 1948 avec l'« excommunication » de Tito. Il s'agit de s'attaquer à toute velléité de développement autocentré dans les toutes nouvelles démocraties populaires, en vouant à la vindicte populaire ceux qui en sont les représentants, tout en dénonçant l'internationalisme, assimilé au « cosmopolitisme ». Staline veut couper tout lien avec les pays et forces démocratiques avec lesquels il s'est allié en 1941 et le fait, comme à son habitude, en creusant un fossé qu'il veut infranchissable. Parmi les facteurs d'explication, on ne saurait négliger enfin la prise en compte de la situation intérieure de l'URSS d'une part, et la modification de la position soviétique entraînant la rupture politique avec le tout jeune État d'Israël.

Cette volonté d'imposer la primauté de l'URSS aboutit, dès 1949, à une série de procès à grand spectacle où de hauts dirigeants sont condamné à mort par des tribunaux communistes. Cela commence en Hongrie avec le procès Rajk en septembre 1949, continue en Bulgarie avec le procès Kostov en décembre 1949 et se poursuit en Tchécoslovaquie avec le procès Slanski en décembre 1952. Une vaste purge décime également des dirigeants communistes roumains en mai 1952. Seule la direction du PC polonais, consciente des menaces, décide de ne pas mettre la main dans l'engrenage et refuse de donner suite à un dossier arrivé tout constitué sur ses bureaux.

Les cibles privilégiées de ces purges et de ces procès sont partout les mêmes : des anciens d'Espagne et/ou des communistes qui ont combattu soit dans la résistance intérieure de leur pays, soit dans la résistance communiste des pays où ils étaient réfugiés. Comme ils sont juifs pour beaucoup, leurs procès s'accompagnent de campagnes antisémites. De nombreux cadres de la MOI revenus de France « construire le socialisme » dans leur pays sont touchés. Il en est ainsi des Tchèques Osvald Zavodski (exécuté en mars 1954), Laco Holdos, Artur London et Dora Kleinova, qui échappent de peu à la potence, Tonda Svoboda, Otto Hromadko, Josef Pavel ou Neksavil, dont les vies sont brisées; du Hongrois Peter Mod ou du Bulgare Nicolas Zadgorsky, emprisonnés plusieurs années, du Roumain Boris Holban qui, démis de toutes ses fonctions, évite de peu un procès. L'énumération serait trop longue à poursuivre [16].

La remise au pas idéologique atteint également les partis communistes d'Europe occidentale. Depuis la fin de 1944 et le retour de Maurice Thorez en France, le PCF était sourdement déchiré par la lutte que se livraient deux mouvances de sa direction : d'un côté des militants dont le statut de dirigeant s'était confirmé ou affirmé dans les combats impitoyables de la Résistance et qui y puisaient une part de leur légitimité, de l'autre les dirigeants liés à l'appareil communiste international et dont la légitimité relevait exclusivement de ce système. La querelle, d'abord feutrée, opposa dès 1945-1946 Charles Tillon, ancien chef national des FTP, à l'entourage de Thorez qui cherchait à réhabiliter la politique du parti en 1939-1940 [17].

Les premiers procès de 1949 dans les démocraties populaires encouragent Thorez à pousser son avantage. Lors du XIIᵉ congrès du PCF en avril 1950, 15 titulaires et 11 suppléants du Comité central – pour la plupart de fortes personnalités et résistants de la première heure – sont écartés de cette instance. Question de légitimité à nouveau car, pas plus qu'avec Tillon, il ne s'agit d'opposants politiques. Le secrétaire général semble en passe d'emporter la partie. Mais le 10 octobre de cette même année, il est frappé d'hémiplégie et part se soigner en URSS. La lutte interne s'exacerbe en France. Le 5 mars 1951, *l'Humanité* publie un entrefilet: «La bande Clementis-Sling [deux des principaux inculpés du procès de Tchécoslovaquie] voulait prendre contact avec des espions au sein des partis communistes français et italien.» La purge atteint le PCF. Il reste à désigner des victimes.

C'est dès juillet 1951, semble-t-il, que Moscou a fourni quelques indications aux dirigeants du PCF en publiant en français, aux éditions en langues étrangères, une brochure intitulée *Lettres des communistes fusillés* d'où ont disparu beaucoup des noms cités dans un ouvrage identique publié par les éditions des FTP, *France d'abord*, en 1946, en particulier ceux des résistants immigrés. Aragon cautionne l'opération par une préface qui vante l'héroïsme patriotique et français du PCF dans la Résistance.

La querelle s'achève brutalement le 1ᵉʳ septembre 1952: en pleine réunion du bureau politique, Tillon et Marty sont accusés d'activité fractionnelle, contraints à une autocritique, qu'ils refusent, et démis de toutes leurs fonctions. Ce sont d'excellents boucs émissaires, puisque l'un a été le chef des Brigades internationales en Espagne et que l'autre symbolise la résistance armée à l'occupant en France. Or depuis sa rupture avec Tito, Staline pourchasse sans pitié tout ce qui rappelle une lutte armée autochtone contre l'occupant, susceptible de nourrir une tendance autonomiste au sein du mouvement communiste. Inévitablement, beaucoup de ces combattants de la lutte armée sont des anciens d'Espagne et des antifascistes convaincus.

La boucle est ainsi bouclée. La MOI s'est donc trouvée au cœur du débat et en a été la principale victime. Après la mort de Thorez en 1964, Jacques Duclos a engagé au sein de son parti une « réhabilitation » éclatante de la résistance communiste. Le PCF y a consacré plus de quarante ouvrages en dix ans et des centaines d'articles. Mais la MOI a été quasiment oubliée. Il faudra attendre 1985 et une énième édition des *Lettres de fusillés* pour voir réapparaître les noms de Fontano, Alfonso, Epstein [18].

La reconstruction d'une mémoire collective des Français fondée sur l'image du peuple en armes contre l'occupant, les aléas diplomatiques de l'après-guerre, la politique du gouvernement français, l'évolution du système communiste international et les choix du PCF s'étaient donc conjugués pour oublier, quarante années durant, le sang versé par les étrangers.

Conclusion

Quatre années durant, la répression, la persécution et la lutte ont donc scandé la vie de la MOI. Quatre années durant, des étrangers qui combattaient aux côtés de la Résistance française ont été traqués, arrêtés, torturés par des policiers français qui collaboraient avec l'occupant, au nom de l'État français. Ce chiasme n'est pas le moindre des enseignements de cet ouvrage, et il illustre singulièrement la nature du régime instauré par le maréchal Pétain.

La répression fut à l'ordre du jour dès 1940, mais, avec les Brigades spéciales créées en 1940 et développées, pour l'essentiel, en deux temps – à l'été 1941 et en janvier 1942 –, la police parisienne disposa d'une force de frappe particulièrement efficace. Les archives nous ont montré en particulier la minutie, la longueur et les résultats des trois filatures menées par la BS 2 pendant toute l'année 1943 pour aboutir au démantèlement de la branche militaire de la MOI de la région parisienne et sa difficile reconstitution.

Avant de bâtir des hypothèses, qui prennent souvent valeur de postulat, il conviendrait – et il conviendra – d'examiner l'activité de la police. Combien de prétendues « affaires » relèvent de la traque policière? Combien d'épisodes apparemment incroyables se trouvent confirmés, ou précisés, dans les procès-verbaux d'arrestation ou d'interrogatoire?

Fonctionnaires particulièrement zélés, les policiers des

Brigades spéciales soulignent la responsabilité d'un gouvernement qui a couvert leur action de la légitimité de l'État et l'a justifiée par une idéologie et des pratiques d'exclusion. L'exclusion est, en effet, consubstantielle au régime de Vichy. Le discours officiel est parfaitement cohérent et peut se résumer comme suit : la défaite de la France est certes un drame, mais elle offre aussi l'opportunité d'une régénération intérieure, dans la mesure où elle révèle les tares profondes du régime déchu; l'occupation est donc marginale, puisque l'essentiel du combat doit se fixer pour objectif la reconstruction nationale dans les limites fixées par les circonstances; celle-ci passe par la dénonciation des responsabilités du désastre, en l'occurrence le complot qui a miné la IIIe République et qui avait nom : Juif, Franc-maçon, Étranger, Communiste. La conclusion est logique : la défaite a une cause, les responsables sont identifiés et le redressement appelle leur exclusion, l'exclusion de l'Autre fantasmé.

C'est ainsi qu'en moins de quatre mois, à l'été 1940, et ce sans aucune pression allemande, l'appareil législatif d'exclusion est mis en place. Cette idéologie est au fondement de la collaboration policière franco-allemande.

On y verra également la volonté d'affirmer la souveraineté du régime de Vichy sur l'ensemble du territoire; les autorités d'occupation ne pouvaient que s'en satisfaire, dans la mesure où elles y trouvaient un double avantage, laissant porter à Vichy la responsabilité de l'essentiel d'une répression qui, par ailleurs, eût été bien moins efficace sans cette intervention française. Enfin, la comparaison entre la Troisième section des RG et les brigades spéciales nous a montré l'espace laissé à l'initiative individuelle, et donc à la responsabilité individuelle. Ce sont le zèle répressif et l'engagement idéologique qui expliquent l'efficacité particulière des BS.

Étrangers, communistes et juifs pour beaucoup, les militants parisiens de la MOI étaient exposés à plus d'un titre aux coups de la répression. Dans la guerre qu'ils ont menée contre l'occupant et contre Vichy, ils ont développé deux types d'activités : le travail politique *stricto sensu* et la lutte armée. Le travail politique s'est poursuivi pendant toute la guerre, et a eu pour fonction essentielle d'organiser et de mobiliser les immigrations respectives par la propagande et l'appel à la solidarité. L'importance des immigrations, celle de l'implantation communiste et les stratégies respectives sont autant de facteurs de différenciation. Ainsi, les Italiens et les Juifs sont nombreux à Paris, et les sections MOI bien implantées, grâce à un réseau ancien et serré d'organisations relais.

Deux particularités se sont révélées d'une grande importance chez les communistes italiens : ils sont, plus que d'autres, tiraillés entre les deux structures dont ils relèvent, à savoir le groupe italien de la MOI et le PCI; d'autre part, le retour au pays qui est au cœur de la stratégie au sommet se heurte à la réalité d'une immigration en voie d'intégration accélérée dans la société française. C'est bien sûr le génocide qui particularise le combat des Juifs communistes parisiens après le départ des premiers convois de déportés. S'engage très rapidement une bataille de l'information dont l'enjeu est la vie ou la mort, tandis que Paris se vide rapidement de sa population juive, partie soit vers la zone Sud, soit pour Auschwitz, la première destination n'étant pour beaucoup qu'une étape vers la seconde. Quant à l'immigration arménienne, elle est bien moins importante alors, même si l'implantation communiste n'y est pas négligeable. En revanche, les Tchèques, les Slovaques ou les Hongrois, dont l'implantation est marginale, ne fournissent que des cadres ou des militants isolés.

Nous avons vu combien il est artificiel de marquer par trop la séparation entre l'action politique et la lutte armée dans laquelle le PCF et la MOI s'engagent dans l'été 1941, après l'attaque allemande contre l'Union soviétique. On relèvera l'importance centrale des militants immigrés dans cette forme de lutte, puisqu'ils sont présents aussi bien dans les premiers groupes armés de l'Organisation spéciale (OS) du PCF que dans les FTP, et qu'ils sont restés pratiquement les seuls à mener ce combat à Paris après l'automne 1942 et avant la chute décisive de novembre

1943. Il faudra revoir bien des mythes, cependant : les rapports internes montrent que les FTP-MOI parisiens ne regroupaient que quelques dizaines de combattants à l'été 1943. C'est souligner davantage encore l'importance des actions engagées – dont le nombre n'a, par ailleurs, nullement besoin d'être gonflé, comme c'est le cas si souvent.

Cette présence des étrangers au premier rang de la lutte armée tenait à plusieurs facteurs. On citera l'expérience de la guerre d'Espagne, et/ou celle du combat semi-clandestin dans le pays d'origine. On citera, pour les Juifs, la volonté de venger les parents déportés, qui fit émerger une nouvelle génération de très jeunes combattants. On citera enfin les chutes qui décimèrent les groupes armés français et l'appareil politique central du PCF entre l'hiver 1941 et l'automne 1942. La lutte armée en milieu urbain n'allait d'ailleurs pas de soi. Le militant ne disposait d'aucun modèle de référence, dans la mesure où la vulgate léniniste fixait comme objectif le soulèvement de masse débouchant sur l'insurrection armée. L'attentat individuel par des militants nécessairement « coupés des masses » s'apparentait plutôt au contre-modèle anarchiste et suscita bien des discussions. Pour autant, ce choix correspondait à une logique : il s'agissait d'obliger les Allemands à apparaître au premier plan de la répression. En pratiquant des exécutions massives d'otages, ceux-ci ont accéléré l'évolution d'une opinion publique opposée certes en majorité à la collaboration, mais guère mobilisable. Ce fut une étape décisive dans le renouveau politique du PCF, après sa marginalisation provoquée par le tournant stratégique de septembre 1939.

Plus généralement, c'est l'ensemble de la stratégie communiste que cette histoire de la MOI permet de réexaminer. Les textes et les témoignages convergent tous : la MOI a repris à son compte la stratégie du parti et son tournant de 1939 (après le pacte germano-soviétique) puis celui pris deux ans plus tard (après l'attaque allemande contre l'Union soviétique). Pour autant, la prise en charge de cette stratégie était fonction des militants. Or l'expérience du combat dans les pays d'origine, souvent celle de la lutte sur le front espagnol, avaient particulièrement sensibilisé les militants étrangers aux thèmes antifascistes. Comme dans le cas des étudiants parisiens par exemple, si la ligne politique était acceptée globalement – à savoir la définition de la guerre comme une guerre impérialiste –, certains thèmes étaient privilégiés, en l'occurrence ceux qui mettaient l'antifascisme en avant. Il ne faut pas minimiser pour autant d'autres moments importants de la guerre, spécialement 1943, année des actions les plus spectaculaires, année du combat armé sans merci, mais aussi année où se construisirent dans les différentes immigrations les fronts nationaux, des structures d'union où dominait, en priorité, la perspective de l'après-guerre.

À chacun de ces moments, s'est révélée l'originalité de la MOI dans le PCF. On se gardera d'oublier que celui-ci avait créé cette structure au milieu des années 20, devant l'afflux des travailleurs immigrés après la saignée de la Première Guerre mondiale. Pour autant, les contradictions étaient inéluctables. Le PCF était l'héritier d'une doctrine centralisatrice et unificatrice, et développait la conception d'un parti monolithique qui ne pouvait guère laisser de place aux particularismes. De son côté, par sa nature même, la MOI ne pouvait susciter que des tendances centrifuges. Et dans les faits, les moments de tension furent nombreux, quand le PCF développa un discours très nationaliste à la fin des années trente, ou quand la réinsertion nationale de l'après-guerre déboucha sur la dissolution de la MOI à la fin des années quarante. Mais avant cette échéance, il y eut aussi et d'abord convergence entre identité communiste, identités nationales respectives, identité française.

Il est clair que, sur le moyen terme, le PCF a été, *nolens volens*, un vecteur privilégié d'intégration dans la société française et que la guerre a constitué un moment décisif de ce processus. À l'image traditionnelle d'une France symbole de la liberté universelle, terre de la Révolution française et de la Commune de Paris s'ajoutait, pour ces combattants immigrés, celle d'une France résistante et antinazie. Dans leur très grande majorité ils restèrent en France, et leur intégration ne posa pas de problème, puisqu'on considérait en quelque sorte qu'ils avaient gagné ce droit dans la Résistance. Mais – et cela vaut pour le PCF comme pour l'ensemble de la société française – cette intégration était conditionnée par l'occultation des différences. En outre, à court terme, cette occultation était indispensable à la construction du mythe garant de l'unité nationale : les deux mémoires dominantes de l'après-guerre, la gaulliste et la communiste, ont convergé pour transmettre l'image d'un peuple français unanimement résistant, guidé qui par son chef charismatique, qui par son parti d'avant-garde. Les étrangers n'avaient plus leur place dans cette reconstruction imaginaire.

Notes

pages 9-22

AVANT-PROPOS

1. Mosco, *Des « terroristes » à la retraite*. Projeté à Antenne 2, dans le cadre des Dossiers de l'écran, le 2 juillet 1985. Avec plus de 30 % d'audience, ce téléfilm a obtenu l'un des meilleurs taux d'écoute de cette série.
2. Noiriel (Gérard), *le Creuset français*, Paris, le Seuil, 1987, p. 10.

CHAPITRE PREMIER

1. Green (Nancy), *les Travailleurs immigrés juifs à la Belle Époque*, Paris, Fayard, 1985.
2. *Cf.* Molnar (Miklos), *De Béla Kun à Janos Kadar. Soixante-dix ans de communisme hongrois*, Paris-Genève, Presses de la FNSP – Institut universitaire des Hautes Études internationales, 1987, pp. 27-28.
3. Sur l'itinéraire d'Olszanski, et plus généralement sur celui des travailleurs polonais en France dans l'entre-deux-guerres, *cf.* Ponty (Janine), *Polonais méconnus. Histoire des travailleurs immigrés en France dans l'entre-deux-guerres*, Paris, Publications de la Sorbonne, 1988, p. 196.
4. J. Racamond, « La main-d'œuvre étrangère », *in la Vie ouvrière*, 12 septembre 1924, cité par J. Ponty, *ibid.*
5. Arch. nat., série F7 12 897.
6. *Cf.* Schor (Ralph), *l'Opinion française et les étrangers, 1919-1939*, Paris, Publications de la Sorbonne, 1985, pp. 211-217. Voir, du même auteur, un important instrument de travail, *l'Immigration en France 1919-1939. Sources imprimées en langue française et filmographie*, Nice, Centre de la Méditerranée moderne et contemporaine, 1986.
7. Cité in Schor, *op. cit.*, p. 78.
8. *Idem*, p. 206.
9. *Cf. le Musée social*, n° 5-6, mai-juin 1927, p. 152.
10. *Idem*, p. 150. William Oualid, directeur de l'organisation sociale juive de formation professionnelle, l'ORT, et membre du Consistoire central israélite, adoptera sous l'occupation une attitude de rejet de tout compromis avec l'Union générale des israélites de France (UGIF), organisme imposé à la communauté par Vichy et les Allemands.
11. *Idem*, p. 182.
12. *Idem*, p. 173.
13. Arch. nat., série F7 13 091.

pages 22-38

14. Arch. nat., série F7 13 103.
15. Arch. nat., série F7 13 248.
16. Arch. nat., série F7 13 103.
17. *Cinquième congrès du Parti communiste français– Compte rendu sténo-graphique*, Paris, Bureau d'édition, 1927, pp. 679-684; voir aussi Arch. nat., série F7 13 103.
18. *Cf.* Pecsi (Anna), « Les Hongrois (1933-1945) », in (sous la dir. de), Bartosek (Karel), Gallissot (René), Peschanski (Denis), *Actes du colloque Réfugiés et immigrés d'Europe centrale en France, 1933-1945*, Institut d'Histoire du temps présent et Centre de recherche de l'Université de Paris-XIII, 1986, dactyl. (biblioth. IHTP).
19. Arch. nat., série F7 13 112.
20. Ponty (Janine), *op. cit.*, pp. 205-210.
21. Arch. nat., série F7 13 112.
22. PC (SFIC), *l'Organisation du Parti communiste français. Rapport de la Section d'organisation du comité central devant la Conférence nationale d'organisation, 28-29 janvier 1928*, s.l.n.d., pp. 55-58.
23. *Sixième congrès du Parti communiste français – Manifeste, thèses et résolutions*, Paris, Bureau d'édition, 1929, pp. 72-75; voir aussi Arch. nat., série F7 13 090.
24. Arch. nat., série F7 13 091.
25. Maddalozzo (Rino), *Carlo Fabro, emigrante, antifasciste, resistente, sindacalista*, Sacardo, 1987. Sur l'immigration italienne entre les deux guerres, voir Milza (Pierre) (sous la dir. de) *les Italiens en France de 1914 à 1940*, École française de Rome, 1986; la thèse de Couder (Laurent), *les Immigrés italiens dans la région parisienne pendant les années 20*, Institut d'Études politiques de Paris, 1987, 2 vol.; et, comme instrument de travail, Milza (P.) et Dreyfus (Michel), *Un siècle d'immigration italienne en France (1850-1950)*, Paris, CEDEI et CHEVS, 1987.
26. Ceretti (Giulio), *À l'ombre des deux T*, Paris, Julliard, 1973, p. 106.
27. Loffler (P.), *Journal d'un exilé*, Rodez, 1974, p. 95; cité *in* R. Schor, *op. cit.*, p. 557.
28. Service national des statistiques, *Études démographiques*, n° 4, 1943, cité par Barbara Vormeier, « La République française et les réfugiés et immigrés d'Europe centrale. Accueil, séjour, droit d'asile », *in* (sous la dir. de), Bartosek (K.), Gallissot (R.) et Peschanski (D.), *De l'exil à la Résistance; Réfugiés et immigrés d'Europe centrale en France 1933-1945*, Paris, Arcantère, 1989.
29. Rayski (Adam), *Nos illusions perdues*, Paris, Balland, 1985, p. 48.
30. Voir sa biographie par Maitron (Jean) et Pennetier (Claude), *in Dictionnaire biographique, du mouvement ouvrier français*, Éditions ouvrières, t. 21.
31. Archives du PCI. Fondation Gramsci, Rome, c. 1494 et 1497.

CHAPITRE II

1. Zalcman (Moshe), *Joseph Epstein, colonel Gilles*, Quimperlé, la Digitale, 1984.
2. Sur les Brigades internationales, voir en particulier Castells (Andreu), *las Brigadas internacionales en la Guerra de España*, Barcelona, Ariel, 1974; Richardson (R. Dan), *Comintern Army. The International Brigades and the Spanish Civil War*, Lexington, The University Press of Kentucky, 1982; London (Artur), *Espagne*, Paris, Éditeurs français réunis, 1966; Serrano (Carlos), *l'Enjeu espagnol. PCF et Guerre d'Espagne*, Paris, Messidor, 1987; *La Solidarité des peuples avec la République espagnole*, Moscou, Éditions du progrès, 1974.

pages 38-56

3. Témoignage du général Ilic 1986 (DP).
4. Ceretti, *op. cit.*, p. 167.
5. Sur les Juifs dans les Brigades internationales, *cf.* Douvette (David), « Pour notre liberté et la vôtre. Les Juifs dans les Brigades internationales », *Matériaux pour l'histoire de notre temps*, n° 3-4, décembre 1985, pp. 71-74.
6. Général polonais ayant combattu parmi les Communards, en 1871, et mort sur une barricade.
7. Texte cité par H. Thomas, *la Guerre d'Espagne*, Paris, Laffont, 1964.
8. Gayman (Vital), « Mémoire. La base des Brigades internationales », chapitre IX, 28/07/1937, présentation de Carlos Serrano », *Cahiers d'histoire de l'IRM*, n° 29, 1987, p. 125.
9. Grisoni (Dominique), Hertzog (Gilles), *les Brigades de la mer*, Paris, Grasset, 1979.
10. Kriegel (Annie), « Résistance nationale, antifascisme, résistance juive : engagements et identités », *in De l'exil à la Résistance, op. cit.* ; voir aussi Bracher (Karl-Dietrich), *la Dictature allemande*, Toulouse, Privat, 1986.
11. *Fraternité.*
12. À titre d'exemple de 1934 à 1939, *les Cahiers du bolchevisme*, la revue théorique du PCF, n'ont consacré que deux articles à la MOI.
13. Notons que l'historien américain David H. Weinberg, dans son livre, *les Juifs à Paris de 1933 à 1939* (Paris, Calmann-Lévy, 1974), a consacré à la « dissolution » de la MOI une intéressante réflexion, mais dont la conclusion est erronée du fait que l'auteur limite l'affaire à la section juive, outre le fait qu'il parle de « dissolution ».
14. Archives du PCI, Fondation Gramsci, PV du secrétariat du 8 septembre 1938, 1494/1.
15. Pajetta (Giuliano), « L'immigration italienne et le PCF dans l'entre-deux-guerres », communication au colloque de l'Institut Maurice-Thorez pour le 50ᵉ anniversaire du PCF, Arch. nat. 72 AJ 26.
16. Molnar (Miklos) *op. cit.* ; témoignage de Peter Mod recueilli par Claude Szkolnyk-Glangeaud en 1987.
17. Pour tout ce passage, voir l'historien polonais Podraza (Antoni), « Les communistes polonais en France, 1938-1939 », *in De l'exil à la Résistance, op. cit.* ; voir aussi Rayski (A.), *Nos illusions perdues, op. cit.*, pp. 227-228.
18. Gronowski-Bruno (Louis), *le Dernier grand soir. Un Juif de Pologne*, Paris, Le Seuil, 1980.
19. Arch. nat. 72 AJ 176.
20. Ponty (Janine), *op. cit.*, pp. 315-316.
21. Étrangers dans le département de la Seine. Recensement de 1936 :

	Banlieue	*Paris*	*Total*
Allemands	1 996	8 134	10 130
Belges	11 665	15 474	27 139
Espagnols	10 335	10 168	20 503
Hongrois	1 538	4 219	5 757
Italiens	46 934	40 830	87 764
Polonais	11 156	41 920	50 076
Portugais	2 475		2 475
Roumains	1 549	7 607	9 156
Russes	9 833	23 551	33 384
Tchécoslovaques	2 666	4 051	6 717
Autres européens	5 816	15 848	21 664
Arméniens	6 115		6 115
Grecs		6 008	6 008
Nation. non décl.	1 234	1 205	2 437

Les Juifs sont compris dans leur nationalité d'origine.

pages 60-81

CHAPITRE III

1. Cité *in* Courtois (Stéphane), *le PCF dans la guerre*, Paris, Ramsay, 1980.
2. Gronowski (L.), *op. cit.*, p. 117.
3. Rayski (Adam), texte dactyl., 1983, IHTP.
4. Sur les problèmes du PCI en été 1939, voir Spriano (Paolo), *Storia del partito comunista italiano*, Turin, Einaudi, 1970, t. 3.
5. Rayski (Adam), texte dactyl., 1983, IHTP.
6. Pecsi (Hanna), « Les Hongrois », *in Réfugiés et immigrés..., op. cit.*
7. Crémieux-Brilhac (Jean-Louis), « Engagés volontaires et prestataires, 1939-1940 », *in De l'exil à la Résistance, op. cit.*
8. Wyrwa (Tadeusz), « L'armée polonaise en France en 1939-1940 », *Revue historique des armées*, n° 4, 1985, pp. 84-92.
9. Marès (Antoine), « L'armée tchécoslovaque en France (1939-1940) », *Revue historique des armées*, n° 4, 1985, pp. 93-102.
10. London (Artur), *l'Aveu*, Paris, Gallimard (Folio), 1968.
11. Toutes les citations de B. Holban sont issues d'un témoignage, repris et développé in Holban (Boris), *Testament*, Paris, Calmann-Lévy, 1989, p. 58. Nous remercions B. Holban et les Éditions Calmann-Lévy de nous avoir autorisés à citer tant le témoignage de B. Holban que les épreuves de son ouvrage.
12. Spriano (P.), *op. cit.*, t. 3, p. 236.
13. Crémieux-Brilhac (J.-L.), « Engagés volontaires... », *op. cit.*
14. *Ibidem.*
15. *Cf.* témoignage d'A. Rayski, cité *in* Bourgeois (Guillaume), *Communistes et anticommunistes pendant la drôle de guerre*, thèse de 3ᵉ cycle, Paris X-Nanterre, 1983, pp. 80-87.
16. *Idem*, p.87.
17. Cité *in* Courtois (S.), *op. cit.*, p. 50.
18. Sur ces deux premiers mois, voir Bourgeois (G.), *op. cit.* Sur la date et les conditions de la désertion, témoignages de Mounette Dutilleul et de Jeannette Thorez-Vermeersch à DP (1980 et 1981).
19. Courtois (S.), *op. cit.*, pp. 89-91.
20. *Idem*, pp. 86-89. Sur la stratégie du PCF pendant la « drôle de guerre », voir Courtois (S.) et Peschanski (D.), « La dominante de l'Internationale et les tournants du PCF », *in* J.-P. Azéma, J.-P. Rioux et A. Prost (sous la dir. de) *le Parti communiste français des années sombres (1938-1941)*, Paris, Seuil, 1986, pp. 250-273.
21. Ceretti (G.), *op. cit.*, p. 195 *sq.*
22. Gronowski (L.), *op. cit.*, pp. 120-121.
23. Rayski (A.), texte dactyl., 1981.
24. Sur les positions du PC allemand et les internements massifs d'émigrés, voir l'important et récent article de Walter (Hans-Albert), « Das Pariser KPD-Sekretariat, der deutsch-sowjetische Nichtangriffsvertrag und die Internierung deutscher Emigranten in Frankreich zu Beginn der Zweiten Weltkriegs », *Vierteljahrshefte für Zeitgeschichte*, juillet 1988, pp. 483-528.
25. Témoignage de Basil Serban, *in De l'exil à la Résistance, op. cit.*
26. Sur le conflit interne à l'UPI en 1939, *cf.* archives du PCI, c.1497, et Spriano (P.), *op. cit.*, t 3, p. 297 *sq.*
27. *La lettere di Spartaco*, 15-30 juin 1940; collection clandestine consultable à la Fondation Gramsci.
28. Témoignage de Nelly Stefka, *in Actes du colloque Réfugiés et immigrés d'Europe centrale en France 1933-1945, op. cit.*, dactyl.

29. Rayski (A.), texte dactyl., 1983, IHTP.
30. *Cf.* Holban (B.), *op. cit.*, pp. 60-65.

CHAPITRE IV

1. Peschanski (Denis), « La demande de parution légale de *l'Humanité* (17 juin-27 août 1940) », *le Mouvement social*, n° 113, octobre-décembre 1980, pp. 67-90, et « La stratégie du PCF à l'été 1940 », *L'Histoire*, 60, octobre 1983.
2. Gronowski (L.), *op. cit.*, pp. 126-127; « La Famille nouvelle » est une coopérative de consommation dirigée par des militants communistes.
3. Sur ce changement de structure, témoignage d'Artur London en 1980 (DP).
4. *Idem*, p. 137.
5. Cité *in* Courtois (S.), *op. cit.*, p. 146.
6. Villon (Pierre), *Résistant de la première heure*, Paris, Éditions sociales, 1983, p. 184.
7. Le premier rapport des organismes caritatifs indique, en décembre 1940, le chiffre de 55 000 internés dans la trentaine de camps de zone Sud et de 25 000 étrangers dans les GTE; ils seraient respectivement 41 000 et 15 000-16 000 en juillet 1942. *Cf.* Peschanski (D.), « France, terre de camps? », *in De l'exil à la Résistance*, *op. cit.*
8. *Cf.* Billig (J.), *le Commissariat général aux questions juives*, Paris, CDJC.
9. Rayski (Adam), texte dactyl., 1985.
10. London (A.), *l'Aveu*, *op. cit.*, p. 50.
11. *Idem*, pp. 189-195.
12. Témoignage de Roman Melon en 1988 (AR).
13. Rolland (Denis), « Vichy et les réfugiés espagnols », *Vingtième siècle*, n° 11, septembre 1986, pp.67-74.
14. Témoignages d'Artur London en 1981 et de Lazar Udovicki en 1986 (DP).
15. *Cf.* Panicacci (Jean-Louis), « Les communistes italiens dans les Alpes-Maritimes (1939-1945) », in Peschanski (Denis, sous la dir. de), *Archives de guerre d'Angelo Tasca*, Paris/Milan, Éditions du CNRS/Feltrinelli, 1986, p. 159; et Schiapparelli (S.), *Ricordi di un furiscito*, Milan, Edizioni del Calendario, 1971, p. 186.
16. La collection du clandestin *la Parola degli Italiani* est consultable à la Fondation Gramsci.
17. *Cf.* Archives du PCI, 1494/A4, Fondation Gramsci, Rome.
18. Gronowski (L.), *op. cit.*, pp. 133-134, et Trempé (Rolande), « Le Sud-Ouest », in *De l'exil à la Résistance*, *op. cit.*
19. *Cf.* Institut d'études historiques près le CC du PCR, *les Roumains dans la Résistance française au cours de la Seconde guerre mondiale* (souvenirs), Bucarest, Édition Méridiane, p. 83 (témoignage de M. Patriciu).
20. Pecsi (Anna), *Magyarok a franciaorszagi forradalmi, munkasmozgalomban, 1920-1945*, Budapest, Kossuth, 1982, pp. 257-259.
21. Le groupe communiste espagnol sera décimé en deux temps, à Paris, en 1942, par la 3ᵉ section des RG; *cf.* Arch. nat. Z6 NL 13 717.
22. *Cf.* Antoine Marès, « Les Tchèques et les Slovaques dans la Résistance française », *in De l'exil à la Résistance*, *op. cit.*
23. Pour ces renseignements sur l'organisation, lire avec précautions *Taupes rouges contre SS*, Paris, Messidor, 1986; Bonte (Florimond), *les Antifascistes allemands dans la Résistance française*, Paris, Éditions sociales, 1969; voir aussi *Resistance, Erinnerugen deutscher Antifaschisten*, Berlin, Dietz Verlag, 1973.

pages 104-127

24. Témoignage d'Artur London, *in* Reiter (Franz Richard), *Unser Kampf. In Frankreich für Österreich. Interviews mit Widerstandskämpfen*, Vienne, Bölhan, 1984, pp. 113-119.
25. *Taupes rouges..., op. cit.*, p. 33.
26. Témoignage de Peter Gingold, *in Actes du colloque Réfugiés et immigrés d'Europe centrale en France, 1933-1945, op. cit.*
27. Renseignements biographiques *in Biographisches Handbuch der deutschsprachigen Emigration nach 1933*, Band I, K.G. Saur, Munich-New York-Londres-Paris, 1980.
28. Sur le couple Stahlmann, voir Bonte, *op. cit.*, p. 291; *Taupes rouges, op. cit.*, p. 37; *la Solidarité des peuples..., op. cit.*, p. 82; *Résistance..., op. cit.*, p. 34 et 49; London, *l'Aveu*, p. 217. Témoignage Lise London.
29. *Cf.* Diamant (D.), *les Juifs dans la Résistance française*, Paris, le Pavillon-Roger Maria, 1971.
30. Chiffre de militants établi à partir des ouvrages de Diamant (D.), *idem*, et de Ravine (J.), *la Résistance organisée des Juifs en France, 1940-1944*, Paris, Julliard, 1973.
31. Témoignage de G. Weissberg.
32. Gronowski (L.), *op. cit.*, p. 163.
33. Ces rapports de police se trouvent à la Bibliothèque nationale, Res. G 1470 (1020 bis).
34. Courtois (Stéphane), Rayski (Adam), *Qui savait quoi? L'extermination des Juifs, 1941-1945*, Paris, La Découverte, 1987, pp. 123-125.
35. Rapport de la Préfecture de police, CDJC LXXVII-7.
36. Diamant (David), *le Billet vert*, Paris, Édition du Renouveau, 1977, p. 26.
37. Rayski (A.), *Nos illusions perdues, op. cit.*
38. Courtois (S.), Rayski (A.), *Qui savait quoi?, op. cit.*, p. 124.

CHAPITRE V

1. Gronowski (L.), *op. cit.*, p. 131.
2. Rayski (A.), *Nos illusions..., op. cit.*, p. 87.
3. *Cf.* Clissold (Stephen), *Yugoslavia and the Soviet Union, 1939-1973*, Oxford, 1975, p. 318 (cité *in* Courtois, *op. cit.*, p. 216).
4. Van Min, Kang Hsin, *la Chine révolutionnaire d'aujourd'hui*, Paris, CDLP, 1934.
5. Peschanski (Denis), « Marcel Cachin face à la Gestapo », *Communisme*, n° 3, 1983, pp. 85-95, sur l'évolution de la position du PCF au second semestre 1941. L'ouvrage que Pierre Laborie a publié en 1980 (*Résistants, vichyssois et autres; l'Opinion publique dans le Lot 1939-1945*, Éditions du CNRS) a ouvert une piste essentielle, exploitée depuis par plusieurs spécialistes de la France de Vichy.
6. Sur les débuts de la lutte armée communiste, voir Courtois (S.), *op. cit.*, pp. 203-248; Ouzoulias (André), *les Bataillons de la jeunesse*, Paris, Éditions sociales, 1967; le témoignage de Gilbert Brustlein *in Le Matin*, 1er juillet 1985.
7. Villeré (Hervé), *l'Affaire de la section spéciale*, Paris, Fayard, 1973.
8. Ouzoulias (A.), *les Bataillons..., op. cit.*, p. 114.
9. *France Bloch-Sérazin*, s.l.n.d.
10. Gaulle (Charles de), *Discours et messages*, Paris, Plon, 1970, t. I;
11. Dortzel (Hans), Arch. nat. 75 AJ 260.
12. *Cf.* Archives Tasca, comptes rendus sur l'état de l'opinion, secrétariat général à l'Information, c. Francia, Fondation Feltrinelli, Milan.
13. Rapport de police intitulé « L'organisation du Parti communiste clandes-

tin. Sa connexion avec le terrorisme. Son manque de cadres », 16 feuillets dactyl., source privée.

14. Soulignons que, dans la même période, un groupe d'antifascistes allemands rattaché au mouvement Combat dirigé par H. Fresnay, et animé par un ingénieur agronome d'origine alsacienne, Joseph Schilling (interprète à l'hôtel Majestic), édita un journal clandestin, *Unter Uns* (Entre nous), qui cessera de paraître après trois numéro, en octobre 1941, à la suite d'une vague d'arrestations dans le mouvement Combat. *Cf.* Presse clandestine, colloque d'Avignon, p. 247.
15. Témoignage d'Otto Nierbergall *in Taupes rouges contre SS, op. cit.*
16. Actes du colloque *Réfugiés et immigrés d'Europe centrale en France, 1933-1945, op. cit.*
17. La collection incomplète de *Soldat im Westen* est consultable à la BN ou à la BDIC.
18. Arch. nat. AJ 40 553.
19. Témoignage Irma Mico 1987 (DP).
20. Témoignage P. Gingold *in Actes du colloque Réfugiés et immigrés d'Europe centrale en France, 1933-1945, op. cit.*
21. Sur les conditions de son arrestation, CDJC LXXV-275, rapport du 4 mai 1942.
22. Spriano (P.), *op. cit.*, t. IV, p. 69.
23. Lettre de Silvati (en français), 15 novembre 1941, archives du PCI, Fondation Gramsci, 1530.
24. Courtois (S.), Rayski (A.), *Qui savait quoi ?, op. cit.*, pp. 128-130.
25. *Idem*, p. 131.
26. Arch. nat., AJ 40.
27. Courtois (S.), Rayski (A.), *Qui savait quoi ?, op. cit.*, p. 132.
28. Arch. nat., Z6 n° 13717.

CHAPITRE VI

1. Sur cette série d'arrestations, voir Peschanski (Denis), « La répression anticommuniste dans le département de la Seine, 1940-1942 », *in* Peschanski, *op. cit.*, pp. 124-126, *Vichy, 1940-1944 op. cit.*, pp. 124-126.
2. Ouzoulias (A.), *Fils de la nuit*, Paris, Grasset, 1975, pp. 252-262.
3. Voir Courtois (S.), *op. cit.*, p. 252 et sq.; voir également Tillon (Charles), *les FTP*, Paris, Julliard, 1966.
4. *Cf.* Témoignage B. Holban, repris in *op. cit.*, pp. 91-92.
5. *Idem.*
6. Sur la biographie de Marino Mazzetti, *cf.* Holban, *op. cit.*, pp. 111-112.
7. Témoignage de Cristina Boïco recueilli en 1980. Que Claude Lévy, qui nous l'a communiqué, en soit ici remercié.
8. Milev (Boris), *Pages*, Sofia, p. 286 (en bulgare). Nous remercions F. Foscolo et sa fille pour leur traduction.
9. Témoignage de C. Boïco, recueilli en 1987 (DP).
10. La liste détaillée des actions des FTP-MOI a été reconstituée par B. Holban dans son ouvrage cité. Cette liste est assez proche de celle des communiqués qu'a bien voulu nous transmettre le général Ilic, responsable des FTP-MOI pour l'ensemble de la France en 1944.
11. Témoignage de Peter Mod, recueilli à Paris (SC), puis en Hongrie, en décembre 1987 par C. Skolnyk-Glangeaud.
12. *Idem.*
13. Krasucki (Henri), témoignage *in Jawishowicz*, annexe d'Auschwitz, Paris, Amicale d'Auschwitz, 1985, p. 219.

pages 152-178

14. Rayski (A.), *Nos illusions perdues, op. cit.*, p. 130.
15. Ce texte est reproduit dans le recueil de la presse clandestine juive *Dos Wort fun Wiedrstand un Zig*, Paris, Éditions Renouveau, 1949. On en trouvera une traduction intégrale au CDJC, bibl. XXV.
16. Ouzoulias (A.), *les Bataillons de la jeunesse, op. cit.*, p. 176.
17. « Le PCF, les FTP, la MOI, automne-hiver 1943-1944. » Textes présentés par Roger Bourderon, *Cahiers d'histoire de l'IRM*, n° 22, 1985, p. 13. C'est par abus de langage que ce texte qualifie les FTP de « patriotes » et non de « partisans ».
18. *Cf.* Rapport du 4 mai 1942, CDJC LXXV-275.
19. Lissner (A.), *op. cit.*, p. 33.
20. Cité *in* Courtois (S.), Rayski (A.), *op. cit.*, p. 138.
21. Cité *in* Diamant (D.), *Par-delà les barbelés*, Paris, chez l'auteur, 1986, p. 45.
22. *Idem*, p. 47.
23. Courtois (S.), Rayski (A.), *op. cit.*, pp. 149-152.
24. *Idem*, pp. 139-140.
25. *Idem*, pp. 142-149.
26. Témoignage de Jacques Farber, cité *in* Wieviorka (Annette), *Ils étaient juifs, résistants, communistes*, Paris Denoël, 1986, p. 215.
27. Témoignages de Lise et Artur London en 1981 (DP); dossier d'instruction devant le tribunal d'État, « Affaire rue Daguerre », Archives nationales, 212/74/1 liasse 154.
28. Sur le Groupe Valmy, voir le rapport du SD du 2 novembre 1942, CDJC, XXXV-4.
29. Témoignage cité *in* Lissner (A.), *op. cit.*, p. 45.
30. Témoignage du Dr Chertok, publié sous le pseudonyme de Guy Louvat *in Fraternité*, 12 janvier 1945, avec comme titre « Médecin chez les " terroristes " ».

CHAPITRE VII

1. *Cf.* Holban (B.), *op. cit.*, pp 104-105 et 147-148.
2. *Cf. les 953 fusillés du Mont-Valérien (1941-1944)*, préf. de Serge Klarsfeld, Paris, Association des fils et filles des déportés juifs de France, 1987, pag. mult.
3. Sur ces trois combattants, voir Laroche (Gaston), *On les nommait des étrangers*, Paris, EFR, 1965, pp. 330-331.
4. Témoignage de Léon Greif, recueilli en 1987 (DP et B. Holban).
5. Témoignage de Nelly Stefka *in Actes du colloque Réfugiés et immigrés d'Europe centrale en France 1933-1945, op. cit.*
6. Sur l'ensemble de l'affaire, voir Arch. nat. Z6 2427 (en particulier les procès verbaux d'arrestation). Pour les témoignages, *cf.* Holban (B.), *op. cit.*, pp 150-151, et témoignage de Riva Baranowski en 1986 (SC et B. Holban).
7. *Cf.* Holban (B.), *op. cit., idem.*
8. Procès-verbal d'arrestation d'Edmond Hirsch, Arch. nat. Z6 non-lieu n° 8539; *cf.* Holban (B.), *op. cit.*, pp. 153-154.
9. PV d'arrestation de Julie Deutsch, Arch. nat. Z6 nl 8539.
10. *Idem.*
11. Témoignage de Cristina Boïco recueilli en 1987 (DP); voir aussi Holban (B.), *op. cit.*, p. 154.
12. Témoignage de Charlotte Gruia, recueilli en octobre 1988 (AR).
13. Holban (B.), *op. cit.*, pp. 151-152.

pages 179-211

14. Filature Gruwier, Arch. nat. Z6 206/2531.
15. Témoignage C. Gruia, déjà cité.
16. Arch. nat., Z6 NL 6193.
17. Arch. nat., Z6 NL 13717.
18. Témoignage de ces policiers résistants à la Libération, *in* Arch. nat. Z6 nl 13717.
19. Sur l'Orchestre rouge, voir Trepper (Leopold), *le Grand Jeu*, Paris, Albin Michel, 1975; Perrault (Gilles), *l'Orchestre rouge*, Paris, Fayard, 1967.
20. Témoignage de Trepper, recueilli par D.P. en 1983 chez A. London; voir également Lissner (A.), *op. cit.*, pp. 38-39.
21. *Cf.* Trepper (L.), *op. cit.*, pp. 241-252.
22. Guerre entre l'armée française et les tribus rebelles du Maroc, menées par Abd el-Krim, en 1925-1926.
23. *Cf.* la notice biographique de Robert Beck *in* Liauzu (Claude), *Naissance du salariat et du mouvement ouvrier en Tunisie à travers un demi-siècle de colonisation*, thèse d'État, Nice, 1977, dactyl., p. 784.
24. Pour ses activités « officielles », et en dépit de quelques erreurs, voir Diamant (David), *Combattants, héros et martyrs de la Résistance*, Paris, Éditions du Renouveau, 1984, pp. 51-53.
25. *Cf.* Broué (Pierre), *Révolution en Allemagne*, Paris, Éditions de Minuit, 1971, p. 731; London (A.), *l'Aveu*, p. 217.

CHAPITRE VIII

1. Rapport de filature *in* Arch. nat. Z6 196/2427.
2. Sur la famille Krasucki, voir Harris (André), Sédouy (Alain de), *Voyage à l'intérieur du Parti communiste*, Paris, Seuil, 1974, pp. 231-244; témoignage d'Henri Krasucki *in Jawischowitz, op. cit.*; Tandler (Nicolas), *Un inconnu nommé Krazucki*, Paris, La Table ronde, 1985.
3. Rayski (Adam).
4. Sur la famille Radzinski, voir le témoignage de Sam Radzinski *in Jawischowitz, op. cit.*; Diamant (D.), *Combattants, héros..., op. cit.*, p. 129.
5. Communiqués des actions opérées par les FTP-MOI de la RP, mars 1943, Arch. Ilic et Arch. Holban.
6. Témoignage de Paulette Slivka recueilli le 22 novembre 1984 par David Diamant, *in* David Diamant, *Par-delà les barbelés*, Paris, chez l'auteur, 1986, p. 115.
7. Témoignage *in* Arch. nat., Z6 nl 6276.
8. *Cf.* Grant (Alfred), *Paris a Shtot Fun Front*, Paris, Éditions Oifsnei, 1958.
9. Arch. nat., Z6 nl 6276.
10. PV d'arrestation d'Henri Krasucki, Arch. nat., Z6 196/2427.
11. Rapport de Roger Faure du 9 janvier 1946, *idem*.
12. Rayski (A.), *Nos illusions..., op. cit.*, pp. 117 et 120.
13. Première lettre de P. Slivka, début avril 1943, *in* Diamant (David), *Par-delà les barbelés, op. cit.*, pp. 118-119.
14. Témoignage d'Henri Krasucki, recueilli par A. R. en 1987.
15. Jarreau (Patrick), Plenel (Edwy), « Les ombres de 1943 », *Le Monde*, 2 juillet 1985.
16. Rayski (A.), *Nos illusions perdues, op. cit.*, p. 118.
17. Boudard (Alphonse), *La Rouquine*, Paris, Balland.
18. Arch. nat., Z6 nl 6276.
19. Rayski (A.), *Nos illusions perdues, op. cit.*, p. 119.
20. Témoignage d'Henri Krasucki, Arch. nat., Z6 nl 6276.
21. PV de déposition de Suzanne Frydman, *id.*

pages 211-240

22. *Le Monde*, art. cité.
23. Harris (A.), Sédouy (A. de), *Voyage à l'intérieur du Parti communiste*, Paris, Seuil, 1974, p. 234.
24. Diamant (D.), *Par-delà les barbelés*, *op. cit.*, p. 113.
25. *Idem*.
26. Presse clandestine en yiddish.
27. Lettre de Bella Kirmman à Anna Neustadt, reproduite *in* Diamant (D.), *Par-delà les barbelés*, *op. cit.*, p. 171.
28. Lettre de Paulette Slivka à Anna Neustadt, *ibid.*
29. Lettre de Thomas Fogel à Anna Neustadt du 29 mai 1943, reproduite *in* Diamant (D.), *Combattants, héros et martyrs de la Résistance*, *op. cit.*, pp. 143-144.
30. Lettre de Thomas Fogel à Anna Neustadt du 31 mai 1943, reproduite *in* Diamant (D.), *Par-delà les barbelés*, *op. cit.*, p. 156.

CHAPITRE IX

1. Sur l'organisation de la préfecture de police en 1939-1940, Arch. nat., Z6 57/926 et Z6 34/584.
2. Arch. nat., Z6 34/584.
3. Sur l'organisation et le fonctionnement de la 1re section des RG : Arch. nat., Z6 61/968, témoignage oral de G. Labaume (1986. DP), témoignages écrits et oraux d'autres responsables de la section (1987 et 1988. DP).
4. Témoignage d'Edmond Momy recueilli en 1986 (DP).
5. *Cf.* Dainville (colonel A. de), *l'ORA*, Paris, Lavauzelle, 1974, p. 199.
6. Témoignage d'Alfred Angelot recueilli en 1986 (DP).
7. Note du général Oberg, 4 août 1942, reproduite *in* Klarsfeld (S.), *Vichy-Auschwitz. Le rôle de Vichy dans la solution finale de la question juive en France, 1942*, Paris, Fayard, p. 315.
8. « Le secrétaire général à la Police à Messieurs les Préfets régionaux de la zone occupée, 13 août 1942 », *idem*, p. 330.
9. Arch. nat., Z6 37/637.
10. Arch. nat., 72 AJ 260.
11. Témoignage d'Henri Serennes en 1986 (DP).
12. *Cf. Affaire André Hadet* (mémoire en défense), 1947, dactyl. (source privée SC).
13. Z6 nl 6193.
14. *Ibid.*
15. Témoignage d'André Noedts, Arch. nat., Z6 34/584.
16. Les chapitres consacrés au « portrait parlé » se trouvent dans le tome II d'un ouvrage en quatre volumes, encore en usage aujourd'hui : *Éléments de police scientifique*, sous la dir. du Dr Charles Sannié, directeur du service de l'identité judiciaire, Paris, Hermann et Cie, 1938.
17. Arch. nat., Z6 82/1260.
18. Témoignage Angelot, déjà cité.
19. Lettre de Simone Lambre à Mme Taravella, La Roquette, 30 décembre 1943, *in* Arch. nat. Z6 79/1219.
20. Témoignage de Ciporka Gutnik en 1986 et 1987 (DP).
21. Ce témoignage de Lazslo Holdos est extrait d'un manuscrit inédit établi avec l'historien Karel Bartosek, qui nous l'a aimablement communiqué.
22. Témoignage de Roman Melchior recueilli en 1988 (AR).

CHAPITRE X

1. Témoignage de Gheorghe Vassilichi (Victor Blajek), *in les Roumains dans la Résistance française, op. cit.*
2. Le rapport de synthèse sur la filature se trouve *in* Arch. nat. Z6 nl 16718.
3. *Ibid.*
4. Jérôme (Jean); *la Part des hommes*, Paris, Acropole, 1983. Voir sa biographie par Maitron (J.) et Pennetier (Cl.), *in Dictionnaire biographique du mouvement ouvrier français, op. cit.*, 4e partie, t. 31, 1988.
5. Jérôme (Jean), *les Clandestins 1940-1944*, Paris, Acropole, 1986, p. 50; voir également Leonetti Carena (Pia), *les Italiens du maquis*, Paris, Del Duca, 1968, pp. 205-206; *les 953 fusillés du Mont-Valérien, op. cit.*; rapports de police, source privée (SC).
6. Gronowski (L.), *op. cit.*, pp. 176-181.
7. Rapport de synthèse cité.
8. Témoignage de Peter Mod recueilli en décembre 1987 (SC et C. Skolnyk-Glangeaud).
9. Rapport de synthèse cité.
10. Les personnes arrêtées sont passées devant la Section spéciale. Autant dire l'intérêt du dossier qui réunit les pièces de l'instruction : Arch. nat., Z4 88 n° 586.
11. Gronowski (L.), *op. cit., idem.*
12. Arch. nat., Z4 88 n° 586.
13. Témoignage de Cliques à la Libération *in* Arch. nat., Z6 nl n° 16718.
14. *Cf. supra.*
15. Arch. nat., Z4 88 n° 586.
16. Témoignage de Gheorghe Vassilichi (Victor Blajek), *in les Roumains dans la Résistance française, op. cit.*, p. 24 et *sq.*
17. Arch. nat., Z4 88 n° 586.
18. Jérôme (J.), *la Part des hommes, op. cit.*, p. 285.
19. Robrieux (Philippe), *Histoire intérieure du Parti communiste français*, tome IV, Paris, Fayard, 1984, p. 305-332.
20. Robrieux (Philippe), *l'Affaire Manouchian*, Paris, Fayard, 1986.
21. Jérôme (J.), *les Clandestins, op. cit.*, p. 139 et *sq.*
22. Les procès-verbaux d'interrogatoire de Jean Jérôme se trouvent dans le dossier de l'instruction déjà cité, à savoir Arch. nat., Z4 88 n° 586.
23. Le responsable de la section juive, Alfred Cukier (Grant) a connu une aventure assez proche (voir ses Mémoires de guerre, *op. cit.*).

CHAPITRE XI

1. Milev (B.), *Pages*, Sofia.
2. *Cf.* Diamant (D.), *Combattants, héros..., op. cit.*, pp. 118-119.
3. Rapport interne des FTP-MOI de juin 1943, communiqué par B. Holban.
4. Sur le fonctionnement du service de renseignements, témoignage de C. Boïco, *op. cit.*
5. *Cf.* Rapport interne des FTP-MOI de juin 1943, cité.
6. *Cf.* Diamant (D.), *Combattants..., op. cit.*, pp. 176-178.
7. *Cf.* Témoignage Kojitski in Mosco.
8. *Cf.* Laroche (G.), *op. cit.*
9. *Cf.* Bonte (F.), *op. cit.*, pp. 315-317; également *Biographisches Handbuch..., op. cit.*, p. 373.

pages 265-296

10. Communiqués cités in Holban, *op. cit.*, pp. 299-311, on trouvera également des éléments de ces communiqués dans Lissner (A.), *op. cit.*, pp. 102-119 et dans Laroche (G.), *op. cit.*, pp. 101-124.
11. Circulaire n° 29 du 14 avril 1943, Arch. nat., AJ40.
12. *Idem.*
13. *Cf.* Lissner (A.), *op. cit.*, p. 66. Le Schutzbund regroupait les formations paramilitaires de la social-démocratie autrichienne.
14. *Cf.* Holban (B.), *op. cit.*, p. 159; voir également Diamant (D.), *Combattants...*, *op. cit.*, pp. 129 et 130.
15. *Cf.* Holban (B.), *op. cit.*, p. 160; voir également Diamant (D.), *Combattants...*, pp. 190-191; Lissner (A.), *op. cit.*, p. 57.
16. *Cf.* Diamant (D.), *idem*, p. 131.
17. *Cf.* Lissner (A.), *op. cit.*, p. 58.
18. En marge du PV de déposition à la Libération (Z6 82/1260), il est indiqué que Jean Lemberger a été arrêté par la 3ᵉ section, puis transmis à la BS 2.
19. *Cf.* le témoignage de Jacques Farber *in* Lissner (A.), *op. cit.*, pp. 55-56.
20. *Cf.* le témoignage de Raymond Kojitski *in* Wieviorka (A.), *Ils étaient...*, *op. cit.*, p. 220.

CHAPITRE XII

1. Rayski (A.), *Nos illusions perdues, op. cit.*, p. 125.
2. Courtois (S.) et Rayski (A.), *op. cit.*, p. 155.
3. *Idem*, pp. 162-163.
4. A. Rayski, *le Monde juif.*
5. Courtois (S.) et Rayski (A.), *op. cit.*, p. 190.
6. Ainsi commence le rapport de synthèse établi à l'issue de la filature, qui aboutit au démantèlement du 2ᵉ détachement et d'une partie de la section juive; rapport du 14 juillet 1943, Arch. nat., Z6 82/1260. Soulignons qu'au moment où ce rapport est rédigé, les policiers ont déjà découvert l'identité réelle de la plupart des militants filés, ce qui n'était pas le cas pendant la filature.
7. Sur la biographie de Meier List, voir Diamant (D.), *Combattants...*, *op. cit.*, pp. 116-117.
8. Sur la biographie de Boria Lerner, voir Diamant (D.), *Combattants...*, *op. cit.*, pp. 140-141.
9. Lissner (A.), *op. cit.*, p. 64.
10. Rapport mensuel des FTP-MOI de la RP, juin 1943, communiqué par B. Holban.
11. *Idem.*
12. *Idem.*
13. Sur la vie du couple Kwater, voir Diamant (D.), *Combattants...*, *op. cit.*, pp. 105-106.
14. *Cf.* Adler (J.) *op. cit.*, *cf.* également Henry Bulawko, texte dactylographié.
15. Arch. nat., Z 682, n° 1260.
16. Sur L. Bacicurinski, voir Diamant (D.), *Combattants...*, *op. cit.*, p. 190.
17. Sur E. Goldgewicht et S. Rosenblum, voir Diamant (D.), *Combattants...*, *op. cit.*, pp. 97 et 131.
18. Cette mort n'est pas le fait de la MOI, et aucun indice ne permet d'y voir la main d'un autre mouvement de résistance. Selon un responsable important des RG de l'époque, elle relèverait plutôt d'un règlement de compte privé.
19. Lettre reconstituée de mémoire par Ciporka Gutnik, citée *in* Diamant (D.), *Par-delà les barbelés, op. cit.*, p. 264. Adam Rayski, qui en était le destinataire, en confirme l'existence et le contenu.

pages 298-325

20. Rapport cité *in* Diamant (D.), *Par-delà...*, *op. cit.*, pp. 167-169.
21. *Idem.*
22. *Cf.* Arch. nat. Gericht Kommandant von Gross-Paris, Abt.B, St.L.L. Nr 307/1943, *AJ40.*

CHAPITRE XIII

1. Témoignage d'Ottone Schwartz, cité *in* Leonetti Carena (P.), *les Italiens...*, *op. cit.*, p. 214; voir également le témoignage de Carlo Fabro *in* Maddalozzo (R.), *Carlo...*, *op. cit.*, p. 66.
2. Cité *in* Leonetti Carena (P.), *op. cit.*, p. 214.
3. Voir le témoignage d'Otto Niebergall *in Taupes rouges...*, *op. cit.*, p. 140.
4. Sur la création du Comité « Allemagne libre » en france, voir *Taupes rouges...*, *op. cit.*, pp. 140 et *sq.* ; également Bonte (F.), *les Antifascistes...*, *op. cit.* pp. 145 et *sq.* ; témoignage de G. Leo *in Actes du colloque Réfugiés et immigrés d'Europe centrale en france 1933-1945*, *op. cit.*
5. *Cf. Taupes rouges...*, *op. cit.*, p. 142.
6. *Cf.* Pecsi (A.), « Les Hongrois », *in Actes du colloque Réfugiés...*, *op. cit.*
7. Rapport de Davidian au PCF, arch. Tandler.
8. *Idem.*
9. *Idem.*
10. *Idem.*
11. *Idem.*
12. *Cf. les Roumains dans la Résistance française*, *op. cit.*
13. *Cf.* le témoignage de Milhail Sora, « Feuilles d'un carnet de souvenirs », *idem* p. 250.
14. Zamojski (Jan E.), « La presse clandestine polonaise en France pendant la Seconde Guerre mondiale », *in Acta Poloniae Historica*, Édition Ossolineum, Varsovie, 1988, pp. 85-126.
15. *Cf.* Témoignage d'Otto Niebergall *in Taupes rouges contre SS*, *op. cit.* p. 141.
16. *Cf.* Holban (B.), *op. cit.*, p. 310 et 315.
17. Rapport mensuel des FTP-MOI de la RP, juillet 1943, arch. Holban.
18. Communiqués des FTP-MOI de la RP, septembre 1943, Holban, *op. cit.*, pp. 309-310.
19. PV d'arrestation *in* Arch. nat., nl 6193.
20. Rapport mensuel des FTP-MOI de la RP, juillet 1943, arch. Holban.
21. Sur la biographie de Clisci, voir Diamant (D.), *Combattants...? op. cit.*, p. 118.
22. Rapport mensuel des FTP-MOI de la RP, juillet 1943, communiqué par B. Holban.
23. *Idem*, et Holban (B.), *op. cit.*, pp. 163-168.
24. Rapport mensuel des FTP-MOI de la RP, juillet 1943, arch. Holban.
25. Article de P. Bourget *in le Monde*, 27 février 1965.
26. *Ibid.*
27. Témoignage de C. Boïco, 1987, *cit.*
28. Holban, *op. cit.*, pp. 170-171.
29. Rapport mensuel des FTP-MOI de la RP, septembre 1943, arch. Holban.
30. *Cf.* Holban (B.), *op. cit.*, pp. 177-179.
31. Sur la biographie de Missak Manouchian, voir Manouchian (Mélinée), *Manouchian*, Paris, Les Éditeurs français réunis, 1974. *Zangou* est le nom d'un fleuve qui coule dans la région d'Erevan, capitale de l'Arménie soviétique.
32. Cité par Gérard Bedrossian, *in* « Manouchian, Arménien, résistant et poète », *Passages*, n° 4, mars 1988.

pages 325-343

33. Rapport mensuel des FTP-MOI de la RP, juillet 1943, arch. Holban.
34. *Cf.* Ouzoulias (A.), *les Bataillons...*, *op. cit.*, p. 321 et pp. 320-325; on ne peut que s'interroger sur les chiffres de combattants français (« quelques centaines ») fournis par Ouzoulias alors qu'on ne repère aucun attentat qui, à Paris dans cette période, ne soit le fait des FTP-MOI. Si Epstein a bien rejoint les FTP parisiens en février 1943 (*cf.* testament *infra*), il semble qu'il n'ait la responsabilité interrégionale, avec autorité sur les FTP-MOI, qu'à partir de l'été.
35. *Cf.* Ouzoulias (A.), *les Fils de la nuit*, Paris, Grasset, 1975, p. 354.
36. *Idem*, p. 355.
37. Le témoignage de Cristina Boïco va dans le même sens (témoignage cité, 1988, AR).
38. Témoignage de Paula Epstein, 1988 (AR).
39. Témoignage d'Henriette Béranger, 1985 et 1988 (SC).
40. *Cf.* Zeller (Fred), *Trois points c'est tout*, Paris, Laffont, 1976; *cf.* également le témoignage d'Henriette Béranger.
41. Ce rapport est cité et en partie reproduit *in* Angeli (Claude), Gillet (Paul), *Debout, partisans!*, Paris, Fayard, 1970, pp. 283-291; son existence est confirmée par Mme Paula Epstein; Albert Ouzoulias détiendrait aujourd'hui l'original du brouillon.
42. Ce document nous a été aimablement communiqué par Henriette Béranger et confirmé par Paula Epstein, qui en détient l'original.
43. Texte cité *in* Bourderon (Roger), « Le PCF, les FTP, la MOI, automne-hiver 1943-1944 », *Cahiers d'histoire de L'IRM*, n° 22, 1985, pp. 13-18.
44. *Idem*, p. 14.
45. *Idem*, pp. 15-16.
46. *Idem*, p. 17.
47. *La Vie de la MOI*, n° 2, septembre 1943, dactyl.

CHAPITRE XIV

1. Rapport de synthèse des filatures du 16 novembre 1943, Arch. nat. Z6 196/2427.
2. *Idem*.
3. Toutes ces informations sont tirées du rapport de synthèse de la police.
4. *Cf.* biographie de Goldberg *in* Diamant (D.), *Combattants...*, *op. cit.*, pp. 174-175.
5. *Cf.* biographie de Glasz *in* Diamant (D.), *Combattants...*, *op. cit.*, p. 179.
6. *Cf.* biographie de Fingercweig *in* Diamant (D.), *Combattants...*, *op. cit.*, p. 178.
7. *Cf.* biographie de Geduldig *in* Diamant (D.), *Combattants...*, *op. cit.*, p. 184.
8. *Cf.* biographie de Schapiro *in* Diamant (D.), *Combattants...*, *op. cit.*, p. 181.
9. *Cf.* Elek (Hélène), *la Mémoire d'Hélène*, Paris Maspéro, 1977; également Diamant (D.), *Combattants...*, *op. cit.*, p. 180.
10. *Cf.* Diamant (D.), *Combattants...*, *op. cit.*, p. 183.
11. Tout laisse à penser que les inspecteurs ont bien été témoins de la préparation, voire de l'exécution de l'attentat, mais qu'ils n'avaient pas pour consigne d'intervenir. Soulignons au passage que cet attentat a été programmé à Saint-Julien-les-Villas, banlieue de Troyes d'où est originaire toute la belle-famille d'Albert Ouzoulias, responsable aux opérations des FTP au niveau national. Cependant, il est à noter que l'opération n'est pas répertoriée dans les communiqués des FTP-MOI.

pages 344-372

12. Communiqué reproduit *in* Laroche (G.), *op. cit.*, p. 122; le même communiqué, plus condensé, figure dans la liste des communiqués des FTP-MOI établie par Ilic.
13. *Cf. op. cit.*, Holban
14. Rapport financier des FTP-MOI de la RP, septembre 1943, arch. Holban.
15. PV d'arrestation de Dawidowicz, Arch. nat. Z6 196/2427.
16. Témoignage 1988 (DP).
17. Témoignage Peter Mod, cit.
18. Témoignage Henriette Béranger, 1985 et 1988 (SC).
19. Témoignage Cristina Boïco, cit.
20. Chronologie de la Résistance, Archives nationales, section contemporaine.
21. On retrouve les PV d'arrestation reproduits dans les dossiers des policiers concernés. Ainsi en Z6 82/1260.
22. Rapport de synthèse sur les arrestations, archives de l'Institut d'histoire sociale. À ne pas confondre avec le rapport de synthèse sur les filatures.
23. PV d'arrestation de J. Estain, Arch. nat. Z6 82/1260.
24. Rapport de synthèse de filature, *id.*
25. Billet manuscrit, avril 1944, arch. Paula Epstein.
26. Daniel Béranger avait obtenu de voir Epstein à Fresnes entre le procès et l'exécution.
27. Témoignage de Simon Rayman 1988 (AR).
28. Les sources sont des plus sommaires sur ce procès, et la plupart des comptes rendus journalistiques s'appuient sur les dépêches de l'OFI, agence de presse officielle de l'État français. Notre doute sur la véracité des comptes rendus journalistiques du procès se confirme. Des recherches récentes, effectuées dans les Archives allemandes, permettent de constater qu'il n'existe aucune trace des minutes du procès qui, selon les journaux de l'époque, aurait duré trois jours. Le seul document concernant cette affaire est la notification du verdict (*Aufhebungsliste*) prouvant qu'il a été expéditif. Il n'y a eu qu'une seule audience, le 19 février, le verdict ayant été prononcé le jour même. Bundesarchiv, Aachen (Aix-la-Chapelle), RW-35 G, Liste 2.
29. *Les 953 fusillés du Mont-Valérien, op. cit.*
30. Consigne n° 1460 citée *in* Limagne (Pierre), *Éphémérides de quatre années tragiques*, t. III, Lavilledieu, Éditions de Candide, 1987 (rééd.), p. 1774.
31. La lettre du comité central et ce tract sont intégralement cités *in* Bourderon (R.), art. cit., pp. 31-35.
32. *Cf. Les Lettres françaises*, mars 1944.
33. *La Vie de la MOI*, n° 8, avril 1944, 11 p. dactyl.
34. Tract du MNCR, mars 1944, arch. AR.
35. Tract de l'UJRE, mars 1944, « Pourquoi ils luttent, pourquoi ils meurent ? » arch. AR.
36. Les dernières lettres des vingt-trois sont citées *in* Laroche (G.), *op. cit.* Simon Rayman nous a fourni les dernières lettres de son frère. La dernière lettre de M. Manouchian est reprise du fac-similé publié dans le livre de Mélinée Manouchian.

CHAPITRE XV

1. Témoignage de Guitel Rappoport en 1988 (AR).
2. Diamant (David), *les Juifs dans la Résistance française, 1940-1944, op. cit.*, p. 274.

pages 372-391

3. Ravine (Jacques), *op. cit.*, (en yiddish) p. 277.
4. Témoignages d'Hela Munk en 1988 (AR), d'Adam Rayski, *in Nos illusions perdues, op. cit.*, de Peter Mod en 1987 et de B. Holban, *op. cit.*, p. 196.
5. Diamant (D.), *op. cit.*, p. 275.
6. Témoignage de Cristina Boïco en 1988 (AR).
7. Holban (B.) *op. cit.*, p. 198. Nous disposons du témoignage de Nicolas Zadgorski (1987. DP). Ce militant bulgare nous a précisé qu'en 1943 il faisait partie du triangle de direction de la MOI parisienne, avec « Édouard » Kowalski et « Fernand » Mazzetti.
8. *Cf.* Holban (B.), *op. cit.*, pp. 200-206.
9. Témoignage de C. Boïco en 1988 (AR).
10. Holban (B.), *op. cit.*

CHAPITRE XVI

1. Une polémique s'était développée autour de la sortie, en 1985, du film de Mosco *Des « terroristes » à la retraite.* Deux hypothèses ont souvent été avancées. L'une parlait de trahison. S'il s'agit de « Roger »–Holban, comme l'a avancé Mélinée Manouchian suivie alors par une partie de la presse, les documents sont là pour montrer qu'il n'était plus en charge des FTP-MOI à partir d'août 1943, et qu'il avait justement été remplacé à ce poste par Manouchian. S'il s'agit de Jean Jérôme, comme l'a avancé Philippe Robrieux, il reste à expliquer comment, arrêté en avril 1943 dans les circonstances que nous avons décrites, il aurait pu être responsable d'une chute en novembre, voire des débuts de la troisième filature, à la fin juillet, à partir d'un militant des FTP-MOI avec lequel il ne pouvait avoir de contact, étant donné ses propres responsabilités. L'autre hypothèse, défendue par Ph. Ganier-Raymond, préférait, dans un premier temps, parler de lâchage, mais tous les procès-verbaux d'arrestation signalent la présence d'armes et d'argent dans le groupe. Dans les deux hypothèses, les conséquences furent dramatiques pour le PCF : disparition des seuls groupes combattant l'occupant encore en activité dans la capitale, chute de la direction parisienne des FTPF, démantèlement de la police du parti et, pour peu qu'Epstein parlât ou qu'un document ouvrît une nouvelle piste, des menaces très sérieuses sur Charles Tillon et finalement Jacques Duclos. Auguste Lecœur a avancé l'hypothèse que la direction de la MOI était étroitement contrôlée pendant la guerre par « une double direction » soviétique, mais il ne fournit aucune indication qui permette de corroborer cette thèse.
2. Ganier-Raymond (Ph.), *in* le film de Mosco. Cette thèse est reprise dans son livre, *l'Affiche rouge*, Paris, Fayard, 1975, éd. de poche, p. 189.
3. *Idem.* La même thèse est soutenue par Tchakarian (Arsène), *les Francs-Tireurs de l'Affiche rouge*, Paris, Messidor, 1986.
4. Ouzoulias (A.), *les Fils de la nuit, op. cit.*, p. 92.
5. En zone Sud, la guérilla urbaine, assurée souvent par la MOI, ne baisse pas d'intensité mais elle s'articule toujours davantage sur les maquis.

CHAPITRE XVII

1. *Cf.* Supplément consacré au travail dans la MOI, *la Vie du parti*, novembre 1943, reproduit *in* Bourderon (Roger), « Le PCF, les FTP et... » art. cit., *les Cahiers d'histoire de l'IRM*, n° 22, 1985, pp. 22-30.
2. *Cf. La Vie de la MOI*, n° 4, janvier 1944, dactyl. (BN).

pages 393-406

3. Texte de l'accord du 22 juin reproduit *in Revue du Nord*, numéro spécial consacré à la « Libération du Nord », n° 3, 1975.

4. *Cf.* lettre de la MOI à Pierre Villon, *in* fonds Szekeres. Sur le POWN, *cf.* Ponty (Janine), « Le POWN : contribution à l'histoire de la résistance non communiste », *in De l'exil à la Résistance, op. cit.* Sur la résistance polonaise en général, on citera Wyrwa (Tadeusz), *la Résistance polonaise en Europe*, Paris, Éd. France-Empire, 1983, et Zamojski (Jan), *Polacy w ruchu oporu we Francji 1940-1945*, (les Polonais dans la Résistance en France), Varsovie, Ossolineum, 1975.

5. Témoignage de Harald Hauser *in Taupes rouges contre SS, op. cit.*, pp. 188-192.

6. Témoignage de Peter Gingold, *ibidem*, pp. 54-60.

7. Témoignage d'Otto Niebergall, *ibidem*, pp. 140-142.

8. *Cf.* Schneider (Dietrich M.), « Les Allemands dans la Résistance française », *in De l'exil à la résistance, op. cit.*

9. Rapport politique et d'organisation, signé « Marcel », CDJC, CDLXXIII-93. il est symptomatique que l'une des premières manifestations publiques de l'UJRE soit un tract intitulé « Alerte aux Juifs alsaciens! De graves dangers vous menacent »; reproduit *in la Presse antiraciste sous l'occupation hitlérienne 1940-1944*, Paris, Éditions du Centre de documentation de l'UJRE, 1950.

10. *Cf.* Weil (Joseph), *Contribution à l'histoire des camps d'internement dans l'anti-France*, Paris, Éditions du CDJC, 1946, pp. 177-178. Sur l'UGIF et, plus généralement, les stratégies des divers composants de la communauté, voir le remarquable ouvrage de Jacques Adler, *Face à la persécution. Les organisations juives à Paris 1940-1944*, Paris, Calmann-Lévy, 1985. À la différence de bien des éditions françaises, l'appareil critique y est fort nourri, mais l'édition anglo-saxonne, postérieure, est plus complète : *The Jews of Paris and the Final Solution. Communal Response and Internal Conflicts, 1940-1944*, New York-Oxford, Oxford University Press, 1987.

11. Il prit ensuite comme nom Conseil représentatif des institutions juives de France. On sait l'importance que cette instance communautaire a encore de nos jours.

12. Le fait même qu'il s'agisse d'un des rares organismes unitaires dans lequel les communistes soient engagés sans chercher à le contrôler interdit de reprendre à notre compte la conclusion qu'a tirée récemment Annie Kriegel : « En somme cette vision des choses [la démarche des communistes en vue de la création d'une représentation des Juifs de France] revenait à faire du CRIF un équivalent juif du Conseil national de la Résistance (CNR) et à y ménager, comme au CNR, la plus grande place possible à la multiplication et la démultiplication d'organisations de masse contrôlées par elle » (*Pardès*, n° 3, 1986, p. 199). On relèvera que dès la première rencontre avec le Consistoire, l'ensemble des organisations du judaïsme immigré ne demande que cinq représentants, dont un seul communiste, dans la structure envisagée. Voir sur ce thème Rayski (Adam), « L'UGIF et le CRIF. Les choix de la communauté 1940-1944 », *Pardès*, n° 6, 1987 et, dans ce même numéro, l'article d'Annie Kriegel.

13. Biographie de « Dominique », printemps 1944, fonds Szekeres, Arch. nat., 72AJ 286.

14. *Ibidem.*

15. Lettre du CNR, juillet 1944, *idem.*

CHAPITRE XVIII

1. Rapports d'activité et d'organisation des FTP-MOI de zone Nord, décembre 1943 à avril 1944, arch. Holban.

pages 406-420

2. Communiqués des FTP-MOI zone Nord, cit.
3. Rapport d'activité des FTP-MOI de zone Nord, mars 1944, arch. Holban.
4. « Le Referent Bergbau de l'OFK 670 aux représentants des compagnies, 4 avril 1942 », cité *in* Dejonghe (Étienne), « Requis ukrainiens et prisonniers de guerre dans le nord de la France (1942-1944) », *Revue du Nord, op. cit.*, p. 731.
5. Rapport d'activité des FTP-MOI de zone Nord, avril 1944, arch. Holban.
6. Tract du MNCR zone Sud, avril 1944 (BN).
7. Cristina Boïco raconte qu'à la réunion parisienne assistaient Ilic, Holban, elle-même et Michalianu, un Roumain qui prit sa succession dans l'Est (témoignage 1987. DP).
8. Serment prêté par les déserteurs soviétiques. La section polonaise fait un travail du même ordre en direction des Polonais originaires de Prusse orientale ou de Haute-Silésie, enrôlés individuellement dans la Wehrmacht. Elle publie même un journal intitulé *Polacy we Wehrmachcie* (Les Polonais dans la Wehrmacht).
9. Témoignage de Cristina Boïco, 1987 (DP). La même Cristina Boïco, comme Boris Holban, se souvient en outre d'un épisode tragi-comique qui faillit coûter cher à la MOI. Depuis le début de l'année, Cristina avait été installée dans un grand appartement du quai des Grands-Augustins. En pleine insurrection, elle se réunit avec Ilic et les autres dans son appartement pour faire le point. Ils quittent ensuite les lieux, l'un après l'autre. Alors qu'il ne reste plus qu'Holban et elle, des FFI surgissent en armes : « Ici on tire sur l'insurrection ! » Il s'en fallait d'un rien ; une parole, un geste malheureux. Holban a le réflexe de demander qu'on les emmène à la préfecture de Police, alors aux mains des résistants. Il espérait pouvoir contacter Rol-Tanguy, chef des FFI de la région parisienne. Il trouve par chance un commissaire communiste, qu'il amène à l'appartement du quai des Grands-Augustins. Il lui montre quelques rapports mensuels, et l'affaire est réglée. *Cf.* sur cet épisode, la version de B. Holban, *op. cit.*, pp. 220-222.
10. *Cf.* Laroche (G.), *op. cit.*, p. 191 et pp. 135-139.
11. Témoignages de Jacques Tancerman, Boris Holban, et Léon Tsevery. L'historien Jacques Adler (*Face à la persécution, op. cit.*) s'est engagé à dix-sept ans dans la compagnie Rayman.
12. *Cf.* Pannequin (Roger) *Adieu, camarades*, Paris, le Sagittaire, 1977, pp. 171-172 et 174-180. L'auteur fut le responsable de la MOI à la section d'organisation au tournant des années 40.
13. *Cf.* Damiani (Rudi), « Les communistes italiens dans la zone interdite », *in Vichy 1940-1944..., op. cit.*, pp. 153-154. Il intitule le chapitre de son article consacré à 1945-1948, « La lourde chape de silence ».
14. *Cf.* Maddalozzo (R.), *Carlo Fabro, op. cit.*
15. Sur toute cette affaire, cf. Pike (David Wingeate), *Jours de gloire, jours de honte*, Paris, Sedes, 1984, pp. 129-133.
16. Sur ces procès, voir Kriegel (Annie), *les Grands Procès dans les systèmes communistes. La pédagogie infernale*, Paris, Gallimard, 1972 ; Kaplan (Karel), *Procès politiques à Prague*, Bruxelles, Complexe, 1980 ; Bartosek (Karel), « Les procès politiques en Tchécoslovaquie, 1948-1954 », *Communisme*, n° 4, 1983, pp. 27-48. Il n'est pas dans notre objet ici d'aborder l'une des dimensions essentielles des procès, à savoir la volonté d'écraser toute velléité d'expression de la société civile.
17. *Cf.* Courtois (Stéphane), « Luttes politiques et élaboration d'une histoire : le PCF historien du PCF dans la Deuxième Guerre mondiale », *Communisme*, n° 4, 1983, pp. 5-26.
18. *Cf. Lettres de fusillés*, présentées par Étienne Fajon, Paris, Éditions Messidor, 1985.

Sources et travaux

Le seul moyen de sortir des discours idéologico-politiques sur la MOI était de s'appuyer sur un maximum de sources et de les croiser. Revenir, en quelque sorte, au B-A-BA de la démarche historique. Mais plus que d'un état exhaustif, par ailleurs bien difficile à dresser aujourd'hui, nous ne présentons que ce qui nous a été directement utile dans notre travail. Cette bibliographie est donc partielle et provisoire, et pourra fournir quelques pistes à qui voudrait approfondir le sujet dans telle ou telle direction insuffisamment étudiée. C'est en particulier le cas pour l'entre-deux-guerres qui ne valait, dans notre ouvrage, que mise en perspective; en attendant, nous nous permettons de renvoyer à quelques ouvrages qui sont des guides bibliographiques ou contiennent un important appareil critique, à savoir Ralph Shor (1986), Michel Dreyfus (1987), Michel Dreyfus et Pierre Milza (1988) et Gérard Noiriel (1988). Une section particulière est consacrée à la presse clandestine, qui fait le point sur les titres disponibles (Bibliothèque nationale, Bibliothèque de documentation internationale contemporaire, Centre de documentation juive contemporaine, Bibliothèque marxiste de Paris et sources privées).

I. ARCHIVES ÉCRITES

1. *Archives nationales*

– La série AJ40 contient une partie des archives des troupes d'occupation allemandes. On y trouve, en particulier, les traductions des rapports de la préfecture de Police, par ailleurs inaccessibles aux centres d'archives du même nom : AJ40-443, 539 et 553.

– Dans la série F7 (« Police générale »), les cotes F7 13090 à 13190 sont consacrées au « PC et organisations affiliées » dans l'entre-deux-guerres. Sur les étrangers, voir dans 13090, 13091, 13103, 13112, 13248.

– La série Z contient les très riches dossiers d'instructions des Sections spéciales (Z4), des Chambres civiques (Z5) et des Cours de justice (Z6).

212/74/1 Tribunal d'État - Affaire de la rue Daguerre

Z4 88/586 Blajek, Z6 34/584, Z6 37/637, Z6 57/926, Z6 61/968, Z6 79/1219, Z6 82/1260, Z6 88/345, Z6 125/1780, Z6 146/2050, Z6 182/2308, Z6 193/2391, Z6 196/2427, Z6 202/2475, Z6 206/2531, Z6 279/3213, Z6 287/3274, Z6 nl 5515, Z6 nl 6176, Z6 nl 6193, Z6 nl 6276, Z6 nl 6416, Z6 nl 6908, Z6 nl 8855, Z6 nl 8869, Z6 nl 9583, Z6 nl 10302, Z6 nl 12626, Z6 nl 13717, Z6 nl 13718, Z6 nl 16718.

– Les archives du Comité d'histoire de la 2e Guerre mondiale ont été dévolues aux Archives nationales. Fonds Szekeres en 72AJ 586.

2. *Centres de documentation*

– BDIC :
Collection importante de journaux et tracts clandestins (*cf. infra*).
– BN :
Collection importante de journaux et tracts clandestins (*cf. infra*).
– CDJC :
On trouve parmi les archives des autorités d'occupation des rapports sur la « surveillance des milieux juifs» en LXXV–99, LXXV–238, LXXV-275, LXXVII–7.
– Institut d'histoire sociale :
Rapport de synthèse des Brigades spéciales sur l'arrestation du «groupe Manouchian» (déc. 1943) et rapport sur le réseau d'imprimeries clandestines qui tombe à l'été 1942.
– Fondation Feltrinelli :
Fondo Tasca : rapports sur l'état de l'opinion (secrétariat à l'Information), sur le PCF (ministère de l'Intérieur) et collection de tracts clandestins ramassés dans la région parisienne (coll. « Resistenzia francese »).
– Fondation Gramsci :
La Fondation Gramsci dispose en particulier des microfilms du fonds italien de l'Internationale communiste. Cartons 1490, 1494/1, 2, et A/4, 1497 et 1498 sur 1938-1939; 1495 («Per la Pace»); 1513 et 1517 sur l'internement de Luigi Longo; 1522 (Directives de l'IC au PCI du 22/IV/1941), 1525 (Déclaration du 2 juillet 1940); 1530 (1941). Collections de *la Parola degli Italiani* et de *Lettere de Spartaco*.

3. *Archives privées*

– Arch. Karel Bartosek :
Entretiens inédits de Lazslo Holdos.
– Arch. Henriette Béranger.
– Arch. Jacques Delarue :
Éléments de police scientifique (sous la dir. du Dr Charles Sannié), Paris, Hermann et Cie, 1939.
– Arch. Paula Epstein :
Dernières lettres manuscrites et messages transmis clandestinement depuis Fresnes, testament de février 1943, documents d'état civil et photographies de Joseph Epstein.
– Arch. Boris Holban :
Comptes rendus des actions et rapports mensuels d'activité (juin 1943–mars 1944).
État des effectifs FTP-MOI parisiens en juillet 1943.
– Arch. Ljubomir Ilic :
Comptes rendus des actions 1942-1944 et lettre d'un dirigeant du PCF à Gronowski (19 juin 1944).
– Arch. Simon Rayman :
Dernières lettres manuscrites de Marcel Rayman.
– Arch. Nicolas Tandler :
Archives de la section arménienne.
– Arch. Claude Urman :
Collection de *France d'abord* avec les communiqués FTPF de 1942 à 1944.

II. PRINCIPALES PUBLICATIONS CENTRALES ET PARISIENNES DE L'IMMIGRATION COMMUNISTE PENDANT L'OCCUPATION

1. *Centrale* :

La Vie de la MOI, 10 numéros parus d'octobre 1943 à juin 1944.

2. *Allemands et Autrichiens* :

Das Freie Österreich organe des communistes autrichiens au sein du Travail allemand de la MOI, destiné exclusivement aux soldats autrichiens incorporés dans la Wehrmacht, pas de numéro connu.

Soldat am Mittelmeer, organe du KPD dans le cadre du Travail allemand, zone Sud.

Soldat im Westen, organe du KPD dans le cadre du Travail allemand, zone Nord, 28 numéros parus du 23 juin 1941 à août 1943.

Unser Vaterland, organe du Comité « Allemagne libre » pour l'Ouest, zone Sud, 25 numéros connus.

Volk und Vaterland, organe du Comité « Allemagne libre » pour l'Ouest, zone Nord, 63 numéros connus d'août 1943 à l'été 1944.

3. *Espagnols* :

Catalunya, organe de l'Alliance nationale de Catalogne, 1 numéro paru en mars 1944.

Gudari, organe de Euzko-Gudari-Patza, Fédération des gudaris d'Euskadi résidant en France, 1 numéro paru en mai 1944.

Mundo Obrero, organe central du PC espagnol, paru illégalement pendant la guerre.

Reconquista de España, organe de l'Union nationale de tous les Espagnols, 32 numéros parus de mars 1942 à juin 1944.

Treball, organe du PSUC (catalan), 1 numéro spécial paru en juillet 1942.

La Voz de Madrid, organe des immigrés économiques espagnols, 2 numéros parus d'avril à août 1944.

4. *Italiens* :

Italia libera, organe du Comité d'action des Italiens en France pour la libération nationale, 5 numéros parus de janvier à juillet 1944.

La Parola degli Italiani, 61 numéros parus de 1940 à janvier 1943.

La Voce dei giovani, 26 numéros parus de 1941 à janvier 1944.

5. *Juifs* :

Clarté, organe des jeunes du Mouvement national contre le racisme (MNCR), 3 numéros parus début à avril 1944.

Le combat médical, organe des médecins antiracistes, puis organe des médecins du MNCR, 4 numéros parus de mars à août 1944.

Droit et Liberté, organe de l'Union des Juifs pour la résistance et l'entraide (UJRE), zone Sud, 9 numéros parus de janvier à juillet 1944.

En Avant! organe des jeunes, 6 numéros parus du début 1943 à juin 1943.

Fraternité, organe du MNCR, zone Sud, 26 numéros parus de l'été 1942 à août 1944.

J'accuse, organe du MNCR, zone Nord, 22 numéros parus d'octobre 1942 à août 1944.

Jeune combat, organe des jeunes devenu organe de l'Union de la jeunesse juive, 22 numéros parus de juin 1943 à juillet 1944.

Lumières, organe des intellectuels du MNCR, 4 numéros parus du printemps à août 1944.

Notre parole, organe de la section juive de la MOI, zone Nord, 4 numéros connus de juin 1941 à mars 1943.

Notre voix, organe de la section juive, zone Sud, 76 numéros parus de l'été 1942 à juillet 1944.

Résister, organe de l'UJRE des Bouches-du-Rhône, 1 numéro paru en mai 1944.

Solidaritet, 3 numéros parus du début 1942 à avril 1942.

Unzer Wort, organe de la section juive en yiddish, 36 numéros parus de 1940 à décembre 1941.

La voix de la femme juive (section féminine), 1 numéro paru en août 1943.

III – TÉMOIGNAGES

Alfred Angelot (1986)
Riva Baranowski (1985)
Henriette Béranger (1984-1988)
Cristina Boïco (1986 et 1988)
D. B. (1987-1988)
Paula Epstein (1984-1988)
Vita Glanc (1986)
Eva Goldgevicht (1988)
Léon Greif (1986)
Louis Gronowski (1985)
Lili Gronowski (1985)
Charlotte Gruia (1988)
Ciporka Gutnik (1986)
Boris Holban (1985-1988)
Ljubomir Ilic (1986)
Émile Jakubowicz (1985-1987)
Henri Krasucki (1987)
Henri Krischer (1985-1987)
Georges Labaume (1986)
Jean Lemberger (1984)
Artur London (1982-1984)
Lise London-Ricol (1983-1988)
Mélinée Manouchian (1984)
Irma Mico (1985)
Peter Mod (1987)
Edmond Momy (1986)
Hela Munk (1988)
Guido Nonveiller (1986)
Georges Perraut (1986)
J. P. (1987-1988)
Guitel Rappoport (1988)
Simon Rayman (1988)
Sophie Schwartz (1987)
Basil Serban (1986)
Jacques Tancerman (1988)

Léopold Trepper (1983)
Léon Tsevery (1988)
Lazar Udovicki (1986)
Claude Urman (1986-1987)
Nicolas Zadgorsky (1986)

IV – TRAVAUX : BIBLIOGRAPHIE INDICATIVE

OUVRAGES

ADLER (Jacques), *Face à la persécution. Les organisations juives à Paris de 1940 à 1944*, Paris, Calmann-Lévy, 1985, 328 p.
–, *The Jews of Paris and the Final Solution. Communal Response and Internal Conflicts, 1940–1944*, New York/Oxford, Oxford University Press, 1987.
AMENDOLA (Giorgio), *Storia del Partito communista italiano*, Roma, Editori Riunit, 1978, 648 p.
ANGEL (Miguel), *Los Guerilleros españoles en Francia 1940–1944*, Instituto Cutano del Libro, La Havanne, 1971, 257 p.
ANGELI (Claude), GILLET (Paul), *Debout, partisans!*, Paris, Fayard, 1970, 386 p.
AZÉMA (Jean-Pierre), *De Munich à la Libération*, Paris, Seuil, 1979, 344 p.
AZÉMA (Jean-Pierre), RIOUX (Jean-Pierre), PROST (Antoine), éd., *Le Parti communiste français des années sombres (1938-1941)*, Paris, Seuil, 1986, 322 p.
BADIA (Gilbert) et *alii*, *Les Barbelés de l'exil*, Grenoble, Presses universitaires de Grenoble, 1979, 443 p.
BARTOSEK (Karel), GALLISSOT (René), PESCHANSKI (Denis) (sous la dir. de), *Actes du colloque Réfugiés et immigrés d'Europe centrale en France, 1933-1945*, Paris, Institut d'histoire du temps présent et Centre de recherche de l'Université Paris XIII, 1986, 3 vol. dactyl.
–, *De l'exil à la Résistance*, Paris, P.U.V. et Arcantère, 1989.
Biographisches Handbuch des deutschsprachigen Emigration nach 1933. Band I, K.G. Saur, Munich, New York, Londres, Paris, 1980-1983, 4 vol.
BONTE (Florimond), *Les antifascistes allemands dans la Résistance française*, Paris Éditions sociales, 1969, 390 p.
BOURGEOIS (Guillaume), *Communistes et anticommunistes pendant la drôle de guerre*, thèse de Troisième cycle, Paris X-Nanterre, 1983, 406 p.
BRACHER (Karl-Dietrich), *La dictature allemande*, Toulouse, Privat, 1986, 681 p.
BROUÉ (Pierre), *Révolution en Allemagne*, Paris, Éditions de Minuit, 1971, 991 p.
CARRASCO (Juan), *Album-souvenir de l'exil républicain espagnol en France (1939-1945)*, Perpignan, chez l'auteur, 1984, 246 p.
Carmagnole-Liberté, *Francs-tireurs et partisans de la Main-d'Œuvre immigrée*, s.l.n.d.
CASTELLS (Andreu), *La Brigadas internacionales en la guerra de Espana*, Barcelona, Ariel, 1974, 685 p.
CERETTI (Giulio), *À l'ombre des deux T*, Paris, Julliard, 1973.
Cinquième congrès national du Parti communiste français, Lille 19-26 juin 1926. Compte rendu sténographique, Paris, Bureau d'Édition, 1927, 709 p.
CLISSOLD (Stephen), *Yugoslavia and the Soviet Union, 1939-1973*, Oxford University Press, 1975, 318 p.
COURTOIS (Stéphane), *Le PCF dans la guerre*, Paris, Ramsay, 1980, 586 p.
COURTOIS (Stéphane), Rayski (Adam) (sous la dir. de), *Qui savait quoi? L'extermination des Juifs, 1941-1945*, Paris, La Découverte, 1987, 235 p.

DAINVILLE (colonel A. de.), *L'ORA, la Résistance de l'armée*, Paris, Lavauzelle, 1974, 345 p.

DIAMANT (David), *Combattants, héros et martyrs de la Résistance*, Paris, Éditions Renouveau, 1984, 315 p.

–, *Combattants juifs dans l'armée républicaine espagnole, 1936-1939*, Paris, Édition Renouveau, 1979, 445 p.

–, *Héros juifs de la résistance française*, Paris, Éditions Renouveau, 1962, 247 p.

–, *Le Billet vert*, Paris, Éditions du Renouveau, 1977, 334 p.

–, *Les Juifs dans la résistance française (1940–1944)*, Paris, Le Pavillon-Roger Maria, 1971, 364 p.

–, *Par-delà les barbelés*, Paris, chez l'auteur, 1986, 308 p.

Dos Wort fun Wiedrstand un Zig, Paris, Éditions du Renouveau, 1949.

DREYFUS (Michel), *Les sources de l'histoire ouvrière, sociale et industrielle en France aux XIXe et XXe siècles*, Paris, Éditions ouvrières, 1987, 300 p.

DREYFUS (Michel), MILZA (Pierre), *Un siècle d'immigration italienne en France (1850-1950) Bibliographie*, Paris, CEDEI/CHEVS, 1987, 99 p.

ELEK (Hélène), *La Mémoire d'Hélène*, Paris, Maspéro, 1977, 310 p.

Éxilés en France. Souvenirs d'antifascistes allemands émigrés (1933-1945), Paris, Maspéro, 1982, 330 p.

FALIGOT (Roger), KAUFFER (Rémi), *Service B.*, Paris, Fayard, 1985, 342 p.

France Bloch-Sérazin, s.l.n.d., 48 p.

GANIER-RAYMOND (Philippe), *L'Affiche rouge*, Paris, Fayard, 1975, (Marabout), 251 p.

GAULLE (Charles de), *Discours et messages*, Paris, Plon, 1970, t. 1.

GRANT (Alfred), *Paris a Shtot Fun Front*, Paris, Éditions Ojfsnei, 1958.

GREEN (Nancy), *Les Travailleurs immigrés juifs à la Belle Époque*, trad. fr., Paris, Fayard, 1985.

GRISONI (Dominique), HERTZOG (Gilles), *Les Brigades de la mer*, Paris, Grasset, 1979, 442 p.

GRONOWSKI-BRUNO (Louis), *Le dernier grand soir, un Juif de Pologne*, Paris, Le Seuil, 1980, 290 p.

HARRIS (André), SÉDOUY (Alain de), *Voyage à l'intérieur du Parti communiste*, Paris, Seuil, 1974, 440 p.

HOFFMANN (Stanley), *Essais sur la France*, Paris, Seuil, 1974.

HOLBAN (Boris), *Testament*, Paris, Calmann-Lévy, 1989.

ISRAËL (Gérard), *Heureux comme Dieu en France, 1940-1944*, Paris, Robert Laffont, 1975, 326 p.

Jawischowitz annexe d'Auschwitz, Paris, Amicale d'Auschwitz, section de Jawischowitz, 1985, 463 p.

JÉRÔME (Jean), *La Part des hommes*, Paris, Acropole, 1983, 288 p.

–, *Les Clandestins (1940-1944)*, 1986, 290 p.

KAPLAN (Karel), *Procès politiques à Prague*, Bruxelles, Éditions Complexe, 1980, 185 p.

KLARSFELD (Serge), *Vichy-Auschwitz. Le rôle de Vichy dans la solution finale de la question juive en France.* Paris, Fayard, 2 vol. 1983 et 1985, 544 p. et 512 p.

KRIEGEL (Annie), *Réflexion sur les questions juives*, Paris, Hachette, 1984, 633 p.

–, *Les grands procès dans les systèmes communistes. La pédagogie infernale*, Paris, Gallimard, 1972, 190 p.

LABORIE (Pierre), *Résistants, vichyssois et autres ; L'Évolution de l'opinion publique et des comportements dans le Lot, 1939-1945*, Paris, Éditions du CNRS, 1980, 395 p.

LAROCHE (Gaston), *On les nommait des étrangers (les immigrés dans la résistance)*, Paris, Éditeurs français réunis, 1965, 477 p.

LAZARE (Lucien), *La Résistance juive*, Paris, Stock, 1987.

LEONETTI CARENA (Pia), *Les Italiens du maquis*, Paris, Del Duca, 1968, 297 p.
LEQUIN (Yves), *La Mosaïque France. Histoire des étrangers et de l'immigration en france*, Paris, Larousse, 1988, 170.
Les 953 fusillés du Mont-Valérien (1941-1944), Paris, Association des fils et filles des déportés juifs de France, 1987, pag. mult., préf. de Serge Klarsfeld.
Lettres de fusillés, Paris, France d'abord, 1946, 185 p.
Lettres de fusillés, Préf. de Jacques Duclos, Paris, Éditions sociales, 1958, 77 p.
Lettres de fusillés, présentées par Étienne Fajon, Paris, Éditions Messidor, 1985, 121 p.
Lettres des communistes fusillés, Préf. de Louis Aragon, Moscou, Éditions en langues étrangères, 1951, 84 p.
LÉVY (Claude), *Les Parias de la Résistance*, Paris, Calmann-Lévy, 1970,
LIAUZU (Claude), *Naissance du salariat et du mouvement ouvrier en Tunisie à travers un demi-siècle de colonisation*, Thèse d'État, Nice, 1977, 987 p.
LISSNER (Abraham), *Un franc-tireur juif raconte,*Paris, chez l'auteur, 1977, 119 p.
LOFFLER (P.), *Journal de Paris d'un exilé (1924-1939)*, Rodez, Éd. Subervie, 1974, 212 p.
LONDON (Artur), *Espagne*, Paris, Éditeurs français réunis, 1966, 410 p.
–, *L'Aveu*, Paris, Gallimard, 1968, 625 p.
MADDALOZZO (Rino), *Carlo Fabro, emigrante, antifasciste, resistente, sindacalista*, Sacardo, 1987, 125 p.
MAITRON (Jean), PENNETIER (Claude), *Dictionnaire biographique du mouvement ouvrier français, 1914–1939*, Paris, Éditions ouvrières, 32 volumes parus.
MANOUCHIAN (Mélinée), *Manouchian*, Paris, Éditeurs français réunis, 1974, 222 p.
MARRUS (M.), *Les exclus*, Paris, Calmann-Lévy, 1986, 418 p.
MARRUS (M.), PAXTON (R.), *Vichy et les Juifs*, Paris, Calmann-Lévy, 1981, 436 p.
MILEV (Boris), *Pages*, Sofia, (en bulgare).
MILZA (Pierre) (sous la dir. de), *Les Italiens en France de 1914 à 1940*, Rome, École française de Rome, 1986, 787 p.
MOLNAR (Miklos), *De Béla Kun à Janos Kadar. Soixante-dix ans de communisme hongrois*, Paris-Genève, Presses de la Fondation des sciences politiques et Institut universitaire des hautes études internationales, 1987, 335 p.
NOIRIEL (Gérard), *Le Creuset français. Histoire de l'immigration, XIXᵉ-XXᵉ siècles*, Paris, Seuil, 1988, 437 p.
L'organisation du Parti communiste français. Rapport de la Section d'organisation du comité central devant la Conférence nationale d'organisation, 28-29 janvier 1928, s.l.n.d.
OUZOULIAS (Albert), *Les Bataillons de la jeunesse*, Paris, Éditions sociales, 1967, 496 p.
–, *Les Fils de la nuit*, Paris, Grasset, 1975, 366 p.
–, *Pages de gloire des vingt-trois*, Préf. de Justin Godard et postface de Charles Tillon, Paris, FFI-FTP et Comité français pour la défense des immigrés, 1951, 203 p.
PANNEQUIN (Roger), *Adieu, camarades*, Paris, Sagittaire, 1977, 373 p.
PAXTON (Robert), *La France de Vichy. 1940-1944*, Paris, Seuil, 1973, 380 p.
PECSI (Anna), *Magyarok a franciaorszagi forradalmi, munkasmozgalomban, 1920-1945*, Budapest, Kossuth, 1982.
PERRAULT (Gilles), *L'Orchestre rouge*, Paris, Fayard, 1967, 700 p.
PESCHANSKI (Denis), (sous la dir. de), *Vichy, 1940-1944. Archives de guerre d'Angelo Tasca*, Milan-Paris, Éditions Feltrinelli et Éditions du CNRS, Annales de la Fondation Feltrinelli, 1986, 749 p.

PIKE (David Wingeate), *Jours de gloire, jours de honte. Le Parti communiste d'Espagne en France depuis son arrivée en 1939 jusqu'à son départ en 1950*, Paris, SEDES, 1984, 311 p.

PONTY (Janine), *Polonais méconnus. Histoire des travailleurs immigrés en France dans l'entre-deux-guerres*, Paris, Publications de la Sorbonne, 1988, 474 p.

La presse antiraciste sous l'occupation hitlérienne, 1940-1944, Paris, Éditions du Centre de documentation de l'UJRE, 1950, 330 p.

RAJSFUS (Maurice), *L'An prochain la révolution. Les communistes juifs immigrés dans la tourmente stalinienne, 1930-1945*, Paris, Mazarine, 1985, 360 p.

RAVINE (Jacques), *La Résistance organisée des Juifs en France, 1940-1944*, Paris, Julliard, 1973, 310 p.; en yiddish, Paris, Éditions Ojfsnai, 1970.

RAYSKI (Adam), *Nos illusions perdues*, Paris, Balland, 1985, 322 p.

REITER (Franz Richard), *Unser Kampf. In Frankreich für Österreich. Interviews mit Widerstandskämpfen*, Vienne, Bölhau, 1984, 327 p.

Resistance, Erinnerungen deutscher Antifaschisten, Berlin, Dietz verlag, 1973, 477 p.

RICHARDSON, (R. Dan), *Comintern Army. The International Brigades and the Spanish Civil War*, Lexington, The University Press of Kentucky, 1982, 232 p.

RIOUX (Jean-Pierre), PROST (Antoine) et AZÉMA (Jean-Pierre), (sous la dir. de), *Les Communistes français de Munich à Châteaubriant*, Paris, PFNSP, 1987, 439 p.

ROBRIEUX (Philippe), *L'Affaire Manouchian*, Paris, Fayard, 1986, 434 p.

-, *Histoire intérieure du Parti communiste français*, Paris, Fayard, 1984, t. IV, 974 p.

Les Roumains dans la résistance française, Bucarest, Éditions Meridiane, 1971, 260 p.

ROUSSO (H.), *Le syndrome de Vichy, 1944-198...*, Paris, Seuil, 1987, 324 p.

SCHIAPPARELLI (S.), *Ricordi di un furiscito*, Milan, Edizioni del Calendario, 1971.

SCHOR (Ralph), *L'Opinion française et les étrangers, 1919-1939*, Paris, Publications de la Sorbonne, 1985, 761 p.

SERRANO (Carlos), *L'Enjeu espagnol. PCF et guerre d'Espagne*, Paris, Messidor, 1987, 291 p.

Sixième congrès national du Parti communiste français, Saint-Denis 31 mars-7 avril 1929, Paris, Bureau d'Édition, 1929, 706 p.

La Solidarité des peuples avec la République espagnole, Moscou, Éditions du progrès, 1974, 600 p.

Le Soulèvement du ghetto de Varsovie et son impact en Pologne et en France. Table ronde organisée par le CDJC le 17 avril 1983, Paris, CDJC, 1984, 172 p.

SPRIANO (Paolo), *Storia del Partito comunista italiano*, Turin, Einaudi, 1970, t. III, 362 p.; t. IV, 1976, 373 p.

TANDLER (Nicolas), *Un inconnu nommé Krasucki*, Paris, La Table Ronde, 1985, 296 p.

Taupes rouges contre SS, Paris, Messidor, 1986, 246 p.

TCHAKARIAN (Arsène), *Les Francs-tireurs de l'Affiche rouge*, Paris, Messidor, 1986, 250 p.

THOMAS (Hugh), *La Guerre d'Espagne*, Paris, Robert Laffont, 1964, Livre de poche, 2 vol., 445 et 532 p.

TILLON (CHARLES), *Les FTP*, Paris, Julliard, 1966, 387 p.

Trente-cinquième brigade-Marcel Langer, Francs-tireurs et partisans de la Main-d'Œuvre Immigrée, Toulouse, septembre 1983.

TREPPER (Leopold), *Le grand jeu*, Paris, Albin-Michel, 1975, 417 p.

VAN MIN, KANG HSIN, *La Chine révolutionnaire d'aujourd'hui*, Paris, CDLP, 1934, 127 p.

VILLERÉ (Hervé), *L'Affaire de la section spéciale*, Paris, Fayard, 1973, 397 p.
VILLON (Pierre), *Résistant de la première heure*, Paris, Éditions sociales, 1983, 205 p.
VOSGUERITCHIAN (Diran), *Mémoires d'un franc-tireur*, Liban, 1974, 351 p.
WEIL (Joseph), *Contribution à l'histoire des camps d'internement dans l'anti-France*, Paris, Éditions du CDJC, 1946.
WEINBERG (David), *Les Juifs à Paris de 1933 à 1939*, Paris, Calmann-Lévy, 1974, 286 p.
WIEVIORKA (Annette), *Ils étaient juifs, résistants, communistes*, Paris, Denoël, 1986, 356 p.
WYRWA (Tadeusz), *La Résistance polonaise en Europe*, Paris, Éditions France Empire, 1983, 590 p.
ZALCMAN (Moshe), *Joseph Epstein, colonel Gilles*, Quimperlé, La Digitale, 1984, 88 p.
ZAMOJSKI (Jan), *Polacy w ruchu oporu we Francji, 1940-1945*, Varsovie, Ossolineum, 1975, 415 p.
ZANTMAN (Claude-Andrée), *Le Passage du témoin*, Paris, Éditions Opta, 1977, 253 p.
ZEIGMAN (Martine), *La CGTU et la MOI*, maîtrise, Univ. Paris-I.

ARTICLES

BOURDERON (Roger), « Le PCF, les FTP, la MOI, automne-hiver 1943-1944 » (présentation de textes), *Cahiers d'histoire de l'IRM*, no 22, 1985.
BOURGET (Pierre), *Le Monde*, 27 février 1965.
BRUSTLEIN (Gilbert), « Il y a du soleil aujourd'hui et je suis bien content. » *Le Matin de Paris*, 1er juillet 1985.
COURTOIS (Stéphane), « Luttes politiques et élaboration d'une histoire : Le PCF historien du PCF dans la Deuxième Guerre mondiale », *Communisme*, no 4, 1983, pp. 5-26.
DOUVETTE (David), « Pour notre liberté et la vôtre. Les Juifs dans les Brigades internationales », *Matériaux pour l'histoire de notre temps*, no 3-4, décembre 1985, pp. 71-74.
GAYMAN (Vital), « Mémoire. La base des brigades internationales », chapitre IX, 28 juillet 1937, présentation par Carlos Serrano, *Cahiers d'histoire de l'IRM*, no 29, 1987.
GIOT (Jean), « Les révélation d'un inspecteur des Brigades spéciales anti-communistes », *Europe Amérique*, no 198 et suivants, mars–avril 1949.
I.L.T., « L'ancien "trotskiste" du groupe Manouchian », *Cahiers Léon-Trotsky*, no 23, septembre 1985, pp. 74–77.
JARREAU (Patrick), PLENEL (Edwy), « Les ombres de 1943 », *Le Monde*, 2 juillet 1985.
KRIEGEL (Annie), « De la résistance juive », *Pardès* no 2, 1985, pp. 190–209.
LECŒUR (Auguste), « L'affaire Manouchian. Les combattants FTP de la MOI, les responsabilités du PCF et la "double direction" », *Est et Ouest*, juillet–août 1985, pp. 1-6.
LOUVAT (Guy) (de son vrai nom Chertok), « Médecin chez les "terroristes" », *Fraternité*, 12 janvier 1945.
MARÈS (Antoine), « L'armée tchécoslovaque en France (1939-1940), » *Revue historique des armées*, no 4, 1985, pp. 93–102.
PESCHANSKI (Denis), « La demande de parution légale de *l'Humanité* (17 juin–27 août 1940), » *Le Mouvement social*, no 113, octobre-décembre 1980, pp. 67–90.
–, « La stratégie du PCF à l'été 1940 », *L'Histoire*, no 60, octobre 1983.
POZNANSKI (Renée), « La résistance juive en France », *Revue d'histoire de la Deuxième Guerre mondiale*, no 137, janvier 1985, pp. 3–32.

RAYSKI (Adam), « Gestapo contre résistants juifs à Paris. Le front invisible », *Le Monde juif*, juillet–septembre 1969, pp. 11–20.

–, « L'UGIF et le CRIF : les choix de la communauté, 1940–1944 », *Pardès*, no 6, 1987, pp. 161–180.

–, « La fondation du Comité représentatif des Juifs de France », *Le Monde juif*, juillet–septembre 1968, pp. 32–37.

–, « La résistance en France et le soulèvement du ghetto de Varsovie », *Le Monde juif*, no 49, janvier–mars 1968, pp. 56–62.

–, « Le Comité juif de défense, son rôle dans la résistance juive en france », *Le Monde juif*, octobre–décembre 1968.

–, « Les immigrés dans la Résistance », *Les Nouveaux Cahiers*, no 37, été 1974, pp. 10–17.

–, « Les rafles des 16 et 17 juillet 1942 », *Le Monde juif*, supplément au no 12 nouvelle série, pp. 56–62.

–, « Variations sur le thème de la résistance juive », *Cahiers Bernard Lazare*, no 117, 1987, 8 p.

REVOL (René), « Derrière l'affaire Manouchian : le dévoiement d'une génération », *Cahiers Léon Trotsky*, no 23, septembre 1985, pp. 78–85.

ROLLAND (Denis), « Vichy et les réfugiés espagnols », *Vingtième siècle*, no 11 septembre 1986, pp. 67–74.

ROUSSO (H.), « Vichy, le grand fossé », *Vingtième siècle*, no 5, 1985, pp. 55–80.

Table ronde sur la Résistance communiste juive, *Le Monde juif*, no 118, avril–juin 1985, pp. 37–85.

TILLON (Charles), « Charles Tillon accuse », *Le Quotidien de Paris*, 5 août 1985.

–, « Ma vérité sur l'affaire Manouchian », *Le Nouvel Observateur*, 2 août 1985.

TSOPPI (Victor), « *La Marseillaise et l'Internationale*, » *Temps nouveaux*, no 29, août 1985, pp. 20–21.

WALTER (Hans Albert) « Das Pariser KPD Sekretariat, der deutsch–sowjetische Nichtangriffsvertrag und die Internierung deutscher Emigranten in Frankreich zu Beginn des zweiten Weltkriegs, *Vierteljahrshefte für Zeitgeschichte*, juillet 1988, pp. 483–528.

WIEVIORKA (Annette), « Documents », *Le Monde juif*, no 125 à 130, 1987 et 1988.

WYRWA (Tadeusz), « L'armée polonaise en France (1939–1940) », *Revue historique des armées*, no 4, 1985, pp. 84–92.

ZAMOJSKI (Jan E.), « La presse clandestine polonaise en France pendant la Seconde Guerre mondiale, » *Acta Poloniae Historica*, Editions Ossolineum, Varsovie, 1988, pp. 85–126.

INDEX DES NOMS
DE PERSONNES

INDEX DES THÈMES
ET
DES ORGANISATIONS

Table des documents

Table des matières

Cet ouvrage a été réalisé par la
SOCIÉTÉ NOUVELLE FIRMIN-DIDOT
Mesnil-sur-l'Estrée
pour le compte des Éditions Fayard
en février 1994

9 782221 301889